G. Assmann, E. Betz, H. Heinle, H. Schulte (Hrsg.)

Arteriosklerose

Herausgeber: G. Assmann, E. Betz, H. Heinle, H. Schulte

Arteriosklerose

Neue Aspekte aus Zellbiologie und Molekulargenetik, Epidemiologie und Klinik

Tagung der Deutschen Gesellschaft für Arteriosklerose-Forschung

CIP-Titelaufnahme der Deutschen Bibliothek

Arteriosklerose: neue Aspekte aus Zellbiologie und Molekulargenetik, Epidemiologie und Klinik / G. Assmann . . . (Hrsg.). —
Braunschweig; Wiesbaden: Vieweg, 1990

NE: Assmann, Gerd [Hrsg.]

Herausgeber: Prof. Dr. G. Assmann, Münster
Dr. E. Betz, Tübingen
Dr. H. Heinle, Tübingen
Dr. H. Schulte, Münster

Der Verlag Vieweg ist ein Unternehmen der Verlagsgruppe Bertelsmann.

Redaktionelle Beratung: Dr. Wolfram Fuchs
Herstellung: Gütersloher Druckservice GmbH, Gütersloh

ISBN 978-3-663-01947-3 ISBN 978-3-663-01946-6 (eBook)
DOI 10.1007/978-3-663-01946-6

Inhaltsverzeichnis

Autorenverzeichnis

AILHAUD G.:
SERLIA, Institut Pasteur, Lille, Cedex

ALBUS U.:
Hoechst AG, Frankfurt

ALTORJAY I.:
Zentrum der Inneren Medizin, Abteilung für Angioloie, J.-W.-Goethe-Universität, Frankfurt/Main

APFEL H.:
Physiologisches Institut I, Universität Tübingen

ARPS H.:
Institut für Pathologie, Universitätskrankenhaus Eppendorf, Hamburg

ASSMANN G.:
Institut für Arterioskleroseforschung, Westfälische Wilhelms-Universität Münster
Institut für Klinische Chemie und Laboratoriumsmedizin, Westfälische Wilhelms-Universität Münster

BACHMANN J.:
Medizinische Poliklinik, Westfälische Wilhelms-Universität Münster

BASIC-MICIC M.:
Zentrum der Inneren Medizin, Abteilung für Angiologie, J.-W.-Goethe-Universität, Frankfurt/Main

BAUCH H.-J.:
Institut für Arterioskleroseforschung, Westfälische Wilhelms-Universität Münster

BAUR R.:
Physiologisches Institut I, Universität Tübingen

BAURIEDEL G.:
I. Medizinische Klinik, Klinikum Großhadern, Universität München

BECKER D.:
Institut für Präventive Kardiologie und Klinisch-Chemisches Zentrallaboratorium der Medizinischen Universitätsklinik Homburg/Saar

BEISIEGEL U.:
Medizinische Kern- und Poliklinik, Universitätskrankenhaus Eppendorf, Hamburg

BENTRUP A.:
LVA-Fachklinik Salzetal, Bad Salzuflen

BETTE L.:
Institut für Präventive Kardiologie und Klinisch-Chemisches Zentrallaboratorium der Medizinischen Universitätsklinik Homburg/Saar

BETZ E.:
Physiologisches Institut I, Universität Tübingen

BIMMERMANN A.:
Fett- und Stoffwechselambulanz, Abteilung Innere Medizin mit Schwerpunkt Hämatologie/Onkologie, Klinikum Rudolf Virchow — Standort Charlottenburg —, Freie Universität Berlin

BLOOM R.:
Institut für Arterioskleroseforschung, Westfälische Wilhelms-Universität Münster

BORGERS M.:
Anatomisches Institut der Universität Bonn und Janssen Pharmaceutica Beerse, Belgien und Neuss

BREDDIN H. K.:
Zentrum der Inneren Medizin, Abteilung für Angiologie, J.-W.-Goethe-Universität Frankfurt/Main

BROSZEY Th.:
Institut für Arterioskleroseforschung, Westfälische Wilhelms-Universität Münster

BUDDECKE E.:
Institut für Arterioskleroseforschung, Westfälische Wilhelms-Universität Münster

BUNTE T.:
Institut für Präventive Kardiologie und Klinisch-Chemisches Zentrallaboratorium der Medizinischen Universitätsklinik Homburg/Saar

CRUYS C.:
Institut für Physiologie, Freie Universität Berlin

DARTSCH P. C.:
Physiologisches Institut I, Universität Tübingen

DIETEL M.:
Institut für Pathologie, Universitätskrankenhaus Eppendorf, Hamburg

DYCKMANS J.:
Institut für Präventive Kardiologie und Klinisch-Chemisches Zentrallaboratorium der Medizinischen Universitätsklinik Homburg/Saar

EPPING P. H.:
Institut für Arterioskleroseforschung, Westfälische Wilhelms-Universität Münster

ERNST E.:
Hämorheologisches Forschungslabor, Institut für Physikalische Medizin, Medizinische Hochschule Hannover

FABER V.:
Institut für Arterioskleroseforschung, Westfälische Wilhelms-Universität Münster

FALLIER-BECKER P.:
Physiologisches Institut I, Universität Tübingen

FINGERLE J.:
Physiologisches Institut I, Universität Tübingen

FRUCHART J. C.:
SERLIA, Institut Pasteur, Lille, Cedex

GRAEFE U.:
Institut für Nephrologie, Westfälische Wilhelms-Universität Münster

GROTEMEYER K.-H.:
Klinik und Poliklinik für Neurologie, Westfälische Wilhelms-Universität Münster

GRÜNWALD J.:
Institut für Arterioskleroseforschung, Westfälische Wilhelms-Universität Münster

HAASE K. K.:
Medizinische Klinik, Abteilung III, Universität Tübingen

HAHMANN H.:
Institut für Präventive Kardiologie und Klinisch-Chemisches Zentrallaboratorium der Medizinischen Universitätsklinik Homburg/Saar

HAN C. Z.:
Fett- und Stoffwechselambulanz, Klinikum Rudolf Virchow — Standort Charlottenburg — Freie Universität Berlin

HANKE H.:
Medizinische Klinik, Abteilung III, Universität Tübingen

HARKING C.:
Klinik und Poliklinik für Neurologie, Westfälische Wilhelms-Universität Münster

HAU U.:
Institut für Präventive Kardiologie und Klinisch-Chemisches Zentrallaboratorium der Medizinischen Universitätsklinik Homburg/Saar

HAUSS W. H.:
Institut für Arterioskleroseforschung, Westfälische Wilhelms-Universität Münster

HEINLE H.:
Physiologisches Institut I, Universität Tübingen

HEINRICH J.:
Institut für Klinische Chemie und Laboratoriumsmedizin, Westfälische Wilhelms-Universität Münster

HEITKAMP H.-Ch.:
Medizinische Klinik V, Abteilung Sportmedizin, Universität Tübingen

HELLWIG N.:
Institut für Präventive Kardiologie und Klinisch-Chemisches Zentrallaboratorium der Medizinischen Universitätsklinik Homburg/Saar

HILLIG T.:
Institut für Präventive Kardiologie und Klinisch-Chemisches Zentrallaboratorium der Medizinischen Universitätsklinik Homburg/Saar

HÖFLING B.:
I. Medizinische Klinik, Klinikum Großhadern, Universität München

HOFFMEISTER H.-E.:
Medizinische Klinik, Abteilung III, Universität Tübingen

HROPOT M.:
Hoechst AG, Frankfurt

HUTH C.:
Medizinische Klinik, Abteilung III, Universität Tübingen

JESCHKE D.:
Lehrstuhl für Präventive und Rehabilitative Sportmedizin, TU München

JUNGEN T.:
Institut für Präventive Kardiologie und Klinisch-Chemisches Zentrallaboratorium der Medizinischen Universitätsklinik Homburg/Saar

KAFFARNIK H.:
Zentrum Innere Medizin, Endokrinologie und Stoffwechsel, Philips-Universität, Marburg

KARSCH K. R.:
Medizinische Klinik, Abteilung III, Universität Tübingen

Kaufmann J.:
Physiologisches Institut I, Universität Tübingen

Keller H. E.:
Institut für Präventive Kardiologie und Klinisch-Chemisches Zentrallaboratorium der Medizinischen Universitätsklinik Homburg/Saar

Kirchmaier C. M.:
Zentrum der Inneren Medizin, Abteilung für Angiologie, J.-W.-Goethe-Universität Frankfurt/Main

Klaus E.:
Hoechst AG, Frankfurt

Kokott R.:
Institut für Arterioskleroseforschung, Westfälische Wilhelms-Universität Münster

Krupinski K.:
Zentrum der Inneren Medizin, Abteilung für Angiologie, J.-W.-Goethe-Universität Frankfurt/Main

Laaf H.:
Pathologisches Institut, Universität Freiburg

Lauen A.:
Institut für Arterioskleroseforschung, Westfälische Wilhelms-Universität Münster

Lauterjung L.:
I. Medizinische Klinik und Chirurgische Klinik, Klinikum Großhadern, Universität München

Linke S.:
Physiologisches Institut I, Universität Tübingen

Linz W.:
Hoechst AG, Frankfurt

Matrai A.:
verstorben

Mauser M.:
Medizinische Klinik, Abteilung III, Universität Tübingen

Mironneau J.:
Laboratoire de Physiologie Cellulaire et Pharmacologie Moléculaire, I.B.C.N. du C.N.R.S. Bordeaux

Möhrle W.:
II. Medizinische Klinik, Universität München

Niendorf A.:
Institut für Pathologie, Universitätskrankenhaus Eppendorf, Hamburg

Oberhoff M.:
Medizinische Klinik, Abteilung III, Universität Tübingen

Oestreich W.:
Anatomisches Institut der Universität Bonn und Janssen Pharmaceutica Beerse, Belgien und Neuss

Oortmann W.:
Institut für Arterioskleroseforschung, Westfälische Wilhelms-Universität Münster

Paulsen H.-F.:
Buchbergklinik, Bad Tölz

Pottins I.:
Fett- und Stoffwechselambulanz, Klinikum Rudolf Virchow — Standort Charlottenburg — Freie Universität Berlin

Pulina M.:
Anatomisches Institut der Universität Bonn und Janssen Pharmaceutica Beerse, Belgien und Neuss

Raidt H.:
Institut für Nephrologie, Westfälische Wilhelms-Universität Münster

Rath M.:
Medizinische Kern- und Poliklinik, Universitätskrankenhaus Eppendorf, Hamburg

Reidy M. A.:
Dept. Pathology, Universität of Washington Seattle, USA

Resch K.-L.:
Hämorheologisches Forschungslabor, Institut für Physikalische Medizin, Universität München

Richter W. O.:
II. Medizinische Klinik, Universität München

Roggendorf W.:
Institut für Hirnforschung, Universität Tübingen

Rupp J.:
Physiologisches Institut I, Universität Tübingen

Sailer D.:
Abteilung Stoffwechsel und Ernährung in der Medizinischen Klinik I mit Poliklinik, Universität Erlangen-Nürnberg

Sandkamp M.:
Institut für Klinische Chemie und Laboratoriumsmedizin (Zentrallabor), Westfälische Wilhelms-Universität Münster

Schaefer H. E.:
Pathologisches Institut, Universität Freiburg

Schinko I.:
Anatomische Anstalt, Universität München

Schleicher J.:
Fett- und Stoffwechselambulanz, Klinikum Rudolf Virchow — Standort Charlottenburg — Freie Universität Berlin

Schlüter H.:
Institut für Biochemie, Westfälische Wilhelms-Universität Münster

Schmid Chr.:
Hämorheologisches Forschungslabor, Institut für Physikalische Medizin, Universität München

Schmid K.-M.:
Medizinische Klinik, Abteilung III, Universität Tübingen

Schmidt A.:
Institut für Arterioskleroseforschung, Westfälische Wilhelms-Universität Münster

Scholz W.:
Hoechst AG, Frankfurt

Schölkens B. A.:
Hoechst AG, Frankfurt

Schnalke F.:
Institut für Physiologie, Freie Universität Berlin

Schulte H.:
Institut für Arterioskleroseforschung, Westfälische Wilhelms-Universität Münster

Schultz G.:
Institut für Pharmakologie, Freie Universität Berlin

Schwabedal P. E.:
Anatomisches Institut der Universität Bonn und Janssen Pharmaceutica Beerse, Belgien und Neuss

Schwandt P.:
II. Medizinische Klinik, Universität München

Schwartzkopff W.:
Fett- und Stoffwechselambulanz, Klinikum Rudolf Virchow — Standort Charlottenburg — Freie Universität Berlin

Siegel G.:
Institut für Physiologie, Freie Universität Berlin

Spatz R.:
Buchbergklinik, Bad Tölz

Steinbrecher W.:
Institut für Präventive Kardiologie und Klinisch-Chemisches Zentrallaboratorium der Medizinischen Universitätsklinik Homburg/Saar

Steinmetz A.:
Zentrum Innere Medizin, Endokrinologie und Stoffwechsel, Philips-Universität Marburg

Stock G.:
Herz-Kreislauf-Pharmakologie, Forschungslaboratorien Schering AG, Berlin

Storkebaum W.:
Institut für Biochemie, Westfälische Wilhelms-Universität Münster

Strohschneider T.:
Physiologisches Institut I, Universität Tübingen

Sühler K.:
II. Medizinische Klinik, Universität München

Szathmary S. CS.:
Anatomisches Institut der Universität Bonn und Janssen Pharmaceutica Beerse, Belgien und Neuss

Tries S.:
Physiologisches Institut I, Universität Tübingen

Verheyen A.:
Anatomisches Institut der Universität Bonn und Janssen Pharmaceutica Beerse, Belgien und Neuss

Vierneisel K.:
II. Medizinische Klinik, Universität München

Vischer P.:
Institut für Arterioskleroseforschung, Westfälische Wilhelms-Universität Münster

Völker W.:
Institut für Arterioskleroseforschung, Westfälische Wilhelms-Universität Münster

Voisard R.:
Physiologisches Institut I, Universität Tübingen

Weisss H. D.:
Physiologisches Institut I, Universität Tübingen

Weisweiler P.:
MRM — Metabolic Research Munich, München

Welsch U.:
Anatomische Anstalt, Universität München

Wessels F.:
St.-Franziskus-Hospital, Essen

Wolburg-Buchholz K.:
Physiologisches Institut I, Universität Tübingen

Wolf K.:
Institut für Pathologie, Universitätskrankenhaus Eppendorf, Hamburg

Yu S.:
Fett- und Stoffwechselambulanz, Klinikum Rudolf Virchow — Standort Charlottenburg — Freie Universität Berlin

Zidek W.:
Medizinische Poliklinik, Westfälische Wilhelms-Universität Münster

Vorwort

G. Assmann

Der vorliegende Band enthält die Vorträge und Poster, die bei der Jahrestagung der Deutschen Gesellschaft für Arterioskleroseforschung am 27. und 28. 2. 1989 präsentiert wurden. Zweck der Gesellschaft ist die Förderung wissenschaftlicher und praktischer Aufgaben des gesamten Gebietes der Arterioskleroseforschung einschließlich der Fortbildung. Deshalb war das Thema der Tagung bewußt umfassend gewählt worden, um möglichst vielen Wissenschaftlern Gelegenheit zum Erfahrungsaustausch zu geben. Darüber hinaus sollte dem einzelnen die Möglichkeit geboten werden, über sein Spezialgebiet hinaus eine Vielzahl von Forschungsansätzen der multifaktoriellen Erkrankung »Arteriosklerose« kennenzulernen.

Die Tagung fand im Heinrich-Fabri-Institut der Universität Tübingen in Blaubeuren statt. Sie wurde mit Unterstützung der Universität und der in Blaubeuren ansässigen Firma Merckle GmbH durchgeführt. Dafür sprechen wir beiden Institutionen unseren Dank aus.

Neugeborenen-Screening auf familiäre Hypercholesterinämie — ein Pilotprojekt im Rahmen der Hochrisikostrategie zur kardiovaskulären Prävention auf der Ebene eines Bundeslandes

H. Hahman, T. Jungen, T. Hillig, D. Becker, H. E. Keller, L. Bette
Institut für Präventive Kardiologie und Klinisch-Chemisches Zentrallaboratorium der Medizinischen Universitätskliniken, Homburg

Zusammenfassung

Erstmalig auf der Ebene eines ganzen Bundeslandes wurde im Saarland ein Neugeborenen-Screening auf familiäre Hypercholesterinämie durchgeführt. Aus Nabelvenenblut wurden bei 10.238 Lebendgeborenen Cholesterin, Triglyzeride, HDL-Cholesterin und LDL-Cholesterin bestimmt. Da bei autosomal dominantem Erbgang ein Elternteil erkrankt sein muß, wurde bei Cholesterinwerten oberhalb der 95. Perzentile eine Elternnachuntersuchung veranlaßt. Dadurch wurde nach den vorläufigen Ergebnissen die erwartete Inzidenz von einem Erkrankungsfall auf 500 Neugeborene erreicht. Weil die Erkrankung häufig, schwerwiegend und nach heutigem Kenntnisstand besonders bei frühzeitiger Diagnosestellung behandelbar ist, erscheint eine Etablierung des Screenings sinnvoll. Die ersten Ergebnisse werden dargestellt.

Einführung

Die Hypercholesterinämie gilt heute als zentraler kardiovaskulärer Risikofaktor. Unter den genetisch terminierten Formen stellt die familiäre Hypercholesterinämie (FH) eine besonders wichtige Krankheitseinheit dar: Die seltene, homozygote Form führt bereits im Kindesalter zu einer meist letalen Koronarsklerose, die heterozygote Form (Häufigkeit 1:500) führt häufig zwischen dem 35. und 45. Lebensjahr zu meist schweren Verlaufsformen einer koronaren Herzkrankheit. Der autosomal dominante Erbmodus bedingt eine typische Familienanamnese mit Häufung von frühzeitigen kardiovaskulären Erkrankungen in der unmittelbaren Familie [4, 6, 24, 28].

Seit langer Zeit ist bekannt, daß bei Neugeborenen, die an einer familiären Hypercholesterinämie leiden, bereits erhöhte Cholesterinspiegel im Nabelvenenblut meßbar sind [1, 2, 3, 7, 9, 12, 13, 15, 16, 19, 22, 23, 25, 26, 32, 34]. Die neuen Erkenntnisse über die pathobiochemischen Grundlagen der Erkrankung [4, 6, 8, 17, 18] und die Möglichkeit einer wirksamen Behandlung [14, 27, 30, 33] haben Anlaß gegeben, im Saarland erstmals auf der Ebene eines Bundeslandes ein Screening auf familiäre Hypercholesterinämie aus Nabelvenenblut durchzuführen [31]. Erste Ergebnisse dieser Untersuchung sollen hier vorgestellt werden.

Praktische Durchführung

Das Saarland ist ein kleines Bundesland mit nahezu repräsentativer Verteilung von städtischen und ländlichen Bezirken. Bei über einer Million Einwohnern liegt die jährliche Geburtenziffer knapp unter 10.000. 18 von 20 Klinikabteilungen für Geburtshilfe beteiligten sich an dem Screening.

Die werdenden Eltern wurden bei Klinikaufnahme schriftlich über unser Vorhaben informiert und um Einwilligung gebeten. In einem Zeitraum von 15 Monaten wurden 10.238 Lebendgeburten erfaßt, davon 4.821 Knaben, 4.581 Mädchen, in 836 Fällen wurde das Geschlecht nicht mitgeteilt.

Nach Abklemmen der Nabelschnur wurden aus der plazentaren Seite jeweils Blutentnahmen durchgeführt, so daß durch Zentrifugation etwa 3 ml Serum gewonnen wurden. Die Seren wurden bei Kühlschranktemperatur in Glasröhrchen gelagert, von einem studentischen Kurierdienst einmal wöchentlich gesammelt und in unserem Zentrallaboratorium untersucht. Dabei wurden Cholesterin und LDL in Doppelbestimmung, HDL und Triglyzeride in einer einfachen Bestimmung mit Hilfe eines Autoanalysers vom Typ Hitachi 705 ermittelt.

Ergebnisse

Die Verteilung der gemessenen Lipoproteinbefunde ist in Tab. 1 und Abb. 1 bis 4 dargestellt. 1.388 hämolytische Seren wurden gesondert analysiert. Dabei fanden sich systematisch höhere Werte. Falschnegative Ergebnisse im Sinne des Screenings sind durch Hämolyse nicht zu erwarten.

Elternnachuntersuchung

Die Elternnachuntersuchung, die für das beschriebene Neugeborenenkollektiv noch nicht abgeschlossen ist, wurde veranlaßt, wenn die Cholesterinwerte eines

Tab. 1: Durchschnittswerte der Lipoproteinspiegel ± Standardabweichung für Knaben und Mädchen (nichthämolytische Seren), Mädchen weisen in allen Fraktionen höhere Werte auf.

mg/dl	Knaben	n	Mädchen	n
CH	64,4 ± 18,2	4166	70,1 ± 20,4	3939
TG	42,0 ± 19,5	4159	42,2 ± 26,1	3929
LDL	23,7 ± 12,1	4119	26,5 ± 14,0	3891
HDL	22,0 ± 7,9	4145	24,2 ± 8,5	3914

Neugeborenen über der 95. Perzentile lagen. Von 500 angeschriebenen Elternpaaren wurden bisher bei 420 Personen Lipiduntersuchungen durchgeführt. Um die erwartete Inzidenz von 1:500, d. h. 20 Fälle von heterozygoter FH auf 10.000 Geburten, zu erreichen, wäre rechnerisch bei den bisher nachuntersuchten Familien in 8,4 Fällen ein positiver Befund zu erwarten gewesen. Bisher wurden sieben sichere Fälle ermittelt, in vier Familien ergab sich darüber hinaus anhand der Lipidkonstellation ein weiter abklärungsbedürftiger Verdacht. Aufgrund dieser vorläufigen Ergebnisse scheint uns der gewünschte Screeningerfolg erreichbar zu sein.

Ausstehende Probleme

Bislang blieb die Frage nach einem »cut-off point« offen, d. h., ob es bei den bestimmbaren Lipoprotein- oder Apoproteinfraktionen einen Grenzwert gibt, der alle Normalbefunde von den pathologischen Befunden diskriminieren kann. Unter Zugrundelegung der 95. Perzentile wird die erwartete Inzidenz erreicht. Ein Neugeborenes, dessen Vater bereits mit FH in unserer Behandlung stand, hatte Werte oberhalb der 95. Perzentile und muß als betroffen gelten. Es ist allerdings nicht auszuschließen, daß auch erkrankte Kinder bei Nabelvenenblutuntersuchungen Cholesterinwerte unterhalb der 95. Perzentile aufweisen und somit dem Screening entgehen. Allerdings muß die Zahl dieser falschnegativen Screeningbefunde als äußerst gering erachtet werden. Mit dem vorliegenden Untersuchungsansatz können hierzu keine weiteren Erkenntnisse gewonnen werden.

Eine weiter ungeklärte Frage ist die hohe Zahl erhöhter Lipid- bzw. Lipoproteinbefunde bei Neugeborenen, die nicht an FH leiden. Unterschiedliche Phasen in der Stoffwechselumstellung der Neonatalperiode, unterschiedliche Reifegrade des Neugeborenen und der Geburtsstreß werden dafür verantwortlich gemacht [10, 11, 16, 24]. Eine Klärung erwarten wir von begleitenden Untersuchungen in

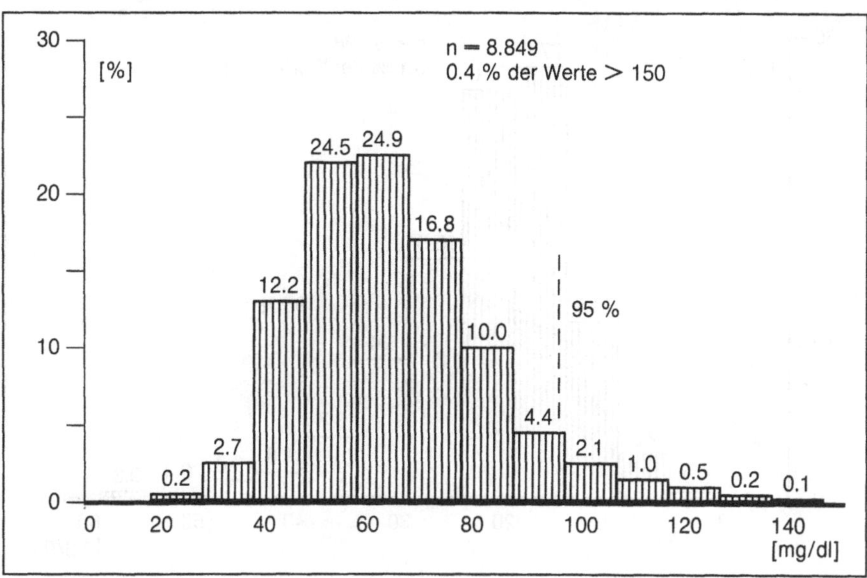

Abb. 1: Verteilung des Cholesterins bei Neugeborenen, die 95. Perzentile ist markiert.

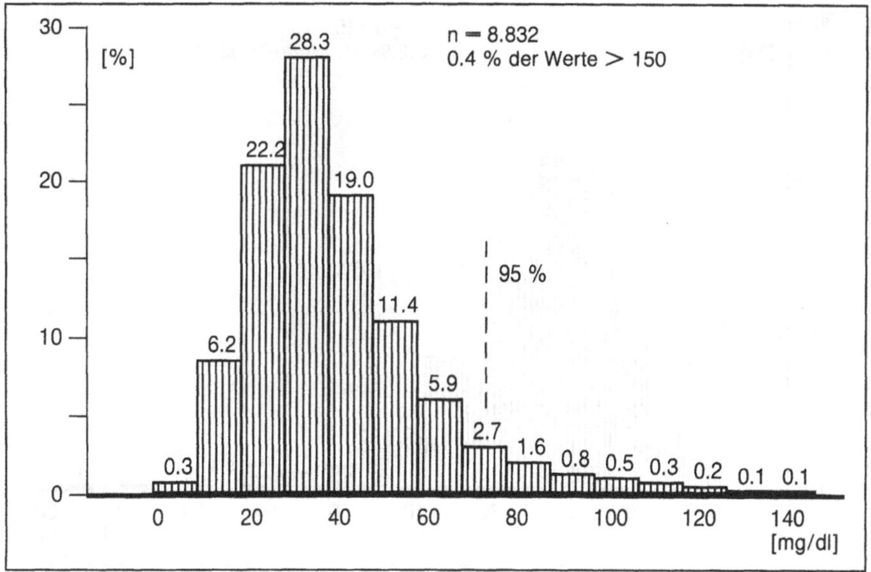

Abb. 2: Verteilung der Triglyzeride bei Neugeborenen, die 95. Perzentile ist markiert.

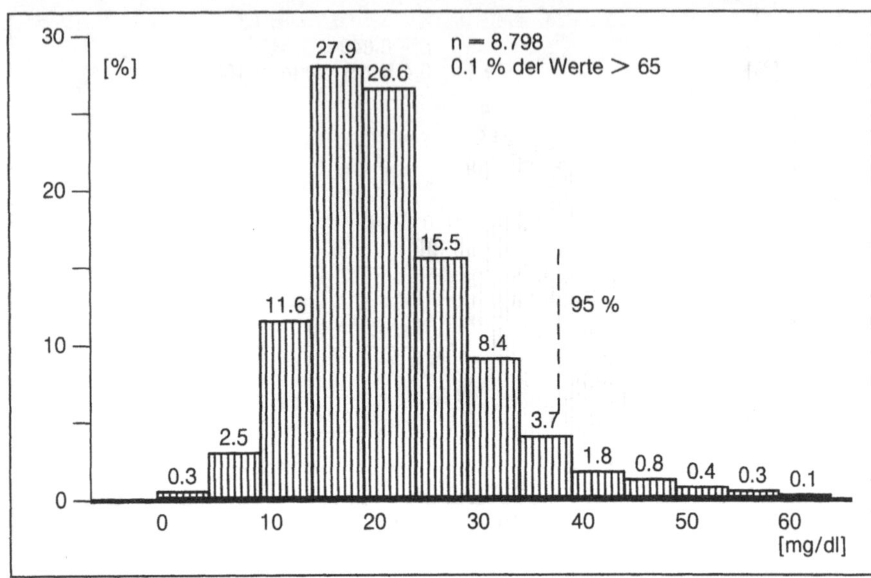

Abb. 3: Verteilung des HDL-Cholesterins bei Neugeborenen, die 95. Perzentile ist markiert.

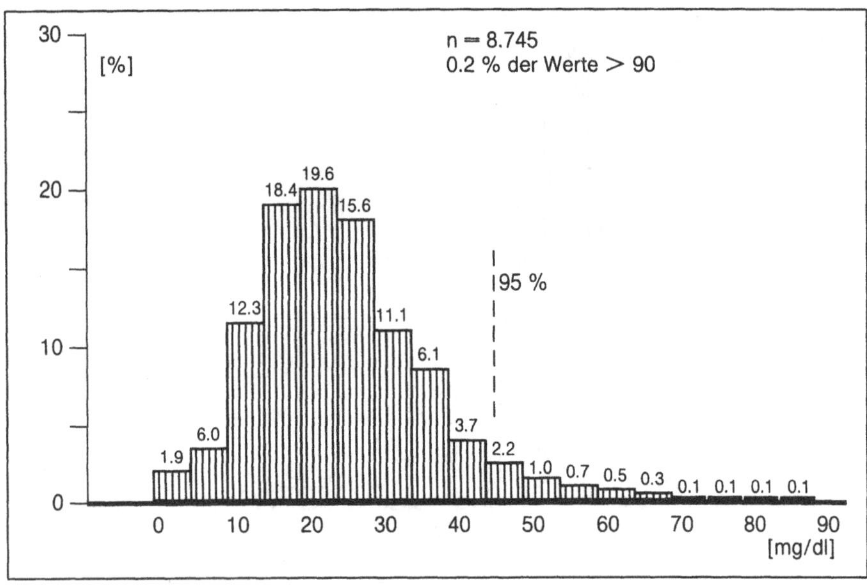

Abb. 4: Verteilung des LDL-Cholesterins bei Neugeborenen, die 95. Perzentile ist markiert.

kleinerem Rahmen, bei denen Lipoproteinwerte bei Neugeborenen vor der Krankenhausentlassung mit den Nabelvenenbefunden sowie Reifegrad und Geburtsverlauf verglichen werden sollen.

Ausblick

Nach unserer Überzeugung ist ein Neugeborenen-Screening auf familiäre Hypercholesterinämie sinnvoll. Die in Tab. 2 dargestellten Forderungen an ein Neugeborenen-Screening, wie sie von Bickel und Bremer 1977 aufgestellt wurden, treffen für das Screening auf die FH zu [5]. Einfachere logistische Verfahren könnten das Vorgehen erleichtern.
Neben dem Ziel, Arteriosklerose bei einer besonders gefährdeten Personengruppe durch eine bereits im Kindesalter einsetzende Behandlung zu verhüten oder hinauszuschieben [20, 21], messen wir auch der Identifikation der erkrankten Eltern große Bedeutung bei. Die Mehrzahl der Eltern befindet sich im Prämanifestationsalter der koronaren Herzkrankheit bei heterozygoter FH. Würde man ein FH-Screening bejahen, den Zeitpunkt dafür jedoch ins Einschulungsalter verlegen, gingen für die erkrankten, in der Regel unentdeckten Eltern rund sieben entscheidende Jahre einer wirkungsvollen Primär- oder bereits Sekundärprävention verloren.

Tab. 2: Forderungen an ein Neugeborenen-Screening (nach Bickel u. Bremer 1977)

- Therapierbare, nicht zu seltene Erkrankung
- Leichte Entnahme des Untersuchungsmaterials
- Praktikable Logistik (Versendung des Untersuchungsmaterials)
- Spezifische Methode, auf unselektierte Kollektive anwendbar
- Dem Aufwand des Screenings angemessene Bedeutung der Krankheit

Das auf den Zeitraum eines Jahres befristete Pilotprojekt wurde dankenswerterweise vom Saarländischen Minister für Kultur, Bildung und Wissenschaft finanziell getragen. Eines der vordergründigen organisatorischen Ziele ist es, einen Kostenträger zu finden, der eine Fortführung bzw. Etablierung des Projektes im größeren Rahmen ermöglicht.

Literaturverzeichnis

1 Andersen GE, Friis-Hansen B. Neonatal diagnosis of familial type II hyperlipoproteinemia. Pediatrics 1976; 57: 214–220.

2 BALLESTER D, TAGLE MA, VALIENTE S, SEPULVEDA H. Serum cholesterol in Chilean newborn infants and its evolution during the first month of life. Helv Pediat Acta 1965; 2: 227—235.

3 BARNES K, NESTEL PJ, PRYKE ES, WHYTE HM. Neonatal plasma lipids. Med J Aust 1972; 2: 1002—1005.

4 BEISIEGEL U. Familiäre Hypercholesterinämie. In: KAFFARNIK HV, SCHNEIDER J, Hrsg. Hyperlipoproteinämie. Erlangen: perimed, 1984: 23—26.

5 BICKEL H, BREMER HJ. Störungen des Stoffwechsels. In: WISKOTT A, Hrsg. BECKMANN R, Bearb. Lehrbuch der Kinderheilkunde. 4. neubearb. Auflage. Stuttgart: Thieme, 1977: 14.82—14.86.

6 BILHEIMER D. Familial hypercholesterolemia. Baillière's Clinical Endocrinology and Metabolism. 1987; 1: 581—601.

7 BLADES BL, DUDMAN NPB, WILCKEN DEL. Screening for familial hypercholesterolemia in 5000 neonates: A recall study. Pediatr Res 1988; 23: 500.

8 BROWN MS, GOLDSTEIN JL. How LDL receptors influence cholesterol and atherosclerosis. Scientific American. 1984; 251, 5: 58—66.

9 CARLSON LA, HARDELL LI. Sex differences in serum lipids and lipoprotein at birth. European J Clin Invest 1977; 7: 133—135.

10 CRESS HR, SHAHER RM, LAFFIN R, KARPOWICZ K. Cord blood hyperlipoproteinemia and perinatal stress. Pediatr Res 1977; 11: 19—23.

11 DARMADY JM, FOSBROOKE AS, LLOYD JK. Prospective study of serum cholesterol levels during first year of life. Brit Med J 1972; 2: 685—688.

12 DUDMAN NPB. Radial immunodiffusion assay of apolipoprotein B in blood dried on filterpaper — a potential screening method for familial type II hypercholesterolemia. Clinica Chim Acta 1985; 149: 117—127.

13 DYERBERG J, HJÖRNE N, NYMAND G, OLSEN JS. Reference values for cord blood lipid and lipoprotein concentrations. Acta Pediatr Scand 1974; 63: 431—436.

14 GLUECK CJ. Therapy of familial and acquired hyperlipoproteinemia in children and adolescents. Preventive Med 1983; 12: 835—847.

15 GLUECK CJ, HECKMANN F, SCHOENFELD M, STEINER P, PEARCE W. Neonatal familial type II hyperlipoproteinemia: cord blood in 1800 births. Metabolism 1971; 20: 597—608.

16 GLUECK CJ, TSANG RC. Pediatric familial type II first year of life. Am J Cl Nutr 1972; 25: 224—230.

17 GOLDSTEIN JL, BROWN MS. The LDL receptor defect in familial hypercholesterolemia. (Symposium on Lipid Disorders). Med Clins N Am 1982; 66: 335.

18 GOLDSTEIN JL, BROWN MS. Familial hypercholesterolemia. In: STANBURY JB et al., eds. The Metabolic Basis of Inherited disease. 1983: 672.

19 GRETEN H, WAGNER M, SCHETTLER G. Frühdiagnose und Häufigkeit der familiären Hyperlipoproteinämie Typ II. Dtsch Med Wschr 1974; 99: 2553—2557.

20 HODENBERG von E. Arteriosklerose schon eine Krankheit der Kindheit? Dtsch Ärzteblatt. Heidelberg 1986; 31/32: 2160—2162.

21 KANNEL WB, DAWBER TR. Atherosclerosis as a pediatric problem. J Pediat 1972; 80: 544—554.

22 KWITEROVICH PO, LEVY RI, FREDERICKSON DS. Neonatal diagnosis of familial type II hyperlipoproteinemia. Lancet 1973; i: 118—122.

23 Mishkel MA. Neonatal plasma lipids as measured in cord blood. CMA Journal 1974; 111: 775—780.

24 Müller C. Angina pectoris in hereditary xanthomatosis. Arch Intern Med 1939; 64: 675—701.

25 Ose L. LDL and total cholesterol in cord-blood screening for familial hypercholesterolemia. Lancet 1985; ii: 615—616.

26 Radzun J. Diagnose und Häufigkeit der primären Hyperproteinämie bei Neugeborenen. Dissertation Universität Kiel 1977.

27 Schlierf G, Vogel G, Kohlmeier M, Vuilleumier JP, Hüppe R, Schmidt-Gayk H. Langzeittherapie der familiären Hypercholesterinämie bei Jugendlichen mit Colestipol: Versorgungszustand mit Mineralstoffen und Vitaminen. Klin Wschr 1985; 63: 802—806.

28 Spengel FA, Kaess B, Keller CH, Kröner KK, Schreiber M, Schuster H, Zöllner N. Atherosclerosis of the carotid arteries in young patients with familial hypercholesterolemia. Klin Wschr 1988; 66: 65—68.

29 Strobl W, Widhalm K, Kostner G, Pollak A. Serum apolipoproteins and lipoprotein (a) during the first week of life. Acta Pediatr Scand 1983; 72: 505—509.

30 Thiery J. Maximaltherapie der Hypercholesterinämie bei koronarer Herzkrankheit. Therapiewoche 1988; 38: 3424—3437.

31 Thönnes W, Hahmann H, Jungen T, Bette L. »Neugeborenen-Screening« auf familiäre Hypercholesterinämie. Saarländisches Ärzteblatt 1988; 1: 27—29.

32 Tsang RC, Glueck CJ, Fallat RW, Mellies M. Neonatal familial hypercholesterolemia. Am J Dis Child 1975; 129: 83—91.

33 Widhalm K. Pediatric guidelines for lipid reduction. European Heart J 1978; 8, Suppl. E: 65—70.

34 Zöllner N, Wolfram G, Londong W, Kirsch K. Untersuchungen über die Plasmalipoide des Neugeborenen, Säuglings und Kleinkindes. Klin Wschr 1966; 7: 380—386.

Bayerische Cholesterin-Aktion — Erste Ergebnisse eines Cholesterin-Massenscreenings

W. O. Richter, W. Möhrle, P. Schwandt
II. Medizinische Klinik der Universität München

Ein erhöhtes Serumcholesterin ist einer der Hauptrisikofaktoren für die Entstehung einer vorzeitigen Atherosklerose. Im MRFIT-Projekt [1] konnte an einem sehr großen Kollektiv (361.662 Männer im Alter von 35 — 57 Jahren) gezeigt werden, daß bereits Serumcholesterinwerte von über 200 mg/dl mit einem erhöhten Risiko für eine koronare Herzkrankheit vergesellschaftet waren. Damit konnten die Ergebnisse anderer Untersuchungen, wie sie z. B. im Pooling-Projekt [3] zusammengefaßt wurden, bestätigt werden. Diese Daten waren in erster Linie der Anlaß, daß sich die NIH Consensus Development Conference darauf einigte, daß nur Serumcholesterinwerte unter 200 mg/dl als normal bezeichnet werden können [2].

Ein Serumcholesterinwert von über 240 mg/dl ist pathologisch erhöht und sollte durch ergänzende Untersuchungen weiter abgeklärt und wirkungsvoll behandelt werden. Ein sehr hohes koronares Risiko liegt bei Patienten mit heterozygoter familiärer Hypercholesterinämie vor. Gleiches gilt auch für die polygenetische Hypercholesterinämie mit Erhöhung des Serumcholesterins auf Werte über 300 mg/dl. Diese Patienten müssen frühzeitig erkannt und einer entsprechenden Therapie zugeführt werden.

Ziel der Bayerischen Cholesterin-Aktion ist es daher, zum einen jene Patienten mit sehr hohem Risiko aufgrund eines erhöhten Serumcholesterins durch eine breit angelegte Bevölkerungsuntersuchung zu erkennen, um präventive Maßnahmen zu ermöglichen. Zum anderen sollen aber auch Patienten mit Serumcholesterinwerten zwischen 200 und 300 mg/dl auf das erhöhte koronare Risiko hingewiesen und in erster Linie zu einer Umstellung der Ernährung bewogen werden. Diese Aktion beabsichtigt, insbesondere jene Menschen anzusprechen, die sich nicht in ärztlicher Betreuung befinden. Dies geschieht auf zwei verschiedene Weisen:

1. Cholesterinmessungen bei Personen, die einem öffentlichen Aufruf folgen (Messungen in öffentlichen Lokalen, z. B. Rathaus oder Gemeindesaal) und
2. durch Cholesterinmessungen in Betrieben mit möglichst weitgehender Erfassung der Belegschaft, wobei das Prinzip der Freiwilligkeit erhalten bleiben muß.

Die Bestimmung des Cholesterins erfolgt mit einer trocken-chemischen Methode (enzymatische Bestimmung mit Reflotron-Cholsterol-Teststreifen der Fa. Boehringer, Mannheim) aus dem Fingerbeerenblut jeweils innerhalb von drei Minuten. Die Patienten erhalten einen Cholesterinpaß, in den der Cholesterinwert eingetragen wird. Darüber hinaus werden auch andere Risikofaktoren wie Hypertonus, Rauchen oder Übergewicht erfaßt. Auf der Rückseite des Passes findet sich der Hinweis, daß bei einem Serumcholesterinwert über 240 mg/dl bald der Hausarzt aufgesucht werden soll.

Bisher konnten 11.664 Cholesterinmessungen in die Auswertung eingeschlossen werden. 6.357 Teilnehmer waren Frauen. Die Altersverteilung im Gesamtkollektiv zeigt Abb. 1. Der Anteil an Teilnehmern mit einem Lebensalter von mehr als 60 Jah-

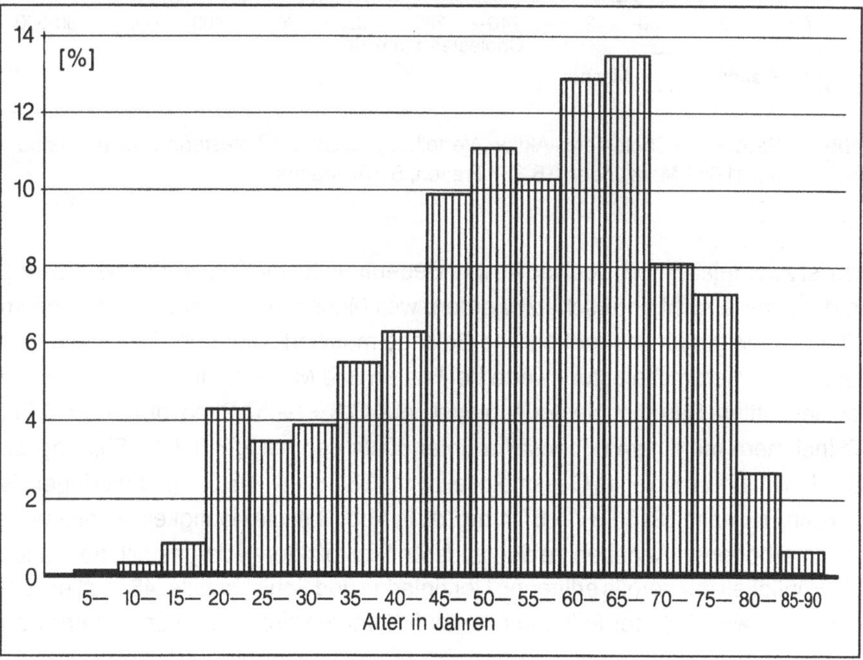

Abb. 1: Bayerische Cholesterin-Aktion, Pilotstudie mit 11.664 Teilnehmern, Altersverteilung der untersuchten Personen

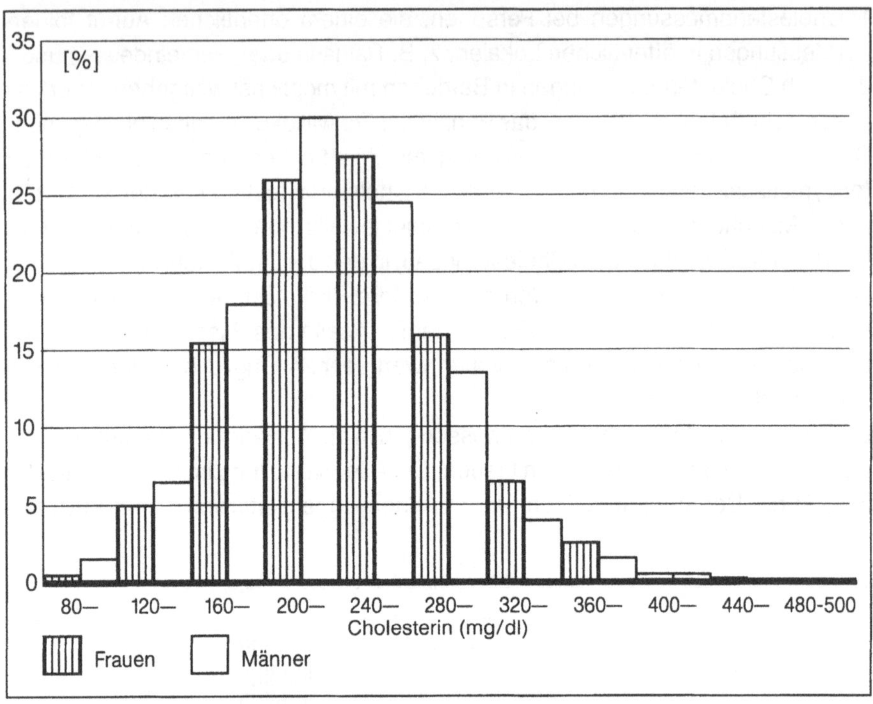

Abb. 2: Bayerische Cholesterin-Aktion, Verteilung der Serumcholesterinwerte (Pilotstudie mit 11.664 Messungen), 6.357 Frauen, 5.307 Männer

ren ist zwar relativ groß, doch sollte ihre Bedeutung für die Gesundheitserziehung in der Familie nicht unterschätzt werden, weil Menschen dieser Altersgruppe im allgemeinen gut für gesundheitliche Belange motiviert sind. Abb. 2 zeigt die Verteilung der Serumcholesterinwerte bei Frauen und Männern. Im Gesamtkollektiv lag der mittlere Serumcholesterinspiegel bei 240,8 +/— 57,2 mg/dl, bei den 6.714 Teilnehmern mit einem Lebensalter unter 60 Jahren bei 228,0 +/— 55,3 mg/dl. Bei den Männern lag er im Gesamtkollektiv mit 233,8 +/— 55,5 mg/dl niedriger als bei den Frauen mit 246,1 +/— 57,4 mg/dl. In Abb. 3 ist die Häufigkeit der anamnestisch erhobenen Angaben zu den anderen Risikofaktoren dargestellt, aber auch die Häufigkeit der bereits erlittenen Herzinfarkte und Schlaganfälle. 43 % aller Teilnehmer sowie 55 % der Teilnehmer unter 60 kannten bisher ihren Cholesterinwert nicht.

Betrachtet man die unter 60jährigen (Body-mass-Index 24,6 +/— 3,5 kg/m^2) allein, so ist festzustellen, daß 79,1 % Nichtraucher sind, 14,6 % einen erhöhten

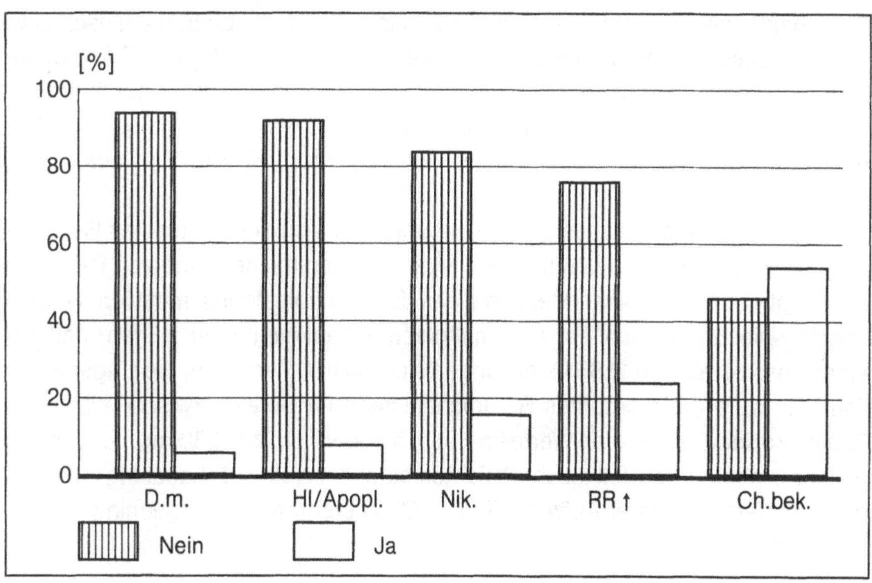

Abb. 3: Anamnestische Angaben zur Häufigkeit des Diabetes mellitus, Hypertonus, Rauchens, durchgemachten Herzinfarkts (HI) oder Schlaganfalls und zu der Frage, ob der Serumcholesterinwert schon einmal gemessen worden war (11.664 Teilnehmer)

Blutdruck haben und 2,6 % einen manifesten Diabetes mellitus. Bei immerhin 35 % ist in der Familie ein Herzinfarkt oder ein Schlaganfall aufgetreten, eine Fettstoffwechselstörung in der Familie war nur 12,5 % der Teilnehmer bekannt.

3.587 Teilnehmer mit einem Lebensalter unter 60 Jahren kannten ihren Cholesterinwert bisher nicht. Davon hatten 27,4 % einen Serumcholesterinspiegel von unter 200 mg/dl, 30,9 % lagen zwischen 200 und 240 mg/dl. 660 hatten einen erhöhten Serumcholesterinwert zwischen 240 und 280 mg/dl, 281 zwischen 280 und 320 mg/dl, 82 zwischen 320 und 360 mg/dl, 22 zwischen 360 und 400 mg/dl und 14 über 400 mg/dl. Damit konnte in dieser Screening-Aktion mit 11.664 Teilnehmern bei 1.059 Personen mit einem Lebensalter von weniger als 60 Jahren ein behandlungsbedürftiges erhöhtes Serumcholesterin festgestellt werden (9,07 %).

Ob diese neu erkannten Personen mit erhöhtem Serumcholesterin einen Arzt zur weiteren Abklärung und Betreuung aufgesucht haben, soll durch eine Fragebogenaktion geklärt werden. Die Identifikation erfolgt durch die Nummer des Ausweises, die persönlichen Daten der Patienten sind damit geschützt. Die erste

Dokumentation erfolgt beim ersten Arztbesuch, die zweite Eintragung nach etwa sechs Monaten. Dabei wird auch die Art der Intervention und deren Erfolg dokumentiert. Durch die differenzierte Bestimmung der Lipoproteine in der ärztlichen Praxis kann damit auch zwischen der Erhöhung des Low-densitiy-Lipoprotein (LDL)-Cholesterins und des Very-low-density-Lipoprotein (VLDL)-Cholesterins unterschieden werden.

Zusammenfassend kann festgestellt werden, daß die Pilotstudie eines Bevölkerungs-Screenings in Bayern bewiesen hat, daß damit eine Reihe von Personen zum ersten Mal zu einer Messung des Serumcholesterins motiviert werden konnte. Die Ergebnisse der Serumcholesterinbestimmungen zeigen, daß bei einer Gesamtzahl von 11.664 Messungen sich bei 660 Personen, die jünger als 60 Jahre alt waren, ein erhöhtes Serumcholesterin im Bereich zwischen 240 und 280 mg/dl fand, 399 hatten Werte im Hochrisikobereich über 280 mg/dl. Wenn es gelingt, einen großen Teil dieser Patienten einer sinnvollen Behandlung zuzuführen, rechtfertigt sich der Aufwand für das Cholesterin-Massenscreening.

Literaturverzeichnis

1 Martin MJ, Browner WS, Hulley SB, Kuller LH, Wentworth D. Lancet 1986; ii: 933—936.
2 NIH Consensus Development Conference. Ann Int Med 1985; 103: 1073—1077.
3 The Pooling Project Research Group. J Chron Dis 1978; 31: 206.

Lipoprotein- und Apoproteinspiegel bei alten Menschen

A. Bimmermann und W. Schwartzkopff
Fett- und Stoffwechselambulanz, Abteilung Innere Medizin mit Schwerpunkt Hämatologie/Onkologie am Klinikum Rudolf Virchow — Standort Charlottenburg — Freie Universität Berlin

In der vorliegenden Arbeit wird untersucht, ob bei alten Menschen zwischen 80 und 100 Jahren die Lipide des Blutes im Vergleich zu jüngeren Menschen verschieden sind und ob die Langlebigkeit durch eine Normo- bzw. Hypo-beta-Lipoproteinämie oder aber auch durch eine Hyper-alpha-Lipoproteinämie mitbegünstigt wird.
Bestimmt wurden bei 126 alten Menschen (♂ = 26, ♀ = 100) die Lipidparameter (TG, TCH, LDL-CH, HDL-CH, Apoprotein B, A-I, A-II, Lp(a)). Diese 80- bis 100jährigen (mittleres Lebensalter 88 Jahre) stammten aus sieben Berliner Altersheimen. Sie waren geistig rege und versorgten sich selbst. Von dem Gesamtkollektiv hatten nach dem 70. Lebensjahr 16 Frauen und vier Männer einen Herzinfarkt durchgemacht. Zur Beurteilung der Normalität der Blutlipide bei alten Menschen und bei dem Vergleichskollektiv 20- bis 60jähriger Männer und Frauen wurden für die Grenzbereiche der atherogenen Lipide, d. h. dem Totalcholesterin (TCH), LDL-Cholesterin (LDL-CH), Apoprotein B (Apo B), den Triglyzeriden (TG) und für die antiatherogenen Lipide HDL-Cholesterin (HDL-CH), Apoprotein A-I, A-II (Apo A-I, A-II) einmal die 75. Perzentile für die atherogenen und die 25. Perzentile für die antiatherogenen Lipide und Lipoproteine zugrunde gelegt. Darüber hinaus wurden auch die von der amerikanischen [12] und europäischen Konsensuskonferenz [15] empfohlenen Konzentrationen für den Normbereich der genannten Lipid- und Lipoproteinparameter mitberücksichtigt.

Material und Methoden

Wie dargelegt, wurden 126 alte Menschen aus sieben Altersheimen untersucht. In Tab. 1 sind die verschiedensten Parameter wie Hypertonie, Zigarettenkonsum,

Tab. 1: Prävalenz kardiovaskulärer Risikofaktoren, Herzinfarkt- und Karzinomrate bei 80- bis 100jährigen Männern und Frauen sowie das Alter ihrer Eltern

Parameter	Männer (n=26)	Frauen (n=100)
Hypertonie systolisch*	13 %	35 %
diastolisch*	4,3 %	7 %
Zigarettenraucher**	20 %	8 %
Diabetes-mellitus-Typ II		
diätpflichtig	0 %	7 %
tablettenpflichtig	4,2 %	9 %
insulinpflichtig	0 %	2 %
Adipositas***	8 %	8 %
Hyperurikämie****	24 %	18 %
Hypothyreose	3,8 %	5 %
Zustand nach Herzinfarkt	16,7 %	16 %
Karzinomrate	12,5 %	4 %
Alkoholkonsum	65,4 %	40 %
Alter der Väter (Jahre, $\bar{X}$)	78	70
Alter der Mütter (Jahre, $\bar{X}$)	71	75

*) Blutdruck 160/95 mm Hg;
**) jegliches Zigarettenrauchen;
***) Broca-Index 120 %;
****) Harnsäure 7 mg/dl

tabletten- bzw. insulinpflichtiger Diabetes mellitus, Übergewichtigkeit, Hyperurikämie, Hypothyreose, Zustand nach Herzinfarkt, Karzinomrate, Alkoholkonsum sowie Lebensalter der Eltern aufgeführt.

Das Vergleichskollektiv setzte sich aus 346 Angestellten und Arbeitern der Berliner Verkehrsbetriebe (BVG) zusammen, die rein zufällig im Rahmen der jährlich erfolgenden üblichen Betriebsuntersuchungen auch Blut für diese spezielle Fragestellung zur Verfügung stellten. Bei diesen Personen waren aufgrund der Anamneseerhebung keine Hinweise für eine koronare Herzerkrankung (KHK) oder eine medikamentöse Therapie einer Fettstoffwechselstörung mit Lipidsenkern bekannt. Untersucht wurde das Blutserum von 252 Männern und 94 Frauen. Die unterschiedliche Zahl von Männern und Frauen ergibt sich aus der Tatsache, daß bei der BVG mehr männliche als weibliche Arbeitskräfte beschäftigt sind.

Laboruntersuchungen

Nach zwölfstündigem Fasten wurde alten und jungen Menschen Venenblut entnommen, das in EDTA-enthaltenden Röhrchen aufgefangen wurde. Cholesterin (TCH) und Triglyzeride (TG) wurden enzymatisch mit den Reagenzien der Fa. Boehringer und das HDL-Cholesterin im Überstand nach Präzipitation der Apoprotein-B-haltigen Lipoproteine mit Phosphorwolframsäure-MgC12 gemessen. Bei Triglyzeridkonzentrationen bis zu 400 mg/dl wurde das LDL-CH mit der Friedewaldformel geschätzt.

Bei höherer TG-Konzentration (> 400 mg/dl) wurde das Serum mit der UZ bei einer d = 1.006 in die VLDL (F1-Fraktion) und in die LDL sowie in die HDL (F2-Fraktion) bei 40.000 RPM mit einer Laufzeit von 24 Stunden getrennt. Die Messung der LDL erfolgte aus der Differenz von Ges.-CH in der F2-Fraktion vor und nach Fällung der LDL mit Phosphorwolframsäure. Die Apoproteine A-I und A-II sowie das Apo-B und das Lp(a) wurden mit Antisera der Fa. Immuno mit der Radial-Immundiffusion ermittelt.

Eine Hyper-alpha-Lipoproteinämie lag vor bei einem HDL-CH von > 70 mg/dl, eine Hypo-LDL-Lipoproteinämie bei Werten von < 70 mg/dl.

Statistische Analyse

Für den Vergleich zwischen den Altersgruppen und zwischen Männern und Frauen wurde der Mann-Whithney-Test für unverbundene Kollektive angewandt. Die Signifikanz wurde auf einem Niveau von 5 % festgelegt.

Ergebnisse

Altersabhängigkeit der Blutlipide (Abb. 1)

Bei Zugrundelegung oberer Normwerte für Cholesterin von 250 mg/dl, für LDL-CH von 190 mg/dl und für TG von 200 mg/dl kommt es im Verlauf des Lebens bei beiden Geschlechtern bis zur 6. Dekade zu einem Anstieg des TCH, wobei festzustellen ist, daß bei Männern bis zur 6. Dekade die TCH-Werte höher liegen als bei Frauen. Bei alten Menschen fiel bei beiden Geschlechtern das TCH ab. Es war dann niedriger als beim Vergleichskollektiv der 6. Dekade. Bei den Männern im hohen Lebensalter war darüber hinaus das TCH niedriger als bei alten Frauen. Das LDL-CH stieg beim Mann von der 3. bis zur 6. Dekade an, um im hohen Lebensalter abzusinken. Auch bei Frauen nahm das LDL-CH von der 3. bis zur 5. Dekade zu. Es zeigte niedrigere Werte in der 6., 9. und 10. Dekade. Vergleicht man das LDL-CH

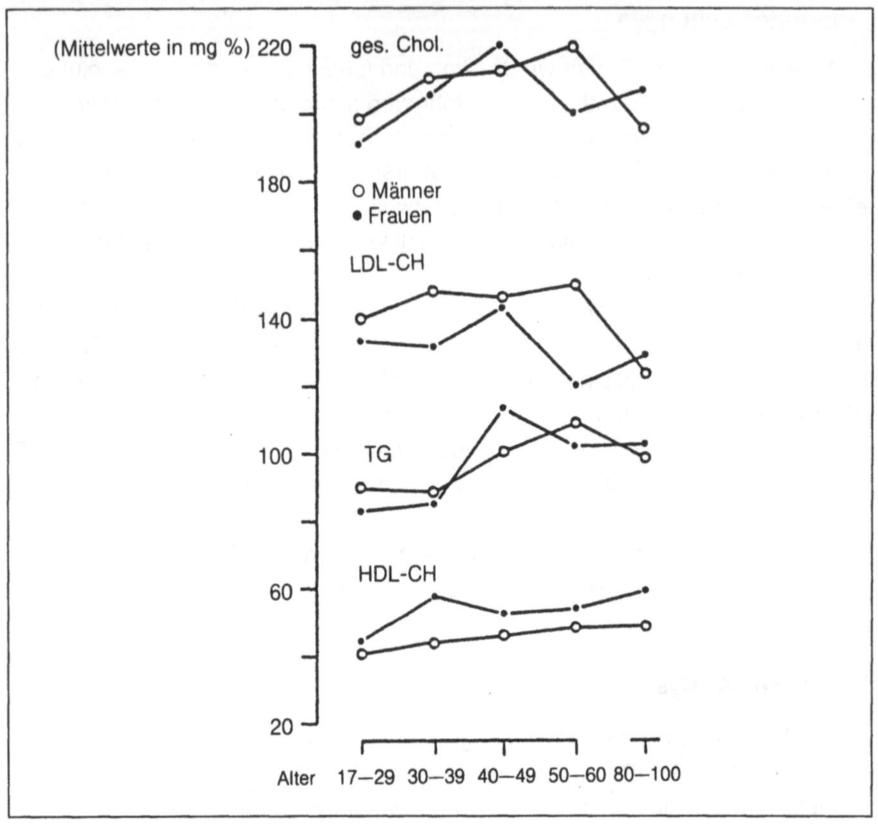

Abb. 1: Mittlere Plasmaspiegel von Cholesterin, Triglyzeriden, HDL-CH- und LDL-CH bei Männern und Frauen verschiedener Altersklassen.

von Männern und Frauen, dann ist festzustellen, daß dies bis zur 6. Dekade bei Männern höher war als bei Frauen. In der 9. und 10. Dekade lag es aber bei Frauen über dem LDL-CH-Wert der Männer. Auch die Triglyzeride nahmen beim Mann von der 3. bis 6. Dekade zu, um bis zur 9. und 10. Dekade gering abzufallen. Bei Frauen hingegen fand sich im Verlauf des gesamten Lebensabschnittes von der 3. bis zur 10. Dekade ein kontinuierlicher Anstieg der TG. Höhere TG-Werte fanden sich bei Männern in der 3., 4. und 6. Dekade. Das HDL-CH stieg vom 20. bis zum 100. Lebensjahr bei beiden Geschlechtern an. Es war in allen Lebensabschnitten bei Frauen höher als bei Männern.

Durchschnittliche Lipid- und Lipoproteinwerte (Tab. 2—4)

Ohne Berücksichtigung der als Normbereich von der europäischen Konsensuskonferenz festgelegten oberen Grenzwerte für Lipide und Lipoproteine und ohne Ausschluß der Personen mit Verdacht auf Hyperlipoproteinämie wurde für Frauen unter 60 Jahren ein Cholesterin von ($\overline{X}$) 256 mg/dl, ein LDL-CH von 179 mg/dl, ein HDL von 48 mg/dl und eine TG-Konzentration von 155 mg/dl bestimmt. Für die 20—60jährigen Männer lauteten die entsprechenden Werte: Gesamt-CH 249 mg/dl, LDL-CH 174 mg/dl, HDL-CH 42 mg/dl und TG 171 mg/dl. Bei den alten Männern war das TCH mit 206 mg/dl, LDL-CH mit 137 mg/dl, HDL-CH mit 47 mg/dl und die TG mit 113 mg/dl niedriger als bei den Männern unter 60 Jahren. Bei den alten und jüngeren Frauen ergaben sich hingegen keine auffälligen signifikanten Unterschiede für die genannten Lipide (betagte Frauen: CH = 240 mg/dl, LDL-CH = 163 mg/dl, TG = 180 mg/dl, HDL-CH = 46 mg/dl).
Für die Beurteilung der Normbereiche wurden auch die Werte der 75. Perzentile

Tab. 2: Perzentile Verteilung von Gesamtcholesterin, LDL-Cholesterin, Triglyzeriden und HDL-Cholesterin bei 17- bis 60jährigen Männern (n = 252)

		Normolipidämischer Bereich				Hyperlipidämischer Bereich			alle Männer
Perzentile		5.	10.	25.	50.	75.	90.	95.	$\overline{X}$, SD
Ges.Chol	(mg/dl)	166	184	211	248	276	310	329	249 ± 40
LDL-Chol	(mg/dl)	108	119	141	172	199	235	251	174 ± 45
TG	(mg/dl)	58	65	81	134	187	315	415	171 ±134
HDL-Chol	(mg/dl)	27	29	33	39	46	57	67	42 ± 13

Tab. 3: Perzentile Verteilung von Gesamtcholesterin, LDL-Cholesterin, Triglyzeriden und HDL-Cholesterin bei 17- bis 60jährigen Frauen (n = 94)

		Normolipidämischer Bereich				Hyperlipidämischer Bereich			alle Frauen
Perzentile		5.	10.	25.	50.	75.	90.	95.	$\overline{X}$, SD
Ges.Chol	(mg/dl)	173	185	222	254	285	320	335	256 ± 50
LDL-Chol	(mg/dl)	109	120	144	181	211	234	250	179 ± 46
TG	(mg/dl)	55	67	80	122	187	270	310	155 ±189
HDL-Chol	(mg/dl)	27	34	39	45	55	63	71	48 ± 13

Tab. 4: Perzentile Verteilung von Gesamtcholesterin, LDL-Cholesterin, Triglyzeriden und HDL-Cholesterin bei 80- bis 100jährigen Frauen (n = 100)

		Normolipidämischer Bereich					Hyperlipidämischer Bereich			alle Frauen
Perzentile		5.	10.	25.	50.	50.*	75.	90.	95.	X̄, SD
Ges.Chol	(mg/dl)	156	170	204	230	204	262	305	329	240 ±55
LDL-Chol	(mg/dl)	81	92	131	161	130	183	230	245	163 ±49
TG	(mg/dl)	75	90	109	152	106	215	285	350	180 ±96
HDL-Chol	(mg/dl)	25	27	34	42	43	53	66	92	46 ±17

* Von den über 80jährigen Männern wird aufgrund der geringen Fallzahl (n = 26) nur die 50. Perzentile angegeben.

herangezogen. Für diesen Bereich fanden wir bei 20- bis 60jährigen Frauen auffallend hohe Werte für das Cholesterin (285 mg/dl), das LDL-Cholesterin (211 mg/dl) sowie für die Serumtriglyzeride (187 mg/dl). Bei den 80- bis 100jährigen Frauen fand sich ein Cholesterinwert von 262 mg/dl, eine LDL-CH-Konzentration von 183 mg/dl und ein Triglyzeridwert von 215 mg/dl. Bei berufstätigen Männern betrug das Cholesterin 276 mg/dl, das LDL-CH 199 mg/dl und die Triglyzeride 187 mg/dl. Für die alten Männer erfolgte diese Berechnung nicht, da die Zahl zu klein war.
Diese hohen, oberhalb der von der europäischen Konsensuskonferenz angegebenen Werte sprechen dafür, daß unter Angestellten und Arbeitern der BVG sowie auch unter den alten Menschen in hoher Frequenz Hyperlipoproteinämien vorkommen. Wir haben daraufhin die Prävalenz der wichtigsten Hyperlipoproteinämietypen bestimmt.

Häufigkeit von Hyperlipoproteinämien

Unter den Angestellten und Arbeitern der BVG fanden wir unter den 252 Männern bei 32 % eine Hyperlipoproteinämie. In 16,7 % der Fälle wurde ein HLP-Typ IIa, in 7,2 % ein Typ IIb und in 8,3 % ein Typ IV nachgewiesen. Unter den 94 Frauen der BVG kam in 35 % ebenfalls eine HLP vor, wobei wiederum der HLP-Typ IIa mit 16 %, der Typ IIb mit 8 % und der HLP-Typ IV mit 11 % vertreten waren. Der HLP-Typ IIa war bei alten Männern und Frauen mit 7,7 % bzw. 9 % weniger häufig als bei den jüngeren Alterskollektiven vertreten. Der HLP-Typ IIb fand sich in nahezu gleicher Häufigkeit (♂ = 7,7 %, ♀ = 9 %). Bei den betagten Männern und Frauen wurde der HLP-Typ IV bei 11,5 % der Männer bzw. 27 % der Frauen angetroffen.

Verhalten der Blutlipide bei 80—100jährigen mit und ohne Herzinfarkt

Unter den 80—100jährigen fanden wir 16 Frauen und vier Männer, die in der 8. Dekade einen Herzinfarkt erlitten hatten. Hier stellte sich die Frage, ob diese alten Frauen mit KHK sich in ihren Lipidwerten von den Frauen ohne KHK unterschieden. Für die alten Männer mit KHK war infolge der geringen Fallzahlen (n = 4) eine statistische Aussage nicht möglich, obwohl rein deskriptiv das Gesamtcholesterin mit 230 mg/dl und das LDL-CH mit 162 mg/dl etwas höher lagen als bei alten Männern ohne KHK (CH = 204; LDL-CH = 135 mg/dl). Der LDL-CH/HDL-CH-Quotient betrug bei den KHK-Männern 4,5; bei denen ohne KHK 3,13. Blutdruck und Körpergewicht waren nicht verschieden. Ein Diabetes mellitus war bei den KHK-Patienten nicht festzustellen.
Die statistische Auswertung der Lipidparameter bei den 16 alten Frauen mit KHK zeigte, daß sich keine signifikanten Unterschiede bei den atherogenen Lipiden (CH, LDL-CH, Apoprotein B, LDL/HDL-CH) ergaben. Es fanden sich lediglich signifikant höhere Triglyzerid-, Blutzucker- und Harnsäurekonzentrationen bei den Frauen mit KHK. Der HLP-Typ IV kam bei 37,5 % der 16 Frauen in etwa gleicher Häufigkeit wie ein Diabetes mellitus vor, wobei allerdings nicht in allen Fällen die Hypertriglyzeridämie (HLP-Typ IV) mit einer diabetischen Stoffwechsellage einherging. Bei den Patientinnen mit KHK war das HDL-CH mit 40 mg/dl im Vergleich zu Frauen ohne KHK (HDL-CH 47 mg/dl) niedriger. Dieser Unterschied war nicht signifikant. Zwischen den alten Frauen mit und ohne KHK konnten keine Differenzen im Körpergewicht sowie im Verhalten des Blutdruckes nachgewiesen werden.

Lp(a) und Hyper-alpha-Lipoproteinämie

Bei den alten Menschen fanden wir eine mittlere Lp(a)-Konzentration von 14±11 mg/dl (♂) und von 14±12 mg/dl (♀). Erhöhte Lp(a)-Werte von > 30 mg/dl konnten bei 8,7 % der alten Männer und bei 8 % der alten Frauen nachgewiesen werden. Die Hyper-alpha-Lipoproteinämie war bei 5,6 % der 80—100jährigen (3,8 % der Männer, 6 % der Frauen) festzustellen. Unter den 346 Männern und Frauen der BVG fanden wir nur in 1,7 % eine Hyper-alpha-Lipoproteinämie (♂ = 1,6 %, ♀ = 2,1 %). Die Hypo-beta-Lipoproteinämie kam in beiden Kollektiven nicht vor.

Diskussion

Langlebigkeit wird von verschiedenen Autoren mit normalen bzw. erniedrigten Blutlipiden während der langen Lebensdauer miterklärt. In der hier durchgeführten

Untersuchung konnten wir zunächst feststellen, daß sowohl von dem von uns ausgewählten Vergleichskollektiv von Angestellten und Arbeitern der BVG zwischen dem 20. und 60. Lebensjahr bei etwa 32 % der Männer und bei 35 % der Frauen eine Hyperlipoproteinämie anzutreffen war, sofern der Normbereich für das Cholesterin auf 250 mg/dl, der des LDL-CH auf 190 mg/dl und für die Triglyzeride auf 200 mg/dl festgelegt wurde. Eine Aufschlüsselung in die HLP-Typen ergab, daß der HLP-Typ IIa bei 16,7 % (♂) bzw. 16 % (♀), der Typ IIb bei 7,2 % (♂) bzw. 8 % (♀) und der Typ IV bei 8,3 % der Männer und bei 11 % der Frauen angetroffen wurde. Auch bei den 80—100jährigen kamen in hoher Prävalenz die Typen IIa, IIb und IV vor, wobei der HLP-Typ IV bei Frauen und Männern (27 % vs. 11,5 %) im hohen Alter häufiger als bei jüngeren Menschen angetroffen wurde. Der HLP-Typ IIa, dessen Atherogenität belegt ist, wurde bei 8 % der Männer bzw. bei 9 % der Frauen angetroffen; er war also nur halb so häufig wie bei jüngeren Menschen zwischen der 4. und 6. Dekade zu beobachten. Die auffallend niedrigere Rate an Hypercholesterinämien bei 80—100jährigen führen Davignon u. Mitarbeiter [4] auf das sehr geringe Vorkommen einer Apo-E4/4-Homozygotie von 0,4 % bei alten Menschen vs. 3,9 % bei jüngeren Menschen zurück. Ferner konnten diese Autoren feststellen, daß das Apo-E4-Allel bei alten Menschen nur in einer Prävalenz von 9 %, bei jüngeren von 15 % anzutreffen war, wobei der Unterschied signifikant war. Auch Assmann [1] hält das Apo-E4-Allel, speziell die Homozygotie, für einen Teilfaktor der Hypercholesterinämie, da sich Träger dieses Merkmals durch eine ca. 17 mg/dl höhere CH-Konzentration von Vergleichspersonen ohne E4 Homozygotie unterschieden. Die Hypercholesterinämie bei diesen Merkmalsträgern wird u.a. durch eine hohe Zufuhr von Cholesterin in der Nahrung mitbegünstigt. Für die Frage einer Beeinflussung der Lipidkonzentration durch das Lebensalter haben wir die Patienten mit Hyperlipoproteinämie aus dem Gesamtkollektiv ausgeschlossen und einmal den von der europäischen Konsensuskonferenz [15] empfohlenen Normbereich angesetzt. Darüber hinaus wurde auch als Obernormgrenzwert die 75. Perzentile gewählt. Bei diesem Vorgehen zeigte sich, daß von der 2. — 6. Dekade bei beiden Geschlechtern die Blutlipide wie Gesamt-CH, LDL-CH und TG physiologisch ansteigen. In der 5. und 6. Dekade war bei den Frauen der Cholesterinzuwachs höher als bei Männern. Bei den 80—100jährigen fanden wir unter Zugrundelegung der genannten Normkriterien einerseits ein deutlich niedrigeres Gesamt- und LDL-Cholesterin und andererseits höhere HDL-CH-Werte als bei jüngeren Menschen. Bei Zugrundelegung der Lipidwerte für die 75. Perzentile ergab sich, daß für Frauen unter 60 Jahren ein Cholesterinwert von 285 mg/dl, bei den 80—100jährigen Frauen hingegen ein Wert von nur 262 mg/dl als Grenzwert anzusetzen ist. Auch das LDL-Cholesterin war mit 183 mg/dl bei den alten Frauen um 28 mg/dl deutlich niedriger als bei den jüngeren Frauen. Identisch waren die HDL-Konzentrationen bei allen Altersgruppen des weiblichen Geschlechts. Demgegenüber hatten alte Frauen eine um 28 mg/dl höhere Triglyzeridkonzentration. Die Zahl der alten Männer war zu gering, um hier eine Angabe über die genannten Lipidparameter für den Bereich der 75. Perzentile zu machen. Ein Vergleich unserer Lipidwerte der alten Männer und Frauen mit den Ergebnissen anderer Autoren ergibt eine gute Übereinstimmung. Lediglich NICHOLSON [11], DANNER [3] und AVOGARO [2] fanden niedrigere Cholesterin- und LDL-CH-Konzentrationen bei hochbetagten Männern. Auch die Lipidwerte von unseren über 80jährigen Frauen sind weitgehend identisch mit den Werten der genannten Autoren. Relativ hohe Triglyzeridkonzentrationen fanden wir beim weiblichen Geschlecht — eine Beobachtung, die auch HARRILL [5] u. SCHNEIDER [14] machten. Insgesamt kann man aufgrund unserer Beobachtungen an alten Menschen sagen, daß über die Länge des Lebens hinweg niedrigere atherogene Lipid- und Lipoproteinwerte festzustellen sind als bei jüngeren Menschen, bei denen die Anamneseerhebung und Untersuchung trotz hoher Prävalenz an Hyperlipoproteinämie noch keine koronare Herzerkrankung ergab. Die weiteren lebensverlängernden Faktoren wie Hyper-alpha-Lipoproteinämie und Hypo-beta-Lipoproteinämie könnten von Bedeutung für die Lebenserwartung sein, jedoch war die Hyper-alpha-Lipoproteinämie nur bei 5,6 % der hier untersuchten Probanden festzustellen. Eine Hypo-beta-Lipoproteinämie wurde in keinem Fall beobachtet. Eine Erhöhung des atherogenen Lp(a) auf über 30 mg/dl, die gehäuft bei Patienten mit peripheren Durchblutungsstörungen oder koronarer Herzerkrankung angetroffen wird, fand sich nur bei 7—8 % der alten Menschen. KOSTNER [10] fand bei Männern unter 60 Jahren, die einen Herzinfarkt erlitten hatten, diese Variante bei etwa 45 % der KHK-Patienten.

Unter den alten Männern und Frauen fanden sich 16 Frauen und vier Männer, die zwischen dem 70. und 80. Lebensjahr einen Herzinfarkt durchgemacht hatten. Frauen mit Herzinfarkt unterschieden sich nicht in ihren Lipidparametern von dem Kollektiv der gleichaltrigen Frauen ohne Herzinfarkt. Es bestand lediglich eine erhöhte Triglyzeridkonzentration und eine Häufung von Diabetes in der Gruppe der alten Frauen mit HI.

Fünf Jahre nach der Untersuchung überprüften wir, wie viele der 126 alten Menschen noch lebten. Dabei stellten wir fest, daß nur noch von 90 Personen die Daten zu erheben waren. 36 der alten Menschen waren in andere Heime verlegt worden, bzw. sie waren nach Westdeutschland verzogen. Von diesen 90 Personen lebten noch 48, während 42 verstorben waren. Die durchschnittliche Überlebenszeit der Verstorbenen betrug zwei Jahre und viereinhalb Monate bei einem Ausgangsalter von 88 Jahren. 24 Personen oder ca. 50 % der Verstorbenen hatten zum Zeitpunkt der Erstuntersuchung eine Hyperlipoproteinämie. Bei den noch lebenden 48 Personen war nur bei elf (= 23 %) eine HLP festgestellt worden. Bei etwa 24 % der Verstorbenen war ein Herzinfarkt zum Zeitpunkt der Erstuntersuchung bekannt, der bei den noch Lebenden nur in 10,4 % eruierbar war.

Diese Beobachtung zeigt, daß auch im hohen Lebensalter eine bekannte Hyperlipoproteinämie und ein früher erlittener Herzinfarkt Einfluß auf die Lebenserwartung im negativen Sinne haben können. Auch HECKERS [6, 7, 8, 9] beschreibt einen Zusammenhang zwischen dem Befund des Elektrokardiogramms und der Lebenserwartung von 80—100jährigen. Die mittlere Überlebenszeit war um so kürzer, je ausgeprägter der EKG-Befund ausfiel. Nach HECKERS ist das Risiko auf das 1,4fache erhöht, im Alter von 80—100 innerhalb von 3,9 Jahren zu versterben, wenn der EKG-Befund schlecht ist. Nach unseren Beobachtungen erhöhen eine HLP und ein früher durchgemachter Herzinfarkt bei alten Menschen das Risiko, in den folgenden fünf Jahren zu sterben, auf das 1,6fache. Hier stellt sich die Frage, ob Menschen auch im hohen Lebensalter bei Vorliegen einer HLP noch zusätzlich mit Lipidsenkern therapiert werden sollten, um die Lebenserwartung zu verlängern. Die Auffassungen hierzu sind widersprüchlich. Aufgrund unserer Beobachtung und der Befunde von HECKERS kann man sagen, daß eine gute Kontrolle eines Diabetes mellitus mit Normalisierung der sekundär erhöhten Lipidwerte und auch eine Regularisierung primär erhöhter Lipidwerte, speziell des Cholesterins, die Progression der Atherosklerose auch im hohen Lebensalter verzögert — eine Überlegung, die allerdings durch prospektive Untersuchungen belegt werden müßte.

Zusammenfassend kann aufgrund unserer Befunde gesagt werden, daß die Lipide des Blutes bei alten Menschen etwas niedriger liegen als bei 20—60jährigen. Ob niedrige Gesamtcholesterin-, LDL-CH- und hohe HDL-CH-Werte während einer 80—90jährigen Lebenszeit die Progression der Atherosklerose verzögern und die Langlebigkeit begünstigen, ist zu vermuten, wobei die Normolipoproteinämie eine positive Selektion im Rahmen des multifaktoriellen Risikoschemas darstellt.

Literaturverzeichnis

1 ASSMANN G. Lipidstoffwechsel und Atherosklerose. F. K. Schattauer Verlag, Stuttgart 1983.

2 AVOGARO P, BITTOLO-BON G, CAZZOLATO G, BOTTECHIA A, BRUGIOLO R. Plasma levels of lipoproteins and apolipoproteins in octo- and nonagenarians. In: SCHLIERF G, MÖRL H, eds. Expanding Horizons in Atherosclerosis Research. Springer Verlag 1987: 126—131.

3 DANNER SA. Cardiovasculary health in the tenth decade. Brit Med J 1978: 663.

4 DAVIGNON JD, BOUTHILLIER D, NESTRUCK AC, SING CF. Apolipoprotein E polymorphism and atherosclerosis insight from a study in octogenarians (im Druck).

5 HARRILL I, JANSEN C, BARTHROP J. Serum cholesterol and triglycerides and HLP in elderly women. J Gerontol 1978; 3: 347—353.

6 HECKERS H. Risikofaktoren bei Neunzigjährigen. Verh dtsch Ges Inn Medizin 1979; 85: 622.

7 HECKERS H, BURKHARD W, SCHMAHL FW, FUHRMANN W, PLATT D. Hyperalphalipoproteinemia and hypobetalipoproteinemia are not markers for a high life expectancy. Gerontology 1982; 28: 176—202.

8 HECKERS H, PLATT D. Lipidstoffwechsel und Alter. Med Welt 1982; 33, 15: 542—551.

9 HECKERS H, PLATT D. Lipide and Lipoproteine im Alter und hohen Alter: Einflußfaktoren, Prävalenzen von Abnormitäten und prognostische Bedeutung. Aktuelle Endokrinologie und Stoffwechsel 1985; 1, 6: 11—24.

10 KOSTNER GM, AVOGARO P, CAZZOLATO G, MARTH E, QUINCI GB, BITTOLO G. Lipoprotein Lp(a) and the risk for myocardial infarction. Atherosclerosis 1981; 38: 51—61.

11 NICHOLSON J, GARTSIDE PS, SIEGEL M, SPENCER W, GERRECK CJ, STEINER PM. Lipid and lipoprotein distributions in octo- and nonagenarians. Metabolism 1979; 1, 28: 51—55.

12 NIH-Consensus Development Conference Statement Lowering Blood Cholesterol to prevent Heart Disease. Atherosclerosis 1985: 5.

13 RIFKIND BM. Nutritient high density lipoprotein relationships: An overview. Prog Biochem Pharmacol 1983; 19: 89—109.

14 SCHNEIDER J, KAFFARNIK H. Serum cholesterol, peripheral and coronary vasculary disease in high age group. Atherosclerosis 1980; 35: 487—489.

15 Strategies for prevention of coronary heart disease. A policy statement of the European Atherosclerosis Society. European Heart J 1987; 8: 77—88.

Prävalenz der Hypercholesterinämie bei Patienten mit familiärer KHK-Belastung

D. Sailer

Abteilung Stoffwechsel und Ernährung (Leiter: Prof. Dr. D. Sailer) Medizinische Klinik I mit Poliklinik der Universität Erlangen-Nürnberg

Epidemiologische und klinische Untersuchungen haben wiederholt und unstrittig die positive Korrelation zwischen erhöhtem Serumcholesterin (bzw. LDL-Cholesterin) und der koronaren Herzkrankheit demonstriert [1, 2, 3, 4, 8].

Neben alimentären Faktoren spielen genetische Einflüsse bei der Induktion erhöhter Serumcholesterin- und LDL-Cholesterinkonzentrationen eine zentrale Rolle. Die Häufigkeit der familiären, genetisch fixierten Form wird auf 1:500 geschätzt. Querschnittsuntersuchungen in definierten Populationen liegen in umfangreicher Anzahl vor; Untersuchungen von Familien, bei denen atherosklerotische Erkrankungen im frühen Lebensalter auftraten, hatten meist nur zum Ziel, die individuellen Risikofaktoren für das betroffene Familienmitglied zu evaluieren.

So zeigte auch unsere 1. Erlanger Koronarstudie (ERCO I) [5] insbesondere bei jüngeren Patienten eine enge Korrelation zwischen der Höhe des Serumcholsterins und des LDL-Cholesterins zum Ausmaß der mittels Angiographie erfaßten Koronarsklerose.

Systematische Erhebungen bei Nachkommen von Patienten, die bereits im jüngeren Lebensabschnitt atherosklerotische Komplikationen erlitten, liegen nur vereinzelt und in vergleichsweise geringer Fallzahl vor.

Wir untersuchten deshalb in der 2. Erlanger Koronarstudie (ERCO II) in einer größeren Population Nachkommen aus Familien, in denen mindestens ein Elternteil frühzeitig an einer koronaren Herzkrankheit erkrankte.

Patienten und Methoden

In die Studie wurden 20—50jährige Frauen und Männer eingeschlossen, bei denen mindestens ein Elternteil vor dem 55. Lebensjahr einen Myokardinfarkt erlitt. Die

Tab. 1: Definition des Serumcholesterins als Risiko (Europ. Konsensus Konferenz) (6).

Alter/Jahre	kein Risiko (mg/dl)	mäßig erhöhtes Risiko (mg/dl)	hohes Risiko (mg/dl)
20–29	< 180	180–200	> 200
30–39	< 200	200–240	> 240
> 40	< 200	200–260	> 260

Rekrutierung erfolgte in Arztpraxen und bei betriebsärztlichen Untersuchungsstellen. Protokolliert wurden Geschlecht, Alter, Körpergewicht und Körpergröße, Nikotinkonsum, Medikamenteneinnahme sowie Begleiterkrankungen (Diabetes mellitus, Hyperurikämie, Hypertonie). Die Lipoproteine wurden zentral nach folgenden Methoden quantifiziert: Gesamtcholesterin nach der CHOP-PAP-Methode, Triglyzeride nach der GPO-PAP-Methode und HDL- und LDL-Cholesterin mit der quantitativen Lipidelektrophorese, wie sie von Wieland und Seidel [7] angegeben wurde. Die Risikoeinschätzung des Gesamtcholesterins wurde entsprechend der 1. Europäischen Konsenus Konferenz [6] vorgenommen (Tab. 1).

Ergebnisse

Insgesamt wurden zwischen November 1986 und März 1988 3.161 Patienten rekrutiert. Nicht ausgewertet wurden die Daten der Patienten, bei denen entweder die Daten unvollständig waren (n = 104) oder Medikamente eingenommen wurden, die den Lipidstoffwechsel beeinflussen können (n = 763). Somit konnten insgesamt 2.294 Patienten in die Auswertung einbezogen werden. Davon waren 1.095 (= 47,7 %) männlichen und 1.199 (= 52,3 %) weiblichen Geschlechts. Die Alters- und Geschlechtsverteilung ist in Abb. 1 dargestellt.

Die hier vorgestellten Daten sind vorläufiger Natur, da die Studie zum Zeitpunkt der Präsentation noch nicht vollständig ausgewertet war.

Bei den 20—30jährigen Männern lag das Gesamtcholesterin bei 30,7 % unter 180 mg/dl. In der Altersgruppe von 30—40 Jahren war bei 16,4 % das Serumcholesterin unter 200 mg/dl und bei den 40—50jährigen nur noch bei 10,1 % im risikoarmen Bereich. Umgekehrt fand sich ein stark erhöhter Cholesterinwert bei 56,8 % der 20—30jährigen, 56,9 % der 30—40jährigen und bei 39,3 % der über 40jährigen (Tab. 2).

Bei den Frauen lagen die mittleren Cholesterinkonzentrationen in allen Altersgruppen höher (Tab. 3). Bei den unter 30jährigen hatten nur 21,3 % ein Serumcholesterin niedriger als 180 mg/dl, und bei den über 40jährigen lag dieser Wert

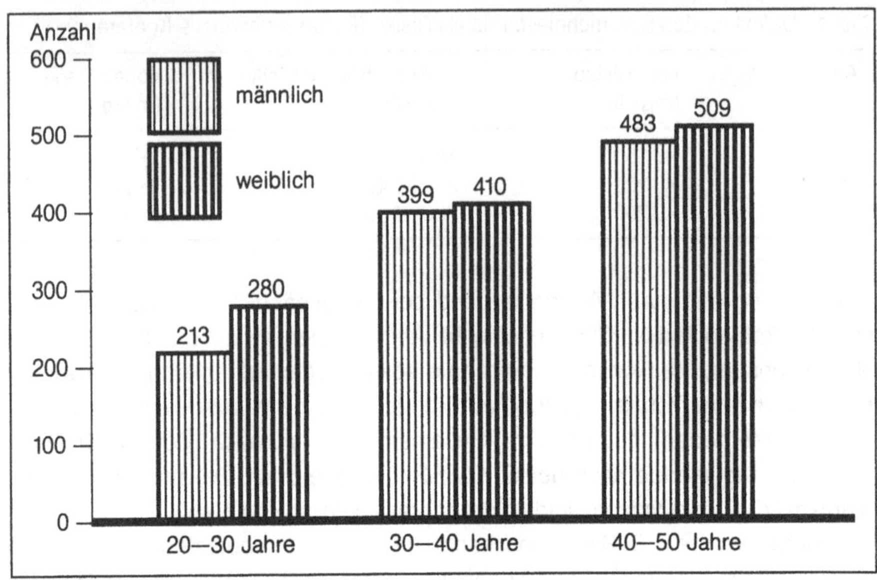

Abb. 1: Anzahl und Geschlechtsverteilung in den einzelnen Altersgruppen.

sogar bei 6,7 %. Demgegenüber hatten bei den jungen Frauen 68,9 % ein Gesamtcholesterin höher als 200 mg/dl und 51,1 % der 40—50jährigen Frauen von über 260 mg/dl.

Analog zum Gesamtcholesterin lagen die Befunde beim LDL-Cholesterin (Tab. 4). 42,8 % der Männer und 44,3 % der Frauen, die zwischen 20 und 30 Jahre alt waren, hatten ein LDL-Cholesterin niedriger als 135 mg/dl, während in derselben Altersgruppe ein LDL-Cholesterin höher als 150 mg/dl bei 39,8 % bzw. 44,9 % gefunden wurde.

In der Gruppe der 40—50jährigen wiesen 67,6 % der Männer und 74,9 % der Frauen einen LDL-Cholesterinwert von über 150 mg/dl auf, demgegenüber unter 135 mg/dl nur 22,7 % bzw. 19,6 %.

Die höchsten HDL-Konzentrationen wurden in allen Altersgruppen bei den Frauen gefunden. Die Unterschiede waren teilweise beträchtlich (Tab. 5). Während bei den jungen Männern bei 23,8 % ein HDL-Cholesterin von über 55 mg/dl ermittelt wurde, fand sich immerhin bei 43,8 % der Frauen ein HDL-Cholesterin von über 65 mg/dl.

Erniedrigte HDL-Cholesterinkonzentrationen ließen sich vor allem in der Gruppe der 40—50jährigen nachweisen, allerdings bei Männern in beträchtlich größerem Ausmaß. Knapp zwei Drittel (62,3 %) der Männer, aber nur etwas über ein Drittel

Tab. 2: Prozentueller Anteil des Serumcholesterins (mg/dl) entsprechend dem „Cholesterinrisiko" in verschiedenen Altersklassen für Männer (n = 1.095)

Alter (Jahre)	Anzahl (n)	kein Risiko, Cholesterin < 180/200/200	mäßiges Risiko, Cholesterin < 200/240/260	hohes Risiko, Cholesterin > 200/240/260
20–29	213	30,7	12,5	56,8
30–39	399	16,4	26,7	56,9
40–50	483	10,1	50,6	39,3

Tab. 3: Prozentueller Anteil des Serumcholesterins (mg/dl) entsprechend dem „Cholesterinrisiko" in verschiedenen Altersgruppen für Frauen (n = 1.199)

Alter (Jahre)	Anzahl (n)	kein Risiko, Cholesterin < 180/200/200	mäßiges Risiko, Cholesterin < 200/240/260	hohes Risiko, Cholesterin > 200/240/260
20–29	280	21,3	9,8	68,9
30–39	410	10,1	29,3	60,6
40–50	509	6,7	42,2	51,1

Tab. 4: Prozentueller Anteil des LDL-Cholesterins (mg/dl) entsprechend des Risikos in verschiedenen Altersgruppen für Männer und Frauen

Alter	Männer			Frauen		
(Jahre)	< 135	135–150	> 150	< 135	135–150	> 150
20–30	42,8	17,4	39,8	44,3	10,8	44,9
30–40	31,1	14,5	54,4	29,7	7,0	63,3
40–50	22,7	9,8	67,6	19,6	5,5	74,9

Tab. 5: Prozentueller Anteil des HDL-Cholesterins (mg/dl) entsprechend des Risikos in verschiedenen Altersgruppen für Männer und Frauen

Alter	Männer			Frauen		
(Jahre)	< 35	35–55	> 55	< 45	45–65	> 65
20–30	26,8	49,4	23,8	19,3	36,9	43,8
30–40	45,7	36,6	17,7	17,2	50,8	32,0
40–50	62,3	21,6	16,1	36,7	37,2	26,1

Tab. 6: Häufigkeit von Übergewicht, Hypertonie, Hypertriglyzeridämie, Hyperurikämie Diabetes mellitus und Nikotinabusus für Männer in verschiedenen Altersgruppen (n = 1.095)

Alter (Jahre)	Broca > 120 %	Hypertonie RR > 160/95	Triglyzeride > 200 mg/dl	Harnsäure > 7 mg/dl	Diabetes mellitus	Nikotin
20—30	24,6	7,2	18,5	5,0	0,9	41,2
30—40	32,1	19,3	26,0	11,8	3,2	35,7
40—50	36,2	29,7	24,2	14,3	7,7	30,1

Tab. 7: Häufigkeit von Übergewicht, Hypertonie, Hypertriglyzeridämie, Hyperurikämie, Diabetes mellitus und Nikotinabusus für Frauen in verschiedenen Altersgruppen (n = 1.199)

Alter (Jahre)	Broca > 120 %	Hypertonie RR > 160/95	Triglyzeride > 200 mg/dl	Harnsäure > 7 mg/dl	Diabetes mellitus	Nikotin
20—30	16,3	5,2	3,9	1,3	1,2	36,2
30—40	38,4	17,2	12,5	3,4	4,8	28,7
40—50	44,7	30,4	10,7	4,2	8,3	19,2

(36,7 %) der Frauen zeigten HDL-Cholesterinkonzentrationen von niedriger als 35 mg/dl bzw. unter 45 mg/dl.

In Tab. 6 und 7 sind weitere vorgefundene atherogene Risikofaktoren dargestellt. Während bei jungen Männern Übergewichtigkeit im Vergleich zu den gleichaltrigen Frauen relativ häufig ist, ändert sich die Situation mit zunehmendem Lebensalter.

Die Prävalenz der Hypertonie zeigte zwischen Männern und Frauen keine wesentlichen Unterschiede, stieg jedoch mit dem Alter erheblich an. So wiesen 36,2 % der 40—50jährigen Männer und 44,7 % der Frauen deutlich erhöhte Blutdruckwerte auf.

Erschreckend häufig findet man erhöhte Triglyzeridkonzentrationen bei Männern. Bereits 18,5 % der 20—30jährigen Männer wiesen Triglyzeridkonzentrationen von über 200 mg/dl auf. Der Anteil stieg bei den 30—40jährigen bis 26,0 % an und fiel geringfügig bei den 40—50jährigen auf 24,2 % wieder ab. Bei den Frauen waren erhöhte Triglyzeridkonzentrationen wesentlich seltener. Junge Frauen hatten nur in einer Häufigkeit von 3,9 % erhöhte Triglyzeride; Hypertriglyzeridämien fanden sich am häufigsten in der Gruppe der 30—40jährigen.

Erwartungsgemäß waren die Harnsäurekonzentrationen bei Männern höher als bei den Frauen. Die höchste Prävalenz der Hyperurikämie bei den Frauen fand sich

mit 4,2 % in der Gruppe der 40—50jährigen und bei Männern ebenfalls in der gleichen Altersgruppe mit 14,3 %.
Geschlechtsunterschiede beim Auftreten des Diabetes mellitus waren nur geringfügig nachweisbar. Obwohl ältere Frauen deutlich übergewichtiger waren als gleichaltrige Männer, ergaben sich für die Häufigkeit des Diabetes mellitus nur marginale Differenzen.
Nikotinabusus fand sich bei jungen Menschen beiderlei Geschlechts am häufigsten. In der Gruppe von 20—30 Jahren rauchten 41,2 % der Männer und 36,2 % der Frauen. Mit zunehmendem Lebensalter wurde von Frauen jedoch deutlich weniger geraucht. Von den 40—50jährigen rauchten 30,1 % der Männer, aber nur noch 19,2 % der Frauen.

Diskussion

Diese Befunde rechtfertigen die Forderung, daß eingehend nach atherogenen Risikofaktoren gesucht werden muß, wenn anamnestisch in der Familie vorzeitig atherogene Komplikationen zu verzeichnen waren. Die überraschende Häufigkeit erhöhter Gesamt- und LDL-Cholesterinkonzentrationen, insbesondere bei jüngeren Personen, legen den Schluß nahe, daß Störungen des Lipoproteinstoffwechsels intrafamiliär wohl häufiger sind als bislang angenommen wurde. Gleichwohl läßt sich aus dieser Untersuchung nicht ableiten, ob dabei genetische Faktoren die alleinige Rolle spielen. Denkbar wären auch familiär geprägte Verhaltensmuster, insbesondere familientypische Essensgewohnheiten.
Überraschend häufig wurden zusätzliche atherogene Risikofaktoren wie Hypertonie, Übergewicht, Hypertriglyzeridämie und Nikotinabusus aufgedeckt. Die vorläufige Auswertung dieser Untersuchung läßt noch keine Aussage darüber zu, wie sich die Verknüpfung dieser Risikofaktoren darstellt und ob beispielsweise das Übergewicht ein wesentlicher Prekursor der Lipidstoffwechselstörungen ist.
Wegen des hohen Risikos sollten Patienten, die in der Familienanamnese mit atherosklerotischen Erkrankungen belastet sind, sorgfältig untersucht und frühzeitig einer adäquaten Intervention zugeführt werden.

Literaturverzeichnis

1 Carlson LA, Ericksson M. Quantitative and qualitative serum lipoprotein analysis. Part 2. Studies in male survivors of myocardial infarction. Atherosclerosis 1975; 21: 435.

2 Kannel WB, Castelli WP, Gordon T. Serum cholesterol, lipoproteins and risk of coronary heart disease: The Framingham Study. Ann Int Med 1971; 74: 1.

3 Kannel WB, Castelli WP, Gordon T. Cholesterol in the prediction of atherosclerosis. New prospectives on the Framingham Study. Ann Int Med 1979; 90: 85.

4 Pooling Project Research Group. Relationship of blood pressure, serum cholesterol, smoking habit, relative weight and ECG abnormalities to the incidence of major coronary events. Final report of the Pooling Project. J Chron Dis 1978; 31: 201.

5 Sailer D, Bachmann K, Kolb S, Mattenklodt A. Quantitative Bestimmung der Lipoproteine bei angiographisch gesicherten Koronarveränderungen in verschiedenen Altersgruppen. In: Platt D, Hrsg. Lipidstoffwechsel im Alter. Banaschewski München, 1983: 43.

6 Study Group. Policy statement of the European Atherosclerosis Society on prevention of coronary heart disease. Europ Heart J 1987; 8: 77.

7 Wieland H, Seidel D. Fortschritte in der Analytik des Lipoproteinmusters. Inn Med 1978; 5: 290.

8 Wilhelmsen L, Wedel H, Tibbling G. Multivariate analysis of risk factors for coronary heart disease. Circulation 1973; 48: 950.

Lipide (TG, CH, P) und Apoproteine (APO, AI, AII, B, C_2, C_3, E) sowie andere Risikofaktoren bei Chinesen mit und ohne Herzinfarkt

W. Schwartzkopff, J. Schleicher, I. Pottins, S. Yu, C. Z. Han
Fett- und Stoffwechselambulanz (Leiter: Prof. W. Schwartzkopff), Klinikum Rudolf Virchow — Standort Charlottenburg — der Freien Universität Berlin

In der vorliegenden Abhandlung sollen Normalwerte für Lipide und Apoproteine bei gesunden chinesischen Arbeitern verschiedener Altersgruppen sowie Lipidveränderungen und Risikofaktoren bei Chinesen mit Herzinfarkt vorgestellt werden.
In der Volksrepublik China ist der Herzinfarkt ein relativ seltenes Ereignis. Für die chinesische Bevölkerung wird eine Mortalitätsrate an KHK von bis zu 5,8 % angegeben. Diese Rate beträgt nur ein Drittel im Vergleich zur westdeutschen Bevölkerung. Bei einer unterschiedlichen Infarkt- und Mortalitätsrate an KHK bei Chinesen erhebt sich die Frage, welche Faktoren auch bei Asiaten zum Herzinfarkt mit beitragen. Für die westlichen Industrienationen haben die atherogenen Lipide neben Nikotinabusus, familiärer Vorbelastung an KHK, Adipositas, Hypertonie, Hyperurikämie und Hyperfibrinogenämie einen hohen Stellenwert in der Pathogenese der Atherosklerose. Es interessiert deshalb, ob bei Asiaten, die an einer KHK litten, neben den aufgeführten Risikofaktoren einerseits auch die atherogenen Lipide wie Gesamt-CH, LDL-CH, Apoprotein B in einer höheren Konzentration vorkommen und andererseits die antiatherogenen Lipide — wie die Apoproteine AI, AII und HDL — niedriger bestimmt werden als bei gesunden chinesischen Arbeitern. Darüber hinaus wurde geprüft, ob bei Chinesen mit und ohne erlittenen Herzinfarkt der Risikofaktor Lp(a) — ähnlich wie bei der europäischen Bevölkerung — eine Rolle als Risikofaktor spielt und ob sich eine erhöhte Lp(a)-Prävalenz bei Herzinfarktpatienten im Vergleich zu gesunden Chinesen findet.
Im Jahre 1986 hatten wir in der acht Millionen Einwohner zählenden Industriestadt Tianjin, die 180 km östlich von Peking liegt, die Möglichkeit, zusammen mit dem Sanitary & Diseases Prevention Center dieser Großstadt eine epidemiologische Studie an mehr als 1.000 chinesischen Männern und Frauen durchzuführen, die die

Bestimmung von Lipiden, Apoproteinen A, B, C_2, C_3 und E sowie die Häufigkeit von Risikofaktoren wie Nikotinabusus, Hypertonie, Diabetes mellitus und Übergewicht mit einschloß.

Die Fragestellungen unserer Untersuchung lauteten:

1. Wie verhalten sich bei gesunden chinesischen Arbeitern beiderlei Geschlechts die atherogenen Lipide und Apoproteine in Abhängigkeit von Geschlecht und Lebensalter?
2. Unterscheiden sich die athero- und antiatherogenen Lipide und Apoproteine der Patienten mit gesichertem Herzinfarkt von denen der Normalpersonen, und
3. besteht auch bei dem Teil der chinesischen Bevölkerung, der einen Herzinfarkt erlitten hat, ein Zusammenhang zwischen den für die europäische Bevölkerung allgemein anerkannten Risikofaktoren wie HLP, Hypertonie, Nikotinabusus, Diabetes mellitus, Hyperurikämie und Übergewicht?

Das Kollektiv der Normalpersonen bestand aus 139 Männern und 145 Frauen unter 40 Jahren, 165 Männern und 170 Frauen im Alter zwischen 41 und 60 Jahren sowie aus 48 Männern und 42 Frauen, die über 60 Jahre alt waren.

Bestimmt wurden die Triglyzeride, das LDL-Cholesterin, Gesamtcholesterin, Apoprotein B sowie die antiatherogenen Lipide wie Gesamt-HDL, HDL_2, HDL_3 sowie die Apoproteine AI, AII, C_2, C_3, E und das Lp(a).

Die statistische Auswertung und der Vergleich der Daten von Männern und Frauen in Abhängigkeit vom Lebensalter bzw. zwischen Gesunden und Personen mit erlittenem Herzinfarkt erfolgte mit dem Mann-Whitney-Test für unabhängige Stichproben. Die prozentualen Unterschiede wurden mit dem Chi^2-Test geprüft. Es wurden die Mittel- und Medianwerte sowie die 75. Perzentile als oberer Normbereich für die atherogenen Lipide und für das HDL-CH berechnet. Für das HDL-CH wurden die 25. Perzentile als unterer Normbereich angegeben.

Ergebnisse

Männer in der Altersgruppe von unter 40 Jahren wiesen höhere Triglyzeridwerte auf als Frauen. Auch im Median lag das Apo B bei Männern signifikant höher. Mit zunehmendem Alter von 40 bis 60 Jahren stiegen bei beiden Geschlechtern sowohl die Triglyzeride als auch das Cholesterin an, wobei Männer höhere TG-Konzentrationen hatten als Frauen. Für das Cholesterin zeigte sich ein umgekehrtes Verhalten.

Im Alter von über 60 Jahren fand sich bei Männern ein Rückgang der Triglyzeride und des Cholesterins, während bei Frauen beide Lipide weiter anstiegen. Bei den antiatherogenen Lipiden hatten Frauen eine höhere HDL-Konzentration ($\overline{X}$ 57 mg/

dl) gegenüber Männern ($\overline{X}$ 48 mg/dl). Frauen hatten auch eine signifikant höhere Apoprotein-AI-Konzentration ($\overline{X}$ 140 mg/dl) als Männer ($\overline{X}$ 130 mg/dl). In der Altersgruppe der 40—60jährigen Männer und Frauen wurden HDL-Werte von ($\overline{X}$) 50 (♂) bzw. 57 mg/dl (♀) gemessen bei nahezu identischen Konzentrationen von ($\overline{X}$) 54 bzw. 53 mg/dl jenseits des 60. Lebensjahres. Abb. 1 zeigt noch einmal die Abhängigkeit der Lipide, der Phospholipide, des Cholesterins und der Triglyzeride vom Lebensalter bei Männern und Frauen. Während es bei den Männern zu einem signifikanten Anstieg der Phospholipide, des Cholesterins und der Triglyzeride zwischen dem 40. und 60. Lebensjahr kam, danach aber kein weiterer Anstieg mehr für Cholesterin und Triglyzeride festzustellen war, erreichten die drei Lipide bei den Frauen erst nach dem 60. Lebensjahr ihr Maximum. Auch für das LDL-CH und für Apo B war ein Unterschied bei Männern und Frauen festzustellen. Männer erreichten eine maximale LDL- und Apo-B-Konzentration bis zum 60. Lebensjahr, danach sanken Apo B und LDL-CH ab.

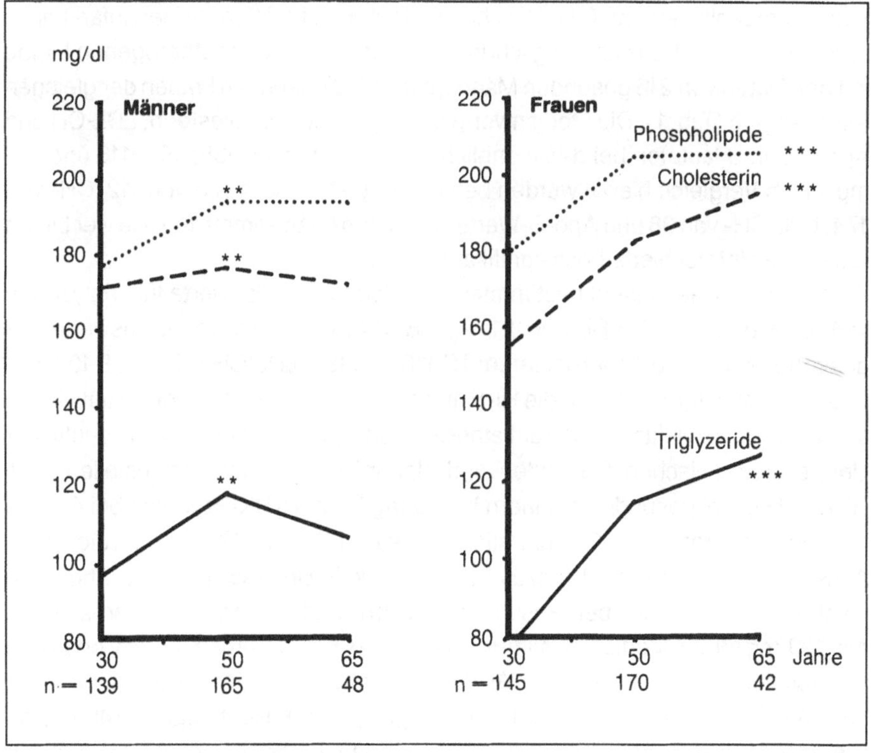

Abb. 1: Altersunterschiede bei Lipiden und Lipoproteinen. (** = $p < 0.01$; *** $p < 0.001$)

Bei Frauen wurde das Maximum für diese beiden Lipide erst nach dem 60. Lebensjahr erreicht. Die HDL-CH- und die Apo-AI-Konzentrationen waren zwar geschlechtsspezifisch verschieden, jedoch ergaben sich keine wesentlichen Konzentrationsdifferenzen für Apo AI und HDL-CH unter Berücksichtigung des Lebensalters.

Für die Apoproteine C_2, C_3 und E wurden in der Gruppe der unter 40jährigen folgende Konzentrationen beim männlichen und weiblichen Geschlecht gefunden: C_2 ($\overline{X}$) 4, 2 (♂) vs. 3,7 (♀); C_3 8,6 (♂) vs. 8,6 (♀); Apo E 3,6 (♂) vs. 3,8 (♀). In der Gruppe der 40—60jährigen betrug die Apoprotein-C_2-Konzentration $\overline{X}$ 4,4 (♂) vs. 4,2 (♀); C_3 9,6 (♂) vs. 9,1 (♀); Apo E 3,9 (♂) vs. 3,4 (♀). Der Unterschied von Apoprotein C_2 und C_3 war für Männer und Frauen signifikant verschieden. Bei den über 60jährigen lauteten die Apo-C_2-Konzentrationen $\overline{X}$ 3,9 (♂) vs. 4,3 (♀); C_3 5,3 (♂) vs. 10,0 (♀) und für Apo E 3,7 (♂) vs. 4,3 (♀) mg/dl. Signifikante Unterschiede zwischen Männern und Frauen in bezug auf das Lebensalter konnten nicht nachgewiesen werden.

Von 154 männlichen und 69 weiblichen Patienten mit erlittenem Herzinfarkt nach dem 40. — 60. Lebensjahr verglichen wir die athero- und antiatherogenen Lipide mit den Daten von 216 gesunden Männern und 219 gesunden Frauen der gleichen Altersgruppe (Tab. 1). Die Medianwerte für Triglyzeride, Cholesterin, LDL-CH und Apoprotein B lauteten bei den männlichen KHK-Patienten 138; 191; 118 und 123 mg/dl. Im Vergleich hierzu wurden bei gesunden Männern TG- von 112, CH- von 174, LDL-CH- von 98 und Apo-B-Werte von 98 mg/dl bestimmt. Für alle vier Lipide waren die Unterschiede hochsignifikant.

Bei Frauen mit Herzinfarkt bestimmten wir folgende Medianwerte für Triglyzeride 146, Cholesterin 210, LDL-CH 121, Apo B 114 mg/dl. Die Vergleichswerte der gesunden Normalpersonen lauteten: TG 116; CH 185; LDL-CH 102, Apo B 102 mg/dl. Auch hier zeigte sich, daß die HI-Patienten signifikant höhere Werte aufwiesen als das Normalkollektiv. Für die antiatherogenen Lipide war ebenfalls ein deutlicher Unterschied zwischen Gesunden und Herzinfarktpatienten festzustellen. Das HDL-CH lag bei gesunden Männern bei 50 mg/dl, bei KHK-Patienten bei 45 mg/dl. Die Apoprotein-AI-Konzentration lautete 130 vs. 120 mg/dl, die Apo-AII-Konzentration 44 vs. 41 mg/dl. Es bestand kein Unterschied in der Phospholipidkonzentration, die bei Gesunden mit 191 und bei den Koronarpatienten mit 199 mg/dl im Median bestimmt wurde. Bei Frauen ergaben sich deutliche Unterschiede für HDL-CH, Apo AI und Phospholipide. Gesunde Frauen zeigten einen Medianwert für HDL-CH von 57 mg/dl, KHK-Patientinnen von 49 mg/dl. Die Apo-AI-Konzentration lautete $\overline{X}$ 144 (normal) vs. 125 mg/dl (KHK); Apo AII: 42 (normal) vs. 40 (KHK) und für die Phospholipide 223 (normal)

Tab. 1: * = $p < 0.05$; ** = $p < 0.01$; *** = $p < 0.001$

	Männer		Frauen	
	Patienten	Normalkollektiv	Patienten	Normalkollektiv
n	154	216	69	219
	Mittel/SD	Mittel/SD	Mittel/SD	Mittel/SD
Triglyzeride	160 ± 88	131 ± 72 ***	175 ± 103	134 ± 71 ***
VLDL-Cholesterin	31 ± 4	26 ± 12 ***	32 ± 12	26 ± 12 ***
Cholesterin	194 ± 38	179 ± 37***	218 ± 48	186 ± 37 ***
LDL-Cholesterin	118 ± 34	102 ± 34 ***	128 ± 34	104 ± 33 ***
Apo B	122 ± 30	102 ± 27 ***	121 ± 38	103 ± 29 ***
Phospholipide	196 ± 32	195 ± 29	218 ± 35	204 ± 32 **
HDL-Cholesterin	46 ± 11	52 ± 13 ***	51 ± 12	57 ± 14 **
HDL 2	14 ± 6	12 ± 5	16 ± 6	15 ± 6
HDL 3	37 ± 9	37 ± 9	37 ± 8	40 ± 9
Apo AI	126 ± 27	138 ± 28 ***	128 ± 25	144 ± 29 ***
Apo AII	43 ± 10	43 ± 10	43 ± 12	45 ± 15
LDL/HDL	2.7 ± 1.0	2.1 ± 0.9 ***	2.5 ± 0.8	2.0 ± 0.9 ***
AI/B	1.1 ± 0.3	1.5 ± 0.5 ***	1.2 ± 0.6	1.5 ± 0.6 ***
Glukose	99 ± 33	88 ± 27 ***	104 ± 42	80 ± 14 ***
Harnsäure	6.2 ± 1.6	5.6 ± 1.4	5.0 ± 1.4	3.8 ± 1.8 ***
RR systolisch	141 ± 22	135 ± 25 *	144 ± 22	134 ± 24 **
RR diastolisch	89 ± 12	86 ± 12 *	87 ± 12	83 ± 11 *
Brocaindex	115 ± 16	113 ± 15	123 ± 21	117 ± 18 *

vs. 217 mg/dl (KHK). Signifikant verschieden waren hier zwischen Gesunden und KHK-Patienten HDL-CH, Apoprotein AI sowie die Phospholipidkonzentrationen. Für das Gesamtkollektiv der Herzinfarktpatienten im Vergleich zu den Kontrollen zeigt Abb. 2 noch einmal eindrucksvoll, daß bei Patienten mit Herzinfarkt die kummulativen Verteilungskurven für Triglyzeride, Cholesterin, LDL-CH und APO B deutlich höher liegen als bei den Kontrollpersonen. Die HDL-CH-Verteilungskurve der Herzinfarktpatienten zeigt niedrigere Werte als bei den gesunden Vergleichspersonen.

Im folgenden haben wir noch einmal die absoluten Änderungen bei männlichen und weiblichen Herzinfarktpatienten gegenüber dem Kontrollkollektiv zusammengefaßt. Die Triglyzeride lagen bei Männern mit KHK durchschnittlich mit 26 mg/dl, Cholesterin mit 16 mg/dl, LDL-CH mit 20 mg/dl und Apo B mit 25 mg/dl über den Kontrollwerten.

HDL-CH und Apo AI waren um 6 mg/dl bzw. um 16 mg/dl vermindert. Nicht verschieden war das Apo AII bei männlichen HI-Patienten von den Normalpersonen.

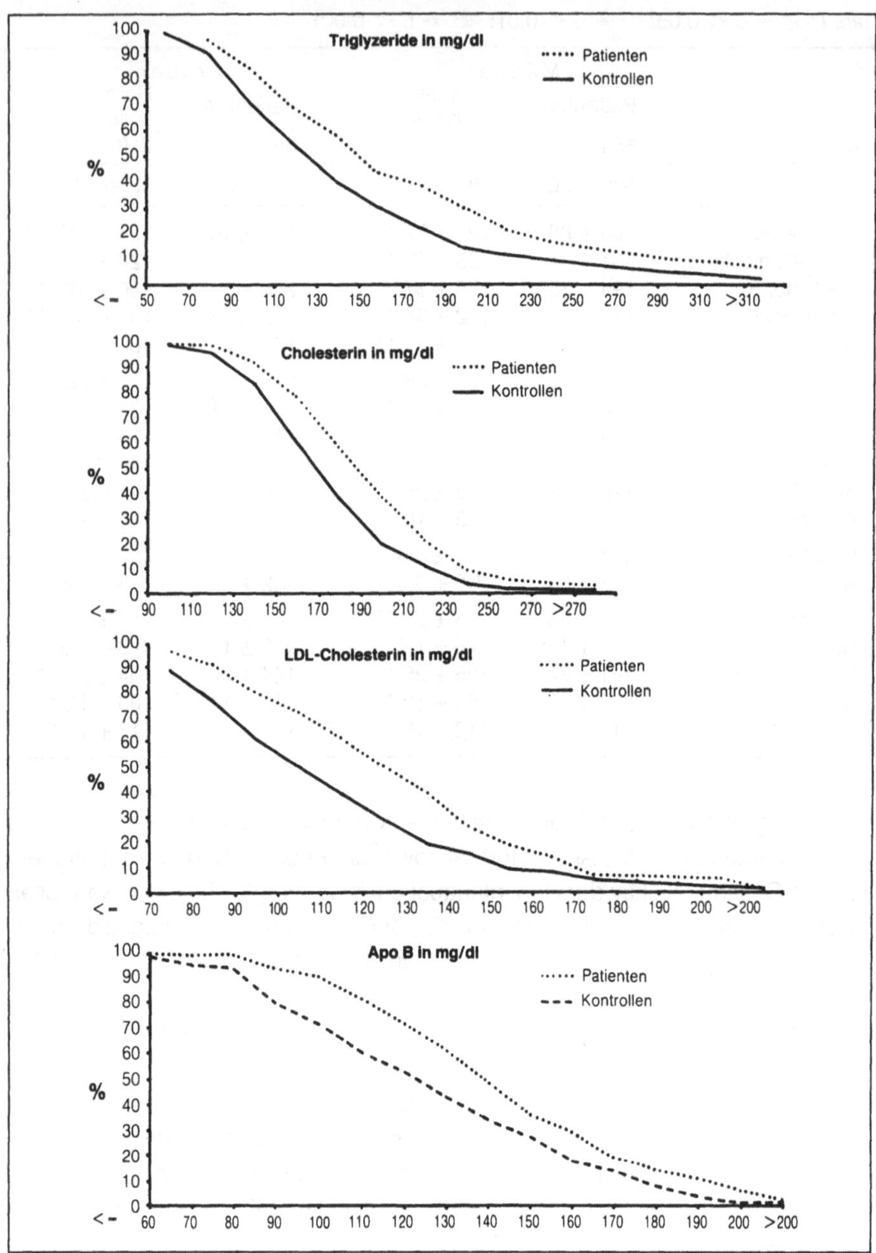

Abb. 2: Vergleich zwischen chinesischen Patienten mit Herzinfarkt und einer chinesischen Kontollgruppe

Bei den Frauen mit KHK ergab sich ein signifikanter Unterschied für die Triglyzeride von +30 mg/dl, für das Cholesterin von +25 mg/dl, für LDL-CH +19 mg/dl, für Apo B +12 mg/dl und für die Phospholipide von +14 mg/dl. Bei Frauen war nur Apo AI signifikant niedriger (—19 mg/dl).
Für das Kollektiv der männlichen KHK-Patienten ergab sich ein Risikoindikator für LDL/HDL von 2,7±1,0 vs. 2,1±0,9 gegenüber Normalpersonen. Bei Frauen mit KHK wurde ein Risikoindikator von 2,7±0,9 vs. 1,9±0,8 bestimmt. Einen hohen Stellenwert als Risikoindikator der KHK soll der Quotient Apo AI/Apo B besitzen. Dieser Indikator betrug bei männlichen 1,1 und weiblichen KHK-Patienten 1,2. Im Normalkollektiv betrug er bei Männern und Frauen je 1,5.
Die Messung von Lp(a), das als weiterer atherogener Risikofaktor anerkannt wird, ergab Konzentrationen von > 30 mg/dl bei 34,6 % der männlichen KHK-Patienten im Vergleich zu 16,7 % bei den Kontrollen. Bei KHK-Patientinnen hatten 43,3 % vs. 26,7 % einen erhöhten Lp(a)-Wert. Im Gesamtkollektiv fanden wir bei den Herzinfarktpatienten in 37,8 % der Fälle pathologische Lp(a)-Konzentrationen, während erhöhte LP(a) (> 30 mg/dl) nur bei 20,2 % der Kontrollpersonen festgestellt werden konnten. Der Unterschied zwischen Patienten und Kontrollpersonen war auf dem 2-%-Niveau signifikant. Als weitere Risikofaktoren wurde die Prävalenz des Diabetes mellitus, der Hyperurikämie, des Übergewichts, des erhöhten systolischen und diastolischen Blutdruckes sowie des Nikotinabusus überprüft.
Die Diabetesrate betrug bei den Herzinfarktpatienten 14,2 %, bei den Kontrollen 8,5 %. Bei Frauen mit HI wurde bei 33,3 %, bei den Kontrollpersonen hingegen nur bei 7,2 % eine diabetische Stoffwechsellage nachgewiesen. Auch die Rate an Hyperurikämie war bei männlichen und weiblichen Herzinfarktpatienten mit 25,2 % bzw. 36,2 % deutlich höher als im Kontrollkollektiv (6,9 % (♂) vs. 4,9 % (♀)). Im Broca-Index war kein Unterschied festzustellen. Die Zahl der Männer und Frauen mit erhöhtem systolischen Druck (> 160 mm HG) betrug im HI-Kollektiv 23,2 % (♂) bzw. 27,5 % (♀) und bei den Kontrollen 18,5 % bzw. 17,3 %. Die Rate einer diastolischen Blutdruckerhöhung lag bei KHK-Patienten bei 33,5 % (♂) und 31,9 % (♀); bei den Kontrollpersonen bei 21,8 % (♂) bzw. 14,3 % (♀). Hier waren die Unterschiede hochsignifikant verschieden zwischen KHK-Patienten und Kontrollpersonen. Unter den Herzinfarktpatienten betrug der Prozentsatz der Raucher 82 % (♂) bzw. 78 % (♀). Demgegenüber rauchten von den gesunden Männern und Frauen 64 % bzw. 37 %.
Zusammenfassend kann man sagen, daß bei chinesischen Arbeitern und Arbeiterinnen, die einen Herzinfarkt erlitten hatten, in etwa die gleichen Risikofaktoren wie unter der europäischen Bevölkerung zum Tragen kommen. Für die Entstehung

des Herzinfarktes sind besonders der hohe Nikotinkonsum, die deutlich höheren Cholesterin-, LDL-CH- und Apo-B-Konzentrationen, bei geringeren HDL-CH- und Apoprotein-AI-Konzentrationen verantwortlich zu machen, auch wenn die gemessenen Werte der chinesischen KHK-Patienten im Vergleich zu denen der europäischen Bevölkerung noch in Bereichen liegen, wie sie von der amerikanischen und europäischen Konsensus Konferenz empfohlen werden.
Ursache der insgesamt geringeren Mortalitätsrate in China, die für die Stadt Tianjin von dem dortigen Prevention Center mit 9,4 % angegeben und nur durch Schlaganfall und maligne Tumore übertroffen wird, dürfte die im Vergleich zur europäischen Bevölkerung noch unterschiedliche Ernährung sein. Während in China derzeit der tägliche Fettkonsum auf ca. 40—50 g geschätzt wird, liegt dieser in den westeuropäischen Industrienationen einschließlich der DDR bei ungefähr 140—147 g/d. Mit Erhöhung des Fettanteils der Nahrung von derzeit 15 % auf 35 %, wie er in Industrieländern üblich ist, muß auch in der Volksrepublik China in Zukunft mit einer deutlichen Zunahme der koronaren Herzkrankheit gerechnet werden, insbesondere dann, wenn die Chinesen früher oder später vom Fahrrad auf Bus bzw. andere Verkehrsmittel umsteigen und nicht den hohen Salzkonsum einschränken.

Literarturverzeichnis

1 Bao-Sheng C, Jia-Zhi Q, Cai-Lian Q, et al. The distribution of apo-E phenotypes and the frequencies of their alleles in Chinese population. 8th Intern Symp on Atherosclerosis. Rome, 1988: 49.

2 Bernhardt R, Feng ZC, Deng YZ, Wang Z, Zeng JH, Cheng S, Cremer P. Thiery J, Seidel D, Schettler G. Coronary risk factors in China: a comparative study of middle-aged workers in China and Germany. In: Stehle G, Bernhardt R, eds. Coronary Risk Factors in Japan and China. Berlin-Heidelberg-New York-London-Paris-Tokyo: Springer, 1987: 22—53.

3 Deng YZ, Feng ZC, Dia GZ. Serum apo AI, apo AII and apo B in the patients with CHD and their clinical significance. Acta Academ Med Tongji (Wuhan) 1987; 4: 237—210.

4 Deng YZ, Feng ZC, Zeng JH, et al. Vergleichende Studie über Risikofaktoren bei koronarer Herzkrankheit in Wuhan und bei deutschen Arbeitern. Acta Academ Medicinae Tongji (Wuhan) 1986; 2: 77—80.

5 Goto Y. Cholesterol level of Japanese in past twenty years and primary prevention study by dextran sulfate (MDS). Atherosclerosis 1986; 7: 9—14.

6 Hu ZL, Zhou JT. A comparation study to CHD risk factor in the bus drivers. Occupational Hygiene J China 1984; 2: 316—318.

7 Kesteloot H, Huang DX, Yang XS, Claes J, Rosseneu M, Geboers J, Joossens JV. Serum lipids in the People's Republic of China. Comparison of western and eastern populations. Atherosclerosis 1985; 5: 427—433.

8 LI JZ, WANG JJ. Reference concentration of apo AI and apo B. Nation Med J. China 1986; 66: 531—533.

9 LIPID RESEARCH CLINICS PROGRAM. The lipid research clinics coronary primary prevention trial results: II. The relationship of reduction in incidence of coronary heart disease to cholesterol lowering. JAMA 1984; 251: 365—374.

10 LUO CI, et al. Blood lipid analysis in coronary heart disease and significance. Tianjin Med and Medicament J. 1986; 1: 10—14.

11 STEHLE G, HINOHARA S, TAMACHI H, KANEMOTO N, TAKAHASHI T, GROSS K, ARAB L, SCHETTLER G, GOTO Y. Blood lipid patterns of healthy Japanese population. In: STEHLE G, BERNHARDT R, eds. Coronary Risk Factors in Japan and China. Berlin-Heidelberg-New York-Paris-Tokyo: Springer, 1987: 1—20.

12 WANG SP, ZHEN JH, WAN FY. Subunite HDL and the mean in CHD. Acta Acad Med Tongji (Wuhan) 1987; 3: 189—191.

13 ZUNG HZ, CHEN GZ, HAN QQ, CHEN B. The concentration of blood lipids relationship with the current nutrition in 3.312 residents of Shanghai City. Nation Med J. China 1986; 66: 585—588.

Untersuchungen zur Korrelation morphologischer Manifestationen der Atherosklerose in der Aorta mit lipidanalytischen Ergebnissen

H. Laaff, G. Assmann, H. Schulte, H. E. Schaefer

H. Laaff, H. E. Schaefer
Pathologisches Institut der Universität Freiburg
(Direktor: Prof. Dr. H. E. Schaefer)

G. Assmann
Institut für Klinische Chemie und Laboratoriumsmedizin der Westfälischen Wilhelms-Universität Münster (Direktor: Prof. Dr. G. Assmann)

H. Schulte
Institut für Arterioskleroseforschung der Westfälischen Wilhelms-Universität Münster

Einleitung

Ausgangspunkt der Untersuchungen war die Feststellung, daß in Biopsien aus der Aorta ascendens, die anläßlich von Bypass-Operationen von Patienten mit koronarer Herzkrankheit kardiochirurgisch gewonnen worden waren, sehr unterschiedliche Grade und Manifestationsarten einer Atherosklerose zu beobachten waren. Diese Feststellung deckte sich zunächst auf der einen Seite mit der in der pathologisch-anatomischen Literatur immer wieder hervorgehobenen Tatsache, daß die Atherosklerose des Menschen durchaus unterschiedliche Expressionen ihrer Manifestation zeigt und sich in gewissermaßen unterschiedlichen »Gangarten« (W. Doerr) manifestiert. Da auf der anderen Seite die Hyperlipoproteinämie, die Atherosklerose und speziell die koronare Herzkrankheit begünstigt, bei genauerer Analyse ebenfalls nicht nur in unterschiedlichen Quantitäten, sondern auch Qualitäten entwickelt sein kann, erwuchs die Frage, ob und in welchem Ausmaß unterschiedliche Konstellationen von Hyperlipoproteinämien korrelieren mit unterscheidbaren Expressionsformen der Atherosklerose.

Material und Methoden

Untersucht wurden Aortenbiopsien von insgesamt 293 Patienten (38 Frauen und 255 Männer), die wegen schwerer koronarer Herzkrankheit einer koronaren Bypass-Operation unterzogen wurden. Die Aortenbiopsien wurden in üblicher

Weise in Form von Paraffinschnitten, Kryostatschnitten sowie mit der OBS-Methode untersucht. Die Untersuchung im Kryostatschnittverfahren erlaubt insbesondere die Bestimmung und Verteilung des Ausmaßes von Cholesterinkristallablagerungen, während die OBS-Methode (Paraffinschnittuntersuchung nach Fixation von Lipiden mittels Osmierung und anschließender oxydativer Bleichung und terminaler Sudanfärbung) einen sehr präzisen Überblick über die Feinverteilung von Lipiden unter Vermeidung der bei Kryostatschnitten üblichen Schmierartefakte gestattet.
Die statistische Auswertung wurde unter Einsatz des Programmpaketes SPSS im Rechenzentrum der Universität Münster durchgeführt. Sie erfolgte mit parameterfreien Verfahren, da eine Normalverteilung nicht vorausgesetzt werden konnte. Bei Vergleichen konstanter Merkmale zwischen zwei Gruppen kam der U-Test nach Mann-Whitney, bei Vergleichen zwischen mehreren Gruppen der Kruskal-Wallis-Test zum Einsatz. Diskrete Variablen wurden mit dem Chi-Quadrat-Test verglichen. Der Fehler 1. Art wurde auf 0,05 begrenzt.

Ergebnisse

Das Ausmaß der in diesen Biopsien gefundenen Atherosklerose ließ sich zunächst in vier Schweregrade einteilen. — Bei zwölf Patienten fand sich kein wesentlicher atherosklerotischer Befund. Bei 113 Patienten bestand eine insofern nur geringe Atherosklerose innerhalb des bioptischen Bereiches, als in der Intimazone lediglich vereinzelt schaumzellige Makrophagen und diffuse extrazelluläre Lipidablagerungen aufgetreten sind. — Eine mittelschwere Atherosklerose wurde in jenen 121 Fällen diagnostiziert, in denen darüber hinausgehende intra- und/oder extrazelluläre Cholesterinkristallablagerungen sichtbar waren. — Bei 47 Patienten wurde eine schwere Atherosklerose diagnostiziert, die sich entweder auszeichnete durch eine eindeutige Plaquebildung mit nekrotischem Zentrum oder auch durch eine Einbeziehung der Gefäßmedia in die Nekrosebildung und/oder Lipidablagerung.
Die Gruppe der schweren Atherosklerosen umfaßte als eine der aufgeführten Sonderformen die Bildung sogenannter Cholesterinflöze. Hierunter ist das Phänomen zu verstehen, daß unmittelbar an der Intima/Mediagrenze eigenartig gleichmäßig verteilt und flächenhaft abgelagerte Cholesterinkristalle auftraten, ohne daß notwendigerweise eine Plaquebildung entwickelt gewesen wäre oder jene histiozytären Schaumzellen in Erscheinung traten, die meist in einem auslösenden Zusammenhang mit der Konzentration und anschließenden Kristallisation von Cholesterin stehen. Derartige Flözbildungen waren in reiner Form bei sechs

Abb. 1: Cholesterinflöz in der Aorta an der Intima/Mediagrenze. Polarisationsoptische Aufnahme, 100 ×

Patienten und kombiniert mit einer zumindest angedeuteten Plaquebildung bei vier Personen zu beobachten (Abb. 1). Die Besonderheit und Eigenständigkeit dieser Veränderung geht unter anderem daraus hervor, daß bei anderen Formen von schwerer Atherosklerose mit ausgeprägten, zentral zum Teil nekrotisierenden Plaquebildungen, außerhalb solcher umschriebener atherosklerotischer Herde keineswegs regelmäßig Cholesterinkristallablagerungen in der erwähnten Flözform vorkamen beziehungsweise mehr diffus verteilt sowohl in der atheromatösen Intima als auch in der Media lokalisiert waren. Außer den beschriebenen atherosklerotischen Läsionen im engeren Sinne bestand in einem Falle eine Medianekrose vom Typ Erdheim-Gsell. Weiterhin wurden sporadisch fleckförmige Kalksalzablagerungen in der Gefäßmedia registriert.

Das Alter der Patienten variierte zwischen 23 und 80 Jahren mit einem Mittelwert von 55,6 Jahren und einer Standardabweichung von 8,7 Jahren. Zwischen den Geschlechtern bestand im Mittel mit 55,4 Jahren bei Männern und 57,0 Jahren bei Frauen kein Altersunterschied. Auch zwischen den vier nach dem Schweregrad

der Atherosklerose gebildeten Gruppen bestanden hinsichtlich des Alters keine signifikanten Unterschiede.
Die Mittelwerte der Laborparameter Natrium, Kalzium, Eiweiß, Harnstoff, Harnsäure, Gesamtbilirubin, GOT, GPT, LDH und alkalische Phosphate — aufgeteilt nach dem Schweregrad der Atherosklerose — erschienen im Normbereich. Gegenüber der Normalbevölkerung waren Kreatinin und Gamma-GT erhöht.
Alle Laborparameter wiesen eine sehr große Streuung auf; ein Hinweis darauf, daß das Kollektiv sehr heterogen zusammengesetzt war. Zwischen den vier nach dem Schweregrad der Atherosklerose gebildeten Gruppen bestanden hinsichtlich der aufgeführten Parameter keine signifikanten Unterschiede (Kruskal-Wallis-Test p 0,05), obwohl zum Teil erhebliche Unterschiede in den Mittelwerten auftraten, die aber nicht auf eine Verschiebung der gesamten Verteilung, sondern auf einzelne Ausreißer zurückzuführen sind. Auch eine Beziehung der Laborwerte zu den Manifestationstypen der schweren Atherosklerose läßt sich statistisch nicht sichern. Bei den Lipidparametern (Tab. 1) fällt auf, daß Cholesterin, Triglzyeride und LDL-Cholesterin (berechnet nach der Friedewald-Formel: Cholesterin minus HDL-Cholesterin minus Triglyzeride, 5 nur für Triglyzeridkonzentrationen unter 400 mg/dl, daher die abweichenden Fallzahlen) sowie der Quotient Cholesterin/ HDL-Cholesterin gegenüber der Normalbevölkerung deutlich erhöht waren.

Tab. 1: Lipidparameter bei Frauen mit Atherosklerose

	ohne pathol. Befund (n = 3)	geringe Atherosklerose (n = 8)	mittelschwere Atherosklerose (n = 16)	schwere Atherosklerose (n = 11)
Cholesterin (mg/dl)	211,3 (33,5)	291,1 (29,9)	324,6 (80,9)	331,1 (98,6)
Triglyzeride (mg/dl)	241,7 (85,3)	213,5 (105,6)	175,6 (55,8)	170,4 (86,5)
HDL-Cholesterin (mg/dl)	39,3 (13,1)	46,0 (14,7)	49,6 (12,6)	51,3 (16,8)
Cholesterin HDL-Cholesterin	5,88 (2,55)	6,83 (1,93)	6,66 (1,19)	6,85 (2,44)
LDL-Cholesterin (mg/dl)	123,7 (35,6) n = 3	204,7 (24,7) n = 7	239,9 (67,6) n = 16	245,6 (88,3) n = 11

angegeben sind Mittelwerte und Standardabweichungen in Klammern

Die HDL-Cholesterinkonzentrationen dagegen lagen bei den Männern im Normbereich und waren bei den Frauen vermindert. Nur bei Frauen ließ sich eine schwach ausgeprägte positive Korrelation der Serumkonzentrationen von Gesamt- und LDL-Cholesterin zum Schweregrad der Atherosklerose nachweisen. Die Triglyzeridwerte waren in beiden Geschlechtern bei Patienten ohne pathologische Befunde gegenüber denen mit Atherosklerose erhöht; wobei allerdings einschränkend auf die geringe Fallzahl in der erstgenannten Untergruppe hingewiesen werden muß. HDL-Cholesterin und der Quotient Cholesterin/HDL-Cholesterin korrelierte nicht mit dem Schweregrad der Atherosklerose. Eine Beziehung der Lipidparameter zu den Manifestationen der schweren Atherosklerose ließ sich in keinem Fall statistisch sichern.

Der Apolipoprotein-E-Polymorphismus wurde bei 214 Patienten bestimmt. Ein E-2-homozygoter Patient war nicht im Kollektiv enthalten. Die Verteilungen in den untersuchten Teilkollektiven sind in Tab. 2 angegeben. Es ist bemerkenswert, daß in der Untergruppe mit schwerer Atherosklerose kein E-2-heterozygoter Patient zu finden war, obwohl aufgrund der Häufigkeit (13 %) in der Gesamtgruppe fünf solcher Patienten zu erwarten waren (Tab. 2). Das morphologische Merkmal der Mediaverfettung zeigte keinen Unterschied zwischen den Geschlechtern. Eine Beziehung des Grades der Mediaverfettung bei einer Aufteilung in unauffällige Aortenmedia, geringe Mediaverfettung und hohe Mediaverfettung zum Schweregrad der Atherosklerose ließ sich statistisch nicht sichern.

Auch eine Beziehung der Laborwerte, insbesondere der Lipidkonzentrationen, zum Schweregrad der Mediaverfettung wie auch eine Beziehung zwischen dem Grad der Mediaverfettung und dem E-Polymorphismus konnte nicht hergestellt werden.

Diskussion

Grundsätzlich kann sowohl am autoptischen als auch am bioptischen Objekt überprüft werden, ob Laborparameter mit den unterschiedlichen morphologischen Expressionsformen der Atherosklerose korrelieren.

Untersuchungen an Autopsien bieten den Vorteil, daß die gesamte Gefäßsituation überblickt werden kann. Jedoch stehen nur in den wenigsten Fällen geeignete Seren zur Verfügung. Solche Proben stammen häufig aus mehr oder weniger schwerwiegenden Leidensphasen, die dem Tod vorausgegangen sind. Dadurch können die Einflüsse von Gefäßerkrankungen von denen anderer Krankheiten dominiert werden.

Korrelationsanalysen in statistisch ausreichend großen Patientenkollektiven kön-

Tab. 2: Apolipoprotein — E — Polymorphismus zum Schweregrad der Atherosklerose

	ohne pathol. Befund (n = 9)	geringe Atherosklerose (n = 80)	mittelschwere Atherosklerose (n = 90)	schwere Atherosklerose (n = 35)
E-3/E-2	1 11 %	11 14 %	13 14 %	0
E-4/E-2	0	3 4 %	0	0
E-3/E-3	7 78 %	50 63 %	59 66 %	25 71 %
E-4/E-3	1 11 %	15 19 %	16 18 %	9 26 %
E-4/E-4	0	1 1 %	2 2 %	1

nen deshalb nur am bioptischen Material durchgeführt werden. Der Vorteil dieses Vorgehens liegt darin, daß den Patienten Blut zur Lipidanalyse unter standardisierten Bedingungen abgenommen werden kann. Insbesondere stammen die Blutproben aus einer präoperativen Phase, in der die Lipide nicht wesentlich von anderen Erkrankungen beeinflußt werden. Der große Nachteil dieser Untersuchungen ist darin zu sehen, daß die Möglichkeit eines »Sampling error« besteht: Es stehen stets nur kleine, im Durchmesser etwa 5 mm große Gewebeproben aus der Aorta zur Verfügung, die anläßlich der Anlage eines venösen Koronar-Bypass ohnehin gewonnen werden. Obwohl diese Proben aus stets gleichbleibenden Zonen der aufsteigenden Aorta entnommen werden, können sie zufällig bald mehr, bald weniger aus einer atherosklerotischen Plaquezone stammen.

Dieser Sampling error mag auch der Grund dafür gewesen sein, daß bei einer kleinen Gruppe von Patienten keine wesentlichen pathologischen Befunde der Gewebeproben zu vermerken waren, obwohl auch sie unter einer schweren, operationsbedürftigen koronaren Herzkrankheit litten.

Aus rein morphologischer Sicht ist das Auftreten der flözartig abgelagerten Cholesterinkristalle an der Intima/Media-Grenze auffällig. Dieser eher seltenen Form der Atherosklerose scheint ein Entstehungsmechanismus zugrunde zu liegen, der sich von den bekannten Mechanismen unterscheidet, die zu den üblich ausgeprägten atherosklerotischen Plaques führen.

Bei der Auswertung des Apo-E-Polymorphismus war bemerkenswert, daß in der

Untergruppe mit schwerer Atherosklerose kein E-2-heterozygoter Patient gefunden wurde. Wenn zwischen dem Apo-E-Polymorphismus und dem Expressionsgrad der Atherosklerose keine Korrelation bestünde, wären aufgrund der Häufigkeit in der Gesamtgruppe fünf solche Patienten zu erwarten. Dies Ergebnis deutet darauf hin, daß eine Variation an Stelle 112 im Apolipoprotein-E-Gen einen gewissen »Schutz« vor schweren atherosklerotischen Veränderungen bedeuten könnte. Es ist bekannt, daß eine solche Variation die Lipidkonzentrationen »positiv« beeinflußt. Möglicherweise dadurch könnte dieser Schutz bewirkt werden.
Die Auswertung der Korrelationsanalyse zwischen Lipidparametern und morphologisch unterscheidbaren Formen der Atherosklerose ist jedoch insgesamt enttäuschend. Auch diese Studie bestätigt, daß ein prinzipieller Zusammenhang zwischen koronarer Herzkrankheit beziehungsweise Atherosklerose und quantitativ oder qualitativ fehlerhafter Lipoproteinkomposition des Blutplasmas besteht. Bisher unbekannte Faktoren scheinen jedoch mit darüber zu bestimmen, unter welchen Bedingungen ein gestörter Lipoproteinhaushalt bald zur einen, bald zur anderen Form der Atherosklerose führt.

Lipoprotein (a) und koronare Herzkrankheit

M. Sandkamp, H. Schulte, A. Bentrup, G. Assmann

M. Sandkamp

Institut für Klinische Chemie und Laboratoriumsmedizin (Zentrallabor) der Westfälischen Wilhelms-Universität Münster

H. Schulte

Institut für Arterioskleroseforschung der Westfälischen Wilhelms-Universität Münster

H. Bentrup

LVA-Fachklinik Salzetal, Bad Salzuflen

G. Assmann

Institut für Klinische Chemie und Laboratoriumsmedizin (Zentrallabor) der Westfälischen Wilhelms-Universität Münster

Lipoprotein (a) [Lp(a)] gehört zu den cholesterinreichen Lipoproteinen des menschlichen Blutes. Der Syntheseort des Lp(a) ist die Leber. Lp(a) besteht aus einem Anteil, der in Protein- und Lipidkomposition dem LDL entspricht, an den über Disulfidbrücken ein zusätzliches Protein, das Apo(a), gebunden ist. In der Lipoprotein-Elektrophorese wandert Lp(a) an Präbeta-Position, nach Ultrazentrifugation flotiert es in der d = 1,055—1,125 g/ml Fraktion.

1987 konnte eine Strukturhomologie zwischen Lp(a) und Plasminogen aufgezeigt werden in der Art, daß in Lp(a) die Plasminogenstruktureinheiten »kringle 4« und »kringle 5« sowie eine Proteaseregion vorhanden sind. Für das Apo(a) hat UTERMANN sechs Isoformen beschrieben, deren Molekulargewicht zwischen 300.000 und 700.000 D liegt. Dieser Größenpolymorphismus ist wahrscheinlich auf eine unterschiedliche Anzahl von »kringle-4«-Kopien zurückzuführen. Die Lp(a)-Konzentrationen sind in der gesunden europäischen Bevölkerung nicht normal verteilt, sondern weisen eine linkslastig hochschiefe Verteilungskurve auf. Dabei reichen die Konzentrationen von weniger als 1 bis über 200 mg/dl.

Zahlreiche Studien zeigen eine vermehrte Inzidenz gefäßsklerotischer Prozesse bei erhöhten Lp(a)-Konzentrationen. Dies betrifft sowohl die Koronar- als auch die Zerebralarterien. Sogar die Restenosierungsrate nach aortokoronaren Bypass-Operationen korreliert mit dem Lp(a)-Spiegel. Der genaue atherogene Mechanismus des Lp(a) ist bisher ungeklärt. Insbesondere die Frage, ob Lp(a) wegen des LDL-Anteiles den Fettstoffwechsel beeinflußt oder über die Plasminogenähnlichkeit auf das Gerinnungssystem einwirkt, ist offen.

Tab. 1: Lipid- und Lipoproteinkonzentrationen bei Myokardinfarktüberlebenden (< 45 Jahre, n = 509) und Kontrollprobanden (n = 1.053)

		Kontrollen	Patienten
Cholesterin	(mg/dl)	221.9 ± 41.3	262.2 ± 57.3**
Triglyzeride	(mg/dl)	170.2 ± 165.8	175.9 ± 113.9
HDL-Cholesterin	(mg/dl)	47.3 ± 12.6	41.3 ± 11.5 **
LDL-Cholesterin	(mg/dl)	139.4 ± 35.6	182.6 ± 52.9 **
Apolipoprotein AI	(mg/dl)	144.0 ± 22.4	122.2 ± 21.8 **
Apolipoprotein AII	(mg/dl)	43.8 ± 7.3	37.7 ± 9.3 **
Apolipoprotein B	(mg/dl)	124.6 ± 32.0	138.1 ± 33.2 **
Lp(a)*	(mg/dl)	4.81	11.99 **
		(1.47 – 15.72)	(3.70 – 38.85)

* geometrischer Mittelwert
** p < 0,001

Für die vorliegende Studie wurden die Resultate von 509 männlichen Herzinfarktüberlebenden unter 45 Jahren aus der LVA-Fachklinik Salzetal (Bad Salzuflen, Leiter Prof. Dr. E. Köhler) mit denen von 1.053 klinisch gesunden, altersentsprechenden Kontrollprobanden aus der Prospektiven-Kardiovaskulären-Münster-Studie (PROCAM-Studie) verglichen. Folgende Parameter wurden herangezogen: Triglyzeride, Cholesterin, LDL- und HDL-Cholesterin, die Apolipoproteine AI, AII und B sowie Lp(a). Wegen der unsymmetrischen Verteilung wurde beim Lp(a) mit dem geometrischen Mittelwert gearbeitet.

Bis auf den Triglyzeridgehalt unterschieden sich alle Parameter signifikant zwischen den beiden Gruppen (Tab. 1). Die Signifikanzschwelle betrug dabei p = 0,001.

Die typische Verteilungskurve des Gesundenkollektives zeigte sich in der Patientengruppe deutlich nach rechts verschoben. Der geometrische Mittelwert bei den Infarktüberlebenden lag bei 12,0 mg/dl im Gegensatz zu 4,8 mg/dl bei den Gesunden. Im Gegensatz zu anderen Studien, die mit einem Risikoschwellenwert von 30 mg/dl arbeiten, stellte sich bei unserer Untersuchung eine Konzentration von 20 mg/dl als am besten diskriminant heraus. Nur 16 % der gesunden Probanden wiesen Lp(a)-Werte oberhalb dieser Konzentration auf, während 34 % der Patientenwerte diese Risikoschwelle überstiegen. Nachdem die LDL-Cholesterinwerte um den Lp(a)-Cholesterinanteil [0,3 × mg/dl Lp(a)] korrigiert worden waren, ergab sich keine Korrelation zwischen Lp(a)-Konzentrationen und anderen Risikofaktoren.

Tab. 2: Apolipoprotein-E-Polymorphismus und Lipid- und Lipoproteinkonzentrationen bei Infarktüberlebenden

		Apo E 3/4	Apo E 2/3	
LDL-Chol/HDL-Chol		5.09 ± 1.48	3.77 ± 1.60	$p < 0.001$
Apo B/Apo AI		1.23 ± 0.32	0.96 ± 0.31	$p < 0.001$
LDL-Cholesterin	(mg/dl)	191.2 ± 39.8	159.8 ± 43.8	$p < 0.001$
HDL-Cholesterin	(mg/dl)	39.9 ± 8.3	46.4 ± 12.4	$p < 0.01$
Apolipoprotein B	(mg/dl)	146.1 ± 31.0	126.2 ± 34.4	$p < 0.01$
Apolipoprotein AI	(mg/dl)	120.7 ± 20.1	133.8 ± 22.4	$p < 0.01$
Cholesterin	(mg/dl)	271.4 ± 51.6	255.5 ± 65.3	n.s.
Triglyzeride	(mg/dl)	174.6 ± 109.2	204.8 ± 114.8	n.s.
Apolipoprotein AII	(mg/dl)	36.5 ± 7.4	38.0 ± 8.1	n.s.
Lp(a)*	(mg/dl)	12.0	10.6	n.s.
Alter bei MI (Jahre)		40.2 ± 4.1	39.9 ± 5.1	n.s.

* geometrischer Mittelwert

Wegen des LDL-Anteiles des Lp(a) wird ein gemeinsamer Stoffwechselweg dieser beiden Lipoproteine diskutiert. Wir haben zur Klärung dieser Frage Lp(a)- und LDL-Cholesterinkonzentrationen miteinander in Beziehung gesetzt. Dazu wurden sowohl im Gesunden- als auch im Patientenkollektiv Untergruppen mit niedrigem (unter 150 mg/dl) oder hohem (über 190 mg/dl) LDL-Cholesterin gebildet und hinsichtlich der Lp(a)-Konzentrationsverteilung verglichen. Abb. 1 zeigt, daß sich die Verteilungskurven in beiden Kollektiven unabhängig von der LDL-Cholesterinkonzentration darstellen.

Weiterhin ist eine Beeinflussung des LDL-Stoffwechsels durch den Apolipoprotein-E-Polymorphismus beschrieben. Dabei zeigen Probanden mit dem Apo E 4 Allel signifikant höhere LDL-Werte als Träger des E 2 Allels. Wir haben für das Infarktkollektiv den Apolipoprotein-E-Polymorphismus ermittelt und mit anderen Risikofaktoren abgeglichen (Tab. 2). Die Verteilung der Isoformen unterschied sich dabei nicht signifikant von der einer Normalpopulation. Es ergaben sich die erwarteten Abhängigkeiten für LDL- und HDL-Cholesterin, Apolipoprotein AI und B sowie die damit berechneten Quotienten. Im Gegensatz dazu war der geometrische Lp(a)-Mittelwert unabhängig von der Apo-E-Isoform.

Folgende Schlußfolgerungen lassen sich aus unserer Untersuchung ziehen:

1. Erhöhte Lp(a)-Konzentrationen stellen einen Risikofaktor für das frühzeitige Auftreten einer koronaren Herzkrankheit dar.

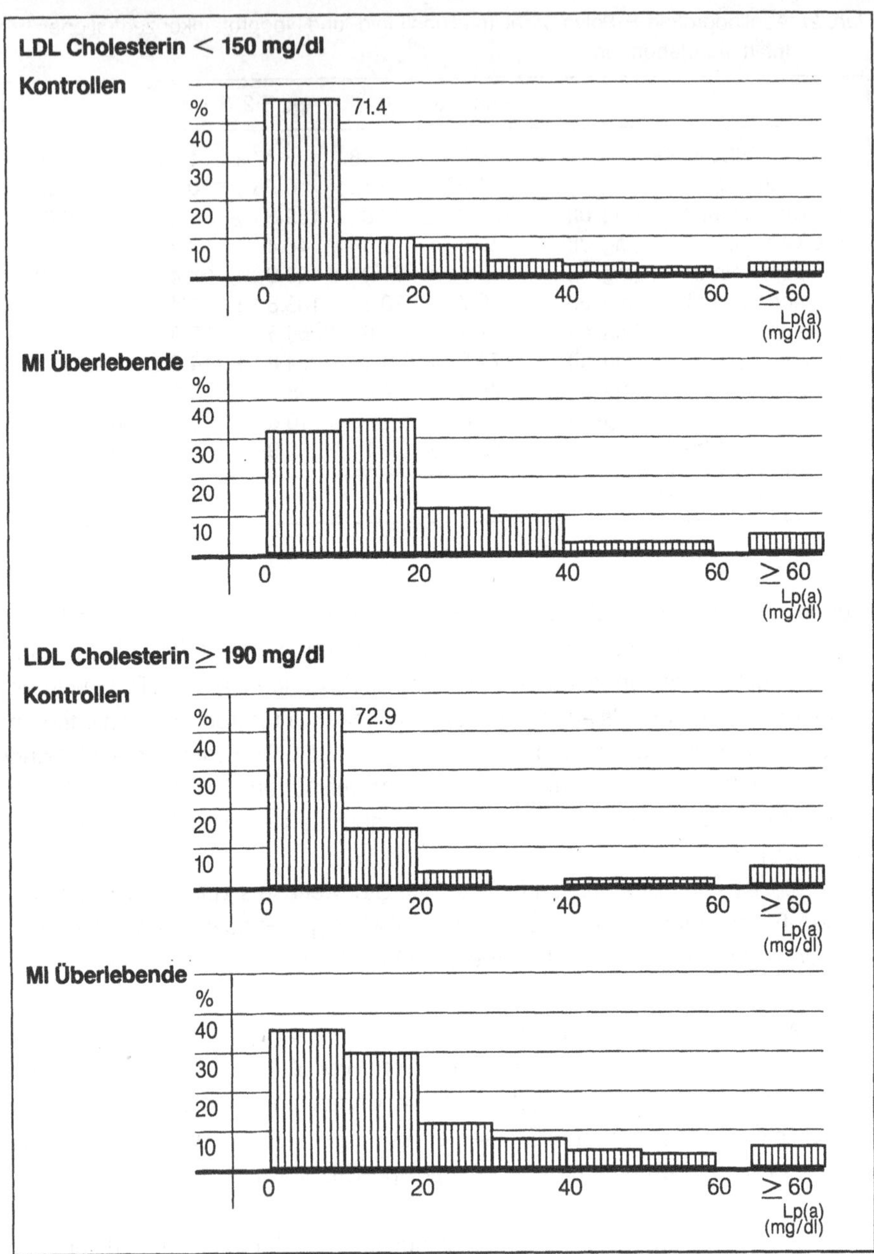

Abb. 1: Lp(a)-Verteilungskurven und LDL-Cholesterin bei Infarktüberlebenden und Kontrollprobanden

2. Der Risikoschwellenwert liegt bei 20 mg/dl.
3. Lp(a) und LDL unterliegen einer voneinander unabhängigen metabolischen Regulation.

Es muß darauf hingewiesen werden, daß sich die dargestellten Ergebnisse auf ein rein männliches Kollektiv im Alter unter 45 Jahren beziehen.

Einen Einflußparameter hinsichtlich der sprunghaft ansteigenden KHK-Entwicklung stellt das Lp(a) möglicherweise auch bei Frauen nach der Menopause dar. Im Gegensatz zu den Männern, bei denen die Lp(a)-Konzentration vom Lebensalter unabhängig ist und auch der altersabhängige LDL-Anstieg mit dem 45. Lebensjahr im wesentlichen abgeschlossen ist, zeigen Frauen nach dem 45. Lebensjahr einen signifikanten Anstieg beider Parameter. Wir deuten diese Beobachtung als Hinweis auf eine hormonelle Beeinflussung des Lp(a)-Stoffwechsels, entweder auf der Stufe der Synthese oder der weiteren Verstoffwechselung dieses Lipoproteins. Zukünftige Untersuchungen müssen die genauen Ursachen und Mechanismen dieser Wechselwirkungen klären.

Die Rolle von HDL-Apoproteinen im Cholesterinausstrom aus Adipozyten

A. Steinmetz, G. Ailhaud, J. C. Fruchart, H. Kaffarnik
Zentrum Innere Medizin, Endokrinologie und Stoffwechsel,
Philips-Universität Marburg

SERLIA, Institut Pasteur, Lille, Cedex

Centre de Biochimie du CNRS, Faculte des Sciences, Nice, Cedex

Zusammenfassung

Die Rolle von Apolipoproteinen (Apo A IV) im Lipidstoffwechsel ist noch nicht völlig geklärt. Aus der Literatur gibt es zunehmend Hinweise dafür, daß es eine Rolle im Cholesterinrücktransport spielt. Um dies näher zu untersuchen, haben wir seine Fähigkeit untersucht, aus cholesterinbeladenen Mausadipozyten zellulären Cholesterinausstrom zu vermitteln. Wenn diese cholesterinbeladenen Zellen mit Apo-A-IV-haltigen Phospholipidkomplexen bei 37 Grad inkubiert wurden, kam es zu einem zeit- und konzentrationsabhängigen Cholesterinausstrom aus den Zellen. Die Konzentration von Apo A IV/Phospholipidkomplexen zur Vermittlung halbmaximalen Ausstroms betrug $0{,}3 \times 10^{-6}$ M. Bindungsexperimente, durchgeführt an intakten Zellen bei 4° C mit Phospholipidkomplexen, die radioaktiv markiertes Apo A IV enthielten, zeigten, daß spezifische A-IV-Bindungsstellen existierten mit einem K_d von $0{,}32 \times 10^{-6}$ M. Kompetitive Bindungsexperimente mit Phospholipidkomplexen, die entweder radioaktiv markiertes A IV, A I oder A II enthielten, sprachen dafür, daß alle drei Apolipoproteine von den gleichen Zelloberflächenstrukturen erkannt wurden. Wir schließen daraus, daß neben Apo A I auch Apo A IV, das in der interstitiellen Flüssigkeit in ähnlichen Konzentrationen vorkommt — wie hier in vitro eingesetzt — auch in vivo eine bedeutende Rolle im Cholesterinausstrom aus peripheren Zellen spielt.

Einleitung

Seit seiner Beschreibung durch Swaney und Mitarbeiter 1974 als ein Bestandteil der Ratten-high-density-Lipoproteine (HDL) hat Apolipoprotein A IV schon immer eine besondere Rolle gespielt, insbesondere deshalb, weil es beim Menschen zum größten Teil nicht mit den klassischen Lipoproteinen assoziiert vorkommt [als Übersicht siehe 7, 8]. Der Darm scheint der Hauptsyntheseort von Apo A IV zu sein [5], und Nahrungstriglyzeride sind ein starker physiologischer Stimulus für seine Bildung. Obwohl die genaue physiologische Funktion von Apo A IV noch nicht bekannt ist, häufen sich Hinweise aus der Literatur dafür, daß es eine Rolle im Cholesterinrücktransport spielen könnte. Zwei hauptsächliche Vorgänge spielen beim Transport von Cholesterin aus der Peripherie zur Ausscheidung an die Leber eine Rolle und wurden mit Apo A IV in Verbindung gebracht:

1. Die Aktivierung des Plasmaenzyms, verantwortlich für die Veresterung des größten Teils des Plasmacholesterins, der Lecithin Cholesterin Acyltransferase (LCAT) [3, 16] und
2. die Fähigkeit, den Cholesterinausstrom aus Zellen zu vermitteln [14]; dabei werden periphere Zellen von ihrem Überschuß an Cholesterin befreit.

Die vorliegende Arbeit befaßt sich mit zellulärem Cholesterinausstrom aus Ob1771 Zellen und seiner Interaktion mit Zelloberflächenproteinen. Diese Ob1771 Adipozyten wurden bereits in ihrer Fähigkeit untersucht, erhebliche Mengen Cholesterin nach Inkubation mit Low-density-Lipoproteinen (LDL) zu akkumulieren. Die Inkubation dieser cholesterinbeladenen Adipozyten mit Apo-A-I, nicht aber mit Apo-A-II-Phospholipidkomplexen vermittelte Cholesterinausstrom aus diesen Zellen, obwohl beide Proteoliposomen in der Lage waren, an Zelloberflächenstrukturen zu binden [1]. In der vorliegenden Untersuchung zeigen wir, daß Apo-A-IV-Phospholipidkomplexe in der Lage sind, an Ob1771 Zellen spezifisch zu binden und Cholesterinausstrom aus cholesterinbeladenen Ob1771 Adipozyten zu vermitteln.

Material und Methoden

Als Phospholipid für die Herstellung der Apoprotein-Phospholipidkomplexe diente L-a-Dimyristoylphosphatidylcholin (DMPC) (Sigmachemie).

Zellen

Ob1771 Zellen wurden in 35 mm Schalen ausgesetzt (2×10^3 Zellen pro cm^2) oder in 24-Multiwell-Platten (für Bindungsassays) und in Dulbecco's Modified Eagle's (DME) Medium unter Zusatz von 6 % BSA, 200 U/ml Penicillin, 50 µg/ml Streptomycin, 33 µmol Biotin und 17 µmol Pantothenat versetzt. Dieses Medium nennen wir Standardmedium. Bei Konfluenz nach etwa fünf Tagen wurde das Standardmedium zusätzlich mit 17 nM Insulin, 2 nM Triiodthyronin und 1,4 nM Wachstumshormon versetzt und dann Differenzierungsmedium genannt. Die Medien wurden jeden zweiten Tag gewechselt. Unter diesen Bedingungen differenzierten mehr als 50 % der Ob1771 Zellen in Adipozyten innerhalb von acht Tagen. Die Experimente wurden am achten Tag nach Konfluenz durchgeführt. Vor Cholesterinbeladung wurden die B-Zellen mindestens 24 Stunden dem Differenzierungsmedium ausgesetzt, das zusätzlich 6 % lipoproteinfreies Rinderserum enthielt.

Cholesterinakkumulation und Mobilisierung

Um Cholesterinakkumulation zu erreichen, wurden differenzierte Ob1771 Zellen über 24 Stunden bei 37 Grad in lipoproteinfreiem Differenzierungsmedium gehalten und dann für 48 Stunden dem gleichen Medium ausgesetzt, jetzt 100 µg/ml LDL enthaltend. Dies führte zu einer Akkumulation von unverestertem Cholesterin [1]. Nach vorsichtigem Waschen mit lipoproteinfreiem Standardmedium wurden die Zellen bei 37 Grad dem gleichen Medium ausgesetzt, das jetzt verschiedene Mengen artifizielle Lipoproteine (Apoprotein-DMPC-Komplexe) enthielt. Der zelluläre Cholesteringehalt der Zellen wurde durch HPLC aus je zwei Schalen zu den angegebenen Zeitpunkten gemessen [1]. Die Ergebnisse sind ausgedrückt als Mikrogramm zelluläres Cholesterin/mg Zellprotein.

Lipoproteine, Apoproteine, DMPC-Apoproteinkomplexe

High-density-Lipoproteine (HDL_3) und LDL wurden aus Plasma normolipämischer Blutspender durch sequenzielle Ultrazentrifugation isoliert. Apo A I und Apo A II [9] und Apo A IV [15] wurden mittels FPLC isoliert. Die Apoprotein-DMPC-Komplexe wurden nach der Cholatdialysemethode hergestellt mit einem molaren Verhältnis von DMPC zu Protein von 150/1. Die spezifische Radioaktivität nach Markierung der Apoproteine betrug 200—400 cpm/ng Protein.

Bindungsassays

Die Bindung von markierten Apoprotein-DMPC-Komplexen an intakte Ob1771 Zellen wurde für zwei Stunden bei 4° C durchgeführt [1]. Die unspezifische Bindung wurde ermittelt in der Anwesenheit von 100fachem Überschuß an *unmarkierten* Liganden. Die unspezifische Bindung schwankte zwischen 30 und 40 % für Apo A I, 20—30 % für Apo A II und 15—20 % für Apo A IV.

Ergebnisse

Nach Cholesterinbeladung der Adipozyten durch LDL wurden die Apo-A-IV-DMPC-Komplexe auf ihre Fähigkeit untersucht, zunächst als Funktion der Zeit bei

37° C einen Ausstrom von zellulärem Cholesterin zu vermitteln. Gleichzeitig wurden Apo-A-I- oder Apo-A-II-haltige Komplexe untersucht. Wie in Abb. 1 dargestellt, waren sowohl Apo-A-IV- als auch Apo-A-I-DMPC-Komplexe in der Lage, zellulären Cholesterinausstrom aus Adipozyten zu vermitteln, während in Anwesenheit von Apo-A-II-DMPC-Komplexen kein Cholesterinausstrom erfolgte. Die Abnahme des zellulären Cholesteringehaltes erfolgte rasch (ca. 0,5 µg/min./mg Zellprotein) und erreichte nach etwa zwei Stunden einen minimalen Wert (Abb. 1). Dieser niedrige Cholesteringehalt entsprach dem zellulären Cholesteringehalt vor LDL-Cholesterinbeladung. Hieraus läßt sich schließen, daß Adipozyten einen nicht mobilisierbaren Cholesterinpool besitzen, während Apo-A-I- und Apo-A-IV-DMPC-Komplexe in der Lage waren, den Ausstrom eines mobilisierten Pools zu vermitteln.

In der zweiten Reihe von Experimenten führten steigende Konzentrationen von

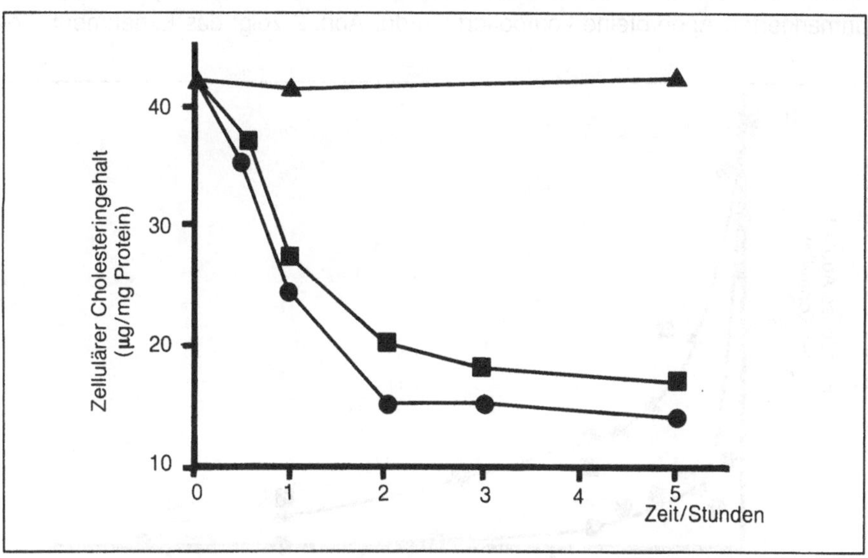

Abb. 1: Zeitabhängige Vermittlung zellulären Cholesterinausstroms aus Ob1771 Zellen in der Anwesenheit von verschiedenen Apo-Protein-DMPC-Komplexen. Die Zellen wurden bei 37 Grad in der Gegenwart von LDL-Cholesterin beladen und nach vorsichtigem Waschen mit je 100 µg/ml Apo-A-I-(■), Apo-A-II-(▲) und Apo-A-IV (●)-DMPC-Komplexen inkubiert. Die Bestimmung zellulären Cholesteringehalts zu den angegebenen Zeitpunkten wurde in zwei parallelen Schalen mittels HPLC bestimmt [7]. Apo A I und Apo A IV vermitteln ähnlich zellulären Cholesterinausstrom, während Apo A II den zellulären Cholesteringehalt auch nach fünf Stunden Inkubation bei 37° C nicht signifikant verändert.

Apo-A-IV-DMPC-Komplexen während einer festen Zeit von fünf Stunden zum dosisabhängigen Cholesterinausstrom. Die Konzentrationen von Apo-A-IV-DMPC-Komplexen zur Vermittlung halbmaximalen Ausstroms waren 14 µg/ml und 50 µg/ml (Ergebnisse nicht abgebildet).

Da diese Ergebnisse eine Interaktion zwischen Apo A IV und intakten Ob 1771 Zellen vermuten ließen, wurden Bindungsexperimente mit radioaktiv markierten Apo-A-IV-DMPC-Komplexen durchgeführt. Wir fanden eine Sättigungskurve nach Inkubation der Zellen für zwei Stunden bei 4° C. Die mittlere unspezifische Bindung betrug 20+/—5 %. Wir ermittelten einen K_d-Wert von $0{,}3 \times 10^{-6}$ M und einen B_{max}-Wert von 171 ng Apo A IV pro mg Zellprotein.

Um nachzuprüfen, ob Apo A IV an die gleichen Zelloberflächenbindungsstellen bindet, die auch Apo A I und Apo A II erkennen [1], wurden Kompetitionsbindungsexperimente durchgeführt, bei denen jeweils eins der drei Apoproteine nach radioaktiver Markierung an die Zelloberfläche gebunden und durch jedes der drei unmarkierten Apoproteine kompetiert wurde. Abb. 2 zeigt das Experiment, bei

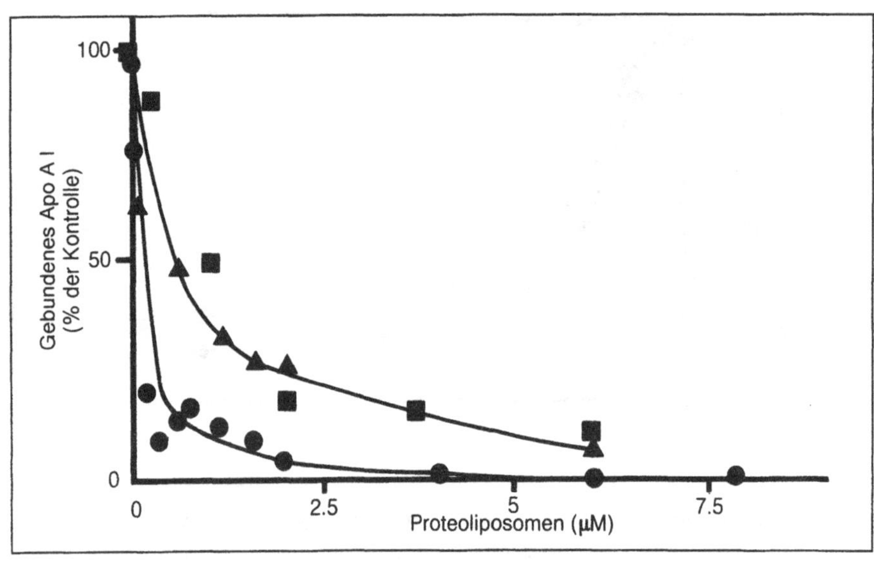

Abb. 2: Kompetitive Hemmung der Apo-A-IV-Bindung an Ob1771 Zellen. Die Zellen wurden zwei Stunden bei 4° C in der Gegenwart von 0,6 µM markierter Apo-A-IV-DMPC-Komplexe und steigender Konzentration unmarkierter Apo A IV (●), Apo A II (→) oder Apo A I (■) inkubiert. 100 % Bindung entspricht 105 µg/ml Zellprotein für markiertes Apo A IV. Die Abbildung gibt die Ergebnisse von zwei repräsentativen unabhängigen Experimenten wieder, die an zwei unterschiedlichen Serien von Zellen gewonnen wurden.

dem Apo A IV an die Zelloberfläche gebunden, sowohl von unmarkiertem Apo A IV als auch von Apo A I und Apo A II aus der Bindung verdrängt wurde.
In ähnlicher Weise wurden markiertes und gebundenes Apo A II und Apo A I durch unmarkiertes Apo A I, Apo A II und Apo A IV verdrängt, während Apo-E-DMPC-Komplexe nicht um deren Bindung an die Adipozytenzelloberfläche konkurrierte. Die Konzentrationen unmarkierter Apoproteine, die notwendig waren, um 50 % der Bindung der anderen Apoproteine zu inhibieren, waren $0,2 \times 10^{-6}$ M für Apo A IV, $0,3-0,6 \times 10^{-6}$ M für Apo A II und $0,6 \times 10^{-6}$ M für Apo A I. Diese Werte lagen sehr nah an den Daten, die aus den Bindungsexperimenten abgeleitet wurden ($0,32 \times 10^{-6}$ für Apo A IV) (Daten nicht gezeigt), $0,2 \times 10^{-6}$ M für Apo A II und 1×10^{-6} M für Apo A I [1].

Diskussion

Die vorliegenden Experimente zeigen die Fähigkeit von Apo A IV, den zellulären Ausstrom von Cholesterin aus cholesterinbeladenen Ob1771 Adipozyten zu vermitteln. Das Zellmodell dieser Adipozyten scheint für diese Versuche besonders geeignet, da diese Zellen sowohl in vitro als auch in vivo unverestertes Cholesterin speichern. Vorausgesetzt, daß die Cholesterinanhäufung für LDL vermittelt stattfindet, kommt es nicht eher zum Cholesterinausstrom, bis spezifische Lipoproteinpartikel dem Medium zugesetzt werden [1]. Menschliches Apo A IV besitzt bemerkenswerte Homologien mit Maus-Apo-A-IV [17] und bildet, wie zuvor gezeigt, ähnlich wie Apo A I stabile Komplexe mit DMPC [16]. Diese Komplexe waren ähnlich aktiv wie Apo A I in ihrer Fähigkeit, zeit- und konzentrationsabhängig Cholesterinausstrom aus Adipozyten zu vermitteln.
Kürzlich berichteten Stein und Mitarbeiter [14], daß Apo A IV, aus Ratten-HDL isoliert und rekonstituiert mit Dioleoyl-Phosphatidylcholin oder dessen hydrolysebeständigem Ätheranalog Dioleylphosphatidylcholin, effektiver Cholesterinausstrom aus menschlichen Fibroblasten vermittelt als Apo A I. In dieser Studie waren auch Apo-E-Phospholipidkomplexe in der Lage, zellulären Cholesterinausstrom zu vermitteln. In unserem Modell führte Apo E im Komplex mit Phospholipiden nicht zur Vermittlung zellulären Cholesterinausstroms. Außerdem bindet Apo E nicht an die von Apo A IV, A I und A II erkannten Zelloberflächenbindungsstellen der Ob1771 Zellen.
Die Vermittlung zellulären Cholesterinausstroms durch Apo A IV hat eine physiologische Bedeutung im Hinblick auf die hohen Konzentrationen dieses Apoproteins in der peripheren Lymphe von Hunden, die sich noch durch Cholesterinfütterung der Tiere steigern lassen [als Übersicht siehe 13]. Zusätzlich fanden wir hohe

Spiegel Apo-A-IV-enthaltender Lipoproteinpartikel in menschlicher interstitieller Flüssigkeit, die die Zellen umgibt [10]. Die Konzentrationen an Apo A IV, die hier eingesetzt werden mußten zur Erzielung eines Cholesterinausstroms, ähneln sehr der Konzentration von Apo A IV in interstitieller Flüssigkeit und sind mit der Auffassung vereinbar, daß auch in vivo zellulärer Cholesterinausstrom durch Apo A IV aus peripheren Zellen möglich ist. Wie in Abb. 2 dargestellt, ist es sehr wahrscheinlich, daß Apo A I, A II und A IV gemeinsame Rezeptorbindungsstellen besitzen.
Eine gemeinsame Bindungsstelle für menschliches Apo A I und Apo A IV wurde zuletzt von Savion et al [12] gefordert, nachdem sowohl Apo A I als auch Apo A IV im »lipoproteinfreien« Serum in der Lage waren, HDL_3 aus ihrer Bindung an bovine Aortenendothelzellen in Kultur zu verdrängen. Weitere Experimente der gleichen Autoren zeigten dann eine spezifische Bindung mit Sättigungscharakter von HDL_3, Apo A I und Apo A IV an diese Zellen [11]. Weiterhin konnten Ghiselli und Mitarbeiter [6] zeigen, daß Ratten-Apo-A-IV spezifisch mit Sättigungscharakter an Membranen von Rattenleberzellen band. In diesem Kontext zeigten Dvorin und Mitarbeiter [4], daß Apo A IV einen der Liganden darstellt zur Bindung von Ratten-HDL an Hepatozyten und daß diese Bindungsstellen sich von den Apo-E-erkennenden Leberrezeptoren (Apo B, E und Apo-E-Rezeptoren) unterschieden. Es gibt also mehr und mehr Hinweise aus der Literatur, daß Apo A IV eine Ligandenspezifität für Zelloberflächenrezeptoren verschiedener Zelltypen besitzt.
Es wird noch immer kontrovers diskutiert, ob Zelloberflächenbindungsstellen für HDL in den zellulären Cholesterinausstrom involviert sind; es wurden Daten gegen und für diese Möglichkeit publiziert. Unsere Ergebnisse zeigen, daß die Bindung von Apo-A-I- und Apo-A-IV-haltigen DMPC-Komplexen an Ob1771 Adipozyten übereinstimmt mit den Parametern des induzierten Cholesterinausstroms aus cholesterinbeladenen Zellen durch die gleichen Partikel. Diese Ergebnisse — zusammen mit der engen Beziehung zwischen dem Vorhandensein von Apo-A-I/Apo-A-II-Rezeptorbindungsstellen und der Induktion von zellulärem Cholesterinausstrom [2] — sind vereinbar mit der Notwendigkeit von HDL-Rezeptorbindungsstellen für diesen Vorgang.

Anmerkung

Wir danken Karin Burandt für die Bearbeitung des Manuskripts. Die Arbeit wurde unterstützt durch Sachbeihilfen der Deutschen Forschungsgemeinschaft an Dr. Armin Steinmetz.

Literaturverzeichnis

1 Barbaras R, Grimaldi P, Negrel R, Ailhaud G. Characterization of high-density lipoprotein binding and cholesterol efflux in cultured mouse adipose cells. Biochim Biophys Acta 1986; 888: 143—156.

2 Barbaras R, Puchois P, Grimaldi P, Barkia A, Fruchart JC, Ailhaud G. Relationship in adipose cells between the presence of receptor sites for high density lipoproteins and the promotion of reverse cholesterol transport. Biochem Biophys Res Commun 1987; 149: 543—554.

3 Chen CH, Albers JJ. Activation of lecithin: cholesterol acyltransferase by apolipoproteins E-2; E-3 and A-IV isolated from human plasma. Biochim Biophys Acta 1985; 836: 279—285.

4 Dvorin E, Gorder NL, Benson DM, Gotto AM. Apolipoprotein A-IV. A determinant for binding and uptake of high density lipoproteins by rat hepatocytes. J Biol Chem 1986; 261: 15.714—15.718.

5 Elshourbagy NA, Walker DW, Boguski MS, Gordon JI, Taylor JM. The nucleotide and derived amino acid sequence of human apolipoprotein A-IV mRNA and the close linkage of its gene to the genes of apolipoproteins A-I and C-III. J Biol Chem 1986; 261: 1998—2002.

6 Ghiselli G, Crump WL, Gotto AM. Binding of apo A-IV — phospholipid complexes to plasma membranes of rat liver. Biochem Biophys Res Commun 1986; 139: 122—128.

7 Green PHR, Glickman RM. Intestinal lipoprotein metabolism. J Lipid Res 1981; 22: 1153—1173.

8 Lefevre M, Roheim PS. Metabolism of apolipoprotein A-IV. J Lipid Res 1984; 25: 1603—1610.

9 Mezdour H, Clavey V, Kora I, Koffigan M, Barkia A, Fruchart JC. Anion-exchange fast protein liquid chromatographic characterization and purification of apo-lipoproteins A-I, A-II, C-I, C-II, C-III_0, C-III_1, C-III_2 and E from human plasma. J. Chromatogr 1987; 414: 35—45.

10 Puchois P, Steinmetz A, Ghalim N, Barbaras R, Barkia A, Ailhaud G, Fruchart JC. Characterization of lipoproteins containing apo A I but not Apo A II from human interstitial fluid. Circulation 1988; 78 (II): 168 (665) Abstract.

11 Savion N, Gamliel A. Binding of apolipoprotein A I and apolipoprotein A IV to cultured bovine aortic endothelial cells. Arteriosclerosis 1988; 8: 178—186.

12 Savion N, Gamliel A, Tauber JP, Gospodarowicz D. Free apolipoproteins A-I and A-IV present in human plasma displace high-density lipoprotein on cultured bovine aortic endothelial cells. Eur J Biochem 1987; 164: 435—443.

13 Sloop CH, Dory L, Roheim PS. Interstitial fluid lipoproteins. J Lipid Res 1987; 28: 225—237.

14 Stein O, Stein Y, Lefevre M, Roheim PS. The role of apolipoprotein A-IV in reverse cholesterol transport studied with cultured cells and liposomes derived from an ether analog of phosphatidylcholine. Biochim Biophys Acta 1986; 878: 7—13.

15 Steinmetz A, Clavey V, Vu-Dac N, Kaffarnik H, Fruchart JC. Purification of human apolipoprotein A-IV by fast protein liquid chromatography. J Chromatogr Biomed Appl 1989; 487: 154—160.

16 Steinmetz A, Utermann G. Activation of lecithin: cholesterol acyltransferase by human apolipoprotein A-IV. J Biol Chem 1985; 260: 2258–2264.

17 Williams SC, Bruckheimer SM, Lusis AJ, Leboeuf RC, Kinniburgh AJ. Mouse apolipoprotein A-IV gene: nucleotide sequence and induction by high lipid diet. Mol Cell Biol 1986; 6: 3807–3814.

Epidemiologisches Modell für eine Kosten-Nutzen-Analyse zur Verminderung von Risikofaktoren der KHK*

H. Schulte und G. Assmann
Institut für Arterioskleroseforschung der
Westfälischen Wilhelms-Universität Münster

Einleitung

Krankheit, Invalidität und frühzeitiger Tod stellen für jede Gesellschaft nicht nur eine psychosoziale, sondern auch eine volkswirtschaftliche Belastung dar. Zur Vermeidung, Heilung und Linderung von Krankheit und deren Folgen werden Ressourcen (Produktionsverfahren) eingesetzt, die einer anderen Verwendung entzogen werden. Der bewertete Verbrauch bzw. Verlust von Ressourcen wird als Kosten von Krankheiten verstanden. Dabei unterscheidet man zwischen direkten und indirekten Kosten. Als direkte Kosten wird der bewertete Verbrauch von Gesundheitsgütern und Dienstleistungen bezeichnet (Behandlungskosten, Lohnfortzahlung, Renten). Der bewertete Ressourcenverlust infolge von Krankheit, Individualität und vorzeitigem Tod stellt die indirekten Kosten (Produktionsausfall) dar.

Vor dem Hintergrund der knappen Ressourcen im Gesundheitswesen kommt ihrem optimalen Einsatz große Bedeutung zu. Die Kosten von Krankheiten wie auch die vielfältigen realen Dimensionen von Krankheit, Invalidität und vorzeitigem Tod können dabei Hinweise darauf geben, ob und wenn ja, welchen Krankheiten zur Erforschung, Prävention und Behandlung mehr finanzielle Mittel zur Verfügung gestellt werden sollten. Dabei ist anzustreben, solche Gesundheitsmaßnahmen zu fördern, die zukünftig die höchsten Gesundheitseffekte, etwa als gewonnene Lebensjahre oder in Form von Ersparnissen bei den direkten und indirekten Kosten, erwarten lassen. Dazu sind Kosten-Nutzen-Analysen anzustellen.

* Basierend auf der PROCAM-Studie, die unterstützt wurde durch Bundesministerium für Forschung und Technologie, Ministerium für Wissenschaft und Forschung NRW, Deutsche Forschungsgemeinschaft und Landesversicherungsanstalt (LVA) Westfalen.

Der Kosten-Wirksamkeits-Wert einer Intervention ergibt sich als Relation

$$\frac{\text{Kosten der Intervention} - \text{Einsparung durch die Intervention}}{\text{Gewinn an Lebensjahren.}}$$

Insbesondere bei präventiven Maßnahmen ist es schwierig, den Nutzen zu quantifizieren. Globale Abschätzungen wie die »Eins-zu-zwei-Regel« (ein Prozent Cholesterinsenkung ergibt zwei Prozent Senkung der Inzidenz der koronaren Herzkrankheit (KHK)) reichen dazu nicht aus. Für die KHK soll im folgenden ein Modell vorgestellt werden, das die epidemiologischen Grundlagen für eine Kosten-Nutzen-Analyse schafft, indem es gestattet, den Effekt der Reduktion von Risikofaktoren auf Inzidenz der KHK und die Lebenserwartung abzuschätzen.
Die Kosten der Intervention sind relativ einfach zu bestimmen. Um die Einsparungen durch die Intervention zu berechnen, müssen die vermiedenen Inzidenzen der verschiedenen Manifestationen der KHK mit den entsprechenden direkten und indirekten Kosten multipliziert werden.

Beschreibung des Modells

Das Modell benutzt drei Risikogleichungen (für jedes Geschlecht getrennt), die aus der »Framingham Heart Study« (FHS) abgeleitet wurden. Sie ermöglichen es, das Risiko für drei Manifestationen der KHK in einem Zeitraum von fünf Jahren für Personen zu berechnen, die frei von KHK sind [1]: nichttödlicher Herzinfarkt, Tod an KHK und Gesamt-KHK, wobei die Differenz zwischen der Gesamt-KHK und den beiden ersten Manifestationen die Inzidenz von stabiler und instabiler Angina pectoris angibt.
Alle drei Gleichungen sind multiple logistische Regressionsgleichungen vom Typ

$$p = \frac{1}{1 + e^{-s}} \quad \text{mit } s = \sum_{k=0}^{7} \beta_k * x_k$$

Dabei bedeuten β_k die Regressionskoeffizienten und x_k die Ausprägungen der unabhängigen Variablen, wobei β_0 (mit $x_0 = 1$) eine Konstante bezeichnet [1].
Als unabhängige Variable gehen in alle drei Framingham-Risiko-Gleichungen das Alter, Cholesterin, Rauchen, Diabetes = Glukose-Intoleranz (bekannter Diabetes mellitus oder Nüchternblutzucker $> = 120$ mg/dl) und Linksventrikuläre Hypertrophie (LVH-EKG) ein, zusätzlich noch Alter * Alter und Alter * Cholesterin. Die Inzidenzberechnungen werden im Modell für vorgegebene Altersklassen (35—40, 40—45, ..., 70—75 Jahre) durchgeführt. In jeder Altersklasse werden die

Tab. 1: Verlust an Lebensjahren durch KHK in Abhängigkeit vom Alter, in dem das Ereignis stattfindet

Alter	Herz-infarkt	Angina pectoris	Tod durch KHK Männer	Frauen
35 – 39	14,6	11,6	36,2	42,1
40 – 44	12,4	9,7	31,6	37,3
45 – 49	10,2	7,8	27,1	32,6
50 – 54	8,2	6,1	22,9	28,1
55 – 59	6,3	4,6	18,9	23,7
60 – 64	4,7	3,3	15,3	19,5
65 – 69	3,1	1,8	12,0	15,5
70 – 74	1,8	0,5	9,1	11,9

geschlechtsspezifischen Mittelwerte der Risikofaktoren benutzt, um die Inzidenz der drei KHK-Manifestationen innerhalb von fünf Jahren zu berechnen. Diese geschätzten Inzidenzen werden mit der durch die Krankheit verursachten verringerten Lebenserwartung multipliziert (Tab. 1) und für die drei Manifestationen addiert.

Somit lassen sich die erwarteten Verluste an Lebensjahren durch die – in den nächsten fünf Jahren zu erwartende – Inzidenz der KHK abschätzen. Die Angaben für den nichttödlichen Herzinfarkt und für Angina pectoris stammen dabei ebenfalls aus der FHS [6], wobei zwischen den Geschlechtern nicht unterschieden wird. Die Zahlen für »Tod durch KHK« geben die durchschnittliche Lebenserwartung eines Bundesbürgers im entsprechenden Alter an [7]. Um den lebenslangen Einfluß der KHK abzuschätzen, werden nach den Regeln der »Life-table«-Analyse die Inzidenzen in den folgenden Fünfjahresperioden berechnet und mit den altersabhängigen Verlusten an Lebensjahren multipliziert, um so den kumulativen Effekt zu berechnen. Dabei wird berücksichtigt, daß die Ausprägung der Risikofaktoren sich altersabhängig verändert.

Datengrundlage

Für die unabhängigen Variablen werden alters- und geschlechtsabhängige Durchschnittswerte aus der Prospektiven-Cardiovaskulären Münster(PROCAM)-Studie [2] eingesetzt (Tab. 2). Obwohl auch aus den Daten der PROCAM-Studie eine Risikofunktion für Männer abgeleitet wurde [3, 5], wird auf deren Einsatz verzichtet, da wegen der kürzeren Nachbeobachtungszeit und des niedrigen Alters die erforder-

Tab. 2: Mittelwerte von Risikofaktoren der Teilnehmer an der PROCAM-Studie frei von KHK und Apoplex

Alter Jahre	Choles-terin mg/dl	syst. Blutdr. mm HG	Rau-cher %	LVH-EKG %	Glukose Intoler. %	Anzahl der Probanden
a) Männer						
35 — 39	214,6	125,5	37,6	1,3	3,7	1.999
40 — 44	221,4	127,9	36,2	1,4	4,8	2.406
45 — 49	226,9	130,8	31,3	1,7	7,7	2.336
50 — 54	230,3	134,7	30,8	2,2	9,3	1.972
55 — 59	229,5	137,9	29,2	2,4	9,8	1.444
60 — 64	231,4	141,7	25,2	2,4	12,5	427
65 — 74	236,5	143,9	24,9	5,6	16,8	96
b) Frauen						
35 — 39	202,8	121,4	38,2	0,3	3,2	660
40 — 44	208,4	125,0	27,6	0,4	3,4	787
45 — 49	221,4	130,1	21,2	0,5	5,7	790
50 — 54	240,1	134,3	20,0	1,3	7,3	626
55 — 59	246,7	138,5	17,9	2,2	7,9	543
60 — 64	262,3	141,5	11,7	2,8	9,1	79
65 — 74	263,5	148,2	13,7	4,3	14,7	103

liche Differenzierung der KHK-Manifestationen nicht möglich war. Ein Vergleich der mit den FHS-Risikogleichungen berechneten Inzidenzen von nichttödlichen Herzinfarkten und KHK-Todesfällen bei 40—65jährigen Männern mit den in der PROCAM-Studie beobachteten Zahlen ergab eine gute Übereinstimmung, so daß es erlaubt erscheint, die FHS-Risikogleichungen auf die deutsche Bevölkerung zu übertragen, wenn das spezielle Risikofaktorenmuster berücksichtigt wird.

Ergebnisse

In der Tab. 3 sind die mit dem beschriebenen Modell berechneten, durch KHK durchschnittlich verlorenen Jahre der Lebenserwartung eines Bundesbürgers angegeben (Spalten A) und den Zahlen gegenübergestellt, die sich ergeben, wenn man in der Todesursachenstatistik die KHK (ICD 410—414) eliminiert (Spalten B).

Die Differenzen sind zum Teil dadurch zu erklären, daß nach einem Herzinfarkt auch die Mortalität an anderen Erkrankungen als KHK ansteigt, was in dem Modell berücksichtigt wird.

Tab. 3: Durch KHK verlorene Lebensjahre, berechnet
A: mit Hilfe des Modells für eine Person mit durchschnittlicher Ausprägung der Risikofaktoren,
B: unter Ausschluß der KHK-Todesfälle (ICD 410—414) in der Todesursachenstatistik

Alter	Männer		Frauen	
	A	B	A	B
35 — 39	2,82	2,08	1,44	1,06
40 — 44	2,67	2,01	1,39	1,04
45 — 49	2,43	1,90	1,32	1,00
50 — 54	2,11	1,77	1,21	0,94
55 — 59	1,71	1,59	1,05	0,86
60 — 64	1,27	1,38	0,84	0,76
65 — 69	0,82	1,11	0,59	0,61
70 — 74	0,39	0,74	0,30	0,40

Die angegebenen Werte sind Durchschnittswerte, die Hochrisikogruppen und Teilkollektive mit geringem Risiko beinhalten. Um den Einfluß der einzelnen Risikofaktoren darzustellen, werden im folgenden der Einfluß des Rauchens, des Hypertonus und der Hypercholesterinämie auf die berechnete Lebenserwartung angegeben. Dabei muß darauf hingewiesen werden, daß ausschließlich die Verringerung der Lebenserwartung durch ein erhöhtes KHK-Risiko berücksichtigt wird. In den Tab. 4 bis 7 werden jeweils Personen verglichen, die sich nur in der Ausprägung eines Risikofaktors unterscheiden, der sich im weiteren Leben nicht verän-

Tab. 4: Durch erhöhtes KHK-Risiko verlorene Lebensjahre eines Rauchers mit durchschnittlicher Ausprägung der sonstigen Risikofaktoren

Alter	Männer	Frauen
35 — 39	1,24	0,35
40 — 44	1,18	0,35
45 — 49	1,10	0,34
50 — 54	0,98	0,32
55 — 59	0,83	0,30
60 — 64	0,66	0,26
65 — 69	0,47	0,21
70 — 74	0,25	0,13

Tab. 5: Durch erhöhtes KHK-Risiko verlorene Lebensjahre eines Hypertonikers (systolischer Blutdruck: 180 mm Hg) gegenüber einer Person mit einem systolischen Blutdruck von 140 mm Hg mit durchschnittlicher Ausprägung der sonstigen Risikofaktoren

Alter	Männer	Frauen
35 — 39	1,94	0,95
40 — 44	1,83	0,91
45 — 49	1,66	0,86
50 — 54	1,45	0,79
55 — 59	1,20	0,68
60 — 64	0,94	0,56
65 — 69	0,66	0,41
70 — 74	0,35	0,23

Tab. 6: Durch erhöhtes KHK-Risiko verlorene Lebensjahre eines Hypercholesterinämikers gegenüber einer Person mit einem Cholesterinwert, der 10 % niedriger liegt, mit durchschnittlicher Ausprägung der sonstigen Risikofaktoren

Alter	Cholesterin (mg/dl)			
	240 — 216	280 — 252	320 — 288	360 — 324
a) Männer				
35 — 39	0,37	0,53	0,74	1,00
40 — 44	0,32	0,46	0,62	0,82
45 — 49	0,27	0,37	0,49	0,64
50 — 54	0,20	0,28	0,37	0,47
55 — 59	0,14	0,19	0,25	0,32
60 — 64	0,09	0,12	0,15	0,19
65 — 69	0,05	0,06	0,08	0,10
70 — 74	0,02	0,02	0,03	0,04
b) Frauen				
35 — 39	0,15	0,21	0,31	0,45
40 — 44	0,14	0,19	0,28	0,39
45 — 49	0,12	0,17	0,24	0,33
50 — 54	0,10	0,14	0,19	0,26
55 — 59	0,08	0,11	0,15	0,19
60 — 64	0,06	0,08	0,10	0,13
65 — 69	0,04	0,05	0,06	0,07
70 — 74	0,01	0,02	0,02	0,03

dert, während für die restlichen Risikofaktoren für beide Personen die altersentsprechenden Durchschnittswerte in der Bevölkerung angenommen werden.
Wegen der deutlich geringeren Inzidenz der KHK ist bei allen Risikofaktoren die Auswirkung auf die Lebenserwartung der Frauen wesentlich geringer als auf die der Männer.
Ein männlicher Raucher im Alter von unter 55 Jahren hat allein durch erhöhtes KHK-Risiko eine um ein Jahr oder mehr verringerte Lebenserwartung als ein gleichaltriger Nichtraucher (Tab. 4).
Zur Darstellung der Bedeutung des Hypertonus werden in Tab. 5 die berechneten Verluste an Lebenserwartung einer Person mit einem systolischen Blutdruck von 180 mm Hg im Vergleich zu einer Person mit einem systolischen Blutdruck von 140 mm Hg aufgelistet. Alle anderen Risikofaktoren stimmen wiederum überein.
Der Einfluß der Hypercholesterinämie auf das KHK-Risiko und damit auf die Lebenserwartung wird in den Tab. 6 und 7 ausführlicher dargestellt. Dabei wird in Tab. 6 für verschiedene Cholesterinwerte die verringerte Lebenserwartung

Tab. 7: Durch erhöhtes KHK-Risiko verlorene Lebensjahre eines Hypercholesterinämikers gegenüber einer Person mit einem Cholesterinwert, der 30 % niedriger liegt, mit durchschnittlicher Ausprägung der sonstigen Risikofaktoren

Alter	Cholesterin (mg/dl)			
	240 – 168	280 – 196	320 – 224	360 – 252
a) Männer				
35 – 39	0,97	1,38	1,90	2,55
40 – 44	0,85	1,19	1,62	2,13
45 – 49	0,71	0,97	1,30	1,68
50 – 54	0,55	0,75	0,98	1,25
55 – 59	0,39	0,52	0,67	0,85
60 – 64	0,25	0,33	0,42	0,52
65 – 69	0,13	0,17	0,22	0,27
70 – 74	0,05	0,06	0,08	0,10
b) Frauen				
35 – 39	0,39	0,55	0,77	1,09
40 – 44	0,36	0,51	0,70	0,96
45 – 49	0,33	0,45	0,61	0,82
50 – 54	0,28	0,38	0,50	0,66
55 – 59	0,22	0,29	0,39	0,49
60 – 64	0,16	0,21	0,27	0,34
65 – 69	0,10	0,13	0,16	0,19
70 – 74	0,04	0,05	0,06	0,07

gegenüber einer Person mit einer jeweils um 10 % geringeren Cholesterinkonzentration angegeben, während in Tab. 7 die Vergleichspersonen um 30 % niedrigere Cholesterinwerte haben.
Bereits bei einer Cholesterinkonzentration von 240 mg/dl verringert sich die durchschnittliche Lebenserwartung eines 35jährigen Mannes gegenüber der eines gleichaltrigen mit 10 % niedrigeren Werten um vier Monate, bei einem Wert von 360 mg/dl sogar um ein Jahr. Ein Vergleich von Personen mit um 30 % niedrigeren Cholesterinwerten ergibt in der gleichen Altersgruppe verlorene Lebenserwartungen zwischen etwa einem und 2,5 Jahren.

Diskussion

Die in den Tab. 4 bis 7 angegebenen verringerten Lebenserwartungen ergeben sich aufgrund von Risikogleichungen, die aus einer Kohortenstudie und nicht aus einer Interventionsstudie abgeleitet wurden, d. h. aus dem Vergleich von verschiedenen Personen, die sich durch die Ausprägung des betreffenden Risikofaktors unterscheiden. Wird eine Abschätzung des durch eine Reduktion eines Risikofaktors verringerten KHK-Risikos und der dadurch verlängerten Lebenserwartung vorgenommen, so sind die berechneten Differenzen obere Grenzen, sie stellen den »maximalen Nutzen« einer Intervention dar. Realistischerweise muß berücksichtigt werden, daß der positive Effekt der Senkung eines Risikofaktors nicht so groß ist, daß das Risiko mit dem einer Person vergleichbar ist, die niemals diesen Risikofaktor aufwies, wie dies beim maximalen Nutzen geschieht. Außerdem haben Interventionsstudien wie der Lipid Research Clinics Coronary Primary Prevention Trial (LRC-CPPT) [8] und die Helsinki Heart Study [4] gezeigt, daß sich der positive Effekt erst mit einer Verzögerung von zwei Jahren einstellt.
Deshalb wird das Modell dahingehend abgeändert, daß in den ersten beiden Jahren das Risiko unverändert hoch bleibt und im folgenden Zeitraum nur 90 % des maximalen Nutzens angenommen werden. In Tab. 8 wird die Auswirkung dieser »Korrekturen« am Beispiel einer Reduktion des Cholesterins von 30 % demonstriert: Der tatsächliche Nutzen (Tab. 8) verringert sich gegenüber dem maximalen Nutzen (Tab. 7) um etwa 15 %.
Tab. 8 gibt damit die durch den Einsatz eines potenten Lipidsenkers erwartete durchschnittliche Verlängerung der Lebenserwartung für verschiedene Altersklassen und Ausgangswerte des Cholesterinspiegels an. Entsprechend wird in Tab. 6 — mit der Reduzierung der Cholesterinkonzentration um 10 % — der maximale Nutzen einer cholesterinsenkenden Diät dargestellt.

Tab. 8: Durch eine Reduktion des Cholesterins von 30 % gewonnene Lebensjahre (durch verringertes KHK-Risiko) eines Hypercholesterinämikers mit durchschnittlicher Ausprägung der sonstigen Risikofaktoren

Alter	Cholesterin (mg/dl)			
	240 — 168	280 — 196	320 — 224	360 — 252
a) Männer				
35 — 39	0,80	1,14	1,56	2,08
40 — 44	0,70	0,97	1,31	1,71
45 — 49	0,58	0,79	1,04	1,33
50 — 54	0,44	0,59	0,77	0,97
55 — 59	0,31	0,40	0,52	0,65
60 — 64	0,19	0,25	0,31	0,39
65 — 69	0,09	0,12	0,16	0,19
70 — 74	0,03	0,04	0,05	0,06
b) Frauen				
35 — 39	0,32	0,45	0,63	0,90
40 — 44	0,29	0,41	0,57	0,79
45 — 49	0,26	0,36	0,49	0,67
50 — 54	0,22	0,30	0,40	0,53
55 — 59	0,17	0,23	0,30	0,39
60 — 64	0,12	0,16	0,20	0,26
65 — 69	0,07	0,09	0,12	0,14
70 — 74	0,02	0,03	0,04	0,05

Literaturverzeichnis

1 Abbot RD, McGee DL. Section 37. The probability of developing certain cardiovascular diseases in eight years at specified valvues of some characteristics. In: Kannel WB, Woolf PA, Garrison RJ, eds. The Framingham Study. An epidemiological investigation of cardiovascular disease. Maryland: Public Health Service, Bethesda, 1987: DHEW Pub NO (NIH) 87—2284.

2 Assmann G, Schulte H. PROCAM-Studie. Hedingen Zürich: Panscientia Verlag, 1986.

3 Assmann G, Schulte H, Oberwittler W, Hauss WH. New aspects in the prediction of coronary heart disease: The prospective cardiovascular Münster Study. In: Fidge NH, Nestel PJ, eds. Proceedings of the 7th International Atherosclerosis Symposium. Amsterdam: Elsevier Science Publishers, 1986: 19—24.

4 Frick MH, et al. Helsinki Heart Study — primary prevention trial with Gemfibrocil in middle aged men with dyslipidaemia. N Engl J Med 1987; 317: 1237—1245.

5 Schulte H, Assmann G. Ergebnisse der »Prospective Cardiovascular Münster« (PROCAM)-Studie. Sozial- und Präventivmedizin, 1988; 33: 32—36.

6 Sorlie P. Section 32. Cardiovascular disease and death following myocardial infarction

and angina pectoris. In: KANNEL WB, GORDON T, eds. The Framingham Study. An epidemiological investigation of cardiovascular disease. Maryland: Public Health Service, Bethesda, 1977: DHEW Pub NO (NIH) 77—1247.

7 STATISTISCHES JAHRBUCH 1985. Statistisches Bundesamt Wiesbaden: 1985.

8 The Lipid Research Clinics coronary primary prevention trial: Results I, Reduction in incidence of coronary heart disease. JAMA, 1984; 251: 351—364.

Effekte von medikamentöser Therapie auf Plasmalipoproteine und Enzyme bei Patienten mit familiärer Hypercholesterinämie

P. Weisweiler
MRM — Metabolic Research Munich, München

Zusammenfassung

Bei 18 bzw. 16 Patienten mit familiärer Hypercholesterinämie wurden die Effekte verschiedener Lipidsenker auf Plasmalipoproteine, LCAT und Lipasen (LPL und HTGL) untersucht. 15 g/Tag Colestipol und 250 mg/Tag Fenofibrat führten zu vergleichbaren Senkungen von LDL-Cholesterin (—18,7 % und —17,4 %), aber zu unterschiedlichen Effekten auf die LCAT (Anstieg um 25,3 % durch Colestipol) und LPL (Anstieg um 16,1 % durch Fenofibrat). 40 mg/Tag Simvastatin senkte die LDL-Cholesterinkonzentration um 38,1 % und steigerte die LCAT-Aktivität um 124,1 %, während Bezafibrat ähnlich wie Fenofibrat wirksam war. Der unterschiedliche Wirkmechanismus von Lipidsenkern kann in der Kombination von Medikamenten ausgenutzt werden: Colestipol plus Fenofibrat senkte die LDL-Cholesterin-Konzentration um —36,8 % bei Aktivierung der Enzyme um 36,2 % (LCAT) bzw. 21,7 % (LPL).

Einleitung

Patienten mit familiärer Hypercholesterinämie sind durch die Entwicklung einer frühzeitigen Atherosklerose gefährdet [9]. Neben diätetischen Maßnahmen ist in der Regel eine medikamentöse Therapie notwendig. In Frage kommen Anionenaustauscher wie Colestipol, Fibratderivate wie Fenofibrat und Bezafibrat und, als neue Therapiemöglichkeit, Cholesterinbiosynthesehemmer wie Simvastatin. Durch Kombination von Medikamenten kann der Effekt auf die erhöhte Konzentration von Low-density-Lipoproteinen (LDL) verstärkt werden [3, 13, 23].

Zur Beurteilung des Wirkmechanismus von Lipidsenkern bietet sich die Messung der Aktivitäten von Schlüsselenzymen des Lipoproteinstoffwechsels an [18]. Im Rahmen von zwei klinischen Studien wurden die Effekte von Colestipol und Fenofibrat, einzeln und kombiniert gegeben, und von Simvastatin im Vergleich zu Bezafibrat auf die Aktivitäten der Lezithin-Cholesterin-Acyltransferase (LCAT), Lipoproteinlipase (LPL) und hepatische Triglyzeridipase (HTGL) bei Patienten mit familiärer Hypercholesterinämie untersucht.

Methodik

34 Patienten mit familiärer Hypercholesterinämie wurden aufgrund von LDL-Cholesterinkonzentrationen > 4,65 mmol/l unter Diät ausgewählt. Zusätzlich bestanden entweder tendinöse Xanthome oder eine Hypercholesterinämie bei wenigstens zwei Blutsverwandten. Ursachen für eine sekundäre Fettstoffwechselstörung wurden ausgeschlossen. Bei normalem Körpergewicht bestanden klinische Zeichen einer koronaren Herzerkrankung bei 15 Patienten. Die Ernährung folgte den Empfehlungen einer fettreduzierten und fettmodifizierten Phase-I-Diät [4]. Die Studien wurden in Übereinstimmung mit der Helsinki-Deklaration nach Einholen von Einverständniserklärungen der Patienten durchgeführt.

In der ersten »Two-way-crossover«-Studie erhielten 18 Patienten nacheinander Colestipol (15 g/Tag in drei Dosen von jeweils 5 g), Fenofibrat (0,25 g/Tag in einer Dosis) und beide Medikamente in Kombination für eine Behandlungsperiode von jeweils acht Wochen. In der zweiten randomisierten Parallelstudie erhielten acht Patienten Simvastatin (40 mg/Tag in einer Dosis) und acht Patienten Bezafibrat (0,6 g/Tag in drei Dosen von jeweils 0,2 g) für eine Behandlungsperiode von zwölf Wochen. Plasmalipoprotein- und Enzymmessungen wurden zu Beginn und am Ende von Therapieperioden durchgeführt.

Nach zwölfstündigem Fasten wurden die Blutproben entnommen. Very-low-density-Lipoproteine (VLDL) wurden durch Ultrazentrifugation vom Plasma getrennt [6]. LDL und High-density-Lipoproteine (HDL) wurden durch Präzipitation der LDL mit Heparin-Manganchlorid getrennt [22]. Freies und Gesamtcholesterin sowie Triglyzeride wurden enzymatisch gemessen. Die LCAT-Aktivität wurde mit einer Eigensubstratmethode [14], die Lipaseaktivitäten nach Heparininjektion mit einer kalten Methode analysiert. Die Inaktivierung der LPL bzw. HTGL erfolgte in den jeweiligen Assays mit Natriumchlorid bzw. Natriumdodecylsulfat [15].

Alle Messungen wurden doppelt ausgeführt. Die Daten wurden einer Varianzanalyse unterzogen, dann gepoolt und mit dem nichtparametrischen Wilcoxon-Test für gepaarte Werte ausgewertet [17].

Ergebnisse

Unerwünschte Nebenwirkungen wurden bei keinem der gewählten Therapieregimes beobachtet, so daß von einer guten Verträglichkeit ausgegangen werden konnte.

Die Mittelwerte der Plasmalipoproteinkonzentrationen sind in der Tab. 1 zusammengestellt. Colestipol und Fenofibrat führten zu vergleichbaren Senkungen von Gesamt- und LDL-Cholesterin: —13,6 % und —18,4 % bzw. —15,2 % und —17,4 %. Colestipol steigerte die Gesamttriglyzerid- und VLDL-Cholesterinkonzentration (+35,8 % und +21,7 %), während Fenofibrat beide Parameter senkte (—26,7 % und —34,6 %) und die HDL-Cholesterinkonzentration um 15,4 % erhöhte. Die Kombination beider Medikamente erbrachte einen Abfall von Gesamt- und LDL-Cholesterin von —30,1 % und —36,8 %. Simvastatin reduzierte

Tab. 1: Plasmalipoproteinkonzentrationen vor und nach medikamentöser Therapie

	TC	TG	VLDL-C	LDL-C	HDL-C
1. Studie					
Diät	10,40	1,37	0,60	8,79	1,01
	1,91	0,52	0,29	1,91	0,31
Colestipol	8,97*	1,86	0,72*	7,16*	1,09
	1,58	0,86*	0,36	1,68	0,26
Fenofibrat	8,92	1,00*	0,39*	7,27*	1,16*
	1,78	0,59	0,18	1,78	0,33
Colestipol +	7,27*	1,14*	0,47*	5,56*	1,24*
Fenofibrat	1,81	0,54	0,26	1,37	0,34
2. Studie					
Diät	9,07	1,64	0,59	7,01	1,47
	2,07	0,82	0,44	2,07	0,60
Simvastatin	6,23*	1,49	0,29*	4,37*	1,57
	1,37	0,95	0,18	1,58	0,54
Diät	8,92	1,40	0,40	7,03	1,39
	1,24	0,47	0,23	1,27	0,31
Bezafibrat	7,24*	1,04*	0,23*	5,51*	1,50*
	1,34	0,42	0,22	1,19	0,26

Mittelwerte/SD in mmol/l, n = 18/16, * $p < 0{,}05$.
TC = Gesamtcholesterin, TG = Triglyzeride, VLDL-, LDL-, HDL-Cholesterin.

Tab. 2: LCAT- und Lipase-Aktivitäten

	MER LCAT mmol/l/h	FER % h	LPL mmol/l/h	HTGL mmol/l/h
1. Studie				
Diät	128,8	7,5	10,6	16,2
	43,0	2,3	5,5	7,0
Colestipol	156,9*	9,4*	11,9	15,4
	59,9	3,3	6,3	6,3
Fenofibrat	118,1	7,1	12,3*	15,4
	38,3	3,0	4,6	6,3
Colestipol +	147,8*	10,2*	12,9*	15,8
Fenofibrat	35,6	3,2	4,5	8,0
2. Studie				
Diät	64,4	4,3	10,0	13,2
	17,1	1,4	5,2	6,9
Simvastatin	103,0*	9,2*	10,9	14,6
	29,7	2,9	4,9	10,8
Diät	84,7	5,8	10,5	15,1
	19,0	1,4	4,4	9,9
Bezafibrat	89,1*	6,8*	13,0*	15,7
	14,3	1,4	5,3	10,0

Mittelwerte/SD, n = 18/16, * $p < 0,05$.
MER/FER = molare/fraktionelle Veresterungsrate.

ähnlich ausgeprägt diese Parameter (—30,5 % und —38,1 %). Bezafibrat war in der Wirksamkeit vergleichbar mit Fenofibrat (—17,8 % und —20,6 %). Simvastatin und Bezafibrat senkten auch die VLDL-Cholesterinkonzentration (—40,6 % bzw. —46,4 %), während nur Bezafibrat zu einem Anstieg der HDL-Cholesterinkonzentration (+7,4 %) führte.

Die Mittelwerte der Enzymaktivitäten sind in Tab. 2 zusammengestellt. Sowohl die molare wie die fraktionelle Veresterungsrate der LCAT wurde durch Colestipol, allein oder in Kombination gegeben, gesteigert (fraktionell +14,9 % bzw. +36,2 %). In dieser Hinsicht potenter war Simvastatin (+124,1 %). Auch Bezafibrat zeigte einen entsprechenden Effekt (+20,6 %), der sich nach Fenofibratgabe nicht zeigte. Fenofibrat wie Bezafibrat stimulierten die LPL-Aktivität um 16,1 % (Fenofibrat allein) bzw. um 21,7 % (Fenofibrat in Kombination mit Colestipol) und um 24,3 %. Die HTGL-Aktivität wurde nicht beeinflußt.

Diskussion

Beide Studien prüften die Effekte von Lipidsenkern auf Plasmalipoproteinkonzentrationen und Enzymaktivitäten bei Patienten mit familiärer Hypercholesterinämie. Bei konstanter Diät konnten die beobachteten Veränderungen auf medikamenteninduzierte Effekte bezogen werden.
Colestipol und Fenofibrat in Kombination bewirkten eine ausgeprägte Senkung der erhöhten Gesamt- und LDL-Cholesterinkonzentrationen. Sie ist vergleichbar mit der Effektivität einer Cholesterin-Biosynthesehemmer-Therapie, die seit kurzem zur Verfügung steht [13]. Die Dosis von Colestipol war geringer als in anderen Studien [8, 12], damit aber mit einer guten Akzeptanz verbunden [23]. Unterstrichen wurde aber durch die hier vorgelegten Studien auch die günstige Beeinflussung des HDL-Cholesterins durch die beiden Fibratderivate Fenofibrat und Bezafibrat [16, 24].
Der Wirkmechanismus von Anionenaustauschern und Cholesterinbiosynthesehemmern wird in der Zunahme hepatischer LDL-Rezeptoren gesehen [1, 19]. Die Veresterung des freien Cholesterins hängt eng mit dem Umsatz des Cholesterins zusammen, so daß der Anstieg der LCAT-Aktivität durch diese Medikamente als sekundäres Phänomen bei erhöhtem LDL-Katabolismus angesehen wird [11]. Andere Autoren haben den Anstieg der Veresterungskapazität nach Gabe von Colestipol [2] bzw. Cholestyramin [21] ebenfalls beobachtet.
Der Wirkmechanismus der Fibratderivate ist in der Stimulierung der LPL, dem Schlüsselenzym der triglyzeridreichen Lipoproteine, zu sehen [5]. Bezafibrat steigert auch den Umsatz der LDL bei Hypercholesterinämie [20]. Bekannt ist der direkte Zusammenhang zwischen der Konzentration der HDL und der Aktivität des LPL-Systems durch den Transport von Oberflächenbestandteilen der triglyzeridreichen Lipoproteine zu HDL [10].
Nachdem zwei Präventionsstudien den Zusammenhang zwischen der Gabe von Lipidsenkern (auf der einen Seite der Anionenaustauscher Cholestyramin [2], auf der anderen Seite das Fibratderivat Gemfibrozil [7]) und der Inzidenz der koronaren Herzerkrankung bei Hyperlipoproteinämie aufgezeigt haben, erscheint eine möglichst effektive Therapie unter Ausnutzung unterschiedlicher Angriffspunke der einzelnen zur Verfügung stehenden Lipidsenker besonders vordringlich.

Literaturverzeichnis

1 Bilheimer DW, Grundy SM, Brown MS, Goldstein JL. Mevinolin and colestipol stimulate receptor-mediated clearance of low density lipoprotein from plasma in familial hypercholesterolemia. Proc Natl Acad Sci USA 1983; 80: 4124—4128.

2 Clifton-Bligh P, Miller NE, Nestel PJ. Increased plasma cholesterol esterifying activity during colestipol resin therapy in man. Metabolism 1974; 23: 437—444.

3 Greten H, Lang PD, Schettler G, eds. Lipoproteins and Coronary Heart Disease. New York-Baden-Baden-Cologne: Gerhard Witzstrock Publishing House, 1980: 107—195.

4 Grundy SM, Bilheimer D, Blackburn H, et al. Rationale of the diet-heart statement of the American Heart Association: Report of Nutrition Committee. Circulation 1982; 65: 839A—854A.

5 Grundy SM, Vega GR. Fibric acids: effects on lipids and lipoprotein metabolism. Am J Med 1987; 83: 9—20.

6 Havel RJ, Eder HA, Bragdon JH. The distribution and chemical composition of ultracentrifugally separated lipoproteins in human serum. J Clin Invest 1955; 34: 1345—1353.

7 HELSINKI HEART STUDY. Primary-prevention trial with gemfibrozil in middle-aged men with dyslipidemia. N Engl J Med 1987; 317: 1237—1281.

8 Kane JP, Malloy MJ, Tun P, et al. Normalization of low density lipoprotein level in heterozygous familial hypercholesterolemia with a combined drug regimen. N Engl J Med 1981; 304: 251—258.

9 Kannel WB, Castelli WP, Gordon T, et al. Serum cholesterol, lipoproteins, and the risk of coronary heart disease. Ann Intern Med 1971; 74: 1—12.

10 Kekki M. Lipoprotein-lipase action determining plasma high density lipoprotein cholesterol level in adult normolipemics. Atherosclerosis 1980; 37: 143—150.

11 Langer T, Strober W, Levy RI. The metabolism of low density lipoprotein in familial type II hyperlipoproteinemia. J Clin Invest 1972; 51: 1528—1536.

12 LIPID RESEARCH CLINICS PROGRAM. The lipid research clinics coronary primary prevention trail results. I. Reduction in incidence of coronary heart disease. JAMA 1984; 251: 351—364.

13 Mol MJTM, Erkelens DW, Gevers Leuven JA, et al. Effects of synvinolin (MK-733) on plasma lipids in familial hypercholesterolemia. Lancet 1986; ii: 936—939.

14 Nagasaki T, Akanuma G. A new colorimetric method for the determination of plasma lecithin: cholesterol acyltransferase activity. Clin Chim Acta 1977; 75: 371—375.

15 Nozaki S, Kubo M, Matsuzawa Y, et al. Sensitive nonradioisotopic method for measuring lipoprotein lipase and hepatic triglyceride lipase in postheparin plasma. Clin Chem 1984; 30: 748—751.

16 Olsson AG, Rössner ST, Walldius G, et al. Effect of BM 15075 on lipoprotein concentrations in different types of hyperlipoproteinemia. Atherosclerosis 1977; 27: 270—288.

17 Sachs L. Angewandte Statistik. Berlin: Springer, 1978.

18 Sheperd J, Packard CJ. Mode of action of lipidlowering drugs. In: Miller NE, ed. Atherosclerosis: Mechanisms and Approaches to Therapy. New York: Raven Press, 1984: 169—202.

19 Sheperd J, Packard CJ, Bicker S, et al. Cholestyramine promotes receptor-mediated low density lipoprotein catabolism. N Engl J Med 1980; 302: 1219—1222.

20 Stewart JM, Packard CJ, Lorimer AR, et al. Effects of bezafibrate on receptor-mediated and receptor-independent low density lipoprotein catabolism in type II hyperlipoproteinemic subjects. Atherosclerosis 1982; 44: 355—365.

21 Wallentin L. Lecithin:cholesterol acyl transfer rate and high density lipoproteins in plasma during dietary and cholestyramine treatment of type IIa hyperlipoproteinemia. Eur Clin Invest 1978; 8: 383—389.

22 Warnick GR, Nguyen T, Albers AA. Comparison of improved precipitation methods for quantification of high density lipoprotein cholesterol. Clin Chem 1985; 31: 217—222.

23 Weisweiler P. Low-dose colestipol plus fenofibrate: effects on plasma lipoproteins, lecithin: cholesterol acyltransferase, and postheparin lipases in familial hypercholesterolemia. Metabolism 1989; 38: 271—275.

24 Weisweiler P, Merk W, Janetschek P, et al. Effect of fenofibrate on serum lipoproteins in subjects with familial hypercholesterolemia and combined hyperlipidemia. Atherosclerosis 1984; 53: 321—325.

Extrakorporale LDL-Eliminationsverfahren zur Behandlung der familiären Hypercholesterinämie

W. O. Richter, K. Vierneisel, K. Sühler, P. Schwandt
II. Medizinische Klinik der Universität München

Zur Behandlung der homozygoten und der schweren Fälle der heterozygoten familiären Hypercholesterinämie reichen diätetische und medikamentöse Maßnahmen nicht aus, um das Behandlungsziel (LDL-Cholesterin unter 135 mg/dl) zu erreichen. Dies gilt auch dann, wenn lipidsenkende Medikamente in Kombination angewandt werden. Da bei nicht ausreichend behandelten Patienten mit homozygoter Hypercholesterinämie mit dem ersten koronaren Ereignis vor dem 20. Lebensjahr und bei Patienten mit heterozygoter Hypercholesterinämie zwischen dem 40. und 50. Lebensjahr zu rechnen ist, wurden bereits vor mehr als einem Jahrzehnt relativ unselektive Verfahren zur extrakorporalen Elimination der Low-density-Lipoproteine (LDL), wie z. B. die Plasmapherese [3] eingesetzt. In den letzten Jahren wurden jedoch neuere, selektivere Methoden entwickelt.
Wir konnten Erfahrungen mit zwei dieser Verfahren sammeln. Bei einem dieser Systeme werden die LDL durch Immunabsorption an polyklonale Apolipoprotein-B-Antikörper, die an Sepharose 4 B gebunden sind, entfernt [2]. Im zweiten System werden die LDL durch die Zugabe von Heparin und einem sauren Puffer zum Plasma präzipitiert und durch einen Membranfilter entfernt (HELP) [1]. Die Flußschemata beider Verfahren sind in den Abb. 1 und 2 dargestellt.
Jeweils fünf Patienten wurden mit den beiden extrakorporalen Techniken behandelt. Bei den fünf Patienten, die sich einer regelmäßigen wöchentlichen Behandlung mit Hilfe der Immunabsorption unterzogen, handelte es sich um drei Frauen und zwei Männer (43,4 +/— 10,4 Jahre alt). Ihr minimales Serumcholesterin unter einer fettmodifizierten Diät und maximaler medikamentöser Therapie lag bei 471 +/— 102 mg/dl, das entsprechende LDL-Cholesterin bei 392 +/— 96 mg/dl. Fünf Patienten wurden ebenfalls wöchentlich mit dem sogenannten HELP-Verfahren behandelt (eine Frau und vier Männer, sie waren durchschnittlich 44,8 +/— 4,1

Jahre alt). Bei ihnen lag das minimale Serumcholesterin unter einer fettmodifizierten Diät und maximaler medikamentöser Therapie bei 407 +/− 35 mg/dl, das LDL-Cholesterin bei 327 +/− 32 mg/dl. Alle zehn Patienten litten an einer klinisch manifesten und angiographisch nachgewiesenen koronaren Herzerkrankung. Es handelte sich in allen Fällen um eine heterozygote familiäre Hypercholesterinämie. Seit dem Beginn der Behandlung mit den extrakorporalen Verfahren erhielten die

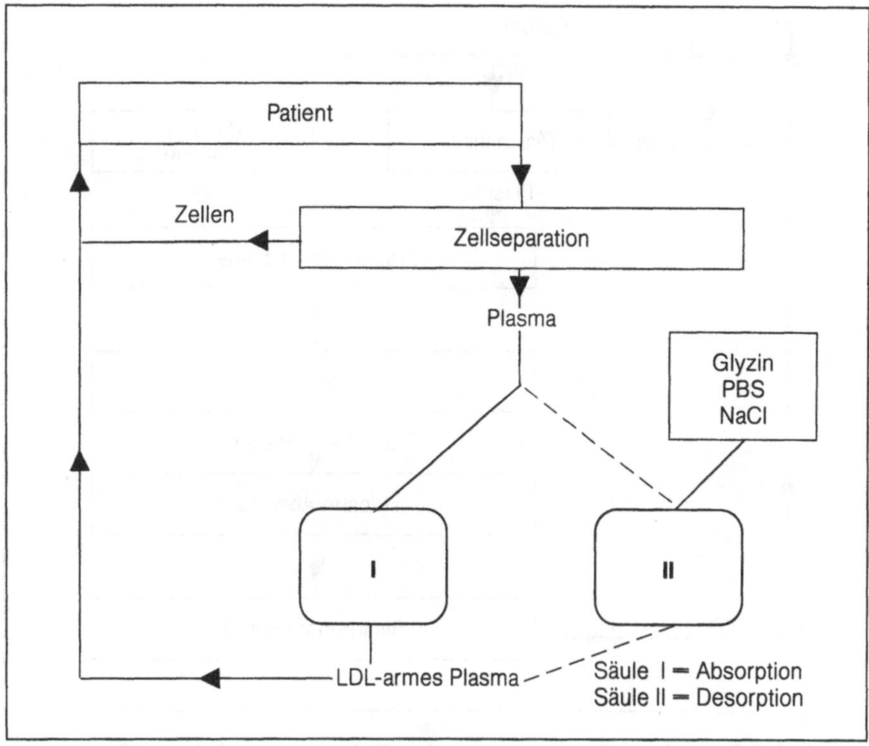

Abb. 1: Immunabsorption. Das Blut wird mit einer Flußgeschwindigkeit von 50 ml/min aus der Kubitalvene eines Armes entnommen und durch einen Zellseparator in zelluläre Bestandteile und Plasma getrennt, wobei die Blutzellen sofort wieder über eine Kubitalvene am anderen Arm reinfundiert werden. Das Plasma wird im Wechsel über zwei Säulen, die an Sepharose 4 B gebundene monospezifische Antikörper gegen Apolipoprotein B enthalten, geleitet. Das LDL wird dabei selektiv entfernt. Nachdem eine Säule beladen worden ist, schaltet das System auf die zweite Säule um. Parallel zur Behandlung der zweiten Säule wird die erste Säule durch Spülen mit Glyzin, Phosphatpuffer und NaCl desorbiert und regeneriert. Das LDL-arme Plasma wird dann zusammen mit den zellulären Bestandteilen reinfundiert.

Patienten keine lipidsenkenden Medikamente. Bei beiden Systemen erfolgte eine Antikoagulation mit 2.500—3.500 I.E./h Heparin i.v., bei der Immunabsorption wurde zusätzlich eine Antikoagulation mit Natriumzitrat vorgenommen. Im Durchschnitt wurde bei dem HELP-Verfahren die Behandlung von 3.000 ml Plasma angestrebt, bei der Immunabsorption unterschiedlich je nach Patient 4.200 ml —

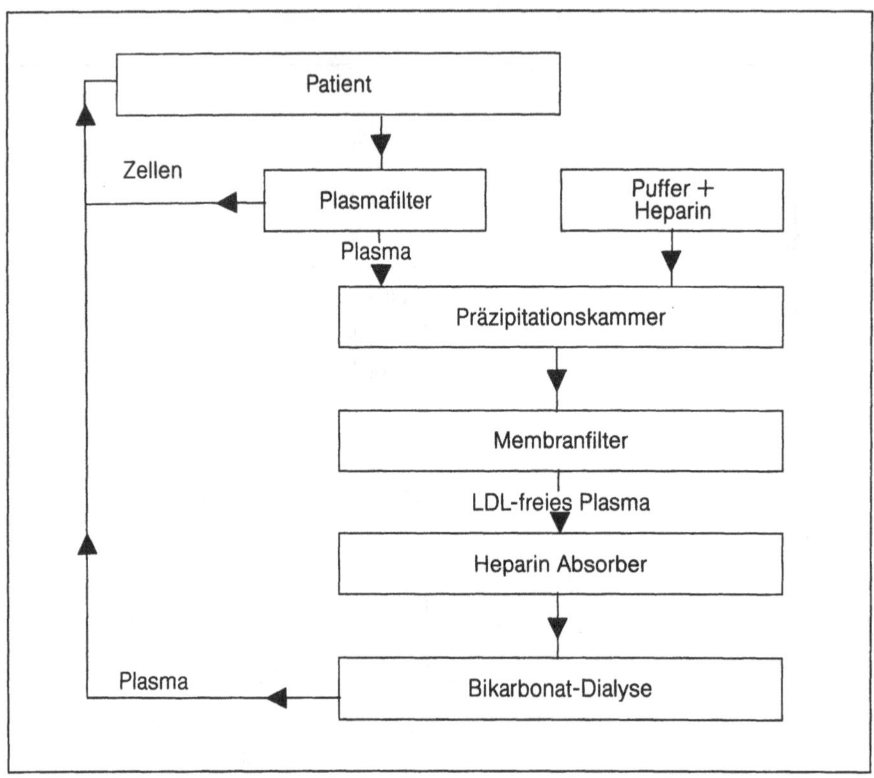

Abb. 2: HELP-Verfahren. Das Blut wird mit einer Flußgeschwindigkeit von 50 ml/min aus einer Kubitalvene entnommen und durch einen Plasmafilter in Blutzellen und Plasma getrennt. Die zellulären Bestandteile werden reinfundiert. Das Plasma wird zusammen mit einem Azetatpuffer (pH = 4,85), der 100.000 I.E./l Heparin enthält, im Verhältnis 1:1 in einer Präzipitationskammer gemischt. In diesem sauren Milieu fällt das LDL mit dem Heparin als Komplex aus. Das Präzipitat wird anschließend mit einem Membranfilter entfernt. Das jetzt LDL-freie Plasma wird weiter über einen Heparinabsorber geleitet, um den Heparinüberschuß zu eliminieren und schließlich einer Bikarbonatdialyse unterzogen. Dabei wird der physiologische pH wiederhergestellt und der Flüssigkeitsüberschuß entfernt. Das Plasma wird zusammen mit den Blutzellen reinfundiert.

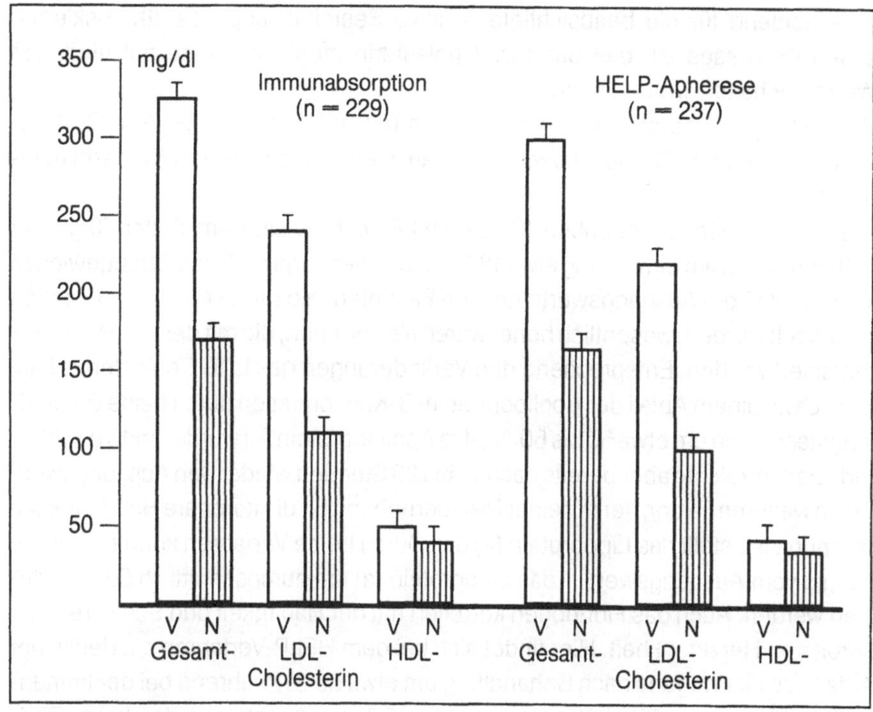

Abb. 3: Gesamt-, LDL- und HDL-Cholesterin jeweils vor (V) und nach (N) Behandlung mit LDL-Immunabsorption bzw. HELP-Apherese unter Steady-state-Bedingungen (Mittelwerte +/− SEM).

5.400 ml. Daraus ergibt sich eine Behandlungszeit von 2 $^1/_2$ bis 3 Stunden bei dem HELP-Verfahren und zwischen 3 und 4 $^1/_2$ Stunden bei der Immunabsorptionstechnik. Abb. 3 zeigt die Effekte auf das Gesamt-, das LDL- und das HDL-Cholesterin bei beiden Systemen unter Steady-state-Bedingungen. D. h., daß die Werte, die zu Beginn der Behandlung erhoben wurden, von der Auswertung ausgeschlossen wurden. Wie aus der Abb. 3 ersichtlich, konnte mit beiden Verfahren in bezug auf das Gesamt- und LDL-Cholesterin ein vergleichbarer Effekt erreicht werden. Sowohl das Gesamt- als auch das LDL-Cholesterin fielen um 50 bis 60 % ab. Auch das HDL-Cholesterin zeigte nach der Behandlung einen Abfall von etwa 15 %. Verlaufsuntersuchungen zeigten jedoch, daß das HDL-Cholesterin 16 bis 20 Stunden später wieder den Ausgangswert erreicht. Auch konnte bei beiden Verfahren nach einer einjährigen Therapie keine wesentliche Veränderung des HDL-Cholesterins beobachtet werden.

Entscheidend für die beabsichtigte positive Beeinflussung des atherosklerotischen Prozesses ist, daß das LDL-Cholesterin möglichst lange auf niedrigen Werten gehalten werden kann.
Bei der Immunabsorption wurde am zweiten Tag ein Wiederanstieg des LDL-Cholesterins auf über 150 mg/dl beobachtet, am vierten Tag wurden 180 mg/dl überschritten.
Die entsprechenden Angaben für die HELP-Technik sind am dritten Tag über 150 mg/dl und am fünften Tag etwa 180 mg/dl. Allerdings muß darauf hingewiesen werden, daß die Ausgangswerte bei den Patienten, die mit der Immunabsorption behandelt wurden, wesentlich höher waren als bei jenen, die mit der HELP-Technik therapiert wurden. Entsprechend den Veränderungen des LDL-Cholesterins kam es auch zu einem Abfall der Apolipoprotein-B-Konzentration durch beide Behandlungstechniken um etwa 50 bis 60 %, das Apolipoprotein A I wurde um 15 bis 20 % reduziert, erreichte aber bereits nach 16 bis 20 Stunden wieder den Ausgangswert. Einen weiteren Faktor, der mit einer Risikoerhöhung für die koronare Herzkrankheit verknüpft ist, stellt das Lipoprotein (a) dar. Durch beide Verfahren konnte — unabhängig vom Ausgangswert — das Lipoprotein (a) um durchschnittlich 50 % reduziert werden. Auch das Fibrinogen korreliert mit der Häufigkeit und Schwere einer koronaren Herzkrankheit. Hier findet sich bei dem HELP-Verfahren ein deutlicher Abfall des Fibrinogens nach Behandlung um etwa 55 %, während bei der Immunabsorption nur eine Verringerung um etwa 15 % beobachtet werden kann. Fibrinogen wird offensichtlich beim HELP-System präzipitiert und aus dem Plasma entfernt, während die Veränderung, wie sie bei der Immmunabsorption zu beobachten ist, auf den allgemeinen Abfall bei Verwendung von extrakorporalen Systemen und auf Verdünnungseffekte zurückzuführen ist. Auch C-3- und C-4-Komplement werden bei beiden extrakorporalen Verfahren erniedrigt. So zeigt sich bei der Immunabsorption eine Verringerung von C 3 und C 4 jeweils um etwa 20 bis 25 %. Beim HELP-Verfahren findet sich ein etwa gleichgroßer Abfall des C-3-Komplements, während das C-4-Komplement mitpräzipitiert wird. Daraus resultiert entsprechend eine Verringerung um etwa 70 %. Die Behandlung wurde bisher von allen zehn Patienten gut toleriert. Bereits nach der dritten bis vierten Behandlung fühlten sich die Patienten leistungsfähiger. Im Verlauf des ersten Jahres konnte bei allen Patienten eine Verringerung der Sehnenxanthome beobachtet werden. Eine Patientin wurde bisher nach zweijähriger Behandlung rekoronarangiographiert. Dabei zeigte sich, daß ein Stop in der Progression der koronaren Herzerkrankung eingetreten war. Insgesamt gesehen kann mit extrakorporalen LDL-Eliminationsverfahren das Serum- und das LDL-Cholesterin effektiv gesenkt werden. Die Systeme sind in ihrer Anwendung subjektiv gut verträglich, schwere Nebenwir-

kungen konnten bisher nicht beobachtet werden. Ob sich auch langfristig positive Auswirkungen auf die koronare Herzerkrankung zeigen, kann erst nach dem Vorliegen der koronarangiographischen Befunde sämtlicher Patienten festgestellt werden. Möglicherweise muß aber auch eine Behandlungsdauer von mehr als zwei bis drei Jahren abgewartet werden, um diese Frage zu beantworten.

Literaturverzeichnis

1 EISENHAUER T, ARMSTRONG VW, WIELAND H, FUCHS C, SCHELER F, SEIDEL D. Selective removal of low density lipoproteins (LDL) by precipitation at low pH: first clinical application of the HELP system. Klin Wschr 1987; 65: 161—168.

2 HOMBACH V, BORBERG H, GADZKOWSKI A, OETTE K, STOFFEL W. Regression der Koronarsklerose bei familiärer Hypercholesterinämie IIa durch spezifische LDL-Apherese. Dt med Wschr 1986; 111: 1709—1715.

3 THOMPSON GR, MYANT NB, KILPATRICK D, OAKLEY CELIA M, RAPHAEL MJ, STEINER RE. Assessment of long-term plasma exchange for familial hypercholesterolemia. Br Heart J 1980; 43: 680—688.

Kurz- und Langzeiteffekte der invasiven Therapie (PTCA, ACVB-OP) bei Patienten mit instabiler Angina pectoris

K.-M. Schmid, K. K. Haase, M. Mauser, C. Huth, H.-E. Hoffmeister, K. R. Karsch
Medizinische Klinik der Universität Tübingen, Abteilung III

Einleitung

Die perkutane transluminale koronare Angioplastie (PTCA) wurde im Verlauf der letzten zehn Jahre zu einem festen Bestandteil der Therapie der koronaren Herzkrankheit [2, 5, 6, 11, 12].
Durch zahlreiche Studien konnte in den letzten Jahren gezeigt werden, daß die Prognose von Patienten im Stadium der akuten Myokardischämie bei Versagen der medikamentösen Therapie durch eine Rekanalisierung des die Ischämie verursachenden Gefäßes verbessert werden kann [3, 4, 5, 7, 8, 9, 11].
Während die PTCA in Fällen koronarer Eingefäßerkrankung eine Maßnahme mit vertretbarem Risiko im Vergleich zur aortokoronaren Bypass-Operation darstellt, scheint nach ersten Untersuchungen für die Gruppe der Mehrgefäßerkrankungen ein erhöhtes Risiko zu bestehen [8, 9, 11].
Die vorliegenden Ausführungen beschreiben die Erfolgs- und Komplikationsraten von PTCA- und ACVB-Operation im Stadium der instabilen Angina pectoris in Abhängigkeit vom Ausmaß der Erkrankung und erfassen Langzeitverläufe dieser Patienten nach PTCA im Hinblick auf Komplikationen und klinische Symptomatik ihrer Koronarerkrankung.

Methodik und Patienten

Bei 158 Patienten mit instabiler Symptomatik wurde eine Akutintervention (ACVB-Operation oder PTCA) durchgeführt.
Als »instabil« galten bei uns in Anlehnung an die Definition von Allison et al. [1] Patienten mit folgenden Merkmalen:

— Angina pectoris in Ruhe von mindestens 15 min Dauer
— reversible ST-T-Veränderungen
— Ausschluß eines Myokardinfarkts durch serielle Enzymkontrollen

Während bei Ansprechen der Therapie, die aus einer Kombination von Beta-Rezeptorenblocker, Nifedipin und Nitrat sowie Vollheparinisierung besteht, eine elektive Diagnostik und Therapie erfolgen kann, müssen Patienten mit persistierender Symptomatik umgehend der invasiven Diagnostik zugeführt werden.

Diese Gruppe — im weiteren auch als High-risk-Gruppe bezeichnet — ist Gegenstand dieser Ausführungen.

Bei instabilen Kreislaufverhältnissen (kardialer Schock) kann eine Stabilisierung durch intraaortale Ballonpulsation (IABP) erreicht werden.

Eingangskriterium war neben der Zugehörigkeit zur High-risk-Gruppe der instabilen Angina pectoris (IAP) das Vorliegen einer koronaren Mehrgefäßerkrankung mit einer mindestens 50 %igen Koronarstenose. Nicht berücksichtigt wurden Patienten, bei denen die Koronarangiographie einen Befund ergab, der eine Intervention mittels PTCA oder ACVB ausschloß.

Die PTCA wurde an dem Gefäß durchgeführt, das eindeutig als ischämiebezogen identifiziert werden konnte.

Dies erfolgte durch den Vergleich der reversiblen ischämischen EKG-Veränderungen mit dem angiographischen Befund. Nur höhergradige Stenosen ($\geq$ 75 %) im ischämiebezogenen Gefäß wurden dilatiert. Bei Vorliegen eines Thrombus erfolgte eine Lysetherapie. Es wurde nicht dilatiert, falls die Ischämie durch eine Stenose des Hauptstamms der linken Kranzarterie (LCS) verursacht wurde.

Von 113 Patienten mit IAP bei koronarer Mehrgefäßerkrankung waren 80 männlich und 33 weiblich, das mittlere Alter lag bei etwa 58 Jahren.

Bei 68 Patienten erfolgte die PTCA, hierunter 45 mit koronarer Zweigefäß- und 23 mit Dreigefäßerkrankung. 45 Patienten wurden operiert, hiervon 33 mit Dreigefäßerkrankung sowie alle zwölf Patienten mit Stammstenose der linken Kranzarterie.

Alle Patienten wurden mit Azetylsalizylsäure in einer Dosierung von 250 bis 500 mg über sechs Monate nachbehandelt, bei Z. n. PTCA wurde über 24 Stunden eine Vollheparinisierung durchgeführt.

Primäre Erfolgs- und Komplikationsraten der PTCA

Die primäre Erfolgsrate der 68 Patienten mit PTCA lag bei 82 % (56 Pat.), wobei Patienten mit koronarer Zweigefäßerkrankung eine bessere Prognose hatten als solche mit einer Dreigefäßerkrankung (89 % im Vergleich zu 70 %).

Auf das dilatierte Gefäß bezogen lag die primäre Erfolgsquote am höchsten beim Ramus circumflexus (10 von 10) und der rechten Kranzarterie (85 %); beim Ramus interventrikularis anterior lag sie bei 77 %. Bei insgesamt zwölf Patienten war die primäre Dilatation nicht erfolgreich:
Das kritisch betroffene Gefäß konnte bei vier dieser Patienten nicht dilatiert werden, weil der Dilatationsballon nicht über die Stenose eingebracht werden konnte — immerhin war es bei drei dieser Patienten noch möglich, den Führungsdraht in das periphere Gefäßsystem einzubringen. Einer von ihnen mußte mit den Zeichen des beginenden transmuralen Infarkts der notfallmäßigen Bypass-Operation zugeführt werden; er verstarb 36 Stunden postoperativ im kardiogenen Schock bei ausgedehntem Antero-lateral-septal-Infarkt. Die drei verbleibenden Patienten konnten komplikationslos im Intervall operiert werden.
Bei den anderen neun Patienten kam es nach primär erfolgreicher Dilatation zu einer Reokklusion binnen zwei Stunden: Nach wiederholter Dilatation konnte bei zweien von ihnen eine Rekanalisierung, wenn auch mit hochgradiger Stenose erreicht werden, bei einem wurde auf die Operation verzichtet, da das betroffene Gefäß nicht dominant war, die verbleibenden sechs wurden notfallmäßig operiert.

Primäre Erfolgs- und Komplikationsraten bei ACVB-Operation

Insgesamt 45 Patienten mit IAP wurden primär einer ACVB-Operation unterzogen. Nach den klinischen und angiographischen Kriterien war diese bei 32 von ihnen erfolgreich, das sind 72 %.
Acht Patienten erlitten peri- oder postoperativ einen Myokardinfarkt, der bei fünf von ihnen zum Tod führte (Letalität 11 %).
Ein Überblick über die Ergebnisse von PTCA und ACVB-Operationen an insgesamt 118 Patienten mit IAP zeigt:

— eine primäre Erfolgsquote von 83 %,
— eine Morbidität von 11 % und
— eine Mortalität von 5 %,

wobei anzumerken bleibt, daß beide Methoden nicht miteinander vergleichbar sind, nicht miteinander konkurrieren, sondern einander ergänzen.

Schlußfolgerungen hinsichtlich primärer Erfolgs- und Komplikationsrate

Bei Patienten mit IAP und koronarer Zweigefäßerkrankung ist die PTCA der führenden Stenose mit einer den Patienten mit stabiler Angina vergleichbaren Erfolgsrate möglich.

Bei koronarer Dreigefäßerkrankung besteht eine deutlich erhöhte Komplikationsrate bei einem primären Erfolg der PTCA von nur 70 %.

Langzeitergebnisse der PTCA bei Patienten mit IAP

In einer retrospektiven Studie wurden die Langzeitverläufe von 133 Patienten, die in den Jahren 1983 bis 1987 wegen einer instabilen Angina pectoris erfolgreich koronardilatiert wurden, weiterverfolgt.
Hierbei wurde die Progredienz der Erkrankung hinsichtlich
— Komplikationen (wie Myokardinfarkt oder Tod) oder
— erneut notwendiger Intervention (wie ACVB-OP oder Re-PTCA)
untersucht.
Vergleicht man die kumulativen Daten der Patienten nach einem, zwei, drei und vier Jahren, so zeigt sich eine insgesamt gute Prognose in allen Gruppen von etwa 84 %. Re-PTCA war der häufigste Eingriff (13 Patienten, das sind 10 %), bei insgesamt sechs Patienten war eine ACVB-Operation erforderlich, ein Patient verstarb.
Die Symptomatik bleibt bei diesen Patienten weitgehend konstant:
Faßt man die Patienten mit leichter bis mittelgradiger Angina (Kanadische Klassifikation 0—II) und die Patienten mit ausgeprägter Pectangina (III-IV) in jeweils eine Gruppe zusammen, so zeigt sich im Verlauf der Jahre ein bei etwa 80 % liegender Anteil der Patienten der ersten Gruppe; die weiteren Unterschiede in dieser Tabelle sind statistisch nicht signifikant.

Schlußfolgerung

Zusammenfassend läßt sich sagen, daß die Prognose von Patienten mit IAP (High-risk-Gruppe) selbst bei koronarer Mehrgefäßerkrankung gut ist.
Die Symptomatik blieb bei der Mehrzahl der Patienten im Beobachtungszeitraum konstant.
Nur bei 12 % der Patienten war eine nochmalige Intervention erforderlich, hiervon bei 5 % eine ACVB-OP.

Literaturverzeichnis

1 Alison HW, et al. Coronary anatomy and arteriography in patients with unstable angina pectoris. Am J Cardiol 1987; 41: 204—209.

2 Chokski SK, et al. Percutaneous transluminal angioplasty: Ten years experience. Prog Cardiovasc Dis 1987; 30, 3: 147—210.
3 De Feyter PJ, et al. Coronary angioplasty for early postinfarction unstable angina. Circulation 1986; 74: 1365—1370.
4 De Feyter PJ, et al. Emergency coronary angioplasty in refractory unstable angina. New Engl J Med 1985; 313: 342—346.
5 Faxon DP, et al. Role of percutaneous transluminal coronary angioplasty in the treatment of unstable angina. Am J Cardiol 1983; 53: 131c—135c.
6 Grüntzig AR, et al. Nonoperative dilatation of coronary artery stenosis. Percutaneous transluminal coronary angioplasty. New Engl J Med 1979; 301:61.
7 Karsch KR, et al. Perkutane transluminale Angioplastie und aortokoronare Bypass-Operation bei instabiler Angina pectoris und koronarer Mehrgefäßerkrankung. Dt Med Wschr 1988; 113: 49—52.
8 Meyer J, et al. Percutaneous transluminal angioplasty in patients with stable and unstable angina pectoris: Analysis of early and late results. Am Heart J 1983; 106: 973—980.
9 Meyer J, et al. Treatment of unstable angina pectoris with percutaneous coronary angioplasty (PTCA). Cath and Cardiovasc Diagn 1981; 7: 361—371.
10 Michels R, et al. Management of unstable angina pectoris. In: Adelman AG, Goldman BS. Unstable Angina — Recognition and Management. Littleton/Mass: PSG Publ Company, 1981: 143.
11 NATIONAL COOPERATIVE STUDY GROUP to compare surgical and medical therapy. II. In-hospital experience and initial follow-up results in patients with one, two and three vessel disease. Am J Cardiol 1981; 48: 517.
12 Rahimtoola SH, et al. Ten-year survival coronary bypass surgery for unstable angina. New Engl J Med 1983; 308: 676.
13 Smith CW, et al. Emergency and elective surgical intervention for failed PTCA after unstable angina. In: Hugenholtz PG, Goldman BS, eds. Unstable Angina. Current Concepts and Management. Stuttgart-New York: Schattauer, 1985: 265.
14 Williams DO, et al. Evaluation of the role of coronary angioplasty in patients with unstable angina pectoris. Am Heart J 1981; 102: 1.

Prognostische Relevanz rheologischer Variablen nach Herzinfarkt und Apoplex – Ergebnisse einer prospektiven Studie

K.-L. Resch, E. Ernst, A. Matrai, Chr. Schmid, R. Spatz, H.-F. Paulsen

K.-L. Resch, Chr. Schmid
Hämorheologisches Forschungslabor, Institut für Physikalische Medizin, Universität München

E. Ernst
Hämorheologisches Forschungslabor, Institut für Physikalische Medizin, Medizinische Hochschule Hannover

R. Spatz, H.-F. Paulsen
Buchbergklinik, Bad Tölz

A. Matrai
verstorben.

Einführung

Rheologische Veränderungen im Gefolge eines Apoplexes [9, 14, 17] respektive eines Myokardinfarktes [4, 6, 18] sind heute vielfach untersucht und als Tatsache allgemein anerkannt [5, 15, 22]. Wesentlich weniger geklärt ist die Frage, ob diese Veränderungen ausschließlich Reaktionen auf das akute Ereignis sind oder ob ihnen kausale bzw. prognostische Bedeutung zukommen.
Um dies zu überprüfen, wurde die vorliegende Studie konzipiert.

Material und Methoden

1 Studiendesign

Zwischen März 1985 und März 1988 wurden in der Buchbergklinik Bad Tölz insgesamt 845 Patienten ausgewählt, von denen beim derzeitigen Stand der Auswertung 675 für die im folgenden vorgestellten Untersuchungen berücksichtigt werden konnten. Neben den rheologischen Messungen, die von allen 845 Patienten zur Verfügung stehen, wurde gefordert, daß sowohl die studienrelevanten Diagnosen des Patienten (s. u.) als auch die Beobachtungsdauer nach Aufenthalt in der Reha-Klinik von mindestens 250 Tagen bekannt sind.

2 Erkrankungsprofil

Unter allen in den Krankenakten protokollierten Diagnosen der untersuchten Patienten wurden die im folgenden aufgeführten besonders berücksichtigt (und als »Studiendiagnosen« bezeichnet).

Studienrelevante Diagnosen zur Gruppeneinteilung	
HAUPTDIAGNOSEN	NEBENDIAGNOSEN
— Myokardinfarkt	— KHK
— Apoplex	— AVK im Stadium ≥ 2b
— Myokardinfarkt und Apoplex	— TIA
	— PRIND
	— Hörsturz

3 Methoden

Folgende Blutwerte wurden jeweils bei Aufnahme und vor Entlassung aus der Reha-Klinik bestimmt:

— *Blutviskosität (Nativwerte):* (LS 30 Contraves) bei 0.7, 2.4 und 94.5 s^{-1} (bei 37° Celsius) [21]

— *Standardisierte Blutviskosität:* Die gemessenen Blutviskositäten wurden rechnerisch auf einen Hämatokrit von 45 % standardisiert [19, 20].

— *Plasma- und Serumviskosität:* (Harkness Viscometer, bei 37° Celsius) [16]

— *Hämatokrit:* (Mikrohämatokrit-Zentrifuge)

— *BKS:* (Westergren)

— *Leukozyten:* (TOA-Counter)

— *Erythrozyten:* (TOA-Counter)

— *Fibrinogen:* Differenz zwischen Plasma- und Serumviskosität [23]

— *Erythrozytenflexibilität:* Als Maß für diesen Parameter wurde die auf einen Hämatokrit von 45 % standardisierte Blutviskosität im hohen Scherbereich verwendet [3].

— *Erythrozytenaggregation:* Als Maß für diesen Parameter wurde die Differenz des Maximalwertes der Blutviskosität in niederem Scherbereich (0.7 s^{-1}) und einer zweiten Messung in definiertem zeitlichen Abstand (1 min) errechnet [10].

Jeweils nach Ablauf ca. eines Jahres wurden die Hausärzte der Patienten der Studie angeschrieben und bezüglich des weiteren Gesundheitszustandes bzw.

Schicksals ihrer Patienten befragt. Die mittlere Beobachtungsdauer betrug dabei 320 Tage.
Der Kontrollgruppe gegenübergestellt wurden jeweils die aus den Krankenakten ermittelten Gruppen und die Gruppe der Patienten mit »Endpunkt« (s. nachstehende Übersicht). Geprüft wurden die Unterschiede der Mittelwerte mittels gerichtetem t-Test unter Verwendung der Varianzen aus beiden Stichproben (Separate Variance Estimate [1, 2]). Die Nullhypothese wurde verworfen, wenn p einen Wert $\leq 0{,}05$ annahm.

Gruppen zur statistischen Auswertung

- KONTROLLE: Patienten ohne Haupt- und Nebendiagnose (n = 42)
- APOPLEX:
  a) weniger als vier Wochen vor Messung (n = 78)
  b) vier bis acht Wochen vor Messung (n = 91)
  c) mehr als acht Wochen vor Messung (n = 318)
- MYOKARDINFARKT: (n = 318)
- MYOKARDINFARKT und APOPLEX: (n = 50)
- NEBENDIAGNOSEN: (n = 75)
- UNBEKANNT: keine hinreichenden Informationen zum Ausschluß der Diagnose »Endpunkt«
- ENDPUNKTE: alle Patienten, bei denen sich NACH Aufenthalt in der Klinik (und somit NACH den rheologischen Messungen) ein erneuter Apoplex respektive Myokardinfarkt ereignete, bzw. die an einem erneuten derartigen Ereignis verstarben (n = 40)

Ergebnisse

Bei den Parametern »Serumviskosität«, »Erythrozytenflexibilität«, »standardisierter Blutviskosität« (auf HKT = 45 %) sowie »Hämatokrit« unterscheiden sich die Mittelwerte keiner der verglichenen Kollektive signifikant vom Mittelwert der Kontrollgruppe (s. Tab. 1 und 2).
Dagegen zeigen sich bei allen Kollektiven signifikant erhöhte Werte der Plasmaviskosität mit Ausnahme der Patienten mit Myokardinfarkt und der Risikogruppe ohne Hauptdiagnose.
Die BKS ist bei allen Patienten, die einen Apoplex erlitten hatten, stark erhöht,

Tab. 1: Übersicht über die Mittelwerte aller untersuchten Parameter aller Gruppen (Signifikanzniveau der Unterschiede siehe Abb. 2). Einheiten: BV = mPa's; Ery-Aggr., Ery-Flex. = units; HKT = %; Plasma-, Serumviskosität, Fibrinogen = mPa's; Leukozyten = $10^3/mm^3$; Erythrozytenzahl = $10^6/mm^3$; Hämoglobin = mg/dl; BKS = units.

Gruppe →	Kontr.	Apo≤4W	Apo 4-8W	Apo>8W	Myo-In	HI+Apo	N'Diag	Endpun	unbek
BV 0,7 s-1	32,82	33,01	32,72	33,60	34,51	33,51	34,83	37,73	31,94
BV 2,4 s-1	17,71	17,70	17,40	18,09	18,48	17,93	18,56	19,71	17,26
BV 94,5 s-1	5,14	5,19	5,12	5,21	5,27	5,20	5,22	5,44	5,11
Ery-Aggreg	6,79	7,71	8,16	7,66	6,89	7,59	8,08	9,15	6,77
Ery-Flexib	4,19	4,12	4,07	4,11	4,19	4,11	4,06	4,11	4,09
Hämatokrit	44,76	44,59	44,01	44,92	45,52	44,87	45,79	45,35	44,24
Plasma-Vis	1.243	1.277	1.294	1.273	1.237	1.265	1.255	1.304	1.278
Serum-Vis	1.121	1.123	1.128	1.125	1.108	1.107	1.105	1.133	1.125
Fibrinogen	0.123	0.151	0.169	0.150	0.129	0.158	0.144	0.170	0.154
Leukozyten	6.51	7.51	7.35	7.11	6.63	7.43	7.43	8.16	7.46
Ery-Zahl	5.10	4.74	4.68	4.80	4.93	4.79	4.94	4.88	4.76
Hämoglobin	152.4	148.4	146.2	149.1	152.0	148.0	152.6	149.3	146.1
BKS 1 Std	9,02	14,69	17,42	12,33	8,18	12,26	9,24	14,03	15,50
BKS 2 Std	22,90	35,89	38,57	28,45	20,36	29,62	22,23	30,49	32,61

Tab. 2: Übersicht über die p-Werte (student's t, gerichteter Test) aller Gruppen, die die Wahrscheinlichkeit wiedergeben, mit der der Mittelwert der Kontrollgruppe und der der verglichenen Gruppe der gleichen Grundgesamtheit entstammen. Signifikanzniveaus: () für $p \leq 0,05$, [] für $p \leq 0,01$, {} für $p \leq 0,001$, alle kursiv.

Gruppe →	Kontr	Apo≤4W	Apo 4-8W	Apo>8W	Myo-In	HI+Apo	N'Diag	Endpun	unbek
BV 0,7 s-1	–	0.458	0.476	0.310	0.179	0.373	0.139	*(0.027)*	0.302
BV 2,4 s-1	–	0.496	0.347	0.298	0.178	0.412	0.153	*(0.049)*	0.280
BV 94,5 s-1	–	0.317	0.443	0.217	0.123	0.322	0.247	*(0.040)*	0.386
Ery-Aggreg	–	0.176	0.083	0.175	0.459	0.225	0.113	*(0.023)*	0.491
Ery-Flexib	–	0.172	0.060	0.130	0.495	0.144	0.056	0.175	0.087
Hämatokrit	–	0.417	0.166	0.410	0.174	0.450	0.098	0.289	0.252
Plasma-Vis	–	*[0.010]*	*{0.000}*	*[0.009]*	0.333	0.085	0.242	*[0.000]*	*(0.011)*
Serum-Vis	–	0.444	0.257	0.365	0.130	0.119	0.073	0.177	0.363
Fibrinogen	–	*{0.000}*	*{0.000}*	*{0.000}*	0.261	*{0.000}*	*[0.008]*	*{0.000}*	*{0.000}*
Leukozyten	–	*[0.004]*	*(0.013)*	*(0.023)*	0.373	*(0.011)*	*(0.011)*	*[0.002]*	*[0.003]*
Ery-Zahl	–	*{0.001}*	*{0.000}*	*[0.002]*	0.072	*[0.008]*	0.081	0.057	*[0.002]*
Hämoglobin	–	0.074	*[0.010]*	0.087	0.444	0.081	0.463	0.201	*(0.012)*
BKS 1 Std.	–	0.002	0.000	0.009	0.288	0.052	0.444	0.055	0.044
BKS 2 Std	–	*[0.003]*	*{0.000}*	*(0.024)*	0.213	*(0.044)*	0.415	0.069	*[0.006]*

sowohl im Ein-Stunden- als auch im Zwei-Stunden-Wert und verfehlt bei den Endpunkten knapp das Signifikanzniveau.
Bei allen Gruppen ist eine starke Erhöhung des Fibrinogen zu verzeichnen ($p \leq 0.0005$), selbst die Risikogruppe liegt nur wenig darunter ($p = 0.008$). Lediglich die Gruppe der Patienten mit Myokardinfarkt zeigt diese Veränderungen nicht. Dies gilt mit ähnlichen Zahlen analog für die Leukozytenzahl.
Signifikante Anstiege im Vergleich zur Kontrollgruppe sind bei den Endpunkten (und nur bei den Endpunkten) für die Blutviskosität bei allen gemessenen Schergeschwindigkeiten und für die Erythrozytenaggregation zu verzeichnen, wobei die p-Werte der übrigen Kollektive um Größenordnungen größer sind.

Diskussion

Die Ergebnisse dieser Studie bestätigen in mehreren Punkten die Aussagen vergleichbarer Studien [8, 9, 11] bezüglich eines hämorheologischen Defizits bei Patienten mit Herz- und Hirninfarkt. Nach Wissen der Autoren liegen hier die ersten Ergebnisse vor, die bei einer chronisch kreislaufkranken Hochrisikogruppe die prognostische Bedeutung der Blutrheologie in einem prospektiven Sinn prüfen. Weltweit untersuchen derzeit einige epidemiologische Studien ähnliche Fragestellungen, ohne daß hier jedoch bereits konkrete Daten aus dem »Follow up« vorlägen.
Nicht neu ist die Erkenntnis, daß die untersuchten Krankheitsbilder mit einer erhöhten Plasmaviskosität einhergehen [4, 18]. Bemerkenswert ist jedoch, daß Patienten mit abgelaufenem Myokardinfarkt nur minimal erhöhte Werte zeigen ($p = 0.333$), während Apoplexpatienten eine stark erhöhte Plasmaviskosität ($p \leq 0.01$) zeigen und das nicht nur im Sinne einer Akutphasereaktion, sondern auch noch lange danach, übertroffen noch durch die Patienten mit »Endpunkt«. Daß die BKS sowohl nach einer als auch nach zwei Stunden ein der Plasmaviskosität ähnliches Verhalten zeigt, war zu erwarten [24]. Des weiteren konnten die Ergebnisse dieser Untersuchung bestätigen, daß bei den geschilderten Krankheitsbildern die Leukozytenzahl signifikant erhöht ist [7, 10]. Wiederum zeigen sich die geringsten Unterschiede bei den Myokardinfarkten, während sie bei den Apoplexpatienten (mit zunehmendem Abstand vom Ereignis wieder sinkend) und den »Endpunkten« mit $p = 0.002$ signifikant erhöht sind.
Das Phänomen, daß vor allem die Apoplexgruppen im Vergleich zur Kontrollgruppe niedrigere Werte für Hämoglobin und Erythrozyten aufweisen, ist wohl am ehesten als Folge einer intensiveren Behandlung (Hämodilution etc.) zu deuten.

Wie zu erwarten, lassen die Serumviskositäten keine Unterschiede zwischen den einzelnen Gruppen erkennen, wohl aber die Plasmaviskositäten. Dies erklärt sich durch das verschieden stark erhöhte Fibrinogen. Die Differenz aus beiden Werten als Maß für den Gehalt an Fibrinogen [23] zeigt für alle Kollektive signifikante Fibrinogenerhöhungen, am stärksten bei den Apoplexpatienten und den »Endpunkten« mit $p \leq 0.0005$.
Nicht erwartet werden konnte [18, 24], daß die Erythrozytenaggregation ausschließlich bei den »Endpunkten« signifikant höher war ($p = 0.023$), während die übrigen Kollektive keine (auch keine grenzwertig signifikante) Erhöhung zeigten. Schließlich ergaben sich bei der Blutviskosität (bei allen drei Schergeschwindigkeiten) signifikante Erhöhungen wiederum nur bei der Gruppe der Endpunkte (wobei durchweg bei den übrigen Kollektiven p um größenordnungsmäßig den Faktor 10 größer war). Da sich dies einerseits nicht als Effekt eines erhöhten Hämatokrits erklären läßt (es ergaben sich keine nennenswerten Hämatokritveränderungen; siehe Tab. 2), andererseits in Analogie zu den Veränderungen der Plasmaviskosität und der Erythrozytenaggregation steht, sind die Veränderungen am ehesten als qualitative Veränderungen der korpuskulären und humoralen Blutbestandteile zu erklären [25]. Sieht man sich die durchschnittlichen absoluten Erhöhungen der Blutviskosität an den absoluten Zahlen an, steht zu erwarten, daß im weiteren Verlauf der Studie bei anhaltendem Trend und größeren Fallzahlen (was die »Endpunkte« betrifft) sich das Signifikanzniveau noch erhöht.
Die vorliegenden Ergebnisse scheinen die Arbeitshypothese zu belegen, daß hämorheologischen Parametern prognostische Relevanz im Sinne eines Risikofaktors bei Hirninfarkten zukommt (während sich andererseits bezüglich der Myokardinfarkte ebenso eindeutig keinerlei Indizien ergeben). Die weiteren Analysen müssen zeigen, ob es sich um einen abhängigen oder unabhängigen Risikofaktor handelt.

Zusammenfassung

Im Verlauf von drei Jahren wurde bei 845 Patienten mit Zustand nach Herz- oder Hirninfarkt und/oder symptomatischer arterieller Gefäßerkrankung während eines Aufenthaltes in einer Rehabilitationsklinik innerhalb von vier Wochen zweimal Blut entnommen. Es wurden folgende Parameter bestimmt: Blut-, Plasma- und Serumviskosität, Erythrozytenaggregation, -flexibilität und -zahl, Leukozytenzahl, Hämoglobin, Hämatokrit, BKS. In der Nachverfolgungsphase wurden ca. ein Jahr nach Klinikaufenthalt die Hausärzte bezüglich Reinfarkt oder Tod jedes Patienten schriftlich befragt (sogenannes erstes »Follow up«). Von 101 Patienten war eine

hinreichende Information nicht zu erhalten, die übrigen 744 Partienten wurden in diese Analyse einbezogen.
Bei 40 dieser Patienten trat ein solcher oben genannter »Studienendpunkt« ein. Die hämorheologischen Daten dieser Gruppe wurden denen einer im übrigen Krankheitsspektrum vergleichbaren Kontrollgruppe sowie acht aus den Studienteilnehmern gebildeten Untergruppen ohne erneutes Ereignis gegenübergestellt. Keine signifikanten Unterschiede zur Kontrollgruppe ergaben sich bei den Parametern »Serumviskosität«, »Erythrozytenflexibilität«, »standardisierte Blutviskosikät« und »Hämatokrit«, während Leukozyten ($p < 0.01$) und Fibrinogen ($p < 0.001$) bei den Apoplexpatienten und den »Endpunkten« signifikant erhöht waren.
Des weiteren zeigte sich ausschließlich bei den »Endpunkten« eine signifikante Erhöhung ($p < 0.05$) der Blutviskosität sowie der Erythrozytenaggregation.
Während sich die Arbeitshypothese bei Myokardinfarkten bislang nicht zu bestätigen scheint, zeigt die Untersuchung bei der großen Gruppe der Apoplexpatienten eindrucksvoll Veränderungen rheologischer Variablen über die Akutphase hinaus, die den Schluß nahelegen, daß eine prognostische Relevanz dieser Variablen gegeben ist.

Danksagung

Diese Studie wurde ermöglicht durch die finanzielle Unterstützung des Verbandes der Lebensversicherungs-Unternehmen e. V. Die Durchführung erfolgte mit Genehmigung der Bundesversicherungsanstalt für Angestellte (BfA) und in enger Zusammenarbeit mit der ärztlichen und geschäftlichen Leitung der Buchbergklinik Bad Tölz.

Literaturverzeichnis

1 Bauer F. Datenanalyse mit SPSS. Berlin-Heidelberg-New York: Springer, 1986: 49—57.
2 Brosius G, SPSS/PC + Basics and Graphics. Hamburg: McGraw-Hill, 1988: 263—272.
3 Chien S. Biophysical behaviour of red cells in suspensions. In: Surgenor, ed. The Red Blood Cell. Vol 2. San Francisco: Academic Press 1975: 1031—1132.
4 Dodds A, Boyd M, Allen J, Bennet ED, Flute PT, Dormandy J. Changes in red cell deformability and other haemorheological variables after myocardial infarction. Brit Heart J 1980; 44: 508.
5 Dormandy J. Cardiovascular diseases. In: Chien S, Dormandy J, Ernst E, Matrai A. Clinical Hemorheology. The Hague Martinus Nijhoff, 1987: 165—194.

6 DORMANDY J, ERNST E, MATRAI A, FLUTE PT. Hemorheological changes following acute myocardial infarction. Am Heart J 1982; 104: 1364—1367.

7 ERNST E. Hämorheologie für den Praktiker. München: Zuckschwerdt, 1986: 27—71.

8 ERNST E, KOENIG W, MATRAI A, KEIL U. Hämorheologische Variablen bei manifesten arteriellen Gefäßerkrankungen. VASA 1986; 15: 365—372.

9 ERNST E, MAGYAROSY I, PAULSEN HF, KLEINSCHMID TH, DREXEL H. Blood rheology in postapoplectic patients. In: EHRLY AM, ed. Therapie mit hämorheologisch wirksamen Substanzen. München: Zuckschwerdt, 1984: 174.

10 ERNST E, MAGYAROSY I, ROLOFF CH, DREXEL H. A new simple method for measuring red cell aggregation. Biorheology, Suppl 1, 1984: 217—219.

11 ERNST E, MATRAI A. Blutrheologie als Risikoindikator kardiovaskulärer Erkrankungen. Dtsch Med Wschr 1985; 24: 967—970.

12 ERNST E, MATRAI A. Hämorheologie und kardiovaskuläre Risikofaktoren. Herz/Kreisl 1984; 16: 165—172.

13 ERNST E, MATRAI A, PAULSEN HF. Leukocyte rheology in recent stroke. Stroke 1987; 1: 59—62.

14 GAEHTGENS P, MARX P. Hemorheological aspects of the pathophysiology of cerebral ischemia. J Cereb Blood Flow Metab 1987; 7: 259—265.

15 GROTTA J, ACKERMANN R, CORREIA J, FALLICK G, CHANG J. Whole blood viscosity parameters and cerebral blood flow. Stroke 1982; 13: 296—301.

16 HARKNESS J. The Viscosity of human blood plasma; its measurement in health and disease. Biorheology 1971; 8: 171—193.

17 HOMMEL M, PRADERE J, GUELL A, BOUSQUET J, BES A. Biorhéologie sanguine et accident vasculaire cérébral ischémique. Paris: Sem Hôp 1982; 58: 2719—2723.

18 LESCHKE M, KAFFARNIK H, STRAUER BE. Rheologische Risikofaktoren bei koronarer Herzkrankheit. Fortschr Med 1988; 28: 568—570.

19 MATRAI A, WHITTINGTON RB, ERNST E. Correction of blood viscosities to standardized hematocrit; a simple new method. Clin Hemorheol 1985; 5: 622—623.

20 MATRAI A, WHITTINGTON RB, ERNST E. Correction of blood viscosities to standard hematocrit. Clin Hemorheol 1987; 7: 261—265.

21 MATRAI A, WHITTINGTON RB, SKALAK R. Biophysics. In: CHIEN S. DORMANDY J, ERNST E, MATRAI A. Clinical Hemorheology. The Hague Martinus Nijhoff, 1987: 9—65.

22 OTT BO, LECHNER H, ARANIBAR A. High blood viscosity syndrome in cerebral infarction. Stroke 1974; 5: 330—333.

23 PETERSON WE. The viscometric determination of blood fibrinogen. J Lab Clin Med 1953; 42: 641—645.

24 SCHNEIDER R, TEITEL P, KIESEWETTER H, SCHMID-SCHÖNBEIN H. Clinical relevance of rheological findings in vitro. In: STOLTZ JF, DROUIN. Hemorheology and Diseases. Paris: Doin, 1980: 343.

25 VOLGER E, OSTNER K, KLEIN J, WIRTZFELD A. Changes in red cell aggregation and deformability after acute myocardial infarction. Microvasc Res 1979; 17: 153.

Das Verhalten des KHK-Risikoindikators Fibrinogen in Abhängigkeit von Entzündung und Fettstoffwechsel

J. Heinrich, R. Kokott, P. H. Epping, H. Schulte, G. Assmann

J. Heinrich, G. Assmann
Institut für Klinische Chemie und Laboratoriumsmedizin der Westfälischen Wilhelms-Universität Münster

R. Kokott, P. H. Epping, H. Schulte und G. Assmann
Institut für Arterioskleroseforschung der Westfälischen Wilhelms-Universität Münster

Einleitung

Die Folgen einer krankhaften Veränderung von Koronar- oder Zerebralarterien bleiben nach wie vor die Hauptursache für Morbidität und Mortalität in Westeuropa und den USA. Thrombotische Prozesse in atherosklerotisch veränderten Gefäßen sind unzweifelhaft ein entscheidender Faktor der Genese von akutem Herzinfarkt oder Zerebralinfarkt. Die Thrombusbildung kann vermutlich in verschiedenen Stadien der Atherosklerose eintreten; bei dem Atherogenesemodell der »Response to Injury« ist sie bereits an den initialen Vorgängen beteiligt [4, 7]. Die Verletzung der endothelialen Schutzschicht der Gefäßwand bietet einen ständigen Anlaß für die Aktivierung der Blutplättchen und der Gerinnungskaskade, die einen sogenannten »präthrombotischen Zustand« bedingen und in der Folge den Totalverschluß des Gefäßes verursachen kann.
Die Anwesenheit von Fibrinogen und Fibrin bezogenen Antigenen in normalen Arterien und in atherosklerotischen Plaques ist durch Immunfluoreszenz und Elektronenmikroskopie nachgewiesen worden [2], wobei das Ausmaß der atherosklerotischen Alteration mit der Menge des vorhandenen Fibrin II (= Fibrinogen nach Abspaltung der Fibrinopepite Aα1—16 und Bβ1—14) zunimmt.

Prospektive Studien

Es sind zahlreiche Versuche unternommen worden, retrospektiv Zusammenhänge zwischen Veränderungen des Gerinnungs- und Fibrinolysesystems einerseits und der Manifestation arterieller, thrombotischer Ereignisse andererseits

Tab. 1: Prospektive Untersuchungen des Zusammenhangs von Plasma-Fibrinogen und koronarer Herzkrankheit

Studien	Probandenzahl	Koronare Ereignisse
Northwick-Park-Heart-Studie	1.459	109
Göteborg-Studie	792	92
Framingham-Studie	1.499	214
PROCAM-Studie	1.674	15

offenzulegen. Zu den wichtigsten Ergebnissen prospektiver Studien über die Verknüpfung von Hämostase und koronarer Herzkrankheit gehört die Beschreibung des Risikofaktors Fibrinogen. Die aufgeführten Studien haben alle den Befund eines erhöhten Fibrinogenspiegels späterer Koronarpatienten zum Zeitpunkt des Eintritts in die Studie gemeinsam [1, 5, 6, 9].

Tab. 1 zeigt die Zahl der Probanden und die festgestellten koronaren Ereignisse, die natürlich in Abhängigkeit von der Beobachtungsdauer und dem untersuchten Kollektiv stark variieren.

Die Göteborg-Studie zeigt einen deutlichen Zusammenhang von Fibrinogenspiegel, systolischem Blutdruck und Schlaganfällen. Die meisten Inzidenzen wies die Probandengruppe mit hohem Fibrinogen und hohem systolischen Blutdruck auf.

In der PROCAM-Studie fanden sich deutlich höhere Mittelwerte für Faktor VIIc und Fibrinogen bei den Untersuchten mit einem koronaren Ereignis. Die Gruppe mit Fibrinogenwerten im oberen Drittel wies doppelt so viele Inzidenzen auf wie die übrigen Untersuchungsteilnehmer.

In der PROCAM-Studie untersuchte Hämostaseparameter

Im Rahmen der Prospektiven-Cardiovaskulären-Münster (PROCAM)-Studie werden seit 1979 Arbeiter und Angestellte im Raum Westfalen und im nördlichen Ruhrgebiet mit einem Schwerpunkt auf der Erhebung fettstoffwechselrelevanter Größen untersucht. 1981 wurden Fibrinogen und Faktor VIIc in die Studie aufgenommen und der Gerinnungsteil 1988 um AT III, Protein C, t-PA und PAI (über letztere wird an anderer Stelle berichtet) erweitert.

Fibrinogen wurde nach Clauss bestimmt, Faktor VIIc wurde in einem Ein-Phasen-Assay unter Verwendung von FVII-Mangelplasma gemessen. Die Protein-C- und AT-III-Bestimmungen wurden auf einem Zentrifugalanalysator mit chromogenen

Substraten durchgeführt. CRP wurde nephelometrisch gemessen. Die genannten Reagenzien stammen von den Behringwerken, Marburg.

Fibrinogen als »Akute-Phase-Protein«

Es liegt der Einwand nahe, daß die Erhöhung der Fibrinogenspiegel im Plasma eine unspezifische Reaktion auf einen entzündlichen Vorgang darstellt, da Fibrinogen zu den »Akute-Phase-Proteinen« gehört und nicht als Risikoindikator für einen koronaren Gefäßverschluß zu werten ist. Daher wurden im Rahmen der PROCAM-Studie bei einem Kollektiv von 568 Männern und 377 Frauen die Konzentrationen des C-reaktiven Proteins bestimmt. 40 Männer (7 %) und 24 Frauen (6,3 %) hatten einen positiven CRP-Wert (> 0,5 mg/dl). Ihre Fibrinogenspiegel unterschieden

Tab. 2: Vergleich der Korrelationen bei nicht-CRP-diskriminiertem Kollektiv und bei Probanden mit negativem CRP

Parameter	— Parameter	neg.+pos. CRP	r	neg. CRP
Männer				
Fibrinogen	— Alter	0,33***	/	0,33***
	— Cholesterin	0,27***	/	0,31***
	— LDL-Chol.	0,27***	/	0,30***
	— Rauchen	0,20***	/	0,19***
	— Body Mass Index	0,19***	/	0,16***
	— AT III	0,16***	/	0,14***
	— Triglyzeride	0,15***	/	0,18***
	— Protein C	0,12**	/	0,15***
Frauen				
Fibrinogen	— Triglyzeride	0,32***	/	0,32***
	— AT III	0,32***	/	0,31***
	— Body Mass Index	0,31***	/	0,30***
	— Faktor VII	0,27***	/	0,28***
	— Cholesterin	0,26***	/	0,30***
	— Alter	0,26***	/	0,27***
	— Protein C	0,25***	/	0,27***
	— LDL-Chol.	0,24***	/	0,29***
	— Menopause	0,23***	/	0,24***
	— RR-Syst.	0,20***	/	0,22***
	— Rauchen	0,03n.s.	/	0,04n.s.

n.s. = nicht signifikant; * = $p < 0{,}05$; ** = $p < 0{,}01$; *** = $p < 0{,}001$

sich erwartungsgemäß sehr stark, die männlichen Untergruppen um 103 mg/dl, die weiblichen um 95,5 mg/dl. Für die beiden Gruppen mit und ohne Diskriminierung aufgrund des CRP-Wertes wurden die Korrelationen berechnet.
Aufgrund der niedrigen Zahl von Probanden mit entzündlichen Prozessen zeigten sich keine grundlegenden Unterschiede zwischen den Gruppen.

Untersuchte Einflußgrößen

Im folgenden werden bei dem im Rahmen der PROCAM-Studie untersuchten Kollektiv von 568 Männern und 377 Frauen den Fibrinogenspiegel beeinflussende Faktoren beschrieben.

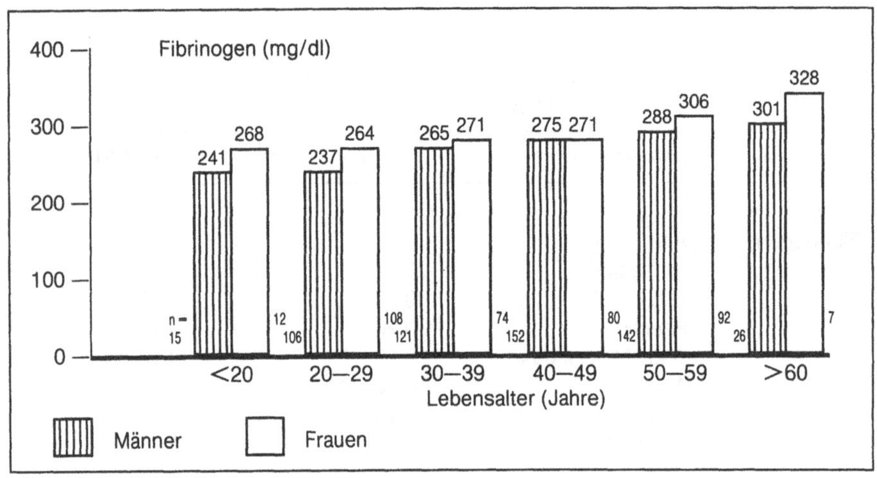

Abb. 1: Fibrinogenspiegel und Lebensalter

Der Anstieg des Fibrinogenspiegels mit dem Alter wies einen bemerkenswerten geschlechtsspezifischen Unterschied auf; während die Männer einen linearen Anstieg zeigten, war bei den Frauen vor dem 50. Lebensjahr nahezu keine Veränderung festzustellen, danach fand sich jedoch eine Steigerung auf Werte deutlich oberhalb des Mittelwertes der Männer. Dieser Verlauf ähnelt stark dem der Infarkthäufigkeit bei den Frauen. Derselbe große Unterschied zeigte sich auch bei einem Vergleich der Fibrinogenkonzentrationen der prä- und postmenopausalen Probandinnen ($x = 268{,}9 \pm 57{,}5$ mg/dl ($n = 259$) vs. $x = 299{,}9 \pm 69{,}4$ mg/dl ($n = 118$)). Die Einnahme oraler Kontrazeptiva zeigte keinen Einfluß.

Deutliche Unterschiede waren festzustellen bei normoglykämischen Personen im Vergleich zu Probanden mit Diabetes mellitus Typ 2 (Männer: x = 268,5 ± 59,5 mg/dl (n = 544) vs. x = 285,7 ± 45,4 mg/dl (n = 16)).

Auch der Blutdruck korrelierte mit dem Fibrinogenspiegel; besonders ausgeprägt war der Unterschied zwischen normotonen und hypertonen Frauen (Frauen: x = 273,5 ± 63,8 mg/dl (n = 298, RR > 140:90 mmHg) vs. x = 322,7 ± 50,7 mg/dl (n = 22, RR > 160:95 mmHg)).

Hingegen hatte bei den Männern das Rauchen einen ausgeprägten Effekt, der sehr deutlich wurde bei der Aufspaltung in Gruppen, die mehr oder weniger als 20 Zigaretten/Tag rauchten:

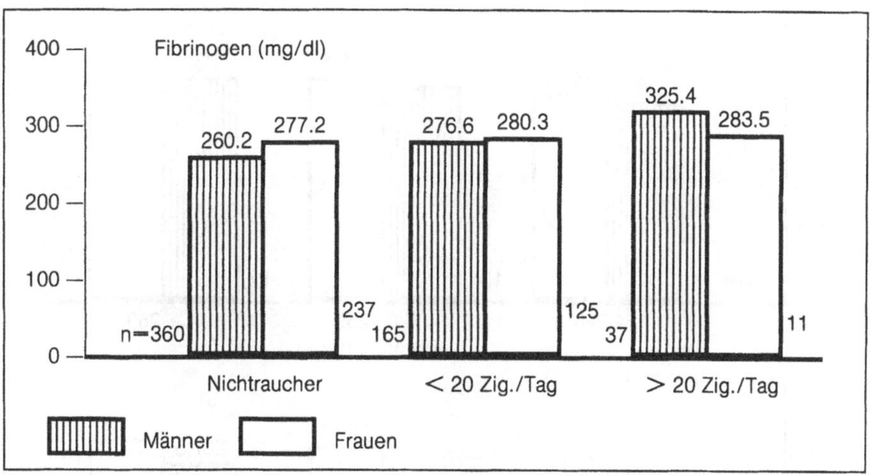

Abb. 2: Fibrinogenspiegel und täglicher Zigarettenkonsum

Die Northwick-Park-Heart-Studie hat hier einen interessanten Aspekt beleuchtet, der in der PROCAM-Studie nicht untersucht wurde. Die Verfolgung des Fibrinogenspiegels ehemaliger Raucher zeigte, daß mit der Einstellung des Rauchens das Fibrinogen zu fallen begann, jedoch im Mittel fünf Jahre vergingen, bevor ein vergleichbarer Nichtraucherspiegel erreicht wurde.

Probanden, die bei der Anamneseerhebung angaben, unter Angina pectoris zu leiden, zeigten einen gegenüber dem Mittel deutlich erhöhten Fibrinogenspiegel. (Männer: x = 268,9 ± 59,5 mg/dl (n = 555) vs. x = 295,3 ± 50,6 mg/dl (n = 7); Frauen: x = 278,3 ± 63,0 mg/dl (n = 371) vs. x = 304,5 ± 63,0 mg/dl (n = 2)).

Wenn dieses Ergebnis auch unter dem Vorbehalt der niedrigen Angina-pectoris-Fallzahl und einer rein anamnestischen Zuordnung ohne diagnostische Absicherung zu sehen ist, so steht es doch im Einklang mit den festgestellten Korrelationen von Fibrinogen mit Rauchen, Hypertonus, Hyperglykämie, Hypercholesterinämie und Hypertriglyzeridämie, welches begünstigende Faktoren für die Ausbildung intrakoronarer Thromben sind.
Erhöhte Cholesterin- und Triglyzeridwerte gingen mit deutlichen Erhöhungen des Fibrinogens einher, wobei die Beziehung zu den Triglyzeriden bei den Frauen an der Spitze der gefundenen Korrelationen (0,32***) stand:

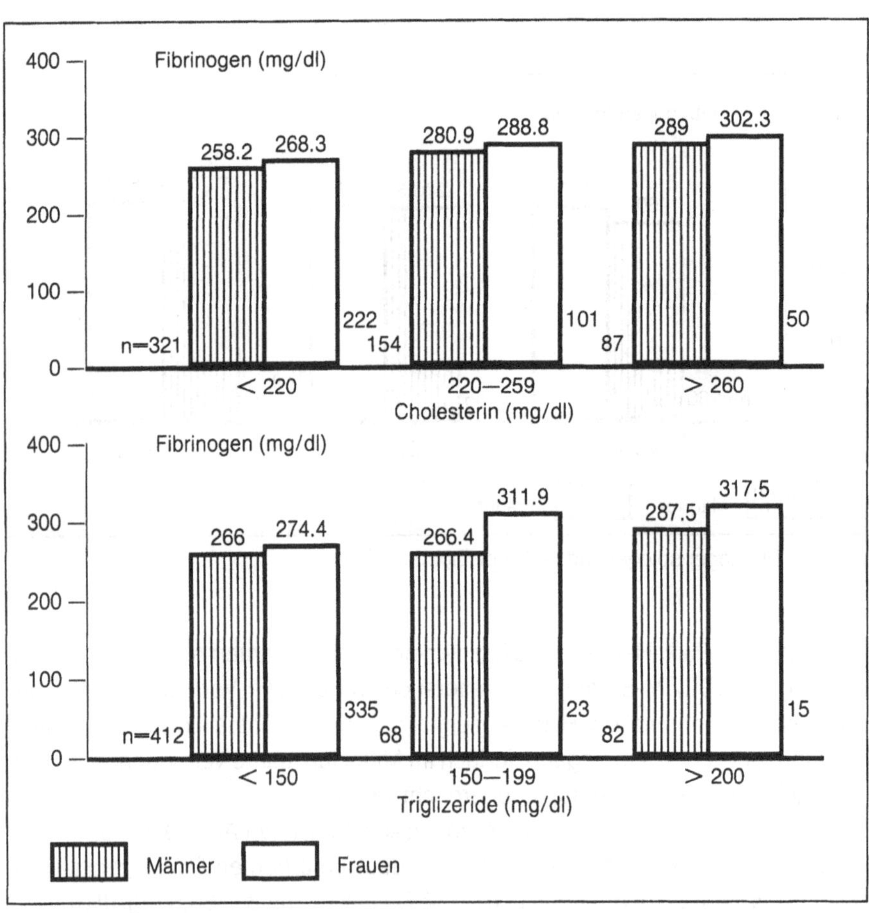

Abb. 3: Fibrinogen-Spiegel, Cholesterin und Triglyzeride

Das LDL-Cholesterin zeigte eine dem Gesamtcholesterin analoge Korrelation (Männer: x = 258,2 ± 55,0 mg/dl (n = 335, LDL < 150 mg/dl) vs. x = 295,1 ± 64,1 mg/dl (n = 37, LDL > 190 mg/dl); Frauen: x = 270,0 ± 65,5 mg/dl (n = 251, LDL s.o.) vs. x = 307,8 ± 60,1 mg/dl (n = 37)). Das HDL-Cholesterin wies eine seiner fettstoffwechselgünstigen Wirkung entsprechende negative Korrelation zum Fibrinogen auf, die jedoch nicht signifikant war.

Multiple Regression

Die Berechnung der multiplen Regression in der Absicht, den Einfluß der anderen relevanten Parameter auf die Zielgröße »Fibrinogen« zu kontrollieren, ergab signifikante Korrelationen von Fibrinogen mit dem Lebensalter, dem Rauchen, AT III, Cholesterin (nur bei Männern), dem Body Mass Index und dem systolischen Blutdruck (nur bei Frauen):

Tab. 3: Multiple Regressionskoeffizienten für Fibrinogen (n.b. = nicht berechnet; n.s. = nicht signifikant; * = p < 0,05; ** = p < 0,01; *** = p <0,001)

Parameter	— Parameter	m	ß	w
Fibrinogen	— Alter	0,37***	/	0,17*
	— Rauchen	0,30***	/	0,13*
	— AT III	0,18***	/	0,21***
	— Cholesterin	0,13**	/	n.b.
	— Body Mass Index	0,08n.s.	/	0,19***
	— RR-Syst.	–0,02n.s.	/	0,13*

Fibrinogenspiegel und Hyperlipoproteinämiephänotyp

Bei einem nicht randomisierten Kollektiv von 109 ambulanten Fettstoffwechselpatienten wurde mit der Fragestellung nach einer Beziehung zwischen Fibrinogenspiegel und Hyperlipoproteinämiephänotyp nach Fredrickson die Fibrinogenkonzentration nach Clauss bestimmt.

Die Häufigkeitsverteilung der Fibrinogenspiegel in Abhängigkeit vom Phänotyp der Hyperlipoproteinämie zeigte gegenüber einem Normalkollektiv eine deutliche Verschiebung in den Bereich höherer Fibrinogenwerte bei Hyperlipoproteinämie Typ IIa, (n = 61, x = 304,8 ± 51,0 mg/dl, mittleres Alter 29,7 J.) und Typ IIb (n = 28, x = 297,5 ± 63,4 mg/dl, mittl. Alter 38,7 J.) und Typ V (n = 8, x = 331,9 ± 66,6 mg/dl, mittl. Alter 36,0 J.) und bei Patienten mit familiärer Hypercholesterinämie (n = 30, x = 302,3 ± 48,0 mg/dl, mittl. Alter 35,5 J.).

Diskussion

Die Fibrinogenspiegelerhöhungen sind natürlich neben dem Alter von der Konzentration von Cholesterin und Triglyzeriden abhängig, was sich bei der Zuordnung des Fibrinogens zu den Hyperlipoproteinämiephänotypen in den Ergebnissen widerspiegelt. Die Betrachtung des Zusammenhangs mit familiären Fettstoffwechselstörungen ist ein relevanter Aspekt, denn diese finden unter Umständen ihr Korrelat in kumulativer Weise im Fibrinogen. Hamsten et al. fanden bei 85 schwedischen Familien mit hoher Herzinfarktinzidenz vor dem 45. Lebensjahr die Hälfte der Fibrinogenspiegelerhöhung durch genetische Faktoren verursacht [3]. Es ist also möglich, daß sich bei einer genetischen Disposition zu hoher Fibrinogenkonzentration im Blut und einem gestörten Lipidmetabolismus beide Effekte summieren oder gar gegenseitig verstärken und so das Risiko kardiovaskulärer Komplikationen erhöhen.
Einen Teilaspekt der Frage nach der physiologischen Bedeutung einer Fibrinogenspiegelerhöhung beleuchtet eine Untersuchung von Ulutin et al. an Hunden [8]. Nach der Infusion von Fibrinogen fand sich in der katheterisierten V. hepatica eine gegenüber den Ausgangswerten deutlich erhöhte Aktivität der Faktoren V, VIII und IX. Diese reaktive Steigerung der Faktorensynthese betrifft jedoch vermutlich auch inhibitorische Proteine, was die gefundenen Beziehungen von Fibrinogen zu AT III und Protein C nahelegen. Eine Erklärung des Effekts der Fibrinogenspiegelerhöhung durch eine Verschiebung des hämostatischen Gleichgewichtes in eine prokoagulatorische Richtung erscheint dementsprechend als zu einfach.
Eine Verschlechterung der rheologischen Situation durch eine Viskositätssteigerung ist ein weiterer zu berücksichtigender Faktor.

Zusammenfassung

Zur Abklärung des Einflusses unspezifischer Entzündungsprozesse auf den Plasmaspiegel des Koronarrisikofaktors Fibrinogen wurden die Konzentrationen des C-reaktiven Proteins bei einem Kollektiv von 568 Männern und 377 Frauen, die im Rahmen der PROCAM-Studie untersucht wurden, bestimmt. Der Vergleich der Korrelationen von Fibrinogen mit den untersuchten Einflußgrößen mit und ohne Berücksichtigung eines inflammatorischen Effektes zeigte, daß dieser im Gesamtkollektiv nur einen vernachlässigbar kleinen Einfluß auf die Höhe des Fibrinogenspiegels hat und somit als Störfaktor keine entscheidende Rolle spielt.
Des weiteren wurde die Bedeutung der mit Fibrinogen korrelierenden Größen beschrieben, wobei bei den Männern hauptsächlich das Lebensalter, LDL- und

Gesamtcholesterin, Rauchen, Body Mass Index, AT III und Triglyzeride zu nennen sind; bei den Frauen sind dieses Triglyzeride, AT III, Body Mass Index, Faktor VII, LDL- und Gesamtcholesterin, Alter, Protein C, Menopause und Blutdruck. Für das Rauchen wurde erstaunlicherweise bei den Frauen im Gegensatz zu den Männern keine signifikante Korrelation ermittelt.
Die Häufigkeitsverteilung der Fibrinogenspiegel von 109 ambulanten Fettstoffwechselpatienten in Abhängigkeit vom Hyperlipoproteinämiephänotyp zeigte deutliche Erhöhungen der Fibrinogenkonzentrationen, die jedoch im Zusammenhang mit den oben genannten Einflußgrößen zu sehen sind.

Literaturverzeichnis

1 Balleisen L, Schulte H, Assmann G, Epping PH, Van De Loo J. Coagulation factors and the progress of coronary heart disease. Lancet ii 1987: 461.
2 Bini A, Fenoglio J, Sobel J, Fejgl M, Kaplan K. Immunochemical characterization of fibrinogen, fibrin I and fibrin II in human thrombi and atherosclerotic lesions. Blood 1987; 69: 1038—1045.
3 Hamsten A, Iselius L, De Faire U, Blombäck M. Genetic and cultural inheritance of plasma fibrinogen concentration. Lancet ii 1987: 988—990.
4 Hauss WH, Junge-Hülsing G, Gerlach U. Die unspezifische Mesenchymreaktion. Stuttgart: Thieme, 1968.
5 Kannel WB, Wolf P, Castelli W, D'Agostino R. Fibrinogen and risk of cardiovascular disease. JAMA 1987; 258: 1183—1186.
6 Meade TW, Brozovic M, Chakrabarti R, Haines A, Imeson J, Mellows S, Miller G, Noth W, Stirling Y, Thompson S. Haemostatic function and ischaemic heart disease: Principal results of the Northwick Park Heart Study. Lancet ii 1986: 533—537.
7 Ross R. The pathogenesis of atherosclerosis — An update. N Engl J Med 1986; 314: 488—500.
8 Ulutin ON. Atherosclerosis and hemostatis. Sem Thromb Hem 1986; 12: 156—174.
9 Wilhelmsen L, Svärsudd K. Korsan-Bengtsen K, Larsson B, Welin L, Tibblin G. Fibrinogen as a risk factor for stroke and myocardial infarction. N Engl J Med 1984; 311: 501—505.

Über die Wirkung von Heparin, Dermatansulfat, Hirudin und Laktobionsäure auf die Funktion menschlicher Thrombozyten

M. Basic-Micic, H. K. Breddin
Zentrum der Inneren Medizin, Abteilung für Angiologie,
J.-W.-Goethe-Universität, Frankfurt/Main

Einführung

Die Wirkung von Heparin, Dermatansulfat, Hirudin und der Laktobionsäure auf die Plättchenfunktion in vitro wurde untersucht, nachdem Hirudin und die drei gerinnungshemmenden Glykosaminoglykane eine deutliche antithrombotische Aktivität in einem Thrombosemodell gezeigt hatten.
Im Gegensatz zu der sonst üblichen Form derartiger Untersuchungen wurden die Blutproben während der Blutentnahme mit Hirudin oder mit den Glykosaminoglykanen direkt versetzt. Eine Zitratblutprobe diente als Kontrollwert.
In derartigen Testansätzen kann die Wirkung einer Reduktion der Ca^{++}-Ionen auf die Testergebnisse minimiert werden.

Material und Methodik

1. Unfraktioniertes Heparin (UFH) (Liquemin[R], LaRoche, Grenzach, 20, 30 und 50µg/ml Vollblut) mit einer spezifischen Aktivität von 160 IE/mg.
2. Rekombiniertes Hirudin (H) (Hoe-023, Hoechst AG, Frankfurt, 3, 5 und 10 µg/ml Vollblut).
3. Dermatansulfat (D) (Mediolanum, Mailand, MF 701, 50, 100 und 200 µg/ml Vollblut).
4. LW 10082 ist ein sulfatiertes Derivativ von Laktobionsäure (LS), von dem 2 Einheiten durch eine zentrale Propylen-Einheit verbunden sind. Mol.-Gewicht 2387 (Luitpold, München, 0,1, 0,5 und 1 µg/ml Vollblut).

Blutentnahme

Die Blutproben wurden bei der Entnahme aus einer Kubitalvene mit Na-Zitrat (3,3 %, 1:9) Hirudin, Dermatansulfat, UFH oder Laktobionsäure in der jeweils angegebenen Konzentration entnommen. Die Untersuchungen erfolgten im Vergleich zu Zitratblut desselben Spenders.
Die Zugabe von Gerinnungshemmern zu Zitratblut führt zu deutlich anderen Ergebnissen als den hier dargestellten. Diese Unterschiede sind wahrscheinlich in erster Linie durch den zitratbedingten Kalziumentzug zu erklären, der im Hirudin-, DS-, UFH- und LS-Plasma fehlt.

Plättchenfunktionstests

1. *Spontane Aggregation*
   Die spontane Aggregation wurde untersucht unter Verwendung des PAT III (Breddin et al., 1974).
2. *Induzierte Aggregation*
   Die Untersuchungen erfolgten in einem APACT-Aggregometer (automated platelet aggregation and clotting timer system) der Fa. Labor, Ahrensburg. Die Auswertung erfolgte nach den 1974 festgesetzten Kriterien (Breddin et al., 1974). ADP-Endkonzentration 10^{-6} M, Kollagen-Endkonzentration 1 µg/ml PRP, Adrenalin-Endkonzentration 10^{-6} M.
3. *Thrombozytenausbreitung*
   nach Breddin und Bürck (1963).
4. *Statische Adhäsion an Glas*
   (Breddin, 1964).

Ergebnisse

Spontane Aggregation (Tab. 1)

R-Hirudin und Dermatansulfat hemmten die spontane Aggregation in ausgeprägtem Maße. UFH und Laktobionsäure zeigten demgegenüber im Vergleich mit Zitrat-PRP keine Hemmwirkung (s. Tab. 1).

ADP-induzierte Aggregation

Verwendet wurde ADP in einer Endkonzentration von 10^{-6} M. Die Maximalamplitude war mit r-Hirudin, DS und UFH nicht signifikant reduziert. LS führte zu

Tab. 1: Spontane Aggregation unter dem Einfluß von Hirudin, Heparin, Laktobionsäure und Dermatansulfat

Medikament und Konzentration in PRP		Spontane Aggregation PRP (PAT III) (n = 4–8)		
		Positive Reaktion	Negative Reaktion	Zusammen
Zitratblut		8	0	8
Hirudin	4 µg/ml	0	4	4
Hirudin	5 µg/ml	1	7	8
Hirudin	10 µg/ml	0	8	8
Heparin	4 U/ml	4	1	5
Heparin	6 U/ml	3	2	5
Heparin	10 U/ml	6	2	8

Tab. 2: Thrombozytenfunktion und der Einfluß von Hirudin, Heparin, Laktobionsäure und Dermatansulfat

Parameter		Zitrat	Hirudin µg/ml 3	5	10	UFH µg/ml 20	30	50	LW 10082 mg/ml 0.1	0.5	1.0	Dermatansulfat µg/ml 50	100	200
Kollagen-ind. Aggregation	x	5.4	8.5	6.8	7.1	6.7	7.2	6.1	7.3	5.3	3.9	5.6	5.8	5.9
Max. Ampl. (cm)	S	2.2	0.2	2.2	2.2	1.6	1.5	1.9	1.6	2.5	2.3	1.8	1.4	1.2
ADP-ind. Aggregation	x	5.4	8.2	6.5	6.6	6.6	6.6	6.0	6.9	4.6	4.4	5.3	5.6	5.8
Max. Ampl. (cm)	S	1.5	0.4	2.0	1.7	1.6	1.7	1.6	1.5	0.3	0.4	1.0	0.6	0.5
Adhäsivitäts-	x	1.0	0.6	0.56	0.4	0.8	1.17	1.4	0.34	0.37	0.42	geron-	0.78	0.63
Index	S	0.1	0.06	0.08	0.08	0.04	0.57	0.8	0.2	0.16	0.18	nen	0.29	0.07
Thrombozyten-zahl im PRP	x	511	665	600	616	379	430	379	442	570	564	374	454	513
x 1000	S	284	208	192	177	239	178	239	227	117	40	73	85	127

einer deutlichen Reduktion der Maximalamplitude. Hirudin und LS führten zu einer Steigerung der Desaggregation nach ADP-induzierter Aggregation (s. Tab. 2).

Kollageninduzierte Aggregation

H, UFH und DS zeigten keine signifikante Beeinflussung der verschiedenen Parameter der kollageninduzierten Aggregation. LS führte zu einer deutlichen Reduktion der Maximalamplitude der kollageninduzierten Aggregation (s. Tab. 2).

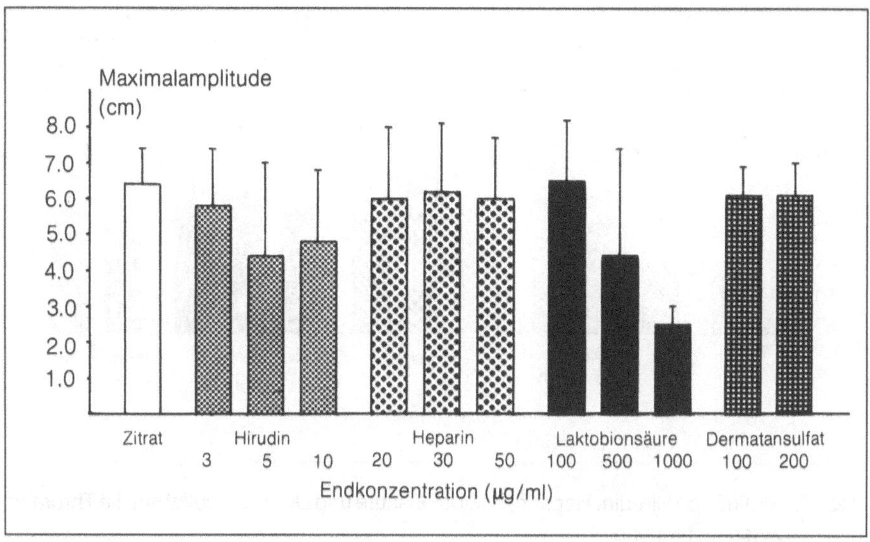

Abb. 1: Einfluß von Hirudin, Heparin, Laktobionsäure und Dermatansulfat auf die adrenalininduzierte Thrombozytenaggregation.

Adrenalininduzierte Aggregation

H und LS zeigten eine deutliche Reduktion der Maximalamplitude und eine ausgeprägte dosisabhängige Steigerung der Desaggregation nach adrenalininduzierter Aggregation. UFH und DS zeigten diesen Effekt nicht (s. Abb. 1).

Thrombozytenausbreitung

In Konzentrationen von 3, 5 und 10 μg/ml führte r-Hirudin zu einer deutlichen Hemmung der Thrombozytenausbreitung im Vergleich zu Zitrat-PRP oder Herapin (PRP) (Abb. 2). Auffällig war auch eine verminderte Dichte der an den Kunststoffflächen (Polypropylen) haftenden Thrombozyten. Demgegenüber konnte eine Aktivierung der Thrombozyten (Bildung von Plättchenaggregaten, gesteigerte Haftneigung, Steigerung des Anteils der ausgebreiteten Thrombozyten) häufiger in Heparin- als in Hirudinplasma beobachtet werden. DS und LS zeigten keine Beeinflussung der Thrombozytenausbreitung im Vergleich mit Zitratblut.

Plättchenhaftung an Glas

Die Plättchenadhäsivität wurde unter dem Einfluß von Hirudin und LS ausgeprägt gehemmt. Demgegenüber fand sich unter dem Einfluß der höheren UFH-Konzen-

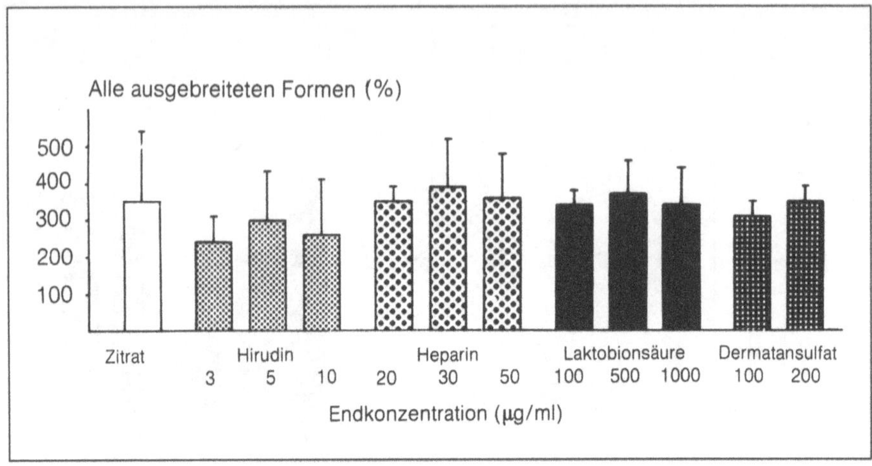

Abb. 2: Einfluß von Hirudin, Heparin, Laktobionsäure und Dermatansulfat auf die Thrombozytenausbreitung.

tration eine leicht gesteigerte Haftneigung. DS hemmte die Haftneigung gering (Tab. 2).

Diskussion

Hirudin

Im Hirudinplasma war die Plättchenausbreitung im Vergleich zu Zitratplasma deutlich gehemmt. Die Plättchenhaftung an Glas war deutlich vermindert im Vergleich mit Zitratplasma der gleichen Versuchspersonen. Die spontane Aggregation — untersucht mit dem PAT III — trat im Hirudin-PRP wesentlich seltener als im Zitrat-PRP auf. Die spontane Aggregation kann daher im Hirudin-PRP nicht in gleicher Weise wie im Zitrat-PRP untersucht werden. Weshalb Hirudin die spontane Aggregation hemmt, muß durch weitere Untersuchungen geklärt werden.

Unfraktioniertes Heparin

Im Heparinplasma fand sich häufig eine Aktivierung der Thrombozyten (Ausbildung von Plättchenaggregaten, gesteigerte Haftneigung, Zunahme des Anteils der ausgebreiteten Thrombozyten). Die spontane Aggregation der Thrombozyten ist auch in einem Teil der Heparinplasmen zu beobachten. In einem Teil der nicht spontan aggregierenden Blutproben fanden sich präformierte Aggregate mit einem Abfall der Thrombozytenzahl, die ebenfalls als Ausdruck einer Plättchenaktivierung schon vor der Aggregationsuntersuchung aufzufassen sind. Dementsprechend war die Plättchenzahl im UFH-Plasma gegenüber Zitrat- oder Hirudinplasma reduziert. UFH hatte keinen Einfluß auf die kollagen- oder ADP-induzierte Aggregation.

Dermatansulfat

Dermatansulfat hatte im Vergleich zu Zitratblut-PRP keinen wesentlichen Einfluß auf die Plättchenausbreitung, es hemmte jedoch die Plättchenhaftung an silikonisiertem Glas gering. DS hatte keinen Einfluß auf die kollagen- oder ADP-induzierte Aggregation.

Laktobionsäure

Das Laktobionsäurederivat LW 10082 hatte keinen Einfluß auf die Plättchenausbreitung. Es hemmte die Plättchenhaftung an silikonisiertem Glas und gering die kollagen- und ADP-induzierte Aggregation. Ähnlich wie mit Hirudin fand sich unter dem Einfluß des Laktobionsäurederivates eine ausgeprägte Reduktion der Maximalamplitude nach adrenalininduzierter Aggregation und eine dosisabhängige Steigerung der Desaggregation.

Zusammenfassung

1. Hirudin und DS hemmen die spontane Aggregation im Vergleich zu Zitratblut.
2. Die Plättchenhaftneigung wurde in Hirudin-, Dermatansulfat- und Laktobionsäure-PRP deutlich gehemmt, während UFH- im Vergleich zu Zitrat-PRP eine geringe Adhäsionssteigerung bewirkte.
3. Die Plättchenausbreitung war im Hirudin-PRP deutlich gehemmt, während UFH, DS und LS keine wesentliche Beeinflussung zeigten.
4. Hirudin und Laktobionsäurederivat bewirkten eine deutliche Reduktion der Maximalamplitude und steigerten die Desaggregation nach adrenalininduzierter Aggregation. UFH und DS zeigten einen derartigen Effekt nicht.
5. Hirudin wirkte gerinnungshemmend durch direkte Inaktivierung von Thrombin. Wahrscheinlich sind auch die beobachteten Effekte auf die Plättchenfunktion durch die Thrombinhemmung mitbedingt.
6. Heparin hemmt die Gerinnung in erster Linie über eine Steigerung der Antithrombin-III-Wirkung, z. T. auch über den Heparin-Cofaktor II. Die Wirkung von Heparin auf die Plättchenfunktion ist im Vergleich zu Zitratblut eher gering, jedoch ist eine Steigerung der Haftneigung zu beobachten.
7. Dermatansulfat wirkte gerinnungshemmend vor allem über die Vermittlung des

Heparin-Cofaktors II. Es hemmt wahrscheinlich besonders die Throminbildung. Dermatansulfat hemmte die Thrombozytenausbreitung gering.

8. Das Laktobionsäurederivat LW 10082 hat eine im Vergleich zu Heparin oder Hirudin geringere gerinnungshemmende Wirkung, die wahrscheinlich in erster Linie auf einer Hemmung der Thrombinbildung unter Vermittlung des Heparin-Cofaktors II beruht [4]. LW 10082 hemmt allerdings in deutlich höheren Konzentrationen die Plättchenfunktion (Haftung und adrenalininduzierte Aggregation) in ähnlicher Weise wie Hirudin.

Weitere Untersuchungen müssen klären, welchen Einfluß die unterschiedlichen Kalziumkonzentrationen in den Blutproben auf das Ergebnis der Plättchenfunktionstests haben. Ebenfalls bleibt zu klären, ob die im Zitratblut beurteilte Plättchenfunktion oder die bei Anwesenheit von Ca-Ionen in Hirudin, DS oder LS-PRP gemessenen Funktionen der Thrombozyten eher der In-vivo-Situation entsprechen.

Literaturverzeichnis

1 Breddin HK. Zur Messung der Thrombozytenadhäsivität. Thrombos Diathes haemorrh 1964; 12: 269—281.

2 Breddin HK, Bürck KH. Zur Klinik der Thrombozytenfunktionsstörung unter besonderer Berücksichtigung der Ausbreitungsfähigkeit der Thrombozyten an silikonisiertem Glas. Thrombos Diathes haemorrh 1963; 9: 525—545.

3 Breddin HK, Grun H, Krzywanek HJ, Schremmer WP. On the measurement of spontaneous platelet aggregation. The platelet aggregation test III. Methods and first clinical results. Thromb Haemostas 1976; 35: 669.

4 Fareed J. Persönliche Mitteilung.

5 Keraly CL, Kinlough-Rathbone RL, Packham MA, Suzuki H, Mustard JF. Conditions affecting the responses of human platelets to epinephrine. Thromb Haemostas 1988; 60: 209—216.

6 Kinlough-Rathbone RL, Perry DW, Packham MA, Mustard JF. Desaggregation of human platelets aggregated by thrombin. Thromb Haemostas 1985; 53: 42—44.

7 Knupp C. Effect of thrombin inhibitors on thrombininduced platelet release and aggregation. Thrombos Res 1988; 49: 23—36.

Interaktion zwischen Thrombozyten und boviner endothelialer extrazellulärer Matrix: vergleichende Untersuchungen mit Heparin, Hirudin und niedermolekularen Heparinen

K. Krupinski, I. Altorjay, H. K. Breddin
Zentrum der Inneren Medizin, Abteilung für Angiologie,
J.-W.-Goethe-Universität, Frankfurt/Main

Einführung

Die von gezüchteten Endothelzellen produzierte extrazelluläre Matrix (EZM) dient seit einiger Zeit als In-vitro-Modell für die Untersuchung der Interaktion zwischen Plättchen und Subendothelium [1, 8]. Die EZM ähnelt der Lamina basalis der Gefäßwand sowohl in ihrer Organisation als auch in der makromolekularen Zusammensetzung (sie enthält Fibronektin, Laminin, Kollagen Typ III, IV und V und sulfatierte Proteoglykane). Darüber hinaus kann sie morphologische und biochemische Veränderungen in Gang setzen, die der Plättchenaktivierung an der Stelle einer Endothelverletzung ähnlich sind. Während ihrer Interaktion mit der EZM zeigen die Plättchen einen ausgeprägten Formwandel, Aggregation, Freisetzungsreaktionen und unter anderem auch Thromboxan-A_2-Produktion.
Bei unseren Untersuchungen wurde der Einfluß von verschiedenen Glykosaminoglykanen und Hirudin auf die Plättchenadhäsion an EZM geprüft.

Material und Methoden

Untersuchte Medikamente

- Unfraktioniertes Herapin:
  - Liquemin[R], Hoffmann LaRoche, Basel,
- Niedermolekulare Heparine:
  - CY 216, Fraxiparin[R], Labaz, München,
  - Kabi 2165, Fragmin[R], Kabi-Vitrum, Stockholm,
  - A-12 Sandoz, Sandoz, Nürnberg,
  - Braun B, Braun, Melsungen,

- Natürliches Hirudin, Prof. Markwardt, Erfurt,
- Rekombinantes Hirudin (Hoe-023), Dr. Tripier, Hoechst AG.

Methoden

Die Plättchenadhäsion an boviner subendothelialer extrazellulärer Matrix wurde an boviner Matrix von IBT Int. Biotechnologies LTD., Kiryat Hadassah, Jerusalem [8] durchgeführt.

Die Plastikschälchen (35 mm) mit boviner extrazellulärer Matrix wurden vor Gebrauch dreimal mit PBS (Phosphate buffered saline) gewaschen.

Dann wurde die EZM mit 2 ml plättchenreichem Zitratplasma (PRP) überschichtet, das zuvor mit verschiedenen Konzentrationen der Medikamente inkubiert wurde. Das PRP wurde vor der Untersuchung mit plättchenarmem Zitratplasma (PPP) auf 200.000—250.000 Thrombozyten/µl eingestellt. Nach 30minütiger Inkubation der EZM mit PRP wurde das PRP entfernt und die Plastikschälchen wurden 20mal mit einer NaCl/Zitrat(9:1)-Lösung gewaschen. Die an der EZM haftenden Plättchen wurden mit 6 % Glutarddialdehyd 5 min lang fixiert und dann 5 min mit 0.1 N $KMnO_4$ gefärbt. Nach 20maligem Waschen mit Aqua dest. wurden die Präparate mit einer Giemsalösung überschichtet. Nach 30 min wurde 20mal mit Aqua dest. gewaschen und die an der EZM haftenden Plättchen wurden mikroskopisch gezählt (Okular 12,5 x, Objektiv 25 x).

Jedes PRP wurde an fünf Matrixschälchen geprüft, und in jedem Schälchen wurden drei verschiedene Flächen ausgezählt. Die Fläche der Einzelzählung betrug 0,137 mm^2, die Gesamtfläche 2,055 mm^2.

Die Plättchenzahl im PRP wurde mit einem Ultraflo 100 Clay Adams Zellzähler bestimmt.

Ergebnisse

Die Wirkung der verschiedenen Konzentrationen von Liquemin und Fraxiparin auf die Plättchenhaftung an subendothelialer Matrix sind in Tab. 1 zusammengefaßt. Liquemin hemmte die Plättchenadhäsion an der EZM nicht. Fraxiparin zeigte in Konzentrationen über 10 µg/ml PRP eine signifikante inhibitorische Wirkung auf die Plättchenadhäsion an der EZM.

Tab. 2 zeigt die unterschiedliche Wirkung auf die Plättchenadhäsion an EZM von verschiedenen Glykosaminoglykanen in gleicher Konzentration (0,05 mg/ml PRP).

Fragmin zeigte den stärksten hemmenden Effekt (—20,8 % Hemmung der Plätt-

Tab. 1: Thrombozytenhaftung an boviner extrazellulärer Matrix

Konzentration in mg/ml PRP	% Hemmung der haftenden Thrombozyten Vergleich zur Kontrolle			
	Liquemin	p	CY 216	p
0.001	− 1.4	n.s.	− 4.3	n.s.
0.005	− 2.7	n.s.	− 10.7	s.
0.01	− 4.7	n.s.	− 13.5	s.
0.05	− 5.4	n.s.	− 15.6	s.
0.1	− 6.7	n.s.	− 18.9	s.

Tab. 2: Plättchenhaftung an boviner extrazellulärer Matrix (n = 3)

Med. Konzentration 0.05 mg/ml PRP	% Hemmung der haftenden Thrombozyten an ECM im Vergleich zur Kontrolle	
	Matrix und PRP	PRP
CY 216	− 22.5	− 15.6
Fragmin	− 30.6	− 20.8
Sandoz	− 15.8	− 12.3
Braun B	− 16.3	− 10.6

chenadhäsion). Dieser Effekt war bei den untersuchten niedermolekularen Heparinen noch ausgeprägter, wenn die 30 min lange Inkubation in Gegenwart der Matrix erfolgte.
Natürliches und rekombinantes Hirudin hemmten die Plättchenadhäsion in annähernd der gleichen Konzentration. Hirudin (5 µg/ml PRP und höhere Konzentrationen) zeigte nach 30 min Inkubation mit PRP einen signifikanten Hemmeffekt auf die Plättchenadhäsion an EZM.

Diskussion

In-vitro-Untersuchungen über den Einfluß von Heparin auf die Plättchenfunktion führten zu kontroversen Resultaten [4, 5, 6]. Verschiedene Untersucher erzielten unterschiedliche Resultate, die von einer heparininduzierten Adhäsion und Aggregation über keinen feststellbaren Effekt bis zu einer Hemmung der Aggregation reichten.

Tab. 3: Plättchenadhäsion an boviner extrazellulärer Matrix (n = 3)

Konzentration in µg/ml PRP	% Hemmung der haftenden Thrombozyten Vergleich zur Kontrolle	
	Natürliches Hirudin	Rekombinantes Hirudin
1	− 2.7	− 1.8
3	− 5.1	− 2.6
5	− 13.6	− 16.5
7	− 23.4	− 21.8
10	− 26.7	− 29.3
20	− 39.4	− 44.1
50	− 45.6	− 50.3

Die meisten Untersuchungen betrafen die Plättchenaggregation und Plättchenfreisetzung [5, 6].

Bei der vorliegenden Untersuchungsserie hemmten alle niedermolekularen Heparine (Sandoz, Braun, Fragmin, Fraxiparin) im Gegensatz zu unfraktioniertem Heparin in vitro die Adhäsion der Plättchen an EZM. Dieser Effekt war unterschiedlich ausgeprägt bei gleichen Konzentrationen der verschiedenen Heparine. Die Hemmung der Plättchenadhäsion an der extrazellulären Matrix war bei den niedermolekularen Heparinen nach Inkubation in Gegenwart der EZM stärker als nur bei Inkubation mit PRP vor Überschichten der EZM.

Dieser Befund entspricht dem von Ljungberg u. Johnsson mitgeteilten [3], die beobachteten, daß niedermolekulare Heparine die Plättchenaggregation weniger beeinflussen als unfraktioniertes Heparin. Salzman et al. [6] vermuteten, daß die Größe der Heparinmoleküle ihre Interaktion mit den Thrombozyten beeinflussen könnte.

Sobel et al. [7] nahmen an, daß Heparine Thrombin an der Thrombozytenoberfläche binden. Dabei ist interessant, daß in unseren Versuchen der hemmende Effekt von niedermolekularen Heparinen auf die Plättchenadhäsion wesentlich stärker war, wenn PRP und diese Medikamente zusammen mit der EZM inkubiert wurden. Dies könnte auch ein Hinweis auf eine Heparinbindung an die EZM sein.

Der selektive Thrombininhibitor Hirudin zeigte einen deutlich hemmenden Einfluß auf die Plättchenadhäsion an EZM. Dieser Effekt war bei natürlichem und rekombinantem Hirudin vergleichbar groß und ist wahrscheinlich durch die Thrombinhemmung an der Plättchenoberfläche bedingt.

Literaturverzeichnis

1 Booyse FM, Quarfoot AJ, Feder A. Culture produced subendothelium. I. Platelet interaction and properties. Haemostasis 1982; 11: 49.

2 Hoffmann A, Markwardt F. Inhibition of the thrombin platelet function by hirudin. Haemostasis 1984; 14: 164—169.

3 Ljungberg B, Johnsson H. In vivo effects of low molecular weight heparin fragment on platelet aggregation and platelet dependent hemostasis in dogs. Thromb Haemostas 1988; 60: 232—236.

4 Mikhailidis DP, Barrados MA, Mikhailidis AM, Magnani H, Dandona P. Comparison of the effect of a conventional heparin and low molecular weight heparinoid on platelet function. Brit J Clin Pharmacol 1984; 17: 43—48.

5 Saba HJ, Saba SR, Mirelli GA. Effects of heparin on platelet aggregation. Amer J Haemat 1984; 17: 295—306.

6 Salzman EW, Rosenberg RD, Smith MH, Lindon JN, Farreau L. Effect of heparin and heparin fractions on platelet aggregation. J Clin Invest 1980; 65: 64—73.

7 Sobel M, Adelman B. Characterization of platelet binding of heparins and other glycosaminoglycans. Thrombos Res 1988; 50: 815—826.

8 Vladorsky I, Eldor A, Hy AM E, Altzman R, Fuks Z. Platelet interaction with the extracellular matrix produced by cultured endothelial cells: A model to study the thrombogenicity of isolated subendothelial basal lumina. Thrombos Res 1982; 28: 179.

Hemmung der spontanen und induzierten Thrombozytenaggregation durch Endothelzellen in neu entwickelten Rotationsküvetten

I. Altorjay, C. M. Kirchmaier, H. K. Breddin
Zentrum der inneren Medizin, Abteilung für Angiologie,
J.-W.-Goethe-Universität Frankfurt/Main

Einleitung

Zu den antithrombotischen Eigenschaften des Gefäßendotheliums gehört unter anderem die Hemmung der Plättchenaggregation. Für diese Wirkung sind außer der Prostazyklinfreisetzung auch die Ekto-Nukleotidaseaktivität und die Adenosinsekretion verantwortlich [6, 8, 9]. Die Methode zur Messung der induzierten Plättchenaggregation ist seit 1962 bekannt [2]. Ein Verfahren zur Messung der spontanen Aggregation wurde von BREDDIN und BAUKE 1965 beschrieben [3]. Es gibt jedoch nur wenige Veröffentlichungen über den direkten Einfluß der Endothelzellen auf den Ablauf der Aggregation. Diese sind entweder nur indirekte Darstellungen der Aggregationshemmung [1, 5], oder die Untersuchungen wurden nicht mit PRP durchgeführt [10]. Unser System ist eine Weiterentwicklung der von BREDDIN et al. [4] 1975 beschriebenen Methode der spontanen Plättchenaggregationsmessung. Die Untersuchungen wurden in einer neu entwickelten Rotationsküvette ausgeführt, wobei die innere Oberfläche der Küvette mit einer gezüchteten menschlichen Endothelzellschicht bedeckt war.

Material und Methode

Die Züchtung von Endothelzellen erfolgte nach der Methode von GIMBRONE et al. [7]. Die Endothelzellen wurden aus der Nabelschnurvene mit 0,1 % Kollagenase abgelöst, danach in einem komplexen Nährmedium in Petrischalen kultiviert. Die Nährlösung enthielt 20 % menschliches Serum, Antibiotika (100 U/ml Penizillin, 100 µg/ml Streptomycin, 2,5 µg/ml Amphotericin), HEPES und L-Glutamine in Medium 199. Die entstandenen Zellschichten wurden mittels Trypsin-EDTA subkultiviert. Für die eigentlichen Untersuchungen wurden Zellen der 3.—4. Passage verwendet. Sie wurden in komplexem Nährmedium resuspendiert. Dann wurden die Innenwände der Scheibenküvette mit der Suspension beschichtet (5×10^4 Endothelzellen pro Scheibenküvette).

Nachdem die Platten etwa drei Tage lang bewachsen waren ($8-9 \times 10^4$ Zellen pro Scheibenhälfte), wurden die Küvetten sorgfältig zusammengesetzt und mit Nährlösung gefüllt (Abb. 1).

Blutentnahme

Aus Zitratblut (ein Teil 3,1 % Na-Zitrat + neun Teile Venenblut) von gesunden Probanden, die mindestens seit zehn Tagen keine Medikamente eingenommen hatten, wurde plättchenreiches Plasma durch Zentrifugieren (150 g, 15 Minuten) gewonnen.

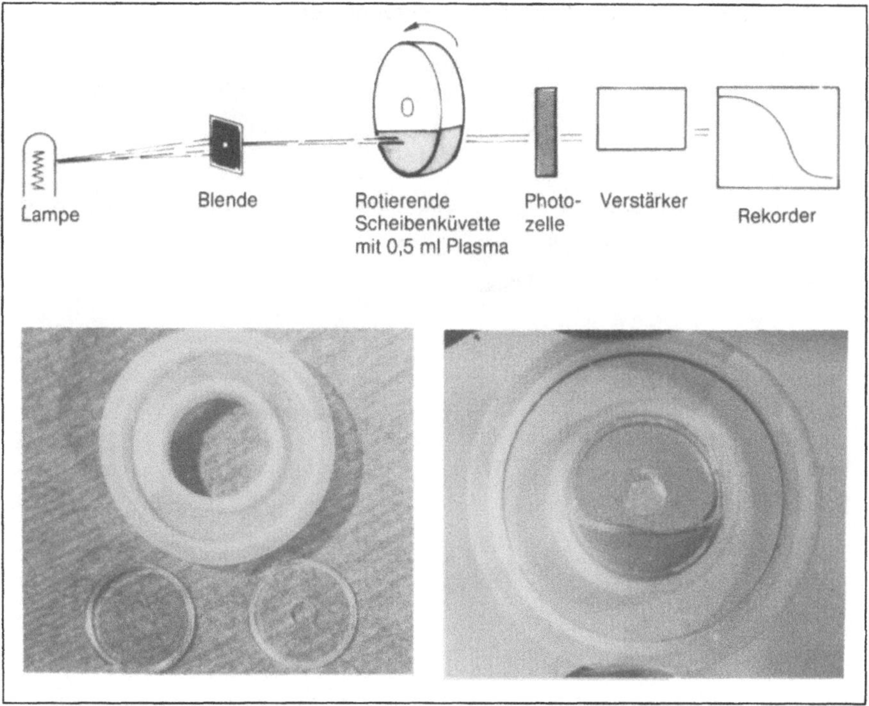

Abb. 1: Schema des Verfahrens und Photos der auseinandergesetzten bzw. mit PRP gefüllten Küvette

Aggregationsmessung

Die mit Endothelzellen überwachsenen Rotationsküvetten wurden vorsichtig mit Puffer (PBS) zweimal ausgespült und mit 300 µl PRP gefüllt. Dann erfolgte die Aggregationsmessung des PRP in einem Universal Aggregometer der Fa. B. Braun, Melsungen, verbunden mit einem Photometer Eppendorf 1101 M. Der Aggregationsauslöser wurde in einem Volumen von 15 µl zugesetzt. Als Aggregationsauslöser wurden Kollagen (0,1 — 5,0 µg/ml Endkonzentration), Adrenalin (10^{-7} — 5×10^{-5} M), ADP (10^{-7} — 5×10^{-5} M) und Thrombin (0,01 — 1,0 U/ml) verwendet. Zur Kontrolle wurde PRP in nicht mit Endothelzellen beschichteten Küvetten untersucht.

Ergebnisse

Die Lichtdurchlässigkeit der Küvette wurde durch die Endothelbeschichtung nicht verändert. Bei der Aggregation von PRP in mit Endothelzellen beschichteten Küvetten entstanden vier verschiedene Kurventypen:

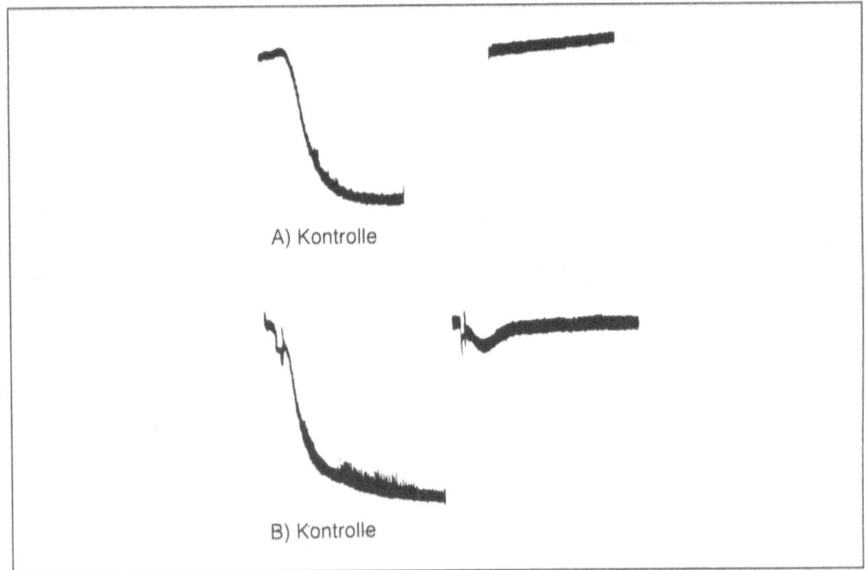

Abb. 2: Veränderungen der Plättchenaggregation in Anwesenheit von Endothelzellen
A) absolute Hemmung
B) kleine initiale Aggregation mit schneller Desaggregation

— absolute Hemmung der Plättchenaggregation (Abb. 2A),
— kleine initiale Aggregation mit schneller, vollkommener Desaggregation (Abb. 2B),
— verzögerte Plättchenaggregation (Abb. 3C) und
— normale, maximale Plättchenaggregation.

Die Endkonzentration der verschiedenen Aggregationsauslöser, die in Abhängigkeit von der Plättchenzahl im PRP bei Anwesenheit von Endothelzellen keine Aggregation auslösen konnten, sind in der Tab. 1 aufgeführt. Je größer die Plättchenzahl war, desto geringer war die Hemmwirkung der Endothelzellen auf die induzierte Plättchenaggregation.

Wurde die Auslöserkonzentration verdoppelt, so konnte in den mit Endothelzellen beschichteten Küvetten mit ADP und Thrombin eine geringe initiale Aggregation mit nachfolgend rascher Desaggregation beobachtet werden (Abb. 2B). Bei Adrenalin führte die Konzentrationserhöhung zu ausgeprägt verzögerter Aggregation (Abb. 3C). Bei Kollagen war die Verzögerung wesentlich geringer. Wurden die Auslöserkonzentrationen weiter erhöht, wurde eine maximale Aggregation ausgelöst.

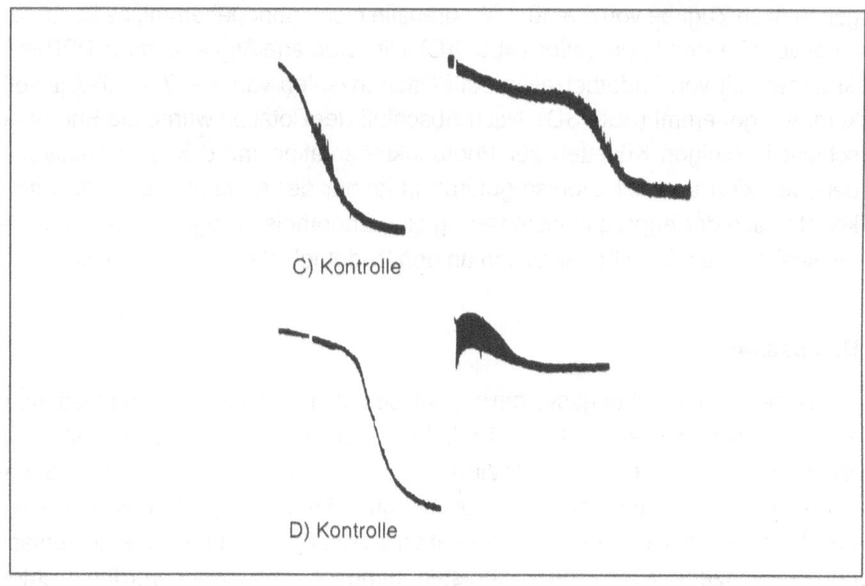

Abb. 3: Veränderungen der Plättchenaggregation in Anwesenheit von Endothelzellen
C) verzögerte Plättchenaggregation
D) Hemmung der spontanen Aggregation

Tab. 1: Auslöserkonzentrationen, die in Anwesenheit von Endothelzellen keine Aggregation auslösen konnten (a). In Klammern sind die Konzentrationen angegeben, die in einer nicht beschichteten Scheibenküvette eine maximale Aggregation auslösten (b).

Auslöser	Plättchenzahl im PRP					
	3×10^5 / µl		5×10^5 / µl		7×10^5 / µl	
	a	b	a	b	a	b
ADP	2×10^{-6}M	(5×10^{-7})	10^{-6}M	(2×10^{-7})	5×10^{-7}M	(10^{-7})
Adrenalin	2×10^{-6}M	(5×10^{-7})	10^{-6}M	(2×10^{-7})	2×10^{-7}M	(10^{-7})
Kollagen	2 µg/ml	(0,5)	1 µg/ml	(0,5)	0,5 µ/ml	(0,2)
Thrombin	0,2 U/ml	(0,1)	0,2 U/ml	(0,05)	0,1 U/ml	(0,02)

Bei einer Plättchenzahl von 5×10^5 / µl im PRP betrug das Verhältnis Endothelzellen zu Plättchenzahl etwa 1:1000. Das entspricht etwa den Verhältnissen in großen Gefäßen. Bei geringer Plättchenzahl (3×10^5 / µl) wird eine doppelte Auslöserkonzentration gehemmt. Wenn die Plättchenzahl im PRP höher als 7×10^5 / µl ist, wird die Hemmwirkung der Endothelzellen herabgesetzt. Z. B. wird die Aggregation nach Zugabe von 5×10^{-7} M Adrenalin nicht mehr gehemmt, es kommt zu einer verzögerten Aggregation (Abb. 3C). Die spontane Aggregation im PRP ist in Anwesenheit von Endothelzellen bei Plättchenzahlen von 3 – 7×10^5 / µl vollkommen gehemmt (Abb. 3D). Nach Abschluß der Rotation wurde die Endothelschicht in einigen Küvetten zur Photodokumentation mit 6 %igem Glutardialdehyde fixiert und mit Giemsa gefärbt. In keiner der so behandelten Küvetten konnte nach der Aggregationsmessung eine Endothelschädigung, Ablösung der Zellschicht oder Plättchenadhäsion an den Endothelzellen festgestellt werden.

Diskussion

In unserem Untersuchungssystem hat sich bestätigt, daß der Ablauf der Plättchenaggregation in Anwesenheit einer Endothelschicht im Vergleich zur konventionellen Aggregation wesentlich modifiziert wird, insbesondere was die Endkonzentrationen der verschiedenen Auslöser betrifft. Um in den mit Endothelzellen beschichteten Küvetten eine Aggregation auszulösen, wurden bis zu fünfach höhere Konzentrationen der Agonisten benötigt. Die bisher veröffentlichten Methoden zur Beurteilung der Einwirkung von Endothelzellen auf die Plättchenaggregation sind weniger den In-vivo-Verhältnissen angeglichen. Azuma et al. [1] registrierten eine Hemmung der arachidonsäureinduzierten Aggregation im PRP nach Zugabe einer Spüllösung, die aus einer azetylcholinperfundierten Hasenaorta gewonnen wurde und ERDF enthalten sollte. ROLLAND et al. [11] untersuchten die endothelabhängige, antithrombotische Wirkung von Isosorbiddinitrat mittels einer Plättchen-Endothelzell-Suspension nach der Methode von CURWEN et al. [5]. In diesem dynamischen System sind die Endothelzellen nicht als Schicht angeordnet. MURATE et al. [10] beschrieben eine ausgeprägte Hemmung der thrombininduzierten Aggregation durch Endothelzellen in Glasküvetten. In ihrem Testsystem erfolgt jedoch die Aggregation in Anwesenheit eines Rührmagneten, außerdem wurden diese Untersuchungen nicht mit PRP, sondern mit in Puffer suspendierten Plättchen durchgeführt. In unserer Rotationsküvette lassen sich die oben erwähnten Störfaktoren vermeiden. Der Test erfolgt ohne Anwesenheit eines Rührmagneten. Die Endothelzellen überlebten die Untersuchung ohne sichtbare Schädigungen. Das Verhältnis der Plättchenzahl zu den Endothelzellen in der Küvette entspricht physiologischen Bedingungen und wurde auch von anderen Autoren angegeben [10, 11]. Die Möglichkeit, die Plättchenaggregation in Anwesenheit von Endothelzellen durchführen und beobachten zu können, kann für die Prüfung von Thrombozytenfunktionshemmern in vitro oder ex vivo von Bedeutung und Interesse sein. Wir glauben, daß unsere neue Methode dazu ein schonenderes und den In-vivo-Verhältnissen mehr angeglichenes Verfahren sein könnte.

Literaturverzeichnis

1 AZUMA H, ISHIKAWA M, SEKIZAKI S. Endothelium-dependent inhibition of platelet aggregation. Brit J Pharmac 1986; 88: 411—415.

2 BORN GVR. Quantitative investigation into the aggregation of blood platelets. J Physiol 1962; 162: 67—68

3 BREDDIN HK, BAUKE J. Thrombozytenagglutination und Gefäßkrankheiten. Blut 1965; 11: 144—164.

4 BREDDIN HK, GRUN H, KRZYWANEK HJ, SCHREMMER P. On the measurement of spontaneous platelet aggregation. The platelet aggregation test III. Methods and first clinical results. Thromb Haemostas 1975; 35: 669—691.

5 CURWEN KD, GIMBRONE MA, HANDIN RI. Platelet adhesion to normal and transformed endothelial cells in vitro. Role of PGI_2. Fed Proc 1979; 38: 998—1005.

6 GERLACH E, NEES S, BECKER BF. The vascular endothelium: a survey of some newly evolving biochemical and physiological features. Basic Res Cardiol 1985; 80: 459—474.

7 GIMBRONE M, CONTRAN R, FOLKMAN J. Human endothelial cells in culture. Growth and DNA synthesis. J Cell Biol 1974; 60: 673—684.

8 LEYTIN VL, LJUBIMOVA EV, SVIRIDOR DD, ZAKHAROVA OS, REPIN VS, SMIRNOV VN. Endothelial cells inhibit the spreading of platelets and aggregation on collagen-coated gaps in preconfluent cultures. In: FÖRSTER U, ed. Prostaglandins and Thromboxanes. Jena: VEB Gustav Fischer, 1980: 117—182.

9 Moncada S, Gryglewski RJ, Bunting S, Vane JR. A lipid peroxide inhibits the enzyme in blood vessel microsomes that generates from prostaglandin endoperoxides the substance (prostaglandin X) which prevents platelet aggregation. Prostaglandins 1976; 12: 715—737.

10 Murata M, Ikeda Y, Araki Y. Inhibition by endothelial cells of platelet aggregating activity of thrombin — role of thrombomodulin. Thromb Res 1988; 50: 647—656.

11 Rolland PH, Berenger FP, Cano JP. In vitro evidence of an endothelial cell-dependent antiplatelet activity for isosorbide dinitrate, but not for its 2- and 5-mononitrate metabolites. J Pharmacol Exp Therap 1987; 240: 234—240.

Reaktivierung aspiringehemmter Plättchen durch Nikotin

K.-H. Grotemeyer, C. Harking
Klinik und Poliklinik für Neurologie der Westfälischen Wilhelms-Universität Münster

Einleitung

Allgemein wird vermutet, daß der Genuß von Nikotin ein Risikofaktor für vaskuläre arteriosklerotisch mitverursachte Erkrankungen ist. Dieses gilt auch für zerebrovaskuläre Erkrankungen [4]. Ein weiterer in das Arteriosklerosegeschehen [12, 13] wie auch in den akuten Gefäßverschluß eingebundener Faktor scheint die Einwirkung von Thrombozyten zu sein [2, 7]. Hinweise, daß Rauchen direkt die Thrombozytenfunktion beeinflußt, geben die Untersuchungen von Levine [8] und McVerry [11].

Eine Hemmung sowohl der Thrombozytenfunktion als auch der Prostaglandinsynthese des Gefäßwandendothels soll unter der Gabe von Azetylsalizylsäure langfristig möglich sein [15]. Unklar ist jedoch, ob diese Hemmung auch unter »Nikotinbelastung« bestehen bleibt. Dieser Frage soll im folgenden nachgegangen werden.

Probanden und Methodik

20 klinisch gesunde Raucher im Alter von 23 +/— 2,2 Jahren wurden in die Studie eingeschlossen. Alle Untersuchten wurden über den Zweck der Untersuchung aufgeklärt und stimmten der Untersuchung zu. Zwei Stunden vor Beginn der Untersuchung durfte nicht mehr geraucht werden. 30 min vor der Untersuchung wurde die Plättchenreaktivität [6] gemessen. Danach rauchten die Testpersonen über 30 min in ruhender Körperhaltung drei Zigaretten. Dann wurde erneut die

Plättchenreaktivität bestimmt. 14 Tage später untersuchten wir die gleichen Probanden nochmals. Dieses Mal nahmen alle Probanden zwei Stunden vor der Untersuchung (zu Beginn der Abstinenzphase) 500 mg Azetylsalizylsäure (Aspirin Bayer) ein. Der folgende Versuchsablauf war identisch mit der ersten Untersuchung.
Statistische Analysen wurden mit dem Wilcoxon-Test für gepaarte Proben durchgeführt.

Ergebnisse

Die Plättchenreaktivität war bei den starken Rauchern vor Versuchsbeginn mit 1,27 +/— 0,17 leicht erhöht. Nach Nikotingenuß kam es zu einer weiteren signifikanten Erhöhung auf 1,6 +/— 0,22 ($p < 0,003$). Nach der Aspiringabe war der Ausgangswert mit 1,17 +/— 0,18 deutlich niedriger. Nach Nikotingenuß kam es aber wieder zu einer signifikanten Erhöhung der Plättchenreaktivität auf 1,33 +/— 0,22 ($p < 0,001$) Bei allen Probanden zeigte sich einheitlich auch unter Aspirin dieser Anstieg nach Nikotingenuß.

Diskussion

Die erhöhte Plättchenreaktivität bei Rauchern auch nach 1,5 Stunden Karenz weist möglicherweise auf einen chronischen Effekt dieses Risikofaktors hin. Besonders deutlich zeigt sich dann dieser Effekt im Akutversuch. Die Ursache der akuten Plättchenveränderung bleibt jedoch offen. Neben dem Nikotin könnte es auch der durch Rauchen induzierte erhöhte Katecholaminspiegel sein [1], der hier einerseits sekundär für eine Aktivierung der Plättchen [9] sorgt und andererseits auch im Rahmen der Arteriosklerose eine wesentliche Rolle zu spielen scheint [1].
Die weitgehende Normalisierung der Plättchenfunktion durch Azetylsalizylsäure entspricht den Ergebnissen von anderen Kollektiven [5]. Zweifelsfrei fällt der Anstieg der Plättchenreaktivität unter ASS nicht so gravierend aus wie ohne Medikation. Trotzdem deutet der immerhin signifikante Anstieg, der sich bei allen Probanden zeigte, auf die hohe Potenz des Risikofaktors »Rauchen« im Hinblick auf eine Plättchenaktivierung hin.
Im Prinzip entsprechen diese Ergebnisse ähnlichen Erfahrungen, die Davis [3] durch rauchende Koronarpatienten unter ASS gewonnen hat.
Wichtig dürfte auch die Feststellung sein, daß offensichtlich ASS nicht — wie aufgrund der Zyklooxygenasehemmung zu erwarten ist [15] — absolut sicher die Plättchen hemmt. Dieses dürfte ein weiterer Hinweis darauf sein, daß die

Zyklooxygenasehemmung der Plättchen nur ein Weg zur Plättchenfunktionshemmung ist und daß andere [10], möglicherweise wesentlichere Wege durch ASS nicht absolut sicher langfristig gehemmt werden können. Nicht zuletzt dürfte dieses Ergebnis auch gut mit der bekannten kurzen HWZ von ASS vereinbar sein [14].

Aus klinischer Sicht könnte es daher durchaus sinnvoll sein, nach solchen Medikamenten zu suchen, die einen Anstieg der Plättchenfunktion nach Nikotin hemmen können. Weiterhin erscheint es wichtig, bei Patienten, die eine Aspirintherapie erhalten, auf eine strikte Nikotinkarenz zu achten.

Literaturverzeichnis

1 Bauch HJ, Kelsch U, Grotemeyer KH, Buchwalsky R, Hauss WH. Plasmakatecholamine als möglicher Risikofaktor bei der Atherogenese. In: Betz E, ed. Frühveränderungen bei der Atherogenese. München-Bern-Wien-San Francisco: Zuckschwerdt, 1987: 147.

2 Danta G. Second phase platelet aggregation by adenosis diphosphate in patients with cerebral vascular disease and in control subjects. Thromb Diath Haemorh 1979; 23: 159.

3 Davis JW, Hartmann CR, Lewis DH, et al. Cigarette smoking-induced enhancement of platelet function. Lack of prevention by aspirin in men with coronary artery disease. J Lab Clin Med 1985; 105: 479.

4 Glockner E, Hänsel D, Kornhuber HH. Übergewicht, Rauchen und andere Risikofaktoren bei 357 Fällen von Hirndurchblutungsstörungen. Dt Med Wschr 1977; 102: 1437.

5 Grotemeyer KH, Bork G, Leonhardt M. Zur Wirkungsdauer von Azetylsalizylsäure auf die »zirkulierenden Plättchenaggregate« bei Hirninfarktpatienten. Fortschritte der Neurologie-Psychiatrie 1985; 53: 350.

6 Grotemeyer KH, Hofferberth B. Zirkulierende Plättchenaggregate bei Patienten mit akuten ischämischen und sogenannten chronischen zerebrovaskulären Störungen. Dt Med Wschr 1985; 110: 256.

7 Haft JI. Platelets, coronary artery disease and stress. In: Donoso E, Haft JI, eds. Current Cardiovascular Topics Vol II. Thrombosis, Platelets, Anticoagulation and Acetylsalicylic Acid. Stuttgart: Georg Thieme Verlag, 1976: 97.

8 Levine PH. An acute effect of cigarette smoking on platelet function. A possible link between smoking and arterial thrombosis. Circulation 1973; 48: 619.

9 Levine PS, Towell B, Suarez A, Knieriem L, Harris MM, George J. Platelet activation and secretion with emotional stress. Circulation 1985; 71: 1129.

10 Lüscher EF. Die Kupplung der Rezeptorbesetzung mit der Auslösung der Plättchenaktivität. In: Beck AE, Duckert F, Lüscher EF, Straub PW, Van De Loo J, Hrsg. Thrombose und Hämostaseforschung. Stuttgart-New York: Schattauer, 1984: 209.

11 McVerry BA, Levine PH. Effects of cigarette smoking on the function of the blood platelet. In: Donoso E, Haft JI, eds. Current Cardiovascular Topics Vol II. Thrombosis, Platelets, Anticoagulation and Acetylsalicylic Acid. Stuttgart: Georg Thieme Verlag, 1976: 122.

12 Oversohl K, So CS. Frühzeitige Arteriosklerose bei erhöhter Thrombozytenaggregation. MMW 1977; 119: 1415.

13 Ross R, Glomset JA. The pathogenesis of atherosclerosis. N Engl J Med 1976; 295: 369.
14 Voss von H, Pütter J. Humanpharmakologische Untersuchungen bei parenteraler Gabe des Lysinsalzes der Azetylsalizylsäure. III. Colfarit-Symposium Bayer, 1975: 48.
15 Weckslér B, Pett ST, Alonso D, et al. Differential inhibition by aspirin of vascular platelet prostaglandin synthesis in atherosclerotic patients. N Engl J Med 1983; 308: 800.

Atherogenese bei dialysepflichtiger Niereninsuffizienz: Einfluß von Serumfaktoren auf die Regulation der Prostaglandinsynthese bei vaskulären Endothelzellen

H.-J. Bauch, P. Vischer, A. Lauen, H. Raidt, U. Graefe, W. H. Hauss

H.-J. Bauch, P. Vischer, A. Lauen, W. H. Hauss

Institut für Arterioskleroseforschung der Westfälischen Wilhelms-Universität Münster

H. Raidt, U. Graefe

Institut für Nephrologie der Westfälischen Wilhelms-Universität Münster

Zusammenfassung

Endothelzellen aus Schweineaorten wurden in Dulbecco's Minimal Essential Medium (DMEM) kultiviert. Das Medium enthielt jeweils 10 % Humanserum. Das Humanserum stammte von Dialysepatienten, die nach klinischen Gesichtspunkten in verschiedene Gruppen, z. B. Dialysepatienten ohne Arteriosklerose und Dialysepatienten mit klinisch manifester Arteriosklerose eingeteilt wurden. Unter Verwendung dieses Modells konnte gezeigt werden, daß Seren von Dialysepatienten Faktoren enthalten, die die Prostaglandinsynthese vaskulärer Endothelzellen unterdrücken oder aber daß in diesen Seren Substanzen fehlen, die die Prostaglandinsynthese stimulieren. Die ausgeprägteste Reduktion der Prostaglandinsynthese wurde unter dem Einfluß von Serumproben beobachtet, die von Dialysepatienten mit klinisch manifester Arteriosklerose stammten. Diese Seren enthalten Faktoren, die vorzugsweise eine Inhibierung der Synthese der sog. zytoprotektiven Prostaglandine, Prostazyklin (PGI_2) und Prostaglandin E_2 (PGE_2), bewirken. Derartige Serumfaktoren können wesentlich zu der bekannten ausgeprägten Prävalenz und Progredienz arteriosklerotischer Gefäßerkrankungen bei Dialysepatienten beitragen.

Einleitung

Zahlreiche klinische Untersuchungen haben gezeigt, daß Dialysepatienten eine hohe Prävalenz bei der Ausprägung arteriosklerotischer Gefäßerkrankungen aufweisen. Darüber hinaus konnte eine gesteigerte Progredienz beobachtet werden [5, 22]. Die Ursachen für die erhöhte Prävalenz und Progredienz arteriosklerotischer Gefäßerkrankungen bei Dialysepatienten sind weitestgehend unbekannt. In Verbindung mit einer Atherogenese wurden bei zahlreichen Erkrankungen häufig Störungen im Prostaglandinstoffwechsel beobachtet [4, 6, 18]. Neuere Untersuchungen haben gezeigt, daß natürlich vorkommende zirkulierende Serumfaktoren wesentlich an der Regulation des Prostaglandinstoffwechsels, vorwiegend der Prostazyklinsynthese, beteiligt sind [17, 19]. Mehrere Autoren beobachteten eine stimulierende Wirkung von Plasma oder Serum auf die Prostazyklinsynthese bei kultivierten Endothelzellen und Gefäßsegmenten von Aorten [1, 2, 11, 13, 14, 20]. Störungen im Prostaglandinstoffwechsel führen vorzugsweise zu pathologischen Veränderungen in arteriellen Gefäßen [19]. Infolgedessen erscheint es denkbar, daß Störungen im Prostaglandinstoffwechsel von Gefäßwandzellen bei Dialysepatienten wesentlich zu der erhöhten Prävalenz und Progredienz einer Arteriosklerose beitragen könnten. Wir untersuchten daher, ob Seren von Dialysepatienten möglicherweise Faktoren enthalten, die die Prostaglandinsynthese vaskulärer Endothelzellen beeinflussen. Die Untersuchungen zum Prostaglandinstoffwechsel wurden an einem In-vitro-Modell — kultivierte Endothelzellen aus Schweineaorten — durchgeführt, die mit verschiedenen Serumproben von Dialysepatienten inkubiert wurden.

Patienten und Methoden

38 Dialysepatienten nahmen an der Studie teil. Diese Patienten konsumierten keine Medikamente, die den Prostaglandinstoffwechsel beeinträchtigen. Nach klinischen Gesichtspunkten wurde diese Patientengruppe in drei Untergruppen aufgeteilt:

a) Dialysepatienten ohne arteriosklerotische Gefäßerkrankungen (n = 19),
b) Dialysepatienten mit moderater Arteriosklerose (n = 9) und
c) Dialysepatienten mit schwerer Arteriosklerose (n = 10).

Bei dieser Klassifizierung wurden die Kriterien angewendet, die im Rahmen der Framingham-Studie zur Beurteilung arteriosklerotischer Gefäßerkrankungen erarbeitet wurden [9].

Endothelzellkulturen

Endothelzellen wurden aus Schweineaorten nach der von Vischer et al. beschriebenenen Methode isoliert und kultiviert [21]. Die Zellen wurden in Dulbecco's Minimal Essential Medium (DMEM), das 10 % fetales Kälberserum enthielt, suspendiert und in Petrischalen (Durchmesser 6 cm) mit einer Dichte von 100.000 Zellen pro Schale in 5 ml Medium ausgesät. Die Endothelzellen wurden unter diesen Bedingungen 24 Stunden bei 37° C in einer Atmosphäre mit 5 % CO_2-Zusatz inkubiert. Nach dieser Zeit wurden die Zellen dreimal mit serumfreiem DMEM gewaschen und anschließend mit einem Nährmedium (DMEM) versetzt, das 10 % des jeweiligen Testserums sowie 10 µCi ^{3}H-Arachidonsäure enthielt. Die Inkubationszeit betrug erneut 24 Stunden bei 37° C in einer Atmosphäre mit 5 % CO_2-Zusatz. Die jeweiligen Kulturüberstände wurden zur Isolierung der Prostaglandine verwendet.

Isolierung von Prostaglandinderivaten aus Kulturüberständen

Die Prostaglandinderivate wurden unter Anwendung der von Salmon et al. beschriebenen Lösungsmittelextraktion aus dem Kulturmedium isoliert [13]. Die so gewonnenen Prostaglandinextrakte wurden unter Stickstoffbegasung zur Trockne eingeengt. Die jeweiligen Rückstände wurden in 300 µl Azetonitril aufgenommen und 60 µl dieser Lösung wurden auf analytische Kieselgeldünnschichtplatten (Schichtdicke 0,2 mm) mit einer Bandbreite von 7 mm aufgetragen.

Trennung von Prostaglandinderivaten mittels Dünnschichtchromatographie

Die Dünnschichtchromatographieplatten wurden in dem Laufmittel Äthylazetat/i-Octan/Eisessig/Wasser = 150/60/30/150 (organische Phase) entwickelt. Die Platten wurden getrocknet und anschließend mit EN^{3}HANCE-Spray (NEN) besprüht. Auf die so vorbehandelten Platten wurde ein Röntgenfilm (Kodak X-OMAT AR) aufgelegt. Film und Platten wurden vier Tage bei —70° C gelagert und die Filme anschließend entwickelt. Die Radioaktivitätsmenge, die in die einzelnen Prostaglandinderivate während der Inkubation mit dem Tracer eingebaut wurde, wurde durch Auswertung der Röntgenfilme mit Hilfe eines Laserdensitometers ermittelt. Die jeweils dargestellten Ergebnisse zeigen den Mittelwert ($\overline{X}$) und die Standardabweichung (S.D.) von drei unabhängig voneinander durchgeführten Versuchen.

Prostazyklin (PGI_2), Prostaglandin $F_{2\alpha}$ ($PGF_{2\alpha}$) und Prostaglandin E_2 (PGE_2) wurden durch Cochromatographie unter Verwendung der entsprechenden Ver-

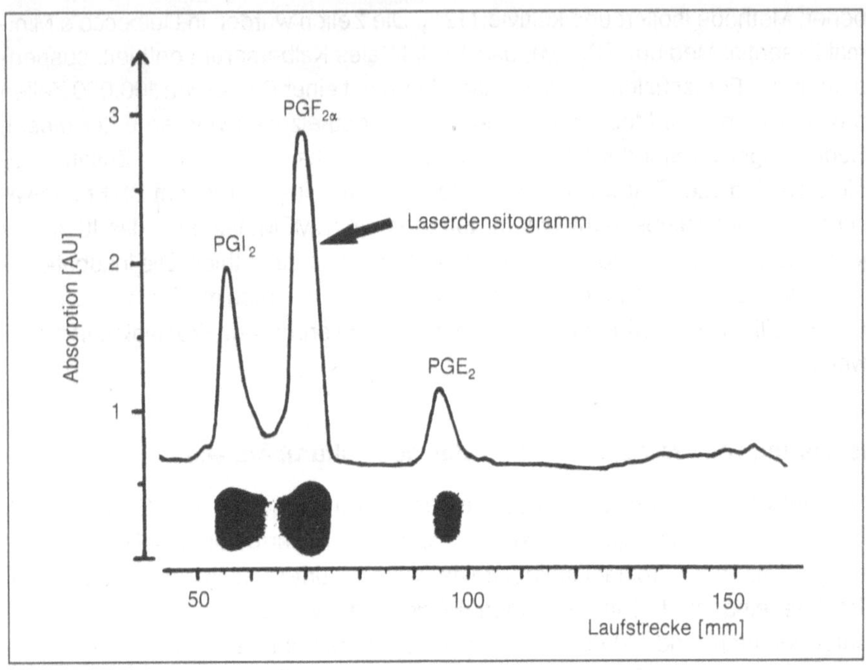

Abb. 1: Metabolitenspektrum und laserdensitometrische Auswertung zur Prostaglandinsynthese von kultivierten Endothelzellen aus Schweineaorten

gleichssubstanzen identifiziert. Die PGI_2-Synthese wurde bei allen Versuchen indirekt über die Bildung des stabilen Metaboliten 6-Keto-Prostaglandin $F_{1\alpha}$ gemessen.

Ergebnisse und Diskussion

Endothelzellen aus Schweineaorten bilden unter den beschriebenen Kulturbedingungen die drei Prostaglandinderivate Prostazyklin (PGI_2), Prostaglandin $F_{2\alpha}$ ($PGF_{2\alpha}$) und Prostaglandin E_2 (PGE_2). Das $PGF_{2\alpha}$ stellt mengenmäßig den Hauptmetaboliten dar, während vom PGI_2 deutlich geringere Mengen synthetisiert werden. Der PGE_2-Gehalt ist im Vergleich zur synthetisierten Prostazyklinmenge noch geringer (Abb. 1).

Unter dem Einfluß von Serum von Dialysepatienten ($n = 38$) kann im Vergleich zum Serum von einer geeigneten Kontrollgruppe nierengesunder Probanden (Kreatinin $< 1{,}2$; $n = 16$) eine ausgeprägte inhibierende Wirkung auf die PGI_2- und PGE_2-

Synthese der Endothelzellen beobachtet werden. Die Bildung von $PGF_{2\alpha}$ wird dagegen nur geringfügig beeinträchtigt (Abb. 2). Dieses Ergebnis zeigt, daß das Serum von Dialysepatienten, die im Vergleich zur Kontrollgruppe in hohem Maß arteriosklerosegefährdet sind, Faktoren enthält, die besonders die Synthese der sog. zytoprotektiven, antiatherogenen Prostaglandine, PGI_2 und PGE_2, deutlich einschränken.

Bei Inkubation der Endothelzellen mit Seren von Dialysepatienten (HD-Patienten),

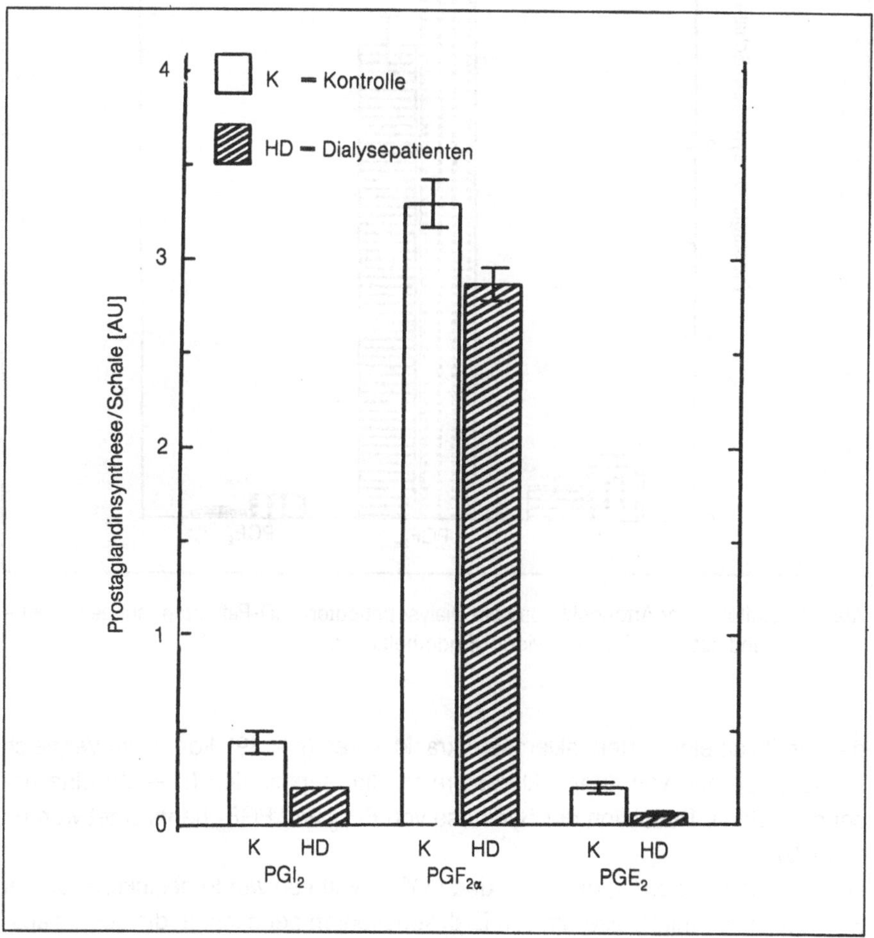

Abb. 2: Einfluß von Serum (Pool) nierengesunder Probanden (K) und Serum (Pool) von Dialysepatienten (HD) auf den Prostaglandinstoffwechsel kultivierter Endothelzellen

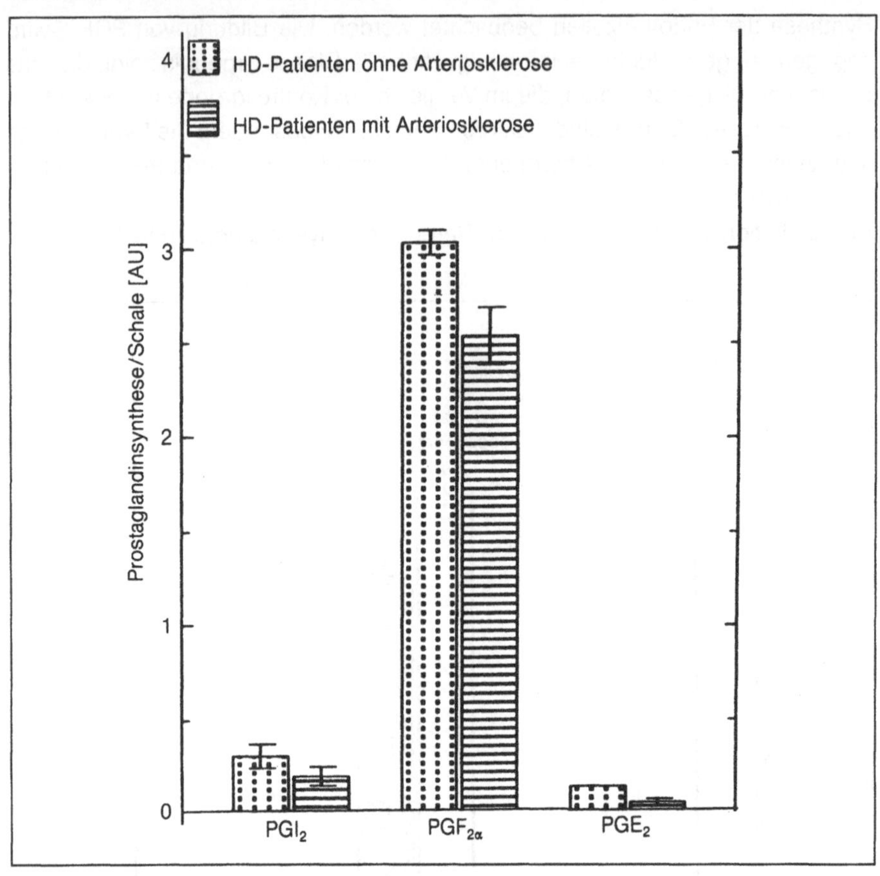

Abb. 3: Einfluß einer Arteriosklerose bei Dialysepatienten (HD-Patienten) auf den Prostaglandinstoffwechsel kultivierter Endothelzellen

die bereits an einer Arteriosklerose erkrankt waren (n = 19), konnte im Vergleich zu Serumproben von arteriosklerosefreien Dialysepatienten (n = 19) eine besonders starke Reduktion der Synthese von PGI_2 und PGE_2 beobachtet werden (Abb. 3).

Die stärkste Inhibierung der PGI_2- und PGE_2-Synthese wurde bei Inkubation der Endothelzellen mit Poolserum von Dialysepatienten beobachtet, die bereits ausgeprägte arteriosklerotische Gefäßveränderungen besaßen und demzufolge eine entsprechende klinische Symptomatik aufwiesen (n = 10; Abb. 4). Die Ergebnisse, die in Abb. 4 dargestellt sind, weisen auf eine enge Beziehung zwischen der

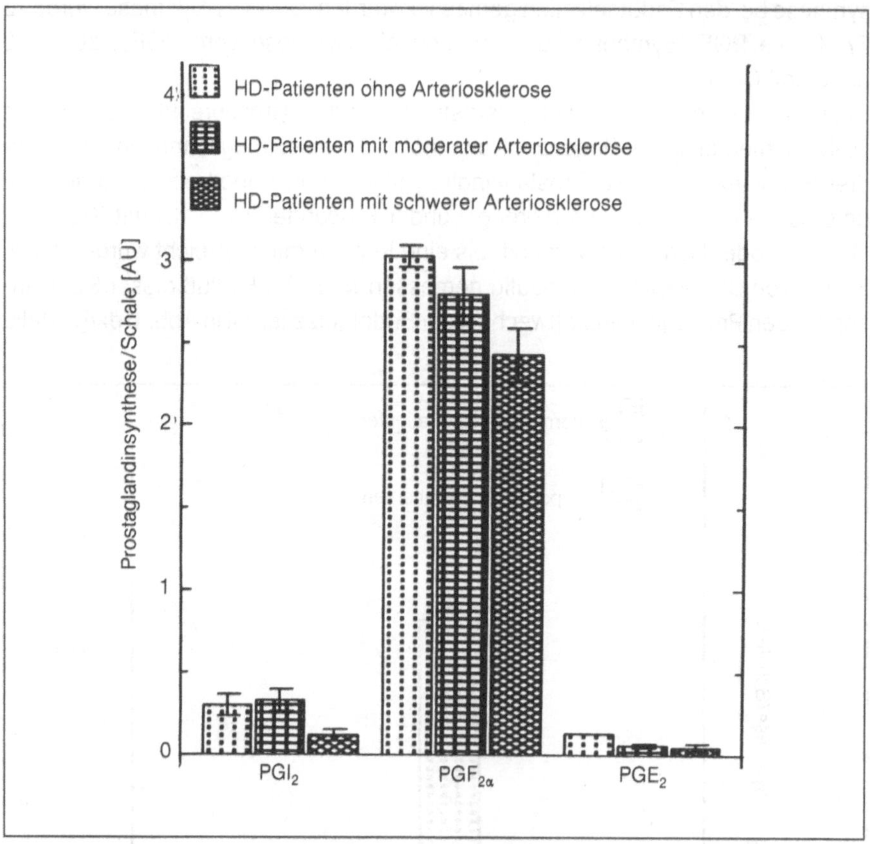

Abb. 4: Einfluß des Schweregrades einer Arteriosklerose bei Dialysepatienten (HD-Patienten) auf den Prostaglandinstoffwechsel kultivierter Endothelzellen

Prostaglandinsyntheserate des vaskulären Endothels und dem Schweregrad einer Arteriosklerose hin. Die Prostaglandinsynthese nimmt bei zunehmendem Schweregrad deutlich ab.

Bei zusätzlicher Belastung dieser Hochrisikopatienten durch einen weiteren atherogenen Risikofaktor, z. B. einer essentiellen Hypertonie, konnten besonders dramatische Veränderungen beim Prostaglandinstoffwechsel der Endothelzellen beobachtet werden. Unter dem Einfluß von Seren hypertoner Dialysepatienten (n = 3) konnte im Vergleich zu geeigneten Kontrollseren normotoner Dialysepatienten (n = 3) nahezu eine vollständige Inhibierung der gesamten Prostaglandinsynthese bei den Endothelzellen gemessen werden. Die PGI_2-Synthese wurde zu 77 %, die PGE_2-Synthese zu 65 % und die Synthese vom $PGF_{2\alpha}$ zu 72 % gehemmt (Abb. 5).

Die Konzentration von Kreatinin, Harnstoff und/oder Harnsäure ist im Serum von Dialysepatienten in der Regel deutlich erhöht. Um einen möglichen Einfluß dieser drei Substanzen auf die Prostaglandinsynthese von Endothelzellen näher zu untersuchen, wurde Serum nierengesunder Probanden (n = 16) mit Kreatinin, Harnstoff oder Harnsäure versetzt, bis eine Konzentration erreicht wurde, die im Serum von Dialysepatienten häufig gemessen wird. Der Einfluß dieser Substanzen auf den Prostaglandinstoffwechsel der Endothelzellen ist in Abb. 6 dargestellt.

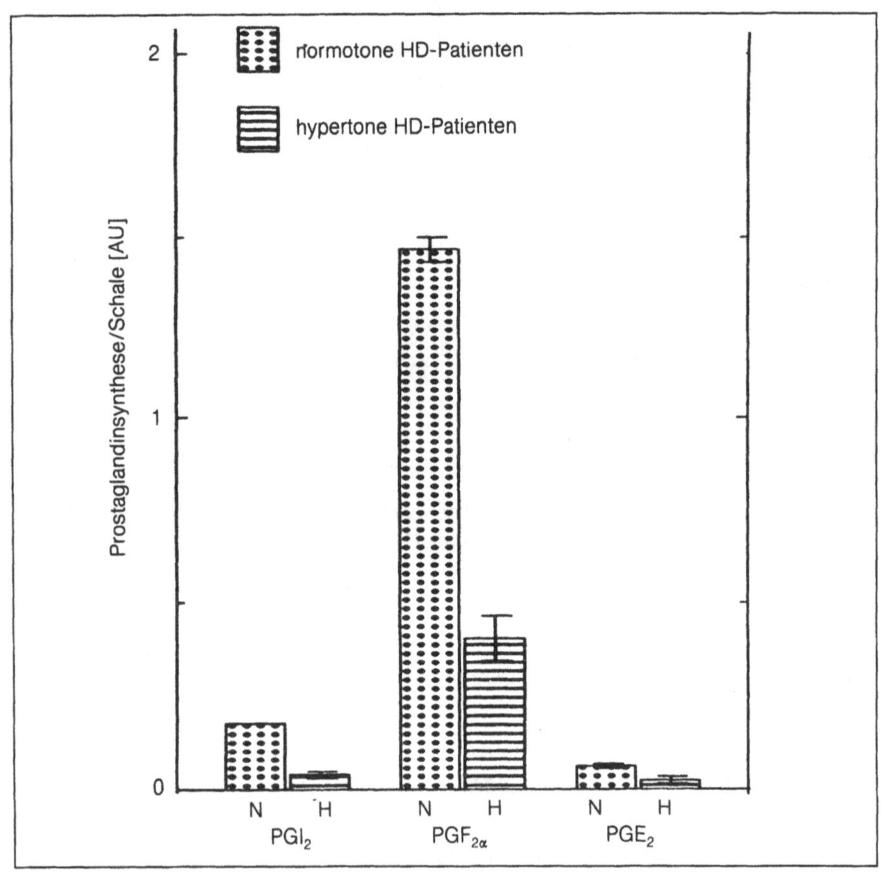

Abb. 5: Einfluß einer essentiellen Hypertonie bei arteriosklerosefreien Dialysepatienten auf den Prostaglandinstoffwechsel kultivierter Endothelzellen

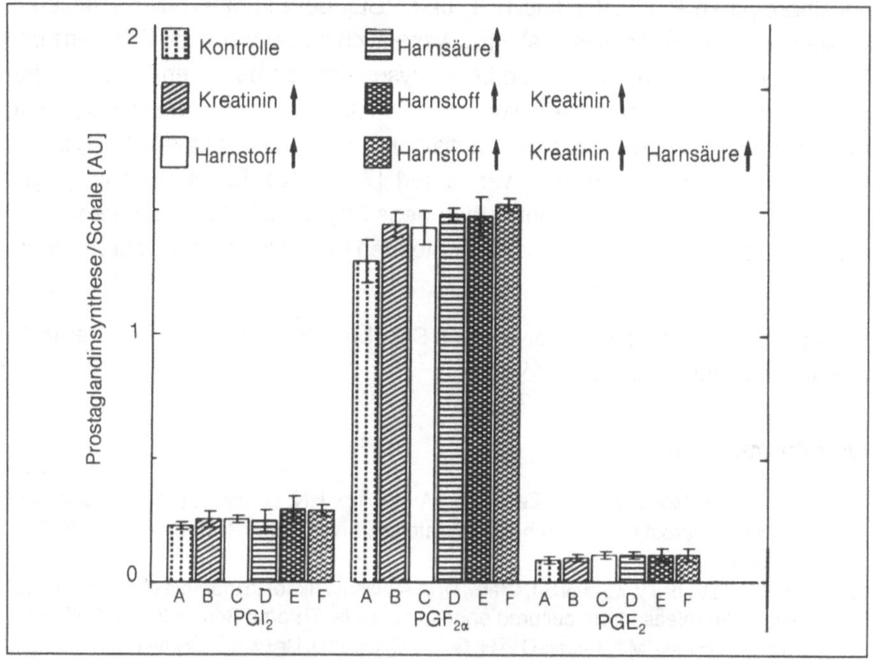

Abb. 6: Einfluß einer erhöhten Harnstoff-, Harnsäure- und/oder Kreatininkonzentration im Serum auf den Prostaglandinstoffwechsel kultivierter Endothelzellen

Die Synthese der Prostaglandinderivate PGI_2, PGE_2 und $PGF_{2\alpha}$ wurde bei kultivierten Endothelzellen von Kreatinin (12 mg/dl Serum), Harnstoff (80 mg/dl Serum) und/oder Harnsäure (8 mg/dl Serum) nicht beeinflußt. Infolgedessen können die in den Abb. 1—4 wiedergegebenen Ergebnisse nicht auf einen erhöhten Harnstoff-, Harnsäure- oder Kreatiningehalt des Serums bei Dialysepatienten zurückgeführt werden.

Die dargestellten Ergebnisse zeigen, daß Seren von Dialysepatienten Faktoren enthalten, die entweder die Prostaglandinsynthese des vaskulären Endothels einschränken oder aber, daß Substanzen, die die Prostaglandinsynthese fördern, im Blut von Dialysepatienten fehlen. Faktoren mit einer derartigen pharmakologischen Wirkung, Stimulierung oder Inhibierung der Prostaglandinsynthese wurden inzwischen im Blut von nierengesunden Patienten nachgewiesen [3, 8, 15]. Unsere Ergebnisse weisen außerdem darauf hin, daß diese Serumfaktoren im Blut von Dialysepatienten vorwiegend die Bildung der sogenannten zytoprotektiven, antiatherogenen Prostaglandine PGI_2 und PGE_2 bei Endothelzellen inhibieren. Infolgedessen könnten diese Faktoren wesentlich zu der erhöhten Prävalenz und Progredienz einer Arteriosklerose bei Dialysepatienten beitragen. Das Apolipoprotein A-I übt eine wichtige regulatorische Funktion bei der Synthese des Prostazyklins aus [20]. Die Bildung dieses antiatherogenen Lipoproteins ist bei Dialysepatienten im allgemeinen stark vermindert [7, 10, 12]. Diese Beobachtungen lassen vermuten, daß das erhöhte atherogene Risiko bei Dialysepatienten möglicherweise auf eine Störung dieser bedeutenden Regulationseinheit zurückzuführen sein könnte.

Die vorliegende Arbeit wurde durch eine Sachbeihilfe der Landesversicherungsanstalt Westfalen, Münster, gefördert.

Literaturnachweis

1 Coughlin SR, Moskowitz MA, Zetter BR, Antoniades HN, Levline L. Platelet dependent stimulation of prostacyclin synthesis by platelet derived growth factor. Nature 1980; 288: 600—602.

2 Defreyn G, Dauden V, Machin SJ, Vermylen J. A plasma factor in uraemia which stimulates prostacyclin release from cultured endothelial cells. Thromb Res 1980; 19: 695—699.

3 Dembele-Duchesne MJ, Thaler-Dao H, Chavis C, Crastes De Paulet. Some new prospects in the mechanism of control of arachidonate metabolism in human placenta and amnion. Prostaglandins 1981 22: 979—985.

4 Erdbrügger W, Bauch HJ, Karbowski B, Kehrel B, Hauss WH. Alterations in prostaglandin metabolism of cultured umbilical vein endothelial cells affected by arteriosclerotic risk factors during pregnancy. In: Schrör K, Sinzinger H, eds. Prostaglandins in Clinical Research — Cardiovascular system. New York: Alan R. Liss, 1989 (im Druck).

5 Evans RW, Manninen DL, Garrison LP, Hart LG, Blagg CR, Gutman RA, Hull AR, Lowrie EG. The quality of life of patients with end-stage renal disease. N Engl J Med 1985; 312: 553—559.

6 Fitzgerald GA, Smith B, Pedersen AK, Brash AR. Increased prostacyclin biosynthesis in patients with severe atherosclerosis and platelet activation. N Eng J Med 1984; 310: 1065—1068.

7 Green D, Stone NJ, Krumlovsky FA. Putative atherogenic factors in patients with chronic renal failure. Prog Cardiovasç Dis 1983; 26: 133—144.

8 Harrowing PD, Williams KJ. The prostaglandin synthesis inhibitor in placental homogenates as located in trapped blood elements. Brit J Pharmacol 1980; 70: 183—191.

9 Kannel WB, Wolf PA, Garrison RJ. The Framingham Study. 1987. NIH Publication No. 87—2284.

10 Kindler J, Sieberth HG, Hahn R, Glöckner WM, Vlaho M, Pelzer R. Does atherosclerosis caused by dialysis limit this treatment? Proc EDTA 1982; 19: 168—174.

11 MacIntyre DE, Pearson JD, Gordon JL. Localisation and stimulation of prostacyclin production in vascular cells. Nature 1978; 271: 549—551.

12 RAPOPORT J, AVIRAM M, CHAIMOVITZ C, BROOK JG. Defective high-density lipoprotein composition in patients on chronic hemodialysis. N Engl J Med 1978; 299: 1326—1329.

13 REMUZZI G, LIVIO M, CAVENAGHI AE, MARCHESI D, MECCA G, DONATI MB, DE GAETANO G. Unbalanced prostaglandin synthesis and plasma factors in uraemic bleeding. A hypothesis. Thromb Res 1978; 13: 531—536.

14 REMUZZI G, MARCHESI D, MISIANI R, MECCA G, DE GAETANO G, DONATI MB. Familial deficiency of a plasma factor stimulating vascular prostacyclin activity. Thromb Res 1979; 16: 517—525.

15 REMUZZI G, ZOJA C, MARCHESI D, SCHIEPATI A, MECCA G, MISIANI R, DONATI MB, DE GAETANO G. Plasmatic regulation of vascular prostacyclin in pregnancy. Brit Med J 1981; 282: 512—518.

16 SALMON JA, FLOWER RJ. Extraction and thin-layer chromatography of arachidonic acid metabolites. In: LAND WM, SMITH WL, eds. Prostaglandins and arachidonate metabolites. Meth. in Enzym., Vol 86. New York: Acad. Press, 1982: 477—493.

17 SEID JM, JONES PBB, RUSSEL RGG. The presence in normal plasma, serum and platelets of factors that stimulate the production of prostacyclin (PGI_2) by cultured endothelial cells. Clin Science 1983; 64: 387—394.

18 SILBERBAUER K, SCHERNTHANER G, SINZINGER H, PIZA-KATZER H, WINTER M. Decreased vascular prostacyclin in juvenile-onset diabetes. N Engl J Med 1979; 300: 366—367.

19 SINZINGER H. Prostaglandine im kardiovaskulären System — klinisch von Bedeutung? Wien klin Wschr 1985; 97: 71—73.

20 SINZINGER H, FITSCHA P. Defekte im Prostaglandinstoffwechsel. I. Familiärer, vollständiger Plasmafaktormangel. Wien klin Wschr 1985; 97: 73—76.

21 VISCHER P, BUDDECKE E. Alterations of glycosyltransferase activities during proliferation of cultivated arterial endothelial cells and smooth muscle cells. Exp Cell Res 1985; 158: 15—28.

22 WORLD HEALTH ORGANIZATION. Demographic Year Book. Genf 1978.

23 YUI Y, AOYAMA T, MORISHITA H, TAKAHASHI M, YAKATSU Y, KAWAI C. Serum prostacyclin stabilizing factor is identical to apolipoprotein A-I (apo A-I). A novel function of apo A-I. J Clin Invest 1988; 82: 803—807.

Ultrastrukturelle Veränderungen der Gefäßwand-Proteoglykane bei Arteriosklerose

W. Völker, T. Broszey, W. Oortmann, A. Schmidt, E. Buddecke
Institut für Arterioskleroseforschung der Westfälischen Wilhelms-Universität Münster

Proteoglykane (PG) sind ein Hauptbestandteil der Arterienwand. Es sind polysulfatierte Protein-Zucker-Makromoleküle, die entsprechend ihrer Glykosaminoglykane(GAG)-Seitenketten in drei Gruppen unterteilt werden können, nämlich solche mit Heparansulfat (HS), Dermatansulfat (DS) und Chondroitinsulfat (CS). Sie interagieren mit nahezu allen anderen Strukturbestandteilen der extrazellulären Matrix (Elastin, Kollagen, Hyaluronsäure etc.). Neben der strukturellen und funktionellen Organisation von extrazellulärer Matrix haben sie als perizellulärer Bestandteil von Basalmembranen und Plasmamembranen der glatten Muskelzellen offensichtlich auch Funktionen bei der Zell-Matrix-Kommunikation. Störungen und Veränderungen im PG-Metabolismus, z. B. bei Arteriosklerose, könnten sich auch in der Ultrastruktur von Geweben widerspiegeln.
Um arteriosklerotisch bedingte Veränderungen von PGs elektronenmikroskopisch nachzuweisen, wurden sowohl ballonkathetergeschädigte mittelgroße Arterien von Ratten als auch arteriosklerotische Plaques in Aorten von verstorbenen Menschen zusammen mit läsionsfreiem Arteriengewebe derselben Individuen untersucht. In-situ-Lokalisation und Differenzierung von PGs in elektronenmikroskopischen Aufnahmen erfolgten mit Hilfe der Cuprolinic-blue-Färbungsmethode [1]. Gewebestücke wurden dazu in Gegenwart einer kritischen Elektrolytkonzentration von 0,3 M $MgCl_2$ mit dem tetrakationischen Cuprolinic blue

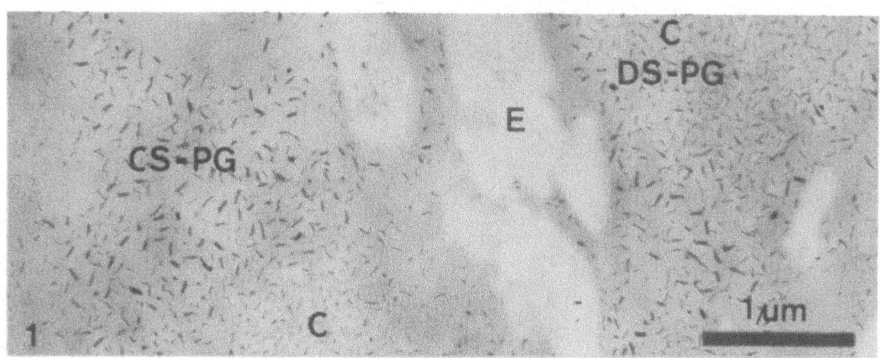

Abb. 1: Proteoglykan-Cuprolinic-blue-Farbstoffpräzipitate in der extrazellulären Matrix eines läsionsfreien Aortenabschnitts eines 66jährigen Mannes. Kollagen (C) und Elastinfibrillen (E) sind nicht kontrastiert und erscheinen deswegen als helle Flecken. Dermatansulfatreiche Proteoglykane (DS-PG) bilden kleine Farbstoffpräzipitate. Große chondroitinsulfatreiche Proteoglykan-Cuprolinic-blue-Präzipitate (CS-PG) befinden sich überwiegend in nichtfibrillären Zonen.

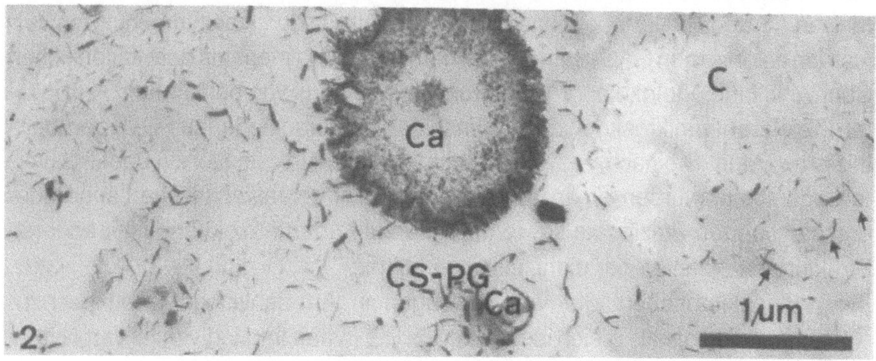

Abb. 2: Proteoglykan-Cuprolinic-blue-Präzipitate in einem arteriosklerotischen Plaque desselben Mannes wie in Abb. 1. In diesem Gewebestück sind jedoch die großen chondroitinsulfatreichen Proteoglykan-Farbstoffpräzipitate (CS-PG) länger als im läsionsfreien Gewebe (Pfeile). Lipid- und Kalziumapatit(Ca)ablagerungen finden sich überwiegend im Bereich mit diesem Proteoglykantyp.

bei pH 5,6 für vier Stunden und mit 0,5 % Na_2Wo_4 in der 30-%-Alkohol-Entwässerungsstufe für weitere zwölf Stunden gefärbt und anschließend in Kunststoff eingebettet. Unter diesen Bedingungen werden selektiv die sulfatierten Zucker-

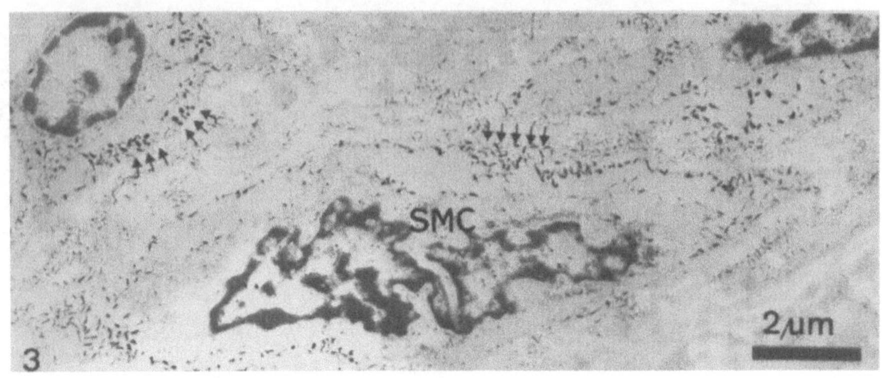

Abb. 3: Glatte Muskelzellen (SMC) im arteriosklerotischen Plaque. Die Zellen sind umgeben von chondroitinsulfatreichem Proteoglykan (Pfeile).

seitenketten der PGs mit Farbstoff beladen. In elektronenmikroskopischen Aufnahmen erscheinen diese Makromoleküle dann als längliche Farbstoffpräzipitate. Ein Teil der Gewebe wurde außerdem mit GAG-abbauenden Enzymen (Chondroitinasen AC und ABC, Heparitinase) vorbehandelt. Da durch enzymbedingten Verlust von anionischen GAG-Seitenketten keine Bindung mehr mit dem kationischen Cuprolinic blue erfolgt, konnten aufgrund des Fehlens von bestimmten Präzipitaten in elektronenmikroskopischen Aufnahmen die verschiedenen PG-Typen identifiziert werden. Die nach Enzymabbau gewonnenen Informationen über PG-Verteilungsmuster wurden ergänzt durch Daten über charakteristische Längen der entsprechenden Präzipitate sowie mit Befunden über Interaktionen mit anderen Strukturbestandteilen der extrazellulären Matrix.

Um arteriosklerosebedingte Veränderungen in Arterienwandstücken nachzuweisen, wurden die als gleich identifizierten PG-Typen intraindividuell verglichen. Die Längen der typspezifischen Präzipitate im Plaquegewebe wurden denen in normalem bzw. makroskopisch läsionsfreiem Gewebe desselben Individuums gegenübergestellt.

Die Ergebnisse lassen sich wie folgt zusammenfassen. In normalem menschlichen Arteriengewebe findet sich HS-PG fast ausschließlich an Basalmembranen und Elastin, DS-PG überwiegend an Kollagenfibrillen und CS-PG in nichtfibrillären Bereichen an Hyaluronsäure [2] (Abb. 1). CS-PG Farbstoffpräzipitate sind in ballongeschädigten Rattenkarotiden (unveröffentlicht) als auch in arteriosklerotisch geschädigtem Gewebe von menschlichen Aorten [3] signifikant länger als in entsprechenden läsionsfreien Geweben derselben Individuen (vergl. Abb. 1 und 2).

DS-PG zeigte lediglich im Tierexperiment eine eindeutige Zunahme in der Länge seiner Präzipitate. Sowohl in geschädigten menschlichen Aorten als auch in Rattenkarotiden wurden perizelluläre Ansammlungen von CS-PG festgestellt (Abb. 3).

Aufgrund dieser Beobachtungen kann angenommen werden, daß zumindest CS-reiches PG bei Arteriosklerose charakteristischen Veränderungen unterliegt. Es besitzt dann vermutlich mehr GAG-Anteile. Als solches wird es vermehrt sezerniert und in der Nähe der glatten Muskelzellen abgelagert. Störungen der Zell-Matrix-Interaktion, Zellproliferation und Zellmigration könnten hierdurch begünstigt werden. Im übrigen hat das Ballooning-Tiermodell gezeigt, daß es sich für das Studium von Veränderungen in der extrazellulären Matrix bei Arteriosklerose gut eignet.

Literaturverzeichnis

1 Völker W, Schmidt A, Buddecke E. Compartimentation and characterization of different proteoglycans in bovine arterial wall. J Histochem Cytochem 1986; 34: 1293—1299.

2 Völker W, Schmidt A, Buddecke E. Mapping of proteoglycans in human arterial tissue. Eur J Cell Biol 1987; 45: 72—79.

3 Völker W, Schmidt A, Buddecke E. Cytochemical changes in a human arterial proteoglycan related to atherosclerosis. Atherosclerosis 1989 (im Druck).

Wirkung eines zirkulierenden blutdrucksteigernden Faktors im Plasma essentieller Hypertoniker auf die Kontraktion des isolierten Aortenstreifens

J. Bachmann, H. Schlüter, W. Storkebaum, F. Wessels, W. Zidek

J. Bachmann, W. Zidek
Medizinische Poliklinik der Westfälischen Wilhelms-Universität Münster

H. Schlüter, W. Storkebaum
Institut für Biochemie der Westfälischen Wilhelms-Universität Münster

F. Wessels
St.-Franziskus-Hospital Essen

Zusammenfassung

Die Wirkung von Plasmafraktionen aus dem Blut essentieller Hypertoniker und normotoner Kontrollpersonen auf die isometrische Spannung von Aortenstreifenpräparaten normotoner Ratten (n = 20) wurde untersucht. Für die Fraktionen aus dem Blut der Hypertoniker war vorher gezeigt worden, daß sie den Blutdruck einer narkotisierten normotonen Ratte nach intravenöser Injektion steigerten. An den Aortenstreifen induzierten diese Fraktionen erst eine kurze Relaxierung variablen Ausmaßes und anschließend eine anhaltende Kontraktion. Die Spannung des Aortenstreifens wurde durch Fraktionen von Normotonikern nicht signifikant verändert. In Ca^{2+}-freier Lösung und in Lösung, die Nifedipin enthielt, bewirkten die Fraktionen aus dem Plasma der Hypertoniker keine Kontraktion, während die Kontraktion in Na^{+}-freier Lösung nicht aufgehoben war. Die aktiven Fraktionen enthielten Substanzen mit einem Molekulargewicht von 1.000 — 1.500 Da. Im Blut essentieller Hypertoniker läßt sich also eine blutdrucksteigernde Substanz mit einem Molekulargewicht von 1.000 — 1.500 Da nachweisen, die eine direkte kontrahierende Wirkung auf die Gefäßmuskulatur ausübt. Diese Substanz wirkt wahrscheinlich, indem sie den Ca^{2+}-Einstrom in die glatte Gefäßmuskelzelle erhöht.

Einleitung

Die Bedeutung humoraler Faktoren in der Pathogenese der essentiellen Hypertonie wird gegenwärtig diskutiert. Erste Hinweise auf die Existenz einer vasokonstriktorisch wirksamen Substanz ergaben sich einerseits durch Experimente an Ratten, die zeigten, daß durch die Transplantation einer Niere von einer spontanhypertonen in eine normotone Ratte die Hypertonie übertragbar war und daß umgekehrt die Transplantation einer Niere eines normotonen Tieres in eine spontanhypertone Ratte den Blutdruck der hypertonen Ratte normalisierte [2, 6, 11]. Entsprechende Beobachtungen wurden auch beim Menschen gemacht [5]. Andererseits konnten durch Kreuzzirkulations- und Parabioseexperimente die Existenz eines zirkulierenden hypertonieinduzierenden Faktors wahrscheinlich gemacht werden [7, 9, 14, 15].

Als ein indirekter Hinweis ist der Nachweis eines Inhibitors der Na^+-K^+-ATPase im Plasma essentieller Hypertoniker zu werten [4, 12]. Dabei ist postuliert worden, daß eine Blockierung der Na^+-K^+-ATPase durch eine Erhöhung der intrazellulären Na^+-Konzentration zur Entwicklung der Hypertonie führt. Eine erhöhte intrazelluläre Na^+-Konzentration soll eine Vasokonstriktion durch folgende Mechanismen bewirken:

1. durch den Na^+-Ca^{2+}-Austausch, durch den infolge der erhöhten intrazellulären Na^+-Konzentration auch die intrazelluläre Ca^{2+}-Konzentration ansteigen soll [3];
2. durch eine erhöhte Sensitivität der arteriellen glatten Muskulatur infolge der erhöhten intrazellulären Na^+-Konzentration [1];
3. durch ein verringertes Verhältnis des Gefäßlumens zur Gefäßwand im Bereich der Widerstandsgefäße, als dessen Ursache ebenfalls die erhöhte intrazelluläre Na^+-Konzentration gilt [8].

Dagegen ist nicht von allen Untersuchern eine enge Beziehung zwischen dem Gefäßwiderstand und der intrazellulären Na^+-Konzentration nachgewiesen worden. Es war daher von Interesse, die direkte Wirkung von Plasma oder Plasmafraktionen aus dem Blut von Hypertonikern auf den Gefäßtonus zu messen, anstatt indirekte Parameter — wie die intrazelluläre Natriumkonzentration — zur Beurteilung der Bedeutung humoraler Faktoren in der Pathogenese der essentiellen Hypertonie heranzuziehen.

In früheren Untersuchungen wurde im Plasma von essentiellen Hypertonikern ein Faktor mit einem Molekulargewicht von 1.000 — 1.500 Da nachgewiesen, der den Blutdruck einer Ratte nach intravenöser Injektion steigerte [16]. Dabei blieb die Frage offen, ob der beobachtete Blutdruckanstieg durch eine Steigerung des Herzzeitvolumens oder durch eine Erhöhung des Gefäßwiderstandes bedingt war. Für den zuletzt genannten Effekt sind verschiedene Wirkungsmechanismen denkbar: Einerseits könnte die nachgewiesene Substanz eine direkte Wirkung auf die glatte Gefäßmuskulatur ausüben, andererseits könnte sie indirekt wirken, indem sie z. B zuerst in eine aktive Form überführt wird oder ein bekanntes blutdrucksteigerndes System — wie das sympathische Nervensystem — aktiviert.

Methode

Die Experimente wurden an 20 Aortenstreifen von männlichen normotonen, fünf bis sechs Monate alten Wistar-Kyoto-Ratten durchgeführt. Die Aorta abdominalis wurde exzidiert und sofort in 4° C kalte Ringer-Lösung gebracht. Die Aorten wurden in Spiralstreifen zerschnitten, und Streifen von 10 × 2 mm wurden in eine Kammer gebracht, die 5 ml mit einer Lösung der Zusammensetzung 115 mmol/l NaCl, 4,6 mmol/l KCl, 1,2 mmol/l $MgSO_4$, 1,2 mmol/l NaH_2PO_4, 22 mmol/l $NaHCO_3$, 1 mmol/l $CaCl_2$ und 49 mmol/l Glucose (equilibriert mit 95 % O_2/5 % CO_2, pH 7,4 bei 37° C) enthielt. Die Spannung des Aortenstreifens wurde unter isometrischen Bedingungen mit einem Dehnungsmeßstreifen gemessen. Nifedipin wurde in einer Konzentration von 10^{-7} mmol/l verwendet. Ca^{2+}-freie Lösung enthielt anstelle von Ca^{2+} 2 mmol/l EGTA. In einem Teil der Experimente wurde NaCl durch einen isomolaren Anteil Glukose ersetzt. Plasmafraktionen von essentiellen Hypertonikern und Normotonikern wurden in einem Volumen von 50 oder 100 µl zugesetzt. Die Herstellung der Plasmafraktionen erfolgte entsprechend einer früheren Beschreibung [16]. Es wurden die Fraktionen aus dem Plasma von Hypertonikern getestet, die den mittleren arteriellen Blutdruck einer normotonen Ratte nach i.v. Injektion gesteigert hatten, sowie die entsprechenden Fraktionen von Normotonikern. Diese beeinflußten den Blutdruck einer Ratte nach i.v. Injektion nicht wesentlich [16]. Nach einer initialen Equilibrationszeit von 60 min wurden die Aortenstreifen durch 50 µg Noradrenalin maximal kontrahiert, anschließend wurde Noradrenalin ausgewaschen und erst nach vollständiger Relaxierung Plasmafraktionen hinzugefügt.

Ergebnisse

Abb. 1 zeigt den typischen Effekt von 50 µl der hypertensiven Plasmafraktion auf die Spannung eines Aortenstreifens. Die hypertensive Fraktion bewirkte eine anhaltende Kontraktion, der in der Regel eine vorübergehende Relaxation vorausging. Diese Relaxation war ausgeprägter, wenn der Aortenstreifen vor der Zugabe der Plasmafraktion noch teilweise kontrahiert war. Die Kontraktion, die durch ein Plasmaäquivalent von 5 ml hervorgerufen wurde, betrug 0,13 ± 0,03 mN (Mittelwert ± Standardabweichung, n = 20). Die maximale Kontraktion durch Zugabe von Noradrenalin betrug in dieser Präparation 0,7 — 1,2 mN. Die analoge normotensive Fraktion veränderte die Spannung des Streifens nicht. In Na^+-freier Lösung war die Kontraktion, die durch die hypertensive Fraktion induziert wurde, im wesentlichen unverändert (Abb. 1b). In Ca^{2+}-freier, 2 mmol/l EGTA enthaltender Lösung führte

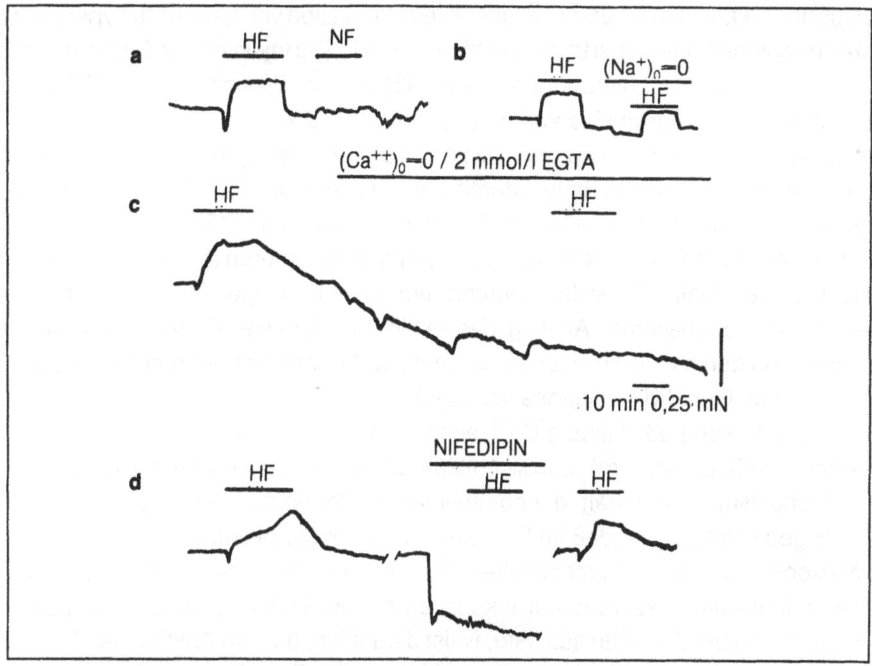

Abb. 1: Isometrische Spannung eines Aortenstreifens einer normotonen Ratte während der Inkubation mit analogen Fraktionen aus dem Plasma von essentiellen Hypertonikern bzw. Normotonikern (HF, NF)
a: Wirkungen von HF und NF in normalem Medium
b: Wirkungen von HF in Na^+-freiem Medium
c: Wirkung von HF in Ca^{2+}-freier Lösung
d: Wirkung von HF während der Inkubation mit 10^{-7} M Nifedipin

die Zugabe der hypertensiven Fraktion nicht zu einer Kontraktion (Abb. 1c). Ebenso war die Antwort des Aortenstreifens auf die Zugabe der hypertensiven Fraktion in Anwesenheit von 10^{-7} mol/l Nifedipin aufgehoben (Abb. 1d).

Diskussion

In der Literatur gibt es viele indirekte Hinweise auf die Existenz einer zirkulierenden vasopressorisch wirkenden Substanz in primären Formen der Hypertonie. Der vasokonstriktive Effekt von Noradrenalin auf isolierte Gefäße ist im Plasma von Hypertonikern verstärkt im Vergleich zu Plasma von Normotonikern [4, 12]. Eine

Hypertonie kann durch Parabiose oder Kreuzzirkulation von genetisch hypertonen auf normotone Ratten übertragen werden [7, 9, 14]. Die Injektion von Erythrozytenextrakten von spontanhypertonen Ratten [13] und von Plasma von Dahl-S-Ratten [10] hatte eine hypertensive Wirkung auf normotone Tiere.

In dieser Studie wurden Fraktionen, die einen blutdrucksteigernden Faktor enthielten, durch i.v. Injektion an Ratten identifiziert. Sie verursachten eine Erhöhung des mittleren arteriellen Blutdrucks um 10 — 15 mm Hg über 5 — 10 min. Die analogen Fraktionen aus Normotonikerplasma steigerten den mittleren arteriellen Blutdruck nicht. Diese Studie wurde durchgeführt, um folgende Fragen zu beantworten:

— Wird der beobachtete Anstieg des mittleren arteriellen Blutdrucks nach i.v. Injektion durch eine Erhöhung des kardialen Auswurfes oder durch eine Erhöhung des Gefäßwiderstandes verursacht?
— Ist die Wirkung des Faktors Ca^{2+}-abhängig?
— Wirkt die Substanz direkt auf die Gefäßmuskulatur oder wird ihre Wirkung durch Mechanismen vermittelt, die nur im intakten Tier vorhanden sind?

Die Ergebnisse zeigen, daß im Blut essentieller Hypertoniker eine Substanz mit vasokonstriktorischen Eigenschaften existiert. Die Kontraktion der arteriellen glatten Muskulatur während der Inkubation mit der Fraktion, die auch den Blutdruckanstieg bei der Ratte auslöste, weist darauf hin, daß ein Anstieg des Gefäßwiderstandes für den Blutdruckanstieg im intakten Tier verantwortlich war oder doch zumindest wesentlich dazu beigetragen hat.

Es wurde weiter eine Abhängigkeit der vasopressorischen Wirkung des Faktors von der extrazellulären Ca^{2+}-Konzentration gezeigt. Eine Erhöhung der sarkoplasmatischen Ca^{2+}-Konzentration, die die Voraussetzung für die Kontraktion glatter Muskulatur darstellt, kann im Prinzip durch zwei verschiedene Möglichkeiten bewirkt werden: einerseits durch eine Freisetzung von Ca^{2+} aus dem sarkoplasmatischen Retikulum und anderen intrazellulären Ca^{2+}-Speichern, andererseits durch einen Ca^{2+}-Einstrom aus dem Extrazellulärraum. Für die vasopressorische Wirkung des hypertensiven Faktors scheint vor allem der zuletzt genannte Mechanismus von Bedeutung zu sein. Dabei scheint der Ca^{2+}-Einstrom über den potentialabhängigen Ca^{2+}-Transport, der durch Nifedipin blockiert werden kann, zu erfolgen. Dagegen kann nach Ersetzen des extrazellulären Na^+ durch Zugabe des hypertensiven Faktors trotzdem eine Vasokonstriktion ausgelöst werden. Die Möglichkeit, daß der hypertensive Faktor zuerst eine Erhöhung der intrazellulären Na^+-Konzentration und als Konsequenz einen erhöhten Ca^{2+}-Einstrom bewirkt, wird durch diesen Versuch unwahrscheinlich, denn nach Blockierung des passiven Na^+-Einstroms in Na^+-freier Lösung sollte kein signifikanter Anstieg des intrazellulären Na^+ durch die Verringerung der Na^+-K^+-ATPase-Aktivität erfolgen. Es

erscheint daher unwahrscheinlich, daß der hypertensive Faktor eine Vasokonstriktion wie Digitalis durch eine Blockade der Na^+-K^+-ATPase induziert.
Die direkte Beeinflussung des Gefäßtonus durch den hypertensiven Faktor macht andere mögliche Wirkungsweisen wie die Stimulation eines anderen Hormones, das dann die eigentliche vasopressorische Substanz darstellte, sowie einen Effekt auf zentralnervöse Regulationsmechanismen als entscheidend für den blutdrucksteigernden Effekt des Faktors unwahrscheinlich.
Die bei der Faktorwirkung beobachtete initiale Relaxierung könnte durch eine Aufnahme von zytoplasmatischen Ca^{2+} in intrazelluläre Ca^{2+}-Speicher — wie das endoplasmatische Retikulum — bedingt sein. Diese Möglichkeit wird durch frühere Untersuchungen unterstützt, in denen der hypertensive Faktor die Aufnahme von Ca^{2+} in zelluläre Ca^{2+}-Speicher beschleunigte [17].
Zusammengefaßt zeigen die Ergebnisse, daß der hypertensive Faktor den Blutdruck durch direkte Wirkung auf die Gefäßmuskulatur steigert. Die Hauptwirkung scheint dabei eine Depolarisation der Plasmamembran und ein anschließender Einstrom von Ca^{2+} durch potentialabhängige Ca^{2+}-Kanäle zu sein.

Literaturverzeichnis

1 Aronson JK. The role of the Na^+-K^+-ATPase in the regulation of vascular smooth-muscle contractility and its relationship to essential hypertension. Biochem Soc Trans 1984; 12: 943—945.

2 Bianchi G, Fox U, Difrancesco FG, Giovanetti AM, Pagetti D. Blood pressure changes produced by kidney cross transplantation between spontaneously hypertensive rats and normotensive rats. Clin Sci 1974; 47: 435—448.

3 Blaustein MP. Sodium ions, calcium ions, blood pressure regulation and hypertension: a reassessment and a hypothesis. Am J Physiol 1977; 232: C165—C173.

4 Bloom DS, Stein MG, Rosendorff C. Effects of hypertensive plasma on the responses of an isolated artery preparation to noradrenalin. Cardiovasc Res 1976; 10: 268—274.

5 Curtis JJ, Luke RG, Dustan HP, Kashgarian M, Whelchel JD, Jones P, Diethelm AG. Remission of essential hypertension after renal transplantation. New Engl J Med 1983; 309: 1009—1015.

6 Dahl LK, Heine M. Primary role of renal homografts in setting chronic blood pressure levels in rats. Circ Res 1975; 36: 692—696.

7 Dahl LK, Knudsen KD, Iwai J. Humoral transmission of hypertension: evidence from parabiosis. Circ Res 1969; 24/25: 21—33.

8 Folkow B. Cardiovascular structural adaptation: its role in the initiation and maintenance of primary hypertension. The fourth Volhard Lecture. Clin Sci Mol Med 1978; 55: 3—22.

9 Greenberg S, Gaines K, Sweatt D. Evidence for circulating factors as a cause of venous hypertrophy in spontaneously hypertensive rats. Am J Physiol 1981; 241: H421—H430.

10 HIRATA Y, TOBIAN L, SIMON G, IWAI J. Hypertension — producing factor in serum of hypertensive Dahl salt-sensitive rats. Hypertension 1984; 6: 709–716.

11 KAWABE K, WATANABE TX, SHIONO K, SOKABE H. Influence of blood pressure on renal isografts between spontaneously hypertensive and normotensive rats using the F1 hybrids. Jap Heart J 1979; 20: 886–894.

12 MICHELAKIS AM, MIZUKOSHI H, HUANG C, MURAKAMI K, INAGAMI T. Further studies on the existence of a sensitizing factor to pressure agents in hypertension. J Clin Endocrinol Metab 1975; 41: 90–96.

13 WRIGHT GL, MCCUMBEE WD. A hypertensive substance found in the blood of spontaneously hypertensive rats. Life Sci 1984; 34: 1521–1528.

14 ZIDEK W, HECKMANN U, FRIEMANN J, LOSSE H, VETTER H. Role of kidney and adrenals in the humoral pathogenesis of primary hypertension. J Hypertens 1984; 2, 3: 515–517.

15 ZIDEK W, HECKMANN U, LOSSE H, VETTER H. Effects on blood pressure of cross circulation between spontaneously hypertensive and normotensive rats. Clin Exp Hypertens 1986; A8: 347–354.

16 ZIDEK W, SACHINIDIS A, HECKMANN U, STORKEBAUM W, SCHMIDT W, VETTER H. Humoral factors in primary hypertension. J Clin Hypertens 1985; 1: 1–8.

17 ZIDEK W, SACHINIDIS A, SPIEKER C, STORKEBAUM W. Effect of plasma from essential hypertensives on Ca^{2+} transport in permeabilized human neutrophils. Clin Sci 1988; 74: 53–56.

Molekulare Mechanismen der iloprostinduzierten Gefäßerweiterung durch K^+-Kanalöffnung

G. Siegel, C. Cruys, F. Schnalke, J. Mironneau, G. Schultz, G. Stock

G. Siegel, C. Cruys, F. Schnalke
Institut für Physiologie der Freien Universität Berlin

J. Mironneau
Laboratoire de Physiologie Cellulaire et Pharmacologie Moléculaire, I. B. C. N. du C. N. R. S., Bordeaux

G. Schultz
Institut für Pharmakologie der Freien Universität Berlin

G. Stock
Herz-Kreislauf-Pharmakologie, Forschungslaboratorien Schering AG, Berlin

Eine kürzlich entdeckte Klasse von Verbindungen, die durch Öffnung von K^+-Kanälen wirkt, signalisiert eine ganz neue Richtung in der Pharmakologie der Ionenkanäle, die sich bis heute fast ausschließlich auf kanalblockende Agenzien beschränkte [1, 8, 11, 13]. Pharmaka wie Pinacidil, Nicorandil, Minoxidilsulfat und BRL 34915 rufen Gefäßerweiterung über eine Membranhyperpolarisation der glatten Gefäßmuskelzellen hervor, die in manchen Geweben das Membranpotential nahe an das K^+-Gleichgewichtspotential heranführte [7]. In den meisten Fällen wurden diese Wirkungen von einer starken Steigerung des $^{86}Rb^+/^{42}K^+$-Effluxes begleitet, was noch einmal das Öffnen von K^+-Kanälen eindrucksvoll bewies. Alle diese Eigenschaften werden von dem stabilen Prostazyklinanalogon Iloprost geteilt. Seine Wirkung als peripherer Vasodilatator ist ebenfalls primär auf eine Membranhyperpolarisation zurückzuführen [10]. Da sämtliche Potential- und Kraftwerte bei der Messung seiner Dosis-Wirkungskurve streng auf dem hyperpolarisatorischen Anteil der stationären Aktivierungskurve liegen, scheint das Öffnen eines spannungsabhängigen K^+-Kanals direkt zum Abfall der intrazellulären Ca^{2+}-Aktivität zu führen, der letztlich für die Gefäßerschlaffung verantwortlich ist [6–8].

Da Iloprost an den wohl charakterisierten PGI_2-Rezeptor glatter Gefäßmuskelzellen bindet [4] und an Thrombozyten, die als gutes Modell für glatte Gefäßmuskelzellen gelten, einen Anstieg von cAMP bewirkt [12], ergab sich die Frage nach dem molekularen Mechanismus der Vasorelaxation. Prinzipiell wäre denkbar, daß Hormone, Neurotransmitter oder Modulatoren das Effektororgan nicht nur über ihren spezifischen Membranrezeptor beeinflussen, sondern möglicherweise auch direkt durch Konformationsänderung bestimmter Ionenkanäle. Eine Klassifizierung der K^+-Kanäle ergibt vier Hauptgruppen, von denen eine jede wenigstens drei Untergruppen beinhaltet: spannungsabhängige Kanäle, Ca^{2+}-aktivierte Kanäle, rezeptorgekoppelte Kanäle und andere K^+-spezifische Kanäle (z. B. ATP-sensitiver Kanal) [1]. Die verschiedenen Möglichkeiten einer Modulation der K^+-Kanalöffnung umfassen die meisten der bekannten intrazellulären Botenstoffe wie Ca^{2+}, cAMP, cGMP, GTP-bindende Proteine, Proteinkinase C und ATP. Offensichtlich wirken Eingriffe, die den intrazellulären Ca^{2+}- oder ATP-Spiegel beeinflussen, auf die Funktion jener K^+-Kanäle, die durch diese Signale reguliert werden. In der vorliegenden Arbeit soll geprüft werden, inwieweit G-Proteine an der durch Zunahme der K^+-Permeabilität bedingten Gefäßerweiterung unter Iloprost beteiligt sind oder ob die K^+-Kanalöffnung *per se* zu Relaxation führt.

Abnahme des Gefäßtonus durch Membranhyperpolarisation

Wird ein Gefäßsegment der Arteria carotis communis des Hundes mit 2 g Kraft isometrisch vorgespannt und das Membranpotential von der intimalen Seite her mit Glasmikroelektroden abgeleitet, so ergibt sich ein mittlerer Wert von —63,4 mV. Unter Iloprost (10^{-9} bis 3×10^{-6} mol/l), einem stabilen Karbazyklinanalogon, wurde eine dosisabhängige Hyperpolarisation des Membranruhepotentials gefunden, wenn man dieses Pharmakon kumulativ appliziert [9]. Bei 10^{-6} molarer Konzentration hyperpolarisiert die Membran um maximal 8 — 10 mV. Entsprechend der Theorie der elektromechanischen Kopplung korreliert die unter Iloprost beobachtete Hyperpolarisation mit einer dosisabhängigen Relaxation des Gefäßstreifens [10, 11]. Die maximale Kraftminderung betrug 0,703 g. Halbmaximale Wirkung auf Membranpotential und Tonus trat bei einer Konzentration von 2×10^{-8} mol/l auf [6, 7].

Nachdem diese Experimente an normal tonisierten Blutgefäßen durchgeführt worden waren, ergibt sich insbesondere unter klinischem Aspekt die Frage, wie ein Muskel, der durch Noradrenalin vorkontrahiert wurde, auf die Applikation von Iloprost reagiert. Abb. 1 zeigt die Wirkung von Iloprost auf das durch Noradrenalin vordepolarisierte Membranpotential. Nach Gabe von Noradrenalin beträgt das Potential —55,2 mV. Iloprost re- und hyperpolarisiert das Ruhepotential um maximal 20 mV in dosisabhängiger Weise, ganz analog zu den Experimenten ohne Noradrenalin [9, 11]. Vergleicht man die Kraftentwicklung mit dem Potentialverlauf, so findet man eine enge Korrelation: Die Depolarisation ist mit Kontraktion ver-

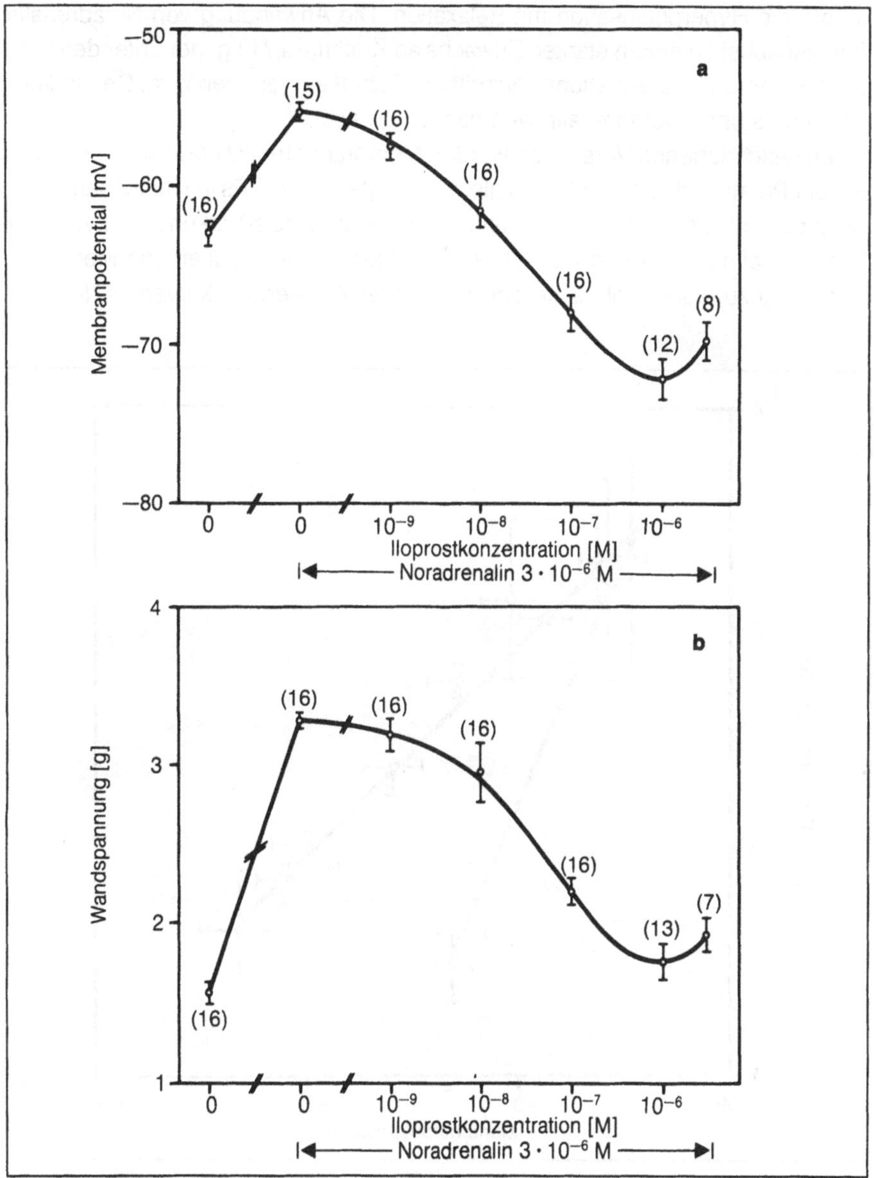

Abb. 1: Membranpotential (a) und mechanische Kraftentwicklung (b) von durch Noradrenalin depolarisierten und vorkontrahierten Gefäßstreifen der Hundekarotisarterie als Funktion der Iloprostkonzentration in der Krebslösung; Applikation von Iloprost für zehn Minuten bei jeder Konzentrationsstufe.

knüpft, die Hyperpolarisation mit Relaxation. Die Anwendung von Noradrenalin führt zunächst zu einem starken Zuwachs an Kraft um 1,719 g, der unter den steigenden Iloprostkonzentrationen Schritt um Schritt aufgehoben wird. Der anfängliche Tonus ohne Noradrenalin wird nahezu erreicht.

In den beschriebenen Versuchen wurden Membranpotential und Tonus als Funktion der Prostazyklinkonzentration gleichzeitig gemessen. Es lag daher nahe, den Parameter »Prostazyklinkonzentration« aus den Dosis-Wirkungs-Kurven der Abb. 1 zu eliminieren und die entwickelte Kraft in Abhängigkeit von Membranpotential anzutragen. Abb. 2 stellt die stationären Aktivierungskurven für Noradre-

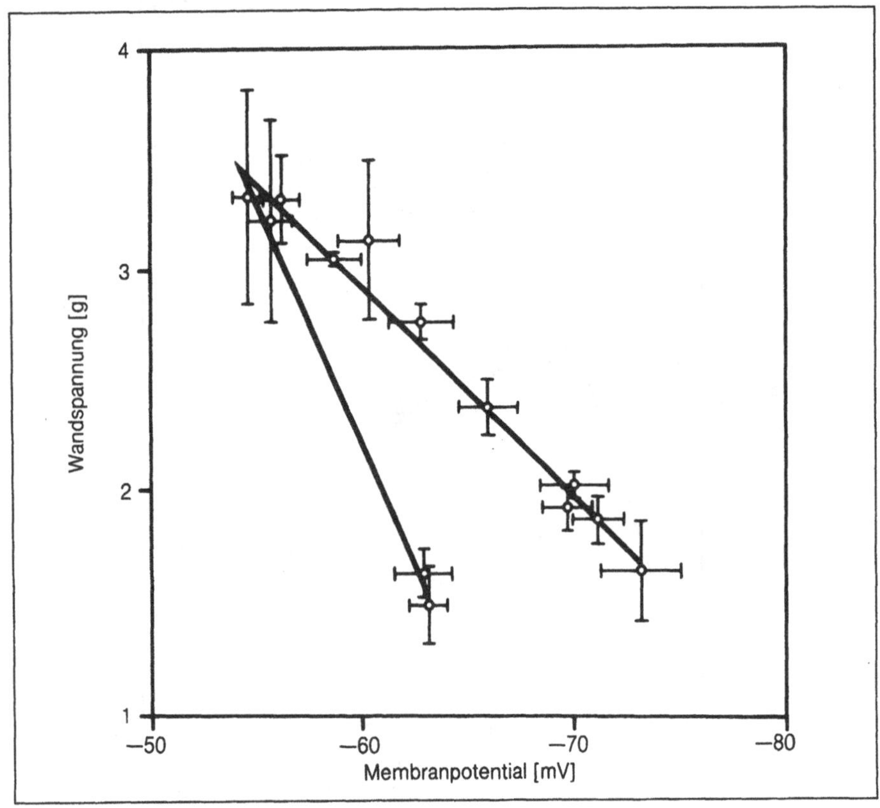

Abb. 2: Abhängigkeit der mechanischen Spannung vom Membranpotential an isolierten Karotissegmenten (stationäre Aktivierungskurven); Membranpotential und Tonus wurden durch Zugabe von Noradrenalin (linke, steilere Gerade) oder von Noradrenalin plus variierenden Iloprostkonzentrationen zur Krebslösung (rechte, flachere Gerade) geändert.

nalinaktivierung sowie Iloprostinaktivierung der Präparate dar. Beide Geraden zeigen unterschiedliche Steilheit, der Grad der Kopplung beträgt bei Noradrenalin 4,6 mV/g, bei Iloprost 10,4 mV/g [6, 7, 9]. Betrachtet man die Aktivierungskurven genauer, so erkennt man, daß die unter Noradrenalin entwickelte Kraft auf einem ganz verschiedenen Weg durch Iloprost wieder reduziert wird [8]. Die Potentialdifferenz, die zur Aufhebung der Tonuszunahme benötigt wird, ist viel größer. Noradrenalin setzt über seine Bindung an den alpha-adrenergen Membranrezeptor Ca^{2+}-Ionen auch aus intrazellulären Speichern frei, so daß für relativ wenig Depolarisation eine erhebliche Steigerung an Kraft erfolgt. Hingegen entfaltet Iloprost seine relaxierende Wirkung offensichtlich primär nicht nur über eine Wechselwirkung mit dem PGI_2-Rezeptor, sondern über eine verstärkte Membranhyperpolarisation. Daher können diese unterschiedlichen Aktivierungskurven als ein erster Hinweis darauf gelten, daß Iloprost neben seinem Angriffspunkt am PGI_2-Rezeptor noch eine zweite Bindungsstelle direkt an hyperpolarisierenden Membrankanälen hat.

Iloprost, ein K^+-Agonist

Die geschilderten Ergebnisse führen zu der Frage, wie Prostazyklin die Hyperpolarisation der Zellmembran bewirkt. In Abb. 3 ist ein $^{42}K^+$-Effluxexperiment ohne und mit Iloprost (10^{-6} mol/l) bei einer zeitlichen Auflösung von 10 s dargestellt. Sofort erkennt man den viel steileren Verlauf der K^+-Abgabe unter Iloprost. Nach exponentieller Analyse und Berechnung eines Kompartimentmodells fanden wir unter Iloprost im Mittel eine Zunahme des passiven K^+-Effluxes um 250 %. Jede Zeitkonstante, insbesondere die langsamste, ist stark vermindert. Die Berechnung der Membranpermeabilität K^+-Ionen ergibt sogar einen Zuwachs um 340 % unter Iloprost [6, 7]. Daher kann Prostazyklin als ein »K^+-Kanalöffner« oder »K^+-Agonist« charakterisiert werden [11].

Eine Quantifizierung der membranphysiologischen Änderungen an mit Iloprost behandelter glatter Gefäßmuskulatur verlangt die Kenntnis der treibenden Kraft und des passiven Nettostromes der jeweils betrachteten Ionenspezies. Daher wurden extrazelluläre und intrazelluläre Konzentrationen von Na^+- und K^+-Ionen, ihre Gleichgewichtspotentiale, das Membranpotential, die Nettofluxe, Ionenströme, Leitfähigkeit und Permeabilitäten bestimmt. Abgesehen von keinerlei Änderungen der intrazellulären Na^+- und K^+-Ionenkonzentrationen und ihrer Gleichgewichtspotentiale sind transmembranaler Na^+-Strom und -Leitfähigkeit leicht, K^+-Strom und -Leitfähigkeit jedoch stark erhöht. Der K^+-Strom I_K nimmt unter Iloprost (10^{-6} mol/l) von 0,87 auf 2,23 $\mu A/cm^2$, die Leitfähigkeit von g_K von

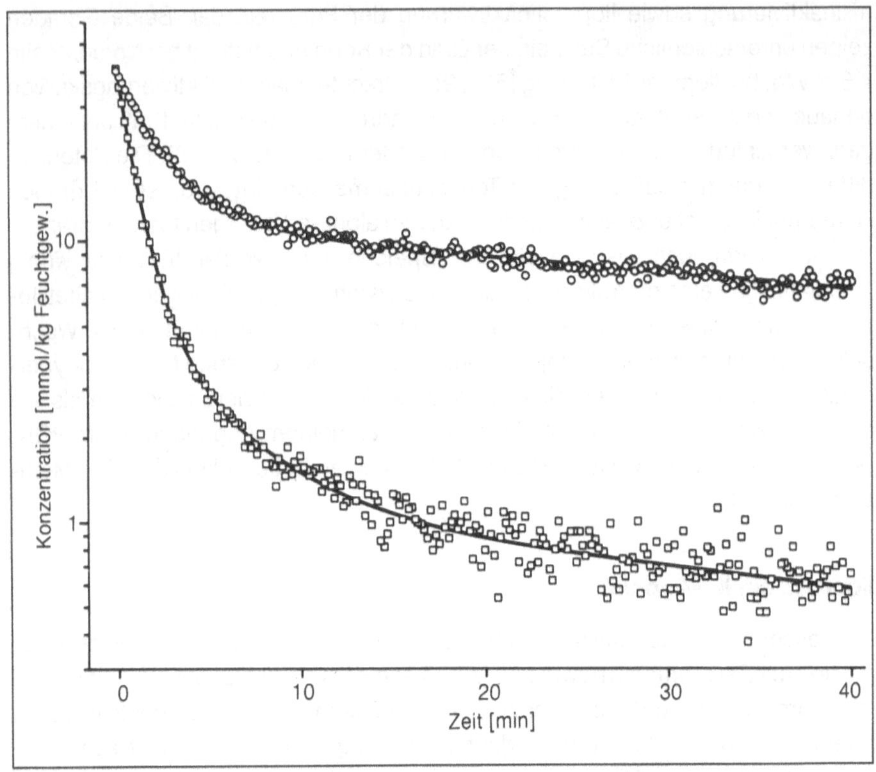

Abb. 3: $^{42}K^+$-Efflux der Karotisarterie des Hundes in Krebslösungen ohne (o) oder mit 10^{-6} mol/l Iloprost (□); die Darstellung zeigt den Zeitverlauf der Abnahme von radioaktivem K^+ innerhalb der Präparate in Einzelexperimenten mit einer Auflösung von 10 s. Die ausgezogenen Kurven repräsentieren die optimalen, doppelt-exponentiellen Funktionen, wie sie durch Computeranpassung gefunden wurden.

38,1 auf 153,9 µS/cm² zu. Die Steigerung der Na^+-Permeabilität um 40 % (P_{Na} = 3,48 × 10^{-8} cm/s; P^{I10}_{Na} = 4,89 × 10^{-8} cm/s), der K^+-Permeabilität um 340 % unter Iloprost (P_K = 0,54 × 10^{-6} cm/s; P^{I10}_{K} = 2,40 × 10^{-6} cm/s) zeigt erneut, daß nach Behandlung mit diesem Pharmakon die Permeabilität der Zellmembran drastisch und nahezu selektiv für K^+-Ionen ansteigt [6]. Die Relationen g_K/g_{Na} = 2,9 in den Kontrollen und 8,4 unter Iloprost sowie P_K/P_{Na} = 15,6 in den Kontrollen und 49,2 unter Iloprost unterstreichen noch einmal eine deutliche Zunahme der Öffnungswahrscheinlichkeit für K^+-Kanäle. Die leichte Zunahme auch der Na^+-Permeabilität unter Iloprost könnte die Öffnung eines unspezifischen Kanals für kleine Kationen signalisieren. Da dieser Anstieg der Permeabilität in nennenswertem Ausmaß nur bei sehr hohen Iloprostkonzentrationen auftritt, kann mit ihm die Umkehr der Membranhyperpolarisation und Gefäßrelaxation bei 3×10^{-6} mol/l (vergl. Abb. 1) erklärt werden [6, 8].

Direkte Wirkung von Iloprost auf K^+-Kanäle ohne Beteiligung GTP-bindender Proteine?

Um eine molekulare Beschreibung der Iloprostwirkung zu erreichen, dachten wir natürlich zunächst an den PGI_2-Rezeptor, der wohl charakterisiert ist und an den auch Iloprost bindet [4]. Wir vermuteten, daß die K^+-Kanalöffnung über ein G-Protein ausgelöst ist, das seinerseits rezeptorgesteuert seine Konformation ändern kann. Versuche mit Pertussis-Toxin (PTx) belehrten uns jedoch eines anderen: Wir konnten an der Karotismuskulatur PTx-vorbehandelter Tiere gegenüber unbehandelten Kontrolltieren keinerlei Änderung der Membranhyperpolarisation und Vasorelaxation unter Iloprost messen (Abb. 4, o;●) [vergl. 3]. Auch der gesamte Verlauf der Dosis-Wirkungs-Kurven als Funktion der Iloprostkonzentration blieb unverändert. Diese Experimente nährten erst einmal den Verdacht, daß Pertussis-Toxin die entsprechenden G-Proteine möglicherweise gar nicht blockierte. Dem kann jedoch entgegengehalten werden, daß in der gleichen Versuchsserie die durch eine zusätzliche Dehnung induzierte Kontraktion (Abb. 4b,□) bei Ptx-behandelten Tieren unterdrückt wurde und die normale Kontrollkurve resultierte (Abb. 4b, ■). Der in klassischer Weise PTx-zugängliche, dehnungsaktivierte Ca^{2+}-Kanal ist daher auch an der glatten Gefäßmuskulatur der Arteria carotis durch Pertussis-Toxin blockierbar [2]. Auffällig ist, daß für Iloprostkonzentrationen von 10^{-6} und 3×10^{-6} mol/l die entwickelte Kraft in den Dehnungsversuchen unter PTx die der Kontrollkurve nicht erreicht. Wie bereits erwähnt, nimmt bei hohen Konzentrationen von Iloprost neben der K^+-Permeabilität auch die Na^+- und Ca^{2+}-Permeabilität der Zellmembran etwas zu. Daher wird sich eine Blockade des »strech-activated Ca^{2+} channel« um so deutlicher auswirken.

Zusammenfassend kann geschlossen werden, daß Iloprost möglicherweise zusätzlich an andere K^+-Kanäle, unabhängig vom PGI_2-Rezeptor, bindet und so seine Wirkung entfaltet. In dieser Meinung wurden wir durch Patch-clamp-Untersuchungen an der Portalvene der Ratte bestärkt [7]. Testet man die Wirkung von Iloprost (10^{-6} mol/l) auf den Ca^{2+}-Kanalstrom, wenn Ba^{2+}-Ionen als Ladungsträger fungieren, so wird dieser lediglich um 10 % gesteigert. Werden hingegen die K^+-Ströme entweder in Ba^{2+}- oder in Ca^{2+}-Lösung gemessen, so erhält man drastische Effekte. In Ba^{2+}-Lösung produzierten depolarisierende Spannungs-

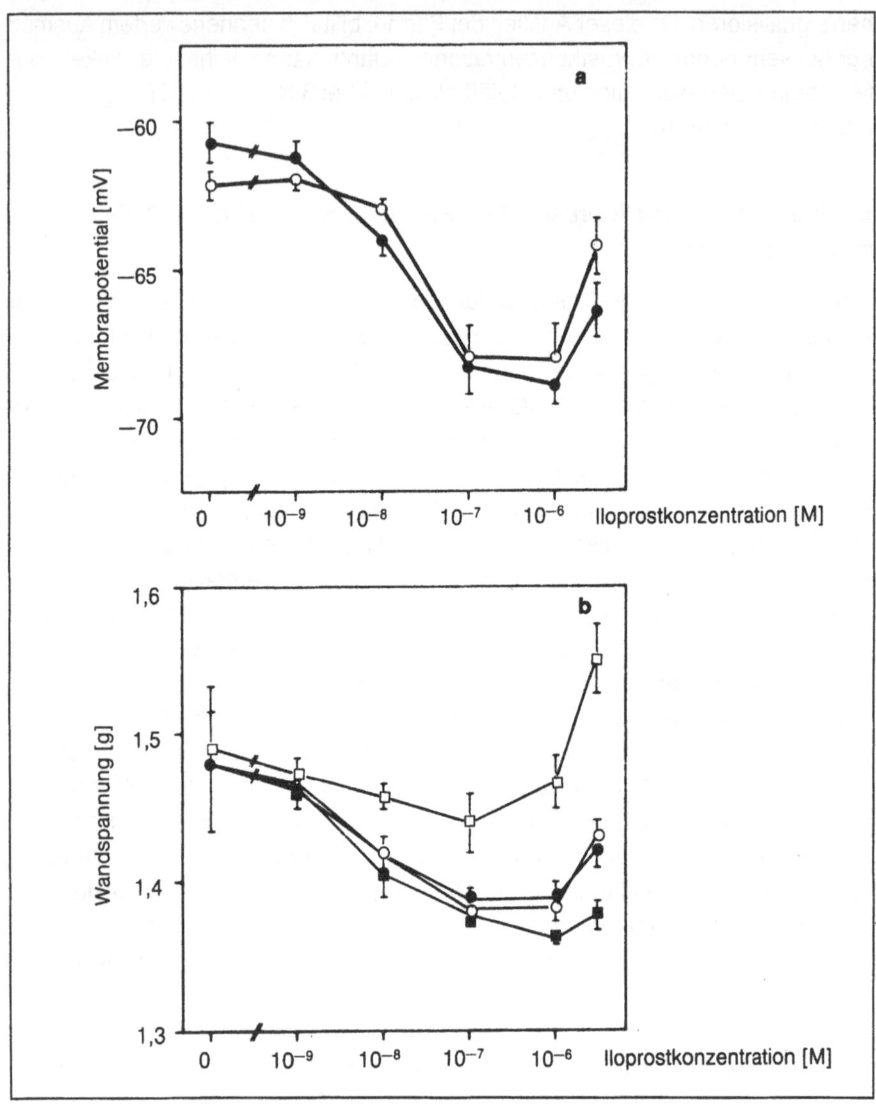

Abb. 4: Membranpotential (a) und Tonus (b) an Gefäßstreifen der Karotisarterie von unbehandelten (o; □) und mit Pertussis-Toxin vorbehandelten Kaninchen (●; ■) in Abhängigkeit von der Iloprostkonzentration in der Krebslösung; die initiale Vorspannung der Präparate betrug 2 g. Gefäßsegmente, die durch zusätzliche Vordehnung bei den verschiedenen Iloprostkonzentrationen gestreckt wurden, zeigen nach Applikation von Pertussis-Toxin (■) eine deutliche Relaxation gegenüber den Kontrollexperimenten (□). Zugabe von Iloprost für 10 min bei jeder Konzentrationsstufe

pulse einen initialen Einwärtsstrom, der dann von einem Auswärtsstrom gefolgt wird. Iloprost steigerte den Auswärtsstrom sehr stark, wobei der Nettoeinwärtsstrom völlig unterdrückt wurde. In Ca^{2+}-Lösung führten depolarisierende Pulse auf +5 mV nur zu einem Auswärtsstrom, der in einen frühen »peak current« und einen kleineren »sustained current« unterteilt werden kann. Die Wirkung von Iloprost auf den Peak-Auswärtsstrom ist nach 10 min maximal und nach Auswaschen des Pharmakons wieder völlig reversibel. Betrachtet man die Beziehung zwischen Spannungsimpuls und Peak-Auswärtsstrom, so ist letzterer bei allen Testpotentialen um etwa 90 % gesteigert. Um herauszufinden, ob die elektrogene Na^+/K^+-Pumpe zur Hyperpolarisation unter Iloprost beiträgt, wurde diese Versuchsserie an strophantinvorbehandelten Präparaten wiederholt. Strophantin bewirkt im allgemeinen einen Abfall des Peak-Auswärtsstromes. Die Wirkung von Iloprost auf diesen Auswärtsstrom war jedoch mit 92 % Steigerung unverändert. Aus diesen Patch-clamp-Untersuchungen können folgende Schlüsse gezogen werden:

Iloprost zeigte keine Wirkung auf den Ca^{2+}-Kanalstrom, aber steigerte sowohl den *spannungsabhängigen* als auch den *Ca^{2+}-aktivierten K^+-Auswärtsstrom.* Somit kann Iloprost auch nach diesen Untersuchungen als K^+-Kanalöffner bezeichnet werden. Ob Membranhyperpolarisation bei der beobachteten Vasodilatation die einzige Rolle spielt, kann endgültig erst beurteilt werden, wenn die betroffenen K^+-Kanäle durch CsCl blockiert und in einer weiteren Versuchsserie cAMP-Bestimmungen mit zeitlicher Kinetik durchgeführt wurden [vergl. 5].

Zusammenfassung

An normal tonisierter oder durch Noradrenalin depolarisierter und vorkontrahierter arterieller Gefäßmuskulatur bewirkt Iloprost (10^{-9} bis 10^{-6} mol/l) ein stabiles Prostazyklinanalogon, eine dosisabhängige Hyperpolarisation und Relaxation. Der $^{42}K^+$-Efflux wurde unter Iloprost (10^{-6} mol/l) um 250 % stimuliert, die K^+-Permeabilität um 340 % gesteigert. Daher kann die Membranhyperpolarisation auf eine Zunahme der Öffnungswahrscheinlichkeit für K^+-Kanäle zurückgeführt werden. Unterschiedliche Aktivierungskurven für Noradrenalin und Iloprost sowie Versuchsergebnisse von Pertussis-Toxin-behandelten Tieren weisen darauf hin, daß möglicherweise weder die Membranhyperpolarisation durch G-Protein-modulierte K^+-Kanäle noch die Vasorelaxation durch Beteiligung von cAMP bewirkt werden könnten.

Danksagung

Die Autoren möchten sich ganz herzlich bei Frau Ch. Fuhrmann und Herrn H. Ewald für ihre ausgezeichnete technische Assistenz bedanken. Frau M. Krawczysnki sprechen wir unsere Anerkennung für die hervorragende Gestaltung der Graphiken und Frau E. Hofmann für die editorielle Bearbeitung und das Schreiben des Manuskriptes aus.

Literaturverzeichnis

1 Cook NS. The pharmacology of potassium channels and their therapeutic potential. Trends Pharmacol Sci 1988; 9: 21—28.
2 Kirber MT, Walsh JV Jr, Singer JJ. Stretch-activated ion channels in smooth muscle: a mechanism for the initiation of stretch-induced contraction. Pflügers Arch 1988; 412: 339—345.
3 Quast U, Scholtysik G, Weir SW, Cook NS. Pertussis toxin treatment does not inhibit the effects of the potassium channel opener BRL 34915 on rat isolated vascular and cardiac tissues. Naunyn-Schmiedeberg's Arch Pharmacol 1988; 337: 98—104.
4 Schillinger E, Krais T, Lehmann M, Stock G. Iloprost. In: Scriabine A, ed. New Cardiovascular Drugs. New York: Raven, 1986: 209—231.
5 Schröder G, Beckmann R, Schillinger E. Studies on vasorelaxant effects and mechanisms of iloprost in isolated preparations. In: Gryglewski RJ, Stock G, eds. Prostacyclin and its State Analogue Iloprost. Berlin-Heidelberg-New York-London-Paris-Tokyo: Springer, 1987: 129—137.
6 Siegel G, Carl A, Adler A, Stock G. Effect of prostacyclin analogue iloprost on K^+ permeability in the smooth muscle cells of canine carotid artery. Eicosanoids 1989 (im Druck).
7 Siegel G, Loirand G, Schnalke F, Pacaud P, Mironneau J, Stock G. Effect of the K^+ channel opener iloprost on membrane potential, tension and transmembrane ion exchange in vascular smooth muscle. J Pharmacol Exp Ther 1989 (im Druck).
8 Siegel G, Schnalke F, Grote J, Stock G. Membrane physiological mechanisms of vasorelaxation. In: Halpern W, Pegram BL, Brayden JE, Mackey K, McLaughlin MK, Osol G, eds. Resistance Arteries. Ithaca-New York: Perinatology Press, 1988: 170—178.
9 Siegel G, Schnalke F, Stock G, Grote J. Prostacyclin, endothelium-derived relaxing factor and vasodilatation. Adv Prostaglandin Thromboxane Leukotriene Res 1989; 19: 267—270.
10 Siegel G, Stock G, Schnalke F, Litza B. Electrical and mechanical effects of prostacyclin in the canine carotid artery. In: Gryglewski RJ, Stock G, eds. Prostacyclin and its Stable Analogue Iloprost. Berlin-Heidelberg-New York-London-Paris-Tokyo: Springer, 1987: 143—149.
11 Siegel G, Thiel M, Schnalke F, Litza B, Adler A, Stock G. Einfluß eines Prostacyclin-Analogons auf den Gefäßtonus. In: Strauer BE, Ehrly AM, Leschke M, Hrsg. Fortschritte

in der kardiovaskulären Hämorheologie. München: Münchner Wissenschaftliche Publikationen, 1987: 107—114.

12 Stürzebecher CS, Losert W. Effects of iloprost on platelet activation in vitro. In: Gryglewski RJ, Stock G, eds. Prostacyclin and its Stable Analogue Iloprost. Berlin-Heidelberg-New York-London-Paris-Tokyo: Springer, 1987: 39—45.

13 Weston AH, Abbott A. New class of antihypertensive acts by opening K^+ channels. Trends Pharmacol Sci 1987; 8: 283—284.

Änderung der elektrischen Impedanz der Arteria carotis unter Streßbelastung

H. Apfel
Physiologisches Institut (I), Universität Tübingen

In tierexperimentellen Modellen können arteriosklerotische Gefäßwandveränderungen erzeugt werden, welche denen des Menschen ähnlich sind: Durch täglich wiederholte Elektrostimulation der Arteria Carotis von Neuseeland-Kaninchen mittels Konstantstromimpulsen entstehen innerhalb von zwei bis vier Wochen fibromuskuläre Intimaproliferate, vorwiegend unter dem Bereich der Anode [3]. In biochemischen und morphologischen Untersuchungen wurden diese Schädigungen näher analysiert, wobei jeweils über den Endzustand der Reizauswirkung (z. B. am 10. oder 20. Reiztag) berichtet wurde. Welche Reaktionen von Reiztag zu Reiztag oder gar während einer z. B. 30 min andauernden Reizung ablaufen, und letztlich, welche Primärprozesse für die beobachteten funktionellen und morphologischen Gefäßwandveränderungen verantwortlich sind, ist weitgehend unbekannt.

An den auf diese Art erzeugten Gefäßwandläsionen könnten drei Primärprozesse ursächlich beteiligt sein:

a) die Beeinflussung der einzelnen Zellen durch das elektrische Feld selbst,
b) die Entstehung von Elektroden-Reaktionsprodukten bei der Elektrostimulation, verbunden mit nachfolgender Diffusion bzw. elektrophoretischem Transport dieser Produkte in Richtung Gefäßwand,
c) die Einwirkung hämodynamisch bedingter mechanischer Kräfte auf die Gefäßwand im Bereich der das Gefäß umgebenden Elektrodenmanschette, gegebenenfalls mit Auswirkungen auf die Endothelpermeabilität.

Um eine mögliche Dominanz eines dieser Prozesse herauszufinden, haben wir ein Meßverfahren entwickelt, mit dem an wachen, frei beweglichen Tieren die elektrische Impedanz der Arteria carotis nahezu fortlaufend verfolgt werden kann. Hierbei werden die Reizelektroden außerhalb der Reizzeiten als Meßelektroden zur Impedanzbestimmung eingesetzt. Als Folge einer 30 min andauernden Elektrostimulation ergab sich eine vorübergehende Impedanzerhöhung, deren exakte quantitative Analyse zunächst aber nicht möglich erschien. Als Ursache stellte sich eine Überlagerung von zusätzlichen Impedanzänderungen heraus, die hier schlagwortartig als »streßinduziert« bezeichnet werden sollen. In der vorliegenden Arbeit wird über das Auftreten und das Ausmaß dieser durch Lärm, Licht und andere Reize ausgelösten Impedanzänderungen berichtet.

Methoden

An der Arteria carotis communis von Neuseeland-Kaninchen wurde eine Teflonmanschette mit zwei graphitbeschichteten Goldelektroden (Abb. 1) angebracht.

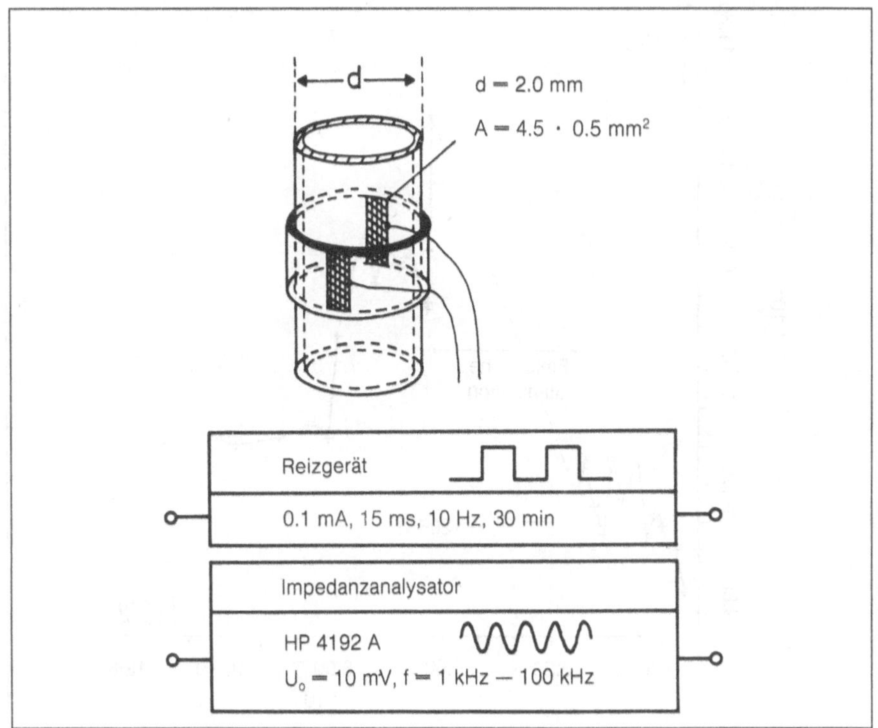

Abb. 1: Schematische Darstellung einer die Arteria carotis umgebenden Teflonmanschette, welche zwei der Adventitia anliegende, graphitbeschichtete Goldelektroden (schraffiert) enthält; die Elektroden konnten alternativ mit einem Reizgerät oder einem Impedanzanalysator verbunden werden.

Die Elektroden (Fläche A, Abstand d) waren der Adventitia anliegend und subkutan über dünne Kabel mit zwei am Schädeldach des Tieres befestigten Steckkontakten verbunden, an welche das Reizgerät bzw. der Impedanzanalysator angeschlossen werden konnte (Abb. 1). Die Tiere wurden über vier Wochen hinweg (vormittags 30 min, nachmittags 15 min) durch unipolare Konstantstromimpulse gereizt. Außerhalb der Reizzeiten dienten die Elektroden als Meßelektroden zur Erfassung der elektrischen Impedanz. Mittels eines über einen Rechner gesteuerten Impedanzanalysators erfolgte die Impedanzbestimmung für jeweils 15 Meßfrequenzen, verteilt über den Bereich von 1 kHz bis 100 kHz, woraus dann der Widerstandswert R des Gefäßes berechenbar war. Mit dem gleichen Verfahren [1] ist die Ermittlung

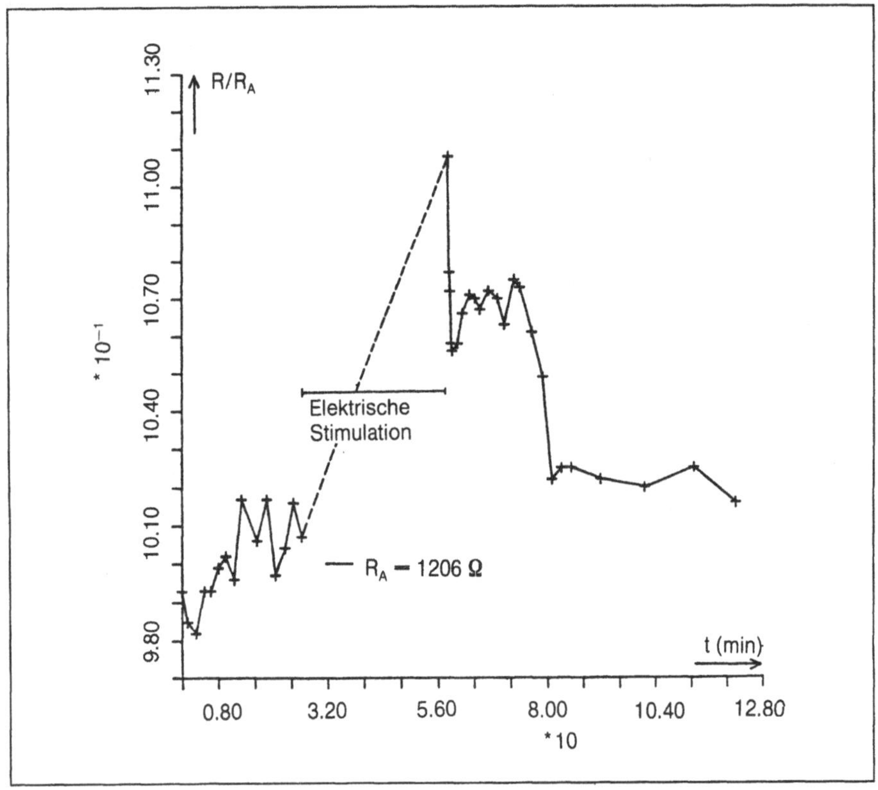

Abb. 2: Relative Änderung des elektrischen Widerstandes R der Arteria carotis eines wachen Tieres (R_A = zeitliches Mittel der Anfangsschwankungen); der Widerstandsverlauf nach Elektrostimulation schien zugleich durch das Verhalten des Tieres beeinflußt zu sein.

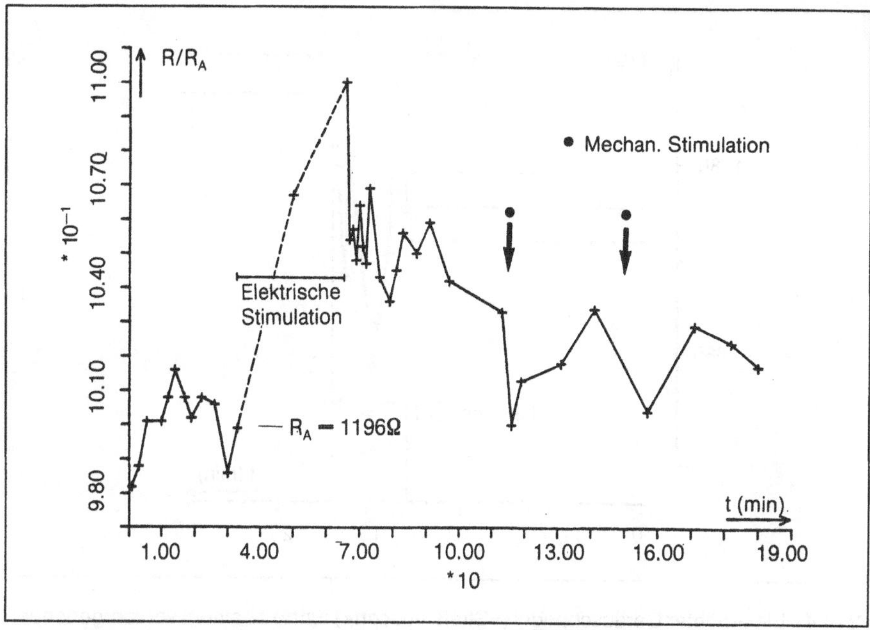

Abb. 3: Relative Änderung des elektrischen Widerstandes eines wachen Tieres (vergl. Abb. 2); zusätzliche mechanische Stimulation führte zu kurzfristiger Widerstandssenkung.

der spezifischen Widerstände von Gefäßwandstreifen [2] oder von Blut möglich, wobei in allen Fällen das berechnete Widerstandsergebnis unmittelbar nach Ablauf einer Messung (ca. 10 s) als Grundlage für das weitere experimentelle Vorgehen zur Verfügung steht. Die Art der streßinduzierten Reize ist im Kapitel über die Ergebnisse beschrieben.

Ergebnisse

Zur Beurteilung der durch Elektrostimulation ausgelösten Widerstandsänderung der Arteria carotis muß zunächst die physiologische Schwankungsbreite des Ausgangswertes des Widerstandes bekannt sein (vergl. Abb. 6, etwa während der ersten 50 min). Unabhängig von der Höhe des zeitlichen Mittelwertes traten aperiodische Schwankungen um diesen Wert auf, wobei in einigen Fällen spontane Widerstandsabnahmen scheinbar den unruhigen Umgebungsbedingungen im Labor zuzuordnen waren. Dagegen war zu Beginn der täglichen Experimente,

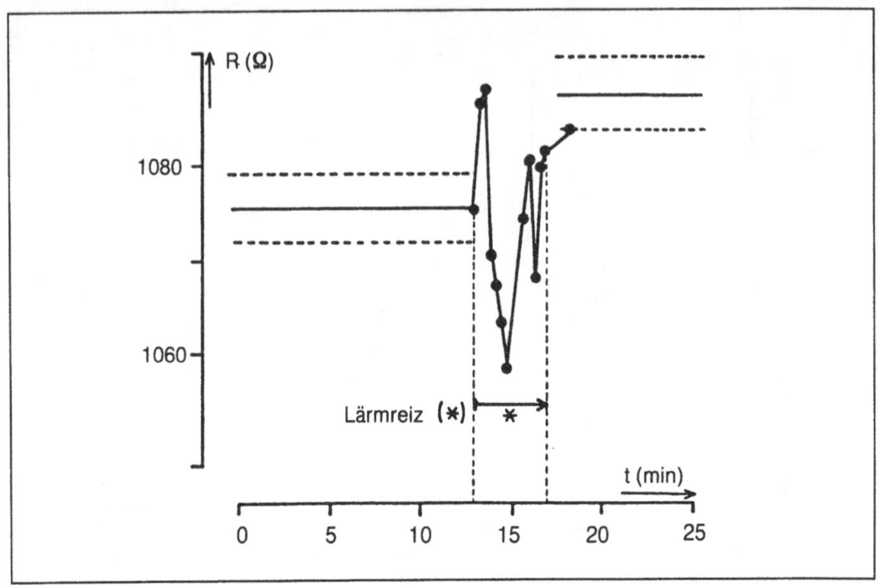

Abb. 4: Ein erhöhter Geräuschpegel (»Streßsituation«) führte zu einem vorübergehenden Abfall des elektrischen Widerstandes. Das zeitliche Mittel und die Standardabweichung (gestrichelt) des Widerstandes vor bzw. nach dem Lärmreiz sind angedeutet.

innerhalb etwa der ersten 20 min (Abb. 2, 3, 5), nahezu regelmäßig ein Widerstandsanstieg feststellbar, jedoch nur, wenn die Messungen unmittelbar nach dem Transport des Tieres vom Tierstall in das Labor gestartet wurden. Offensichtlich stellte dieser Transport eine erhöhte Streßsituation für das Tier dar, welcher dann eine durch die ersten Messungen erfaßte Relaxationsperiode (Widerstandsanstieg) folgte.

Elektrische Stimulation (30 min) bewirkte einen raschen Anstieg des Widerstands (Abb. 2, 3). Die Rückkehrphasen waren jedoch einheitlich und schienen zugleich vom Verhalten der Tiere abhängig zu sein. Zusätzliche mechanische Reize (Streicheln, Ein- bzw. Ausstecken der Kabelverbindungen) ergaben kurzfristige Widerstandsabnahmen (Abb. 3). Ähnliche Reaktionen konnten durch erhöhte Geräusch- oder Lichtintensitäten ausgelöst werden. Ein für mehrere Minuten erhöhter Lärmpegel (metallisches Geräusch) führte zu einer vorübergehenden Widerstandsabnahme (Abb. 4), deren Dauer kürzer als die Reizdauer war, möglicherweise beeinflußt durch eine Adaption des Tieres an diesen Reiz.

Bei narkotisierten Tieren sollten die durch Streß unterschiedlicher Intensität ausgelösten vorübergehenden Widerstandserniedrigungen nicht vorkommen (Abb. 5). Nach Ablauf der zu Meßbeginn aufgetretenen Widerstandserhöhung (»Relaxationsphase«, s. o.) erfolgte die intramuskuläre Injektion eines Hypnotikums, was als geringfügiger, wenn auch nicht beabsichtigter Schmerzreiz angesehen werden kann. Die anschließende Injektion eines Neuroleptikums führte schließlich zu einem zeitlich nahezu konstanten Widerstandswert. Im Gegensatz zu den bisher beschriebenen Experimenten war die Phase des Widerstandsabfalls nach Elektrostimulation durch zusätzliche Störungen nicht beeinflußt. Derartige Reaktionsabläufe können als Grundlage für weitergehende Analysen zur Klärung der verursachenden Mechanismen dienen. Durch Erhöhung der Meßrate sowie weitgehendes Vermeiden streßauslösender Faktoren konnten äquivalente Ergebnisse auch an wachen Tieren erhalten werden (Abb. 6).

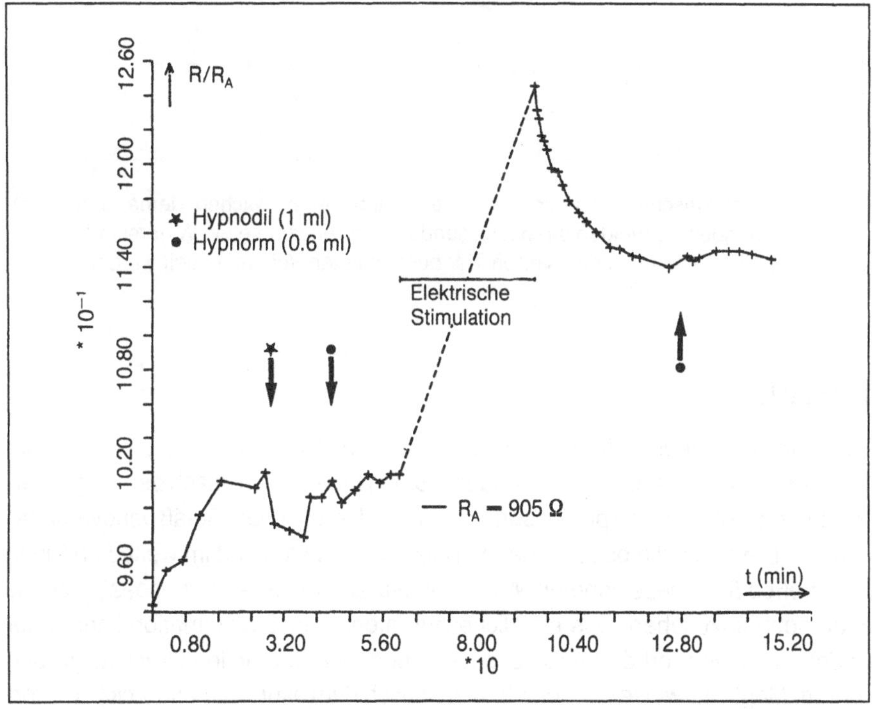

Abb. 5: Relative Änderung des elektrischen Widerstandes der Arteria carotis. Die elektrische Stimulation erfolgte nach Eintritt der Narkose (Hypnodil: Metomidat — Hydrochlorid: Hypnorm: Fentanyl — Dihydrogenzitrat) und führte zu einem nicht zugleich durch andere Faktoren beeinflußten Widerstandsverlauf.

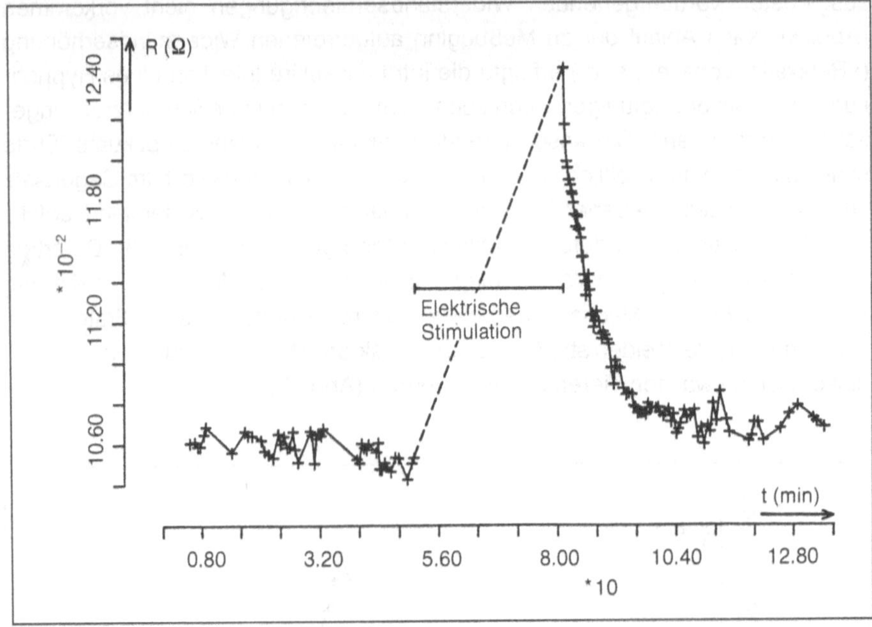

Abb. 6: Der elektrische Widerstand der Arteria carotis eines wachen Tieres; durch weitgehendes Vermeiden streßauslösender Faktoren konnte ein Widerstandsverlauf, ähnlich dem am narkotisierten Tier beobachteten Verlauf, erzielt werden.

Diskussion

Das Erreichen eines weitgehend ungestörten Reaktionsablaufs nach Ende einer Elektrostimulation (Abb. 5, 6) ist Voraussetzung für die Suche nach den möglicherweise beteiligten Primärprozessen der arteriosklerotischen Gefäßwandveränderungen. Die durch die beschriebenen Reize ausgelösten und im weitesten Sinne als streßbedingt bezeichneten Widerstandsänderungen sind diesbezüglich als Störungen anzusehen. Das plötzliche Auftreten einer Streßsituation kann unter anderem zu einer erhöhten Herzfrequenz und einer arteriellen Drucksteigerung führen. Möglicherweise werden hierbei, ähnlich dem akuten Hochdruck [4], interzelluläre Verbindungen des Endothels gelockert und erlauben eine erhöhte Ionenleitfähigkeit sowie makromolekulare Permeabilität. Eine Überprüfung dieser Druck-Leitfähigkeits-Hypothese sollte durch Messungen an narkotisierten Tieren möglich sein.

Das Ausmaß der bei beabsichtigten wie nicht beabsichtigten Streßreaktionen aufgetretenen Impedanzsprünge wurde in 21 Fällen ausgewertet. Die Differenz der Extremwerte (vergl. Abb. 4) lag im Mittel bei 39Ω ± 19Ω (S.D.). Die Einzeldifferenzen zeigten jedoch kaum eine Korrelation (r = 0,27) zur Höhe des jeweils zugehörigen zeitlichen Mittelwertes des Widerstands. Eine daraus ableitbare Annahme, die endotheliale »Widerstandsschicht« sei allein für die streßbedingten Impedanzsprünge verantwortlich, konnte jedoch nicht bestätigt werden [2]. Für weitergehende numerische Auswertungen ist sowohl eine Quantifizierung des Streßreizes als auch, bei wiederholten Reizen, das Adaptionsverhalten der wachen Tiere mit zu berücksichtigen, was bisher jedoch nicht im Vordergrund der Untersuchungen stand.

Danksagung

Diese Untersuchung wurde unterstützt durch die DFG (Ap 36 / 1—1). Frau R. Weidler danke ich für die Durchführung der operativen Maßnahmen.

Literaturverzeichnis

1 Apfel H. Ein zwei-Elektroden Meßverfahren zur in vivo Bestimmung der elektrischen Impedanz arterieller Blutgefäße im Frequenzbereich von 1 kHz bis 100 kHz. Biomed Technik 1988; 33, 2: 309—310.

2 Apfel H, Kaufmann J. Der Anteil des Endothels am elektrischen Widerstand arterieller Gefäßwandstreifen. In: dieser Band S. 285—291.

3 Betz E, Schlote W. Responses of vessel walls to chronically applied electrical stimuli. Basic Res Cardiol 1979; 74: 10—20.

4 Schwartz SM, Reidy MA. Common mechanisms of proliferation of smooth muscle in atherosclerosis and hypertension. Human Pathol 1987; 18: 240—247.

Immunologische und elektronenmikroskopische Untersuchungen von Transfilterkulturen

P. Fallier-Becker, K. Wolburg-Buchholz, R. Baur, E. Betz
Physiologisches Institut I, Universität Tübingen

Einleitung

Die Entstehung einer fibromuskulären Plaque in vivo kann tierexperimentell induziert werden, z. B. durch Elektrostimulation [2] oder durch Endotheldenudation mit einem Ballonkatheter [1]. Dabei wandern glatte Muskelzellen aus der Media Richtung Gefäßlumen und bilden dort durch Teilung ein Proliferat. Mit dem Transfilterkultursystem [3, 4] konnte die Bildung eines solchen Proliferats auch in vitro erzeugt werden.

Versuchsplan

In der Transfilterkultur werden Mediaexplantate aus der Kaninchenaorta auf einen Polykarbonatfilter (Nuclepore) gelegt und 14 bzw. 28 Tage kultiviert. Im Laufe der Inkubationszeit wandern glatte Muskelzellen aus dem Mediaexplantat und migrieren durch die Filterporen (Porendurchmesser 5 µm) auf die gegenüberliegende Filterseite. Durch Proliferation der migrierten glatten Muskelzellen entsteht ein Zellmultilayer, der einer fibromuskulären Plaque in vivo vergleichbar ist.
Werden dagegen konfluente Endothelzellen auf der gegenüberliegenden Filterseite zusammen mit den Mediaexplantaten kokultiviert, findet man nach 14- bzw. 28tägiger Kokultivierungszeit ein nur zweischichtiges subendotheliales Zellproliferat.

Ergebnisse

Transfilterkultur ohne Endothelzellen

Elektronenmikroskopische Untersuchungen des Muskelzellproliferats, das sich nach 14 Tagen auf der dem Mediaexplantat gegenüberliegenden Filterseite gebil-

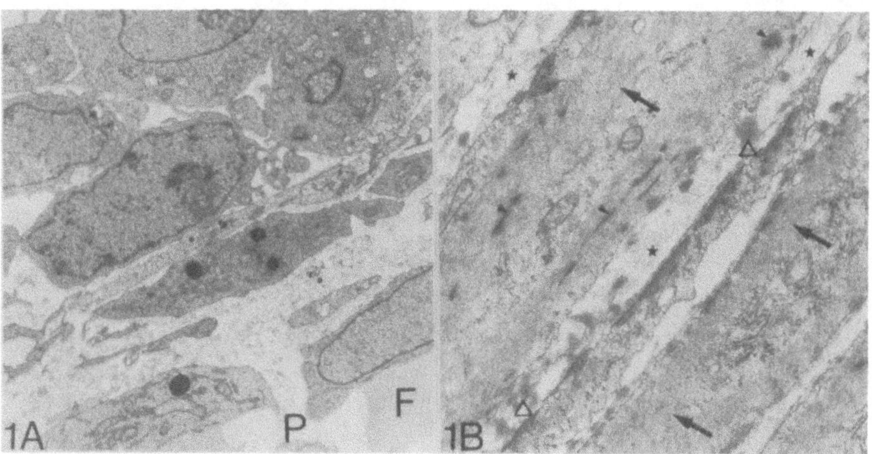

Abb. 1: Elektronenmikroskopie

A) Elektronenmikroskopische Aufnahme eines Muskelzellproliferats, das sich nach 14 Tagen in Transfilterkultur auf der Filterunterseite gebildet hat; die glatten Muskelzellen sind organellenreich und filamentarm. F: Filter; P: Pore; 7.875 ×.

B) Elektronenmikroskopische Aufnahme zweier glatter Muskelzellen eines Proliferates, das sich nach 28 Tagen in Transfilterkultur gebildet hat; Myofilamente (—►) und »dense bodies« (►) im Zytoplasma und Elastin (Δ) und kollagene Fasern (★) zwischen den Zellen sind deutlich zu erkennen. 20.000 ×.

det hat, zeigen metabolisch aktive glatte Muskelzellen mit einem organellenreichen, filamentarmen Zytoplasma (Abb. 1 A). Nach 28 Tagen jedoch hat sich das Verhältnis von Organellen und Filamenten im Zytoplasma der Proliferatzellen geändert. Myofilamente und sogar »dense bodies« sind erkennbar (Abb. 1 B). Die Proliferatzellen haben also einen Redifferenzierungsprozeß durchgemacht. Dies ist auch immunhistologisch nachweisbar durch eine spezifische Färbung von alpha-glattmuskulärem Aktin mit einem monoklonalen Antikörper. Alpha-glattmuskuläres Aktin gilt als Differenzierungsmarker für glatte Muskelzellen und ist in den Proliferatzellen einer 14 Tage alten Transfilterkultur praktisch nicht nachweisbar. Nach 28 Tagen dagegen zeigen alle glatten Muskelzellen des Proliferats eine starke immunologische Reaktion mit dem Antikörper gegen alpha-glattmuskuläres Aktin (Abb. 2A). In einer fibromuskulären Plaque in vivo sind vergleichbare Beobachtungen gemacht worden. Auch in diesen Proliferatzellen konnte 28 Tage nach Entfernung des Endothels einer Kaninchenkarotis alpha-glattmuskuläres Aktin nachgewiesen werden (Abb. 2B).

Außerdem wird sowohl in vivo als auch in vitro (Abb. 1 B) eine vermehrte Produktion

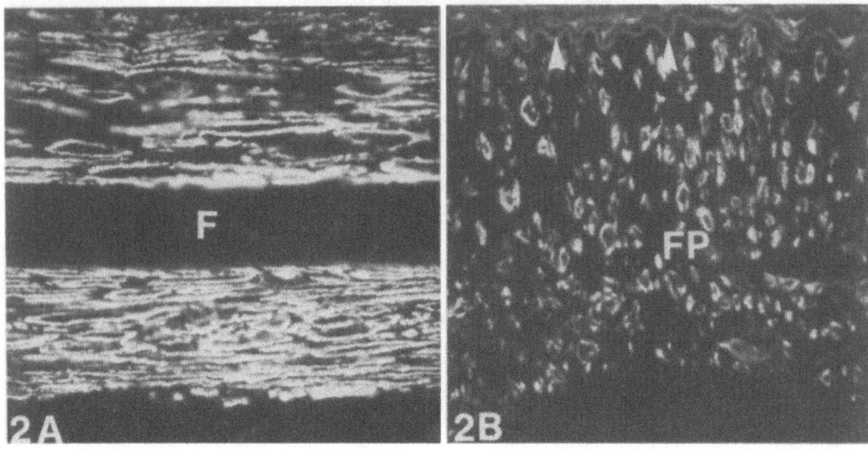

Abb. 2: Immunhistologie

A) Immunhistologische Färbung einer 28 Tage alten Transfilterkultur; alle Zellen enthalten alpha-glattmuskuläres Aktin (intensive Immunfluoreszenz) und können als differenzierte glatte Muskelzellen charakterisiert werden; Zellen sind längs angeschnitten. F: Filter; PR: Proliferat; 650 ×.

B) Dieselbe Färbung wie bei A); Kaninchen-Karotis 28 Tage nach Entfernung des Endothels mit einem Ballonkatheter; auch in der fibromuskulären Plaque in vivo enthält jede Zelle alpha-glattmuskuläres Aktin (intensive Immunfluoreszenz); die glatten Muskelzellen sind quer angeschnitten (▶) Lamina elastica interna; FP: fibromuskuläre Plaque; 650 ×.

von extrazellulärer Matrix durch die Proliferatzellen beobachtet. Elastin und kollagene Fasern sind elektronenmikroskopisch zwischen den glatten Muskelzellen erkennbar.

Die Reexpression von alpha-glattmuskulärem Aktin — also auch die vermehrte Matrixproduktion der glatten Muskelzellen — weist darauf hin, daß das im Transfilterkulturmodell induzierte Proliferat einer in vivo induzierten fibromuskulären Plaque vergleichbar ist.

Transfilter Kokultur mit Endothelzellen

Werden konfluente Endothelzellen auf Filtern gezüchtet und dann erst Mediaexplantate auf die andere Filterseite gelegt, wird die Bildung eines Muskelzellmultilayers gehemmt. Um herauszufinden, ob die Migration und/oder die Proliferation der glatten Muskelzellen durch die Anwesenheit konfluenter Endothelzellen inhibiert wird, wurde die Proliferationsrate der glatten Muskelzellen mit und ohne

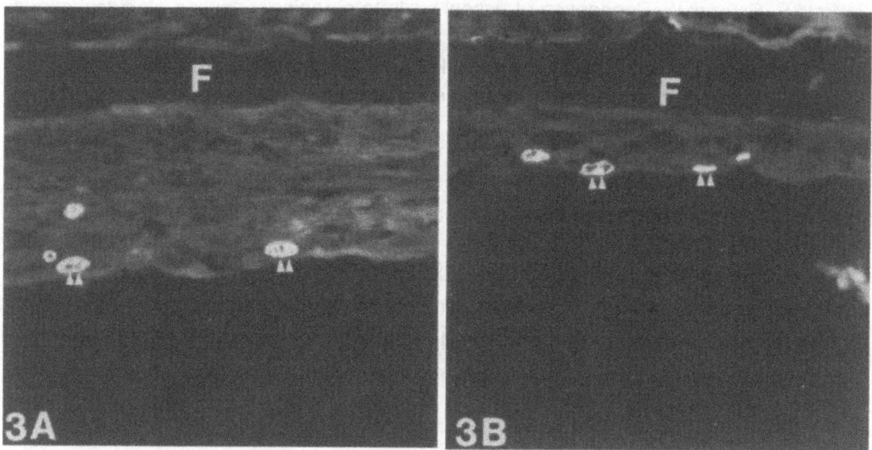

Abb. 3: Immunhistologische Färbung gegen 5-Brom-2-Desoxiuridin (BrdU); sowohl in der Transfilterkultur ohne Endothelzellen (A) als auch in der Transfilter Kokultur mit Endothelzellen (B) sind nach 14tägiger Inkubationszeit noch Zellen auf der Filterunterseite markiert (▸); diese Zellen befinden sich in der S-Phase des Zellzyklus. F: Filter; 650 ×.

Endothelzellen bestimmt. Die Kulturen wurden mit 5-Brom-2-Desoxiuridin (BrdU) markiert. BrdU wird statt Thymidin während der S-Phase der Zellteilung in die DNA eingebaut. Mit einem monoklonalen Antikörper gegen BrdU (Fa. Bio Cell Consulting) werden sich teilende Zellen markiert, und auf diese Weise kann die Proliferationsrate einer Zellpopulation ermittelt werden (Abb. 3A und 3B). Für die glatten Muskelzellen in Transfilterkultur ohne Endothelzellen und mit Endothelzellen konnte jeweils ein Mitoseindex von 16 % bestimmt werden. Es wird also eher die Migration der glatten Muskelzellen als die Proliferation durch konfluente Endothelzellen gehemmt.

Zusammenfassung

Mit dem Transfilterkultursystem kann in vitro ein Poliferat erzeugt werden, das einer fibromuskulären Plaque in vivo vergleichbar ist. Die Bildung dieses Proliferats kann durch eine Kokultivierung mit konfluenten Endothelzellen inhibiert werden.

Literaturverzeichnis

1 Baumgartner HR, Studer A. Folgen des Gefäßkatheterismus am normo- und hypercholesterinaemischen Kaninchen. Path Microbiol 1966; 29: 393–405.

2 Betz E, Schlote W. Responses of vessel walls to chronically applied electrical stimuli. Basic Res Cardiol 1979; 74: 10–20.
3 Fallier P, Hämmerle H, Betz E. Transfilterkulturen als Modelle für Untersuchungen von Frühveränderungen bei der Atherogenese. In: Betz E, Hrsg. Frühveränderungen bei der Atherogenese. Tagung der Deutschen Gesellschaft für Arteriosklerose-Forschung. Bern-Wien-San Franzisco: Zuckschwert Verlag München, 1987.
4 Weber E, Hämmerle H, Vatti R, Berti G, Betz E. Co-cultivation of endothelial and smooth muscle cells on opposite sides of a porous membran. Appl Path 1986; 4: 246–252.

Das Forschungsvorhaben wurde durch das Bundesministerium für Forschung und Technologie (Nr. 318846A7) und von der Deutschen Forschungsgemeinschaft Nr. Be 324, 16–1) unterstützt und im Medizinisch-Naturwissenschaftlichen Forschungszentrum der Universität Tübingen durchgeführt.

Transluminale Angioplastie von experimentell erzeugten atheromatösen Plaques: Quantifizierung der Proliferationsrate von glatten Muskelzellen

H. Hanke, M. Oberhoff, K. R. Karsch
Medizinische Universitätsklinik, Abteilung III der Universität Tübingen

E. Betz, T. Strohschneider
Physiologisches Institut I der Universität Tübingen

Einleitung

Die perkutane transluminale koronare Angioplastie (PTCA) hat sich, seit ihrer Einführung durch A. Grüntzig [10] im Jahre 1977, in der Klinik als eine Routinemaßnahme bei der Behandlung der koronaren Herzkrankheit etabliert.
Eine Erweiterung kritischer Stenosen läßt sich bei dieser Methode der mechanischen Ballondilatation im wesentlichen auf eine Volumenminderung des Atheroms durch Flüssigkeitsauspressung in die Umgebung und Dehnung der gesamten Arterienwand zurückführen [14, 15].
Die primäre Wiedereröffnungsrate verschlossener Gefäße wird hierbei in der Literatur mit annähernd 90 % angegeben [28, 29].
Limitierungen der PTCA ergeben sich jedoch durch den hohen Prozentsatz an Restenosen, die bereits während der ersten sechs Monate nach erfolgreicher Angioplastie bei rund 30 % der Patienten zu beobachten sind [7, 18, 27].
Die intimale Proliferation von glatten Muskelzellen (SMC) spielt hierbei vermutlich, wie eine Reihe von experimentellen Arbeiten und postmortale Untersuchungen zeigen, eine wesentliche Rolle [2, 5, 8, 25].
Um den zeitlichen Verlauf der Zellteilungsvorgänge glatter Muskelzellen nach PTCA experimentell zu untersuchen, wurde in der vorliegenden Studie am Kaninchen — nach Erzeugung einer atheromatösen Plaque — eine Angioplastie durchgeführt und die SMC-Proliferationsrate in zeitlich definierten Abständen bestimmt.

Material und Methoden

Zur Entwicklung von atheromatösen Plaques unter standardisierten experimentellen Bedingungen wurde die von BETZ und SCHLOTE [4] entwickelte Elektrostimulation der Arteria carotis am Kaninchen verwendet.

Durch täglich wiederholte elektrische Reizung über einen Zeitraum von 28 Tagen wurde unter Zufütterung von Cholesterin bei insgesamt 22 männlichen Neuseeland-Kaninchen (2,6 — 3,2 kg) eine atheromatöse Plaque erzeugt (Abb. 1).

Anschließend erfolgte die transluminale Angioplastie dieser Gefäßwandproliferate unter ebenfalls standardisierten Bedingungen. Dabei wurde die jeweilige Arteria carotis unter einer kombinierten Metomidat/Fentanyl-Narkose distal der Plaque freipräpariert und der Dilatationskatheter (Micro-Hartzler Ø 2 mm) über eine kleine Inzision in das Gefäßlumen eingeführt. Die Dilatation der Plaque wurde je Gefäß zweimal mit 5 Atm. Druck über 30 Sekunden durchgeführt. Die Pause zwischen den beiden Dilatationsvorgängen betrug ebenfalls 30 Sekunden. Um die Strömungsverhältnisse wiederherzustellen, wurde — nach Entfernen des Katheders aus dem Lumen — die Arteria carotis durch eine Gefäßnaht wieder verschlossen.

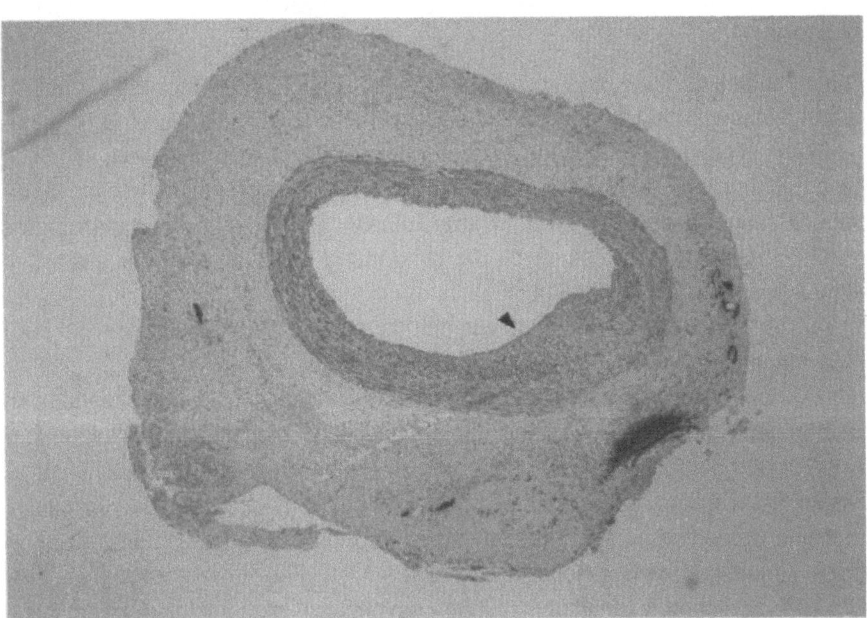

Abb. 1: Übersichtsvergrößerung (12,5fach) einer atheromatösen Plaque; der Pfeil weist auf ein intimales Proliferat hin, wie man es typischerweise bereits nach 28 Tagen Elektrostimulation vorfindet.

Die histologische Aufarbeitung erfolgte 3, 7, 14, 21 und 28 Tage, sowie 5, 6, 7 und 8 Wochen nach der Angioplastie.
Um die Proliferationsrate der glatten Muskelzellen zu den jeweiligen Zeitpunkten quantitativ bestimmen zu können, wurde den Tieren 18 und 12 Stunden vor Versuchsende eine thymidinanaloge Substanz appliziert. Hierzu verabreichten wir 18 Stunden vor Karotisentnahme zunächst 100 mg 5-Brom-2'-Desoxiuridin (BrdU)/kg KG und 75 mg 2'-Desoxizytidin (d-Cyt)/kg KG in eine subkutane präparierte Nackentasche und applizierten gleichzeitig 30 mg BrdU/kg KG und 25 mg d-Cyt/kg KG intramuskulär. Nach weiteren sechs Stunden wurde die i.m. Injektion von BrdU und d-Cyt in der gleichen Dosierung wiederholt.
Da alle Zellen während der S-Phase ihrer Teilung BrdU in ihre DNA aufnahmen, war so eine quantitative Erfassung der SMC-Proliferationsrate zu den jeweiligen Zeitpunkten möglich.
Nach Abtöten der Tiere und Perfusionsfixierung mit Paraformaldehydlösung erfolgte die übliche histologische Aufarbeitung der in Paraffin eingebetteten Präparate.
Mit Hilfe eines monoklonalen Antikörpers gegen BrdU (Fa. Partec, Biel) wurden die mit BrdU markierten, d. h. teilungsaktiven Zellen am Semidünnschnitt immunhistologisch (Biotin-Avidin-Methode) nachgewiesen.
Die quantitative Auswertung der Proliferationsrate von glatten Muskelzellen erfolgte unter dem Mikroskop durch simultane Einblendung eines Rasters. Durch Auszählen der mit BrdU markierten und nichtmarkierten Zellen in der Media und Intima der Gefäßwand an jeweils vier Meßquadraten war eine prozentuale Bestimmung der SMC-Proliferationsrate möglich. Hierbei erfolgte der Nachweis von glatten Muskelzellen und die Differenzierung gegenüber nichtglattmuskulären Zellen ebenfalls immunhistologisch unter Verwendung eines monoklonalen Antikörpers gegen glattmuskuläres Alpha-Aktin (Renner GmbH, Dannstadt).

Ergebnisse

Eine Stenosierung über 50 % des Restlumens der dilatierten Gefäße — als Hinweis auf eine hämodynamisch wirksame Beeinflussung der Strömungsverhältnisse — wurde bei fünf von 24 der dilatierten Arterien gefunden (21 %).
In drei Fällen handelte es sich um partiell rekanalisierte thrombotische Verschlüsse, die allerdings bezüglich der Quantifizierung der SMC-Proliferationsrate nicht berücksichtigt wurden. Bei zwei Kaninchen fanden sich im gesamten Proliferat Alpha-Aktin positive Zellen als Hinweis auf eine überwiegend durch SMC-Proliferation bedingte »Restenosierung« des Gefäßes (Abb. 2a).

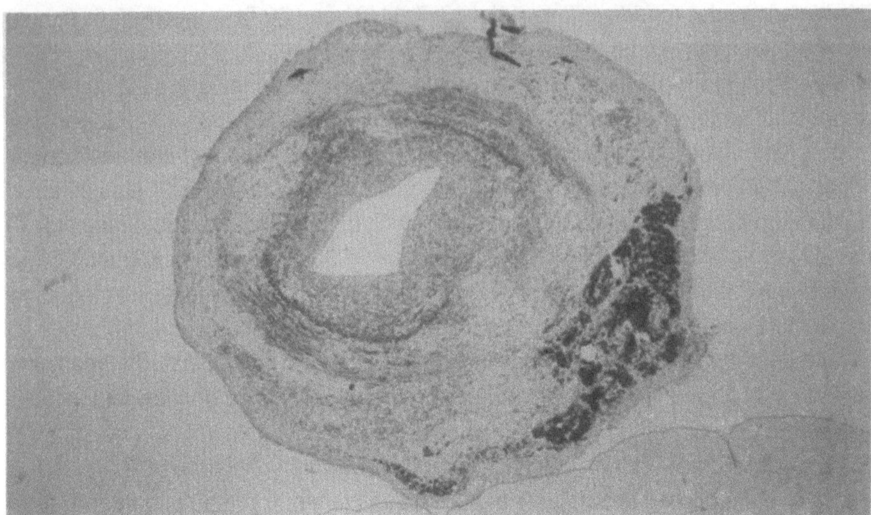

Abb. 2a: Übersicht einer quergeschnittenen Arteria carotis, 21 Tage nach Angioplastie. Man erkennt eine hämodynamisch signifikante Stenose, überwiegend bedingt durch eine Proliferation glatter Muskelzellen, erkennbar an dem Nachweis von glattmuskulärem Alpha-Aktin (Rotfärbung) im gesamten Proliferat.

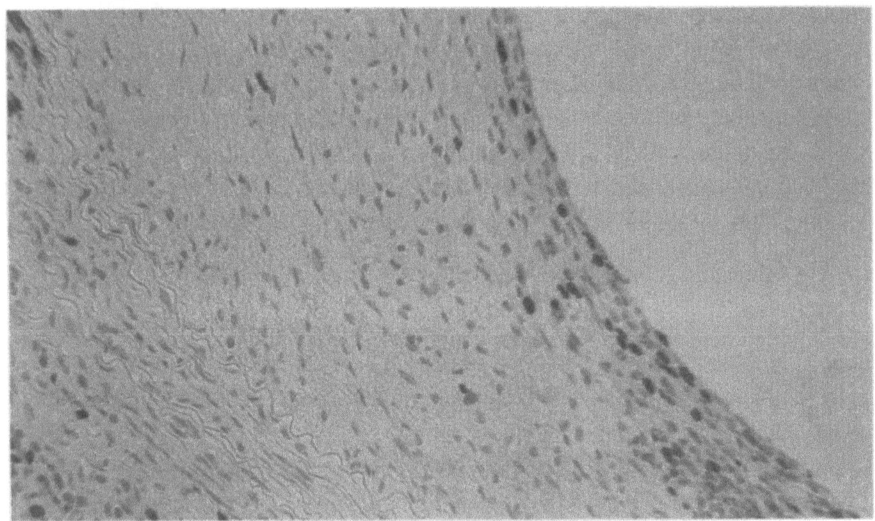

Abb. 2b: Ausschnittsvergrößerung (78fach) sieben Tage nach Angioplastie. Als Ausdruck einer stark erhöhten SMC-Proliferation finden sich zahlreiche BrdU-markierte Zellen im gesamten Gefäßabschnitt.

Die Quantifizierung der Mitoserate nach Applikation von BrdU ergab ein Maximum der SMC-Proliferationsrate bis zum siebenten Tag nach Angioplastie (Abb. 2b). Der Nachweis von SMC erfolgte auch hierbei, wie oben beschrieben, durch immunhistologische Bestimmung von glattmuskulärem Alpha-Aktin in den Zellen. Wie aus Abb. 3 hervorgeht, zeigte sich im weiteren Verlauf ein deutliches Absinken der Zellteilungsvorgänge von max. 10,4 ± 1,4 % am siebenten Tag auf 1,3 ± 0,3 % am 28. Tag nach Angioplastie. Bereits der Abfall der Proliferationsrate vom siebenten Tag zum 14. Tag nach Angioplastie erwies sich als statistisch signifikant ($p < 0.01$). Nach fünf Wochen (0,9 ± 0,3 %) war im Vergleich zur Kontrollgruppe (0,8 ± 0,3 %) keine erhöhte SMC-Proliferationsrate mehr nachweisbar.
Anhand der ausgewerteten histologischen Präparate (Alpha-Aktin-Nachweis) konnte außerdem eine Zunahme glatter Muskelzellen nach Angioplastie durch Bestimmung der intimalen SMC-Zellagen quantifiziert werden.
Ausgehend von 13,2 ± 6 intimalen Zellagen in der Kontrollgruppe (28 Tage Elektrostimulation) war eine kontinuierliche Zunahme der intimalen SMC über den Zeitraum von 28 Tagen nach Angioplastie auf durchschnittlich 35,7 ± 13 Zellagen zu verzeichnen.

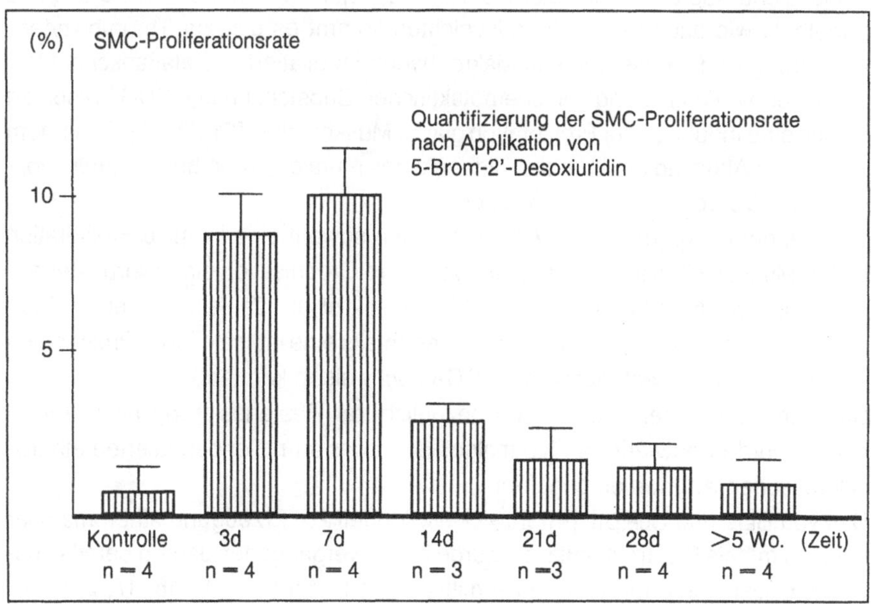

Abb. 3: Quantifizierung der Proliferationsrate glatter Muskelzellen nach Angioplastie. Die prozentuale Bestimmung der Zellteilungsaktivität nach Applikation von Bromdesoxiuridin ergab ein Maximum bis zum siebenten Tag nach Angioplastie.

Vergleicht man diese Zunahme von ca. 22 intimalen Zellagen während der ersten vier Wochen nach Angioplastie mit den Ergebnissen der Langzeitgruppe (fünf bis acht Wochen) — hier ergab die quantitative Auswertung eine Zunahme von durchschnittlich 14,5 ± 13 Zellagen — so scheint das Maximum der Zunahme intimaler SMC unter Berücksichtigung der relativ hohen Standardabweichungen in beiden Gruppen vier Wochen nach Angioplastie erreicht zu sein.

Diskussion

Aus klinischer Sicht wird der primäre Erfolg der PTCA häufig durch das Auftreten einer Restenose im dilatierten Gefäßabschnitt limitiert.

Aus experimentellen Arbeiten und histologischen Befunden an Patienten, die früh nach Angioplastie verstarben, ist bekannt, daß es im Rahmen des Dilatationsprozesses zu einer Schädigung des Endothels und Dehnung der gesamten Arterienwand kommt [2, 6, 19].

Eine Lumenerweiterung des stenosierten Gefäßes wird, neben Flüssigkeitsauspressung in die Umgebung, auch durch ein Aufbrechen des atherosklerotischen Plaques und Ruptur der Intima erreicht [14, 15, 12]. Durch die Traumatisierung des Endothels wie auch tieferer Wandschichten kommt es u.a. zur Thrombozytenanlagerung und Aktivierung von Makrophagen im dilatierten Gefäßabschnitt [21, 22]. Über die Freisetzung von chemotaktischen Substanzen und PDGF resultiert daraus eine Induktion der Proliferation glatter Muskelzellen [21, 23, 24]. Außerdem kann es im Akutstadium über die Bildung eines muralen Thrombus zu einem vollständigen Verschluß des Gefäßes kommen.

Verschiedene experimentelle Arbeiten haben sowohl eine intimale Proliferation glatter Muskelzellen als auch eine fibrozelluläre Organisation eines vorbestehenden muralen Thrombus gezeigt [9, 25]. Austin et al. [2] haben in einer Postmortem-Untersuchung an drei Patienten ebenfalls eine intimale SMC-Proliferation als Ursache einer Restenose nach PTCA nachweisen können.

Sämtliche experimentelle Studien bezüglich der Restenosierung nach Angioplastie wurden entweder an Normalgefäßen oder an ballondenudierten atherosklerotischen Arterien durchgeführt.

Das von Betz und Schlote [4] entwickelte Modell zur Erzeugung atheromatöser Plaques mittels Elektrostimulation wurde in den vergangenen Jahren bereits ausführlich beschrieben und wissenschaftlich bearbeitet [1, 4, 11, 16, 17, 26]. Der wesentliche Unterschied dieser Methode liegt, im Vergleich zu anderen Modellen, in der Induktion atherosklerotischer Gefäßwandveränderungen ohne direkte mechanische Endothelverletzung. Daher erscheint dieses Modell geeignet, die

kausalen Zusammenhänge in der Entwicklung einer Restenose nach PTCA unter experimentellen Bedingungen zu untersuchen.
Methodische Probleme bei der Angioplastie dieser Proliferate ergeben sich jedoch durch die Limitierung der Plaquegröße, welche nur zu einer »Stenosierung« von maximal 20 bis 30 % des Lumens führt. Dennoch deuten die bisher gewonnenen Daten auf eine den Patienten vergleichbare Situation hin.
So ergab eine Reihe von klinischen Prospektivstudien eine Restenosierungsrate nach PTCA in der Größenordnung von 17 bis 47 % [7, 13, 18, 20, 27]. Dies entspricht den Ergebnissen unserer Studie, in der eine hämodynamisch wirksame Stenosierung — im Ausmaß etwa vergleichbar mit den klinischen Kriterien einer Restenose — bei 21 % der dilatierten Gefäße gefunden wurde.
Allerdings scheint es tierspezifisch bedingte Unterschiede bezüglich der intimalen Proliferation glatter Muskelzellen nach Angioplastie zu geben. Steel et al. [25] fanden am Schwein eine maximale Zunahme der Intimadicke bis zum 14. Tag nach Angioplastie, während in unserer Studie am Kaninchen eine kontinuierliche Zunahme der intimalen SMC-Zellagen bis vier Wochen nach Dilatation zu beobachten war.
Unabhängig von diesen Befunden ist die quantitative Erfassung der SMC-Proliferationsrate im zeitlichen Verlauf nach Angioplastie wesentlich im Hinblick auf die Entwicklung einer medikamentösen Sekundärprophylaxe.
Berücksichtigt man den starken Anstieg der Proliferationsrate innerhalb der ersten sieben Tage nach Angioplastie und die kontinuierliche Zunahme der intimalen Zellagen bis vier Wochen nach Angioplastie, erscheint eine pharmakologische Beeinflussung der SMC-Proliferation innerhalb der ersten vier Wochen nach PTCA sinnvoll.

Zusammenfassung

In der Behandlung der koronaren Herzkrankheit wird aus klinischer Sicht der primäre Erfolg der PTCA häufig durch das Auftreten einer Restenose im dilatierten Gefäßabschnitt limitiert. Um den zeitlichen Verlauf der SMC-Proliferation nach Angioplastie experimentell zu untersuchen, wurde in der vorliegenden Studie eine Ballondilatation unter standardisierten Bedingungen am Kaninchen durchgeführt. Die prozentuale Bestimmung der Proliferationsrate glatter Muskelzellen nach Applikation von Bromdesoxiuridin ergab ein Maximum bis zum siebenten Tag nach Angioplastie. Bereits fünf Wochen nach Dilatation war im Vergleich zur Kontrollgruppe keine erhöhte SMC-Proliferation mehr nachweisbar. Eine Zunahme der intimalen Zellagen glatter Muskelzellen wurde bis vier Wochen nach Angioplastie beobachtet. Bei der quantitativen Erfassung der SMC-Proliferationsrate zeigte sich eine relativ kleine Streuung der Einzelwerte in den verschiedenen Gruppen. Daher erscheint das hier vorgestellte Modell der experimentellen Angioplastie geeignet, die Problematik der Restenosierung nach PTCA unter standardisierten Bedingungen zu untersuchen, besonders im Hinblick auf die Entwicklung einer medikamentösen Sekundärprophylaxe.

Literaturverzeichnis

1 Apfel H, Betz E, Strohschneider T. Änderungen der Permeabilität und der elektrischen Leitfähigkeit von Arterienwänden bei der experimentellen Atherogenese. Funktionsanalyse biologischer Systeme. Stuttgart: Steiner-Verlag, 1986; 15: 27—33.

2 Austin GE, Ratliff NB, Hollmann J, Tabei S, Phillips DF. Intimal proliferation of smooth muscle cells as an explanation for recurrent coronary artery stenosis after percutaneous transluminal coronary angioplasty. J Am Coll Cardiol 1985; 6: 369—375.

3 Betz E, Hämmerle H, Strohschneider T. Inhibition of smooth muscle cell proliferation and endothelial permeability with Flunarizine in vitro and in experimental atheromas. Res Exp Med 1985; 185: 325—340.

4 Betz E, Schlote W. Responses of vessel walls to chronically applied electrical stimuli. Basic Res Cardiol 1979; 74: 10—20.

5 Block PC, Baughman KL, Pasternak RC, Fallon JT. Transluminal angioplasty: Correlation of morphologic and angiographic findings in an experimental model. Circulation 1980; 61: 778—785.

6 Castaneda-Zuniga WR, Formanek A, Tadavarthy M, Vlodaver Z, Edwards JE, Zollikofer C, Amplatz K. The mechanism of balloon angioplasty. Radiology 1980; 135: 565—571.

7 David PR, Renkin J, Moise A, Dangoisse V, Guiteras PG, Bourassa MG. Can patient selection and optimization of technique reduce the rate of restenosis after percutaneous transluminal coronary angioplasty? Am Coll Cardiol 1984; 3: 470.

8 Essed CE, Van Den Brand M, Becker AE. Transluminal coronary angioplasty and early restenosis. Fibrocellular occlusion after wall laceration. Br Heart J 1983; 49: 393—396.

9 Faxon DP, Sanborn TA, Weber VJ, Haudenschild C, Gottsman SB, McGovern WA, Ryan T. Restenosis following transluminal angioplasty in experimental atherosclerosis. Arteriosclerosis 1984; 4: 189—195.

10 Grüntzig AR. Transluminal dilatation of coronary artery stenosis. Lancet 1978; i: 263.

11 Heinle H, Kling D, Lindler V. Increased contractile responses of isolated arteriosclerotic rabbit carotid arteries to various vasoactive stimuli. International Angiology. 1987; 6: 53—58.

12 Holmes DR, Vlietstra RE, Smith HC, Vetrovec GW, Kent KM, Cowley MJ, Faxon DP, Gruentzig AR, Kelsey SF, Detre KM, Van Raden MJ, Mock MB. Restenosis after percutaneous transluminal coronary angioplasty (PTCA): A Report from the PTCA Registry of the National Heart, Lung, and Blood Institutes. Am J Cardiol 1984; 53: 77c.

13 Kaltenbach M, Kober G, Scherer D, Vallbracht C. Rezidivhäufigkeit nach erfolgreicher Ballondilatation von Kranzarterienstenosen. Z Kardiol 1984; 73: 161.

14 KALTENBACH M, KOBER G, SCHERER D, VALLBRACHT C. Recurrence rate after successful coronary angioplasty. Eur Heart J 1985; 6: 276—281.

15 KALTENBACH M, SIEVERT H, VALLBRACHT C, KOBER G. Wirkungsmechanismus und Langzeitergebnisse der Ballondilatation von Kranzgefäßverengungen. Z Kardiol 1986; 75, 5: 77—81.

16 KLING D. Initiale morphologische Gefäßwandveränderungen bei experimentell erzeugten fibromuskulären Plaques und Atheromen. In: BETZ E, Hrsg. Frühveränderungen bei der Atherogenese. Bern-Wien-San Franzisco: Zuckschwerdt Verlag, 1987.

17 KLING D, HOLZSCHUH T, STROHSCHNEIDER T, BETZ E. Enhanced endothelial permeability and invasion of leukocytes into the artery wall as initial events in experimental arteriosclerosis. International Angiology 1987; 6: 21—28.

18 LEVINE S, EWELS CJ, ROSING DR, KENT KM. Coronary angioplasty: clinical and angiographic follow-up. Am J Cardiol 1983; 55: 673.

19 LYON RT, ZARINS CK, LU CT, YANG CF, GLAGOV S. Vessel, plaque, and lumen morphology after transluminal balloon angioplasty. Quantitative study in distended human arteries. Arteriosclerosis 1987; 7: 306—314.

20 MABIN TA, HOLMES DR, SMITH HC, VLIESTRA RE, REEDER GS, BRESNAHAN JF, BOVE AA, HAMMES LN, ELVEBACK LR, ORSZULAK TA. Follow-up clinical results in patients undergoing percutaneous transluminal coronary angioplasty. Circulation 1985; 71:754.

21 ROSS R. The pathogenesis of atherosclerosis — an update. N Engl J Med 1986; 314: 488.

22 ROSS R, FAGGIOTTO A, BOWEN-POPE D, RAINES E. The role of endothelial injury and platelet and macrophage interactions in atherosclerosis. Circulation 1984; 70: 3—77.

23 ROSS R, GLOMSET JA. The pathogenesis of atherosclerosis. N Engl J Med 1976; 295: 369—377.

24 ROSS R, GLOMSET JA. The pathogenesis of atherosclerosis. N Engl J Med 1976; 295: 420—425.

25 STEELE PM, CHESEBRO JH, STANSON AW, HOLMES DR jr, DEWANJEE MK, BADIMON L, FUSTER V. Balloon Angioplasty. Natural history of the pathophysiological response to injury in a pig model. Circ Res 1985; 57: 105—112.

26 STROHSCHNEIDER TF. Permeabilität des Arterienendothels bei tierexperimenteller Arteriosklerose im Initialstadium, im progredienten Stadium und unter dem Einfluß von Calcium-Antagonisten. Inaug Dissertation Med Fak Tübingen, 1987.

27 THORNTON MA, GRUENTZIG AR, HOLLMANN J, KING SB, DOUGLAS JS. Coumadin and aspirin in prevention of recurrence after transluminal coronary angioplasty: a randomized study. Circulation 1984; 69: 721.

28 VALLBRACHT C, HERRMANSSON S, KOBER G, KALTENBACH M. Angiographische und funktionelle Langzeitergebnisse zwei bis acht Jahre nach Koronarangioplastie. Z Kardiol 1987; 76: 713—717.

29 WILENTZ JR, SANBORN TA, HAUDENSCHILD CC, VALERI CR, RYAN TJ, FAXON DP. Platelet accumulation in experimental angioplasty: time course and relation to vascular injury. Circulation 1987; 75: 636—642.

Ultrastrukturelle und histochemische Befunde an Plaquematerial, das mit dem Simpson Atherektomie-Katheter extrahiert wurde

I. Schinko, U. Welsch
Anatomische Anstalt, Universität München

G. Bauriedel, B. Höfling
I. Medizinische Klinik, Klinikum Großhadern, Universität München

Einleitung

Der Simpson Atherektomie-Katheter bietet die Möglichkeit, bei Patienten mit arteriellem Verschlußleiden schonend perkutan stenosierendes Plaquematerial zu gewinnen, das rasch weiterführender Diagnostik, wie z. B. elektronenmikroskopischen und histochemischen Untersuchungen zugeführt werden kann. Aufgrund dieses neuartigen »Biopsieverfahrens« kann die Analyse des Plaquematerials weitgehend frei von Artefakten erfolgen, was Voraussetzung für ein Verständnis der Entstehung einer Plaque ist.

Material und Methoden

Transmissionselektronenmikroskopie:
Das mit dem 9 F Simpson Atherektomie-Katheter abgetragene Plaquematerial limitierender Stenosen der Arteria femoralis superficialis und Arteria poplitea von 16 Patienten wurde sofort nach der Entnahme mit 3,5 %igem Glutaraldehyd in Phosphatpuffer fixiert; Nachfixierung in OsO_4, Dehydrierung in Äthanol, Einbettung über Propylenoxid in Araldit. Die Ultradünnschnitte wurden mit Uranylazetat und Bleizitrat kontrastiert und mit einem Philips Elektronenmikroskop CM 10 untersucht.

Histochemie:
Gewebsproben wurden in gepuffertem 4 %igen Formol fixiert. An Kryostatschnitten wurden Reaktionen für Alpha-Naphthyl-Azetat-Esterase und saure Phosphatase und an Paraplastschnitten wurde die PAS-Reaktion durchgeführt (nach Bancroft und Stevens 1982).

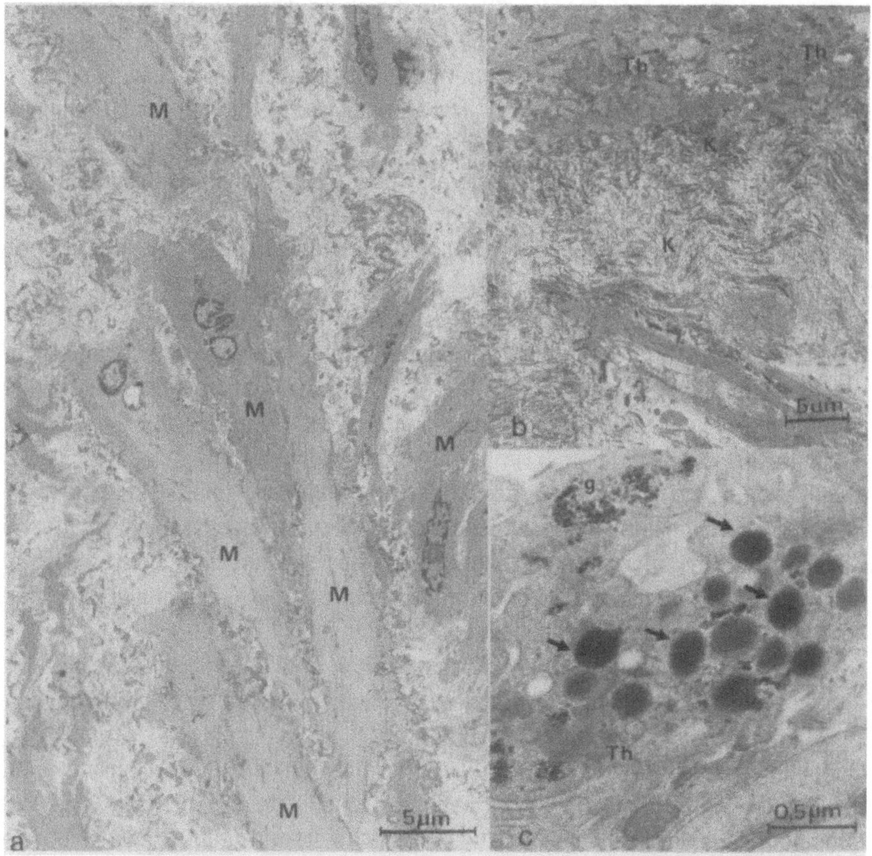

Abb. 1a—c: Atherosklerotische Plaques mit glatten Muskelzellen (a) und Thrombozyten auf der Oberfläche (b, c)

a) Langgestreckte, glatte Muskelzellen in einer Restenose in verschiedenen Verlaufsrichtungen
b) Auf der Oberfläche des kollagenfaserreichen (K) Bindegewebes liegt eine Schicht von Thrombozyten (Th)
c) Thrombozyt (Th) mit dichten Granula (Pfeile) und Glykogen (g)

Ergebnisse

In keiner der Gewebsproben von hochgradigen Stenosen fanden wir Endothelzellen. Die lumenwärtige Oberfläche war statt dessen von einer Thrombozytenschicht bedeckt (Abb. 1d); die Thrombozyten der obersten Lage enthalten oft noch die für sie typischen dichten Granula (Abb. 1c), während die Mehrzahl der Thrombozyten degranuliert ist. Vereinzelt schließt sich an diese Thrombozytenschicht eine Lage aus Fibrin mit nekrotischen Blutzellen an. Das darunter liegende Bindegewebe besteht aus speziellen glatten Muskelzellen, Makrophagen, Kollagenfibrillen, elastischen Fasern und Membranen sowie einer umfangreichen amorphen Matrix.

Der am häufigsten vorkommende Zelltyp ist die modifizierte glatte Muskelzelle, die einzeln oder auch — insbesondere bei einer Restenose — in Gruppen auftritt, wobei die Muskelzellen unterschiedliche Verlaufsrichtungen haben können (Abb. 1a). Auffällig ist bei diesen Zellen ihr Organellenreichtum vor allem im perinukleären Zytoplasma, aber z. T. auch in der Peripherie der Fortsätze. Weite Zisternen des rauhen ER und ein großer Golgiapparat sind Hinweise auf eine hohe Syntheseaktivität (Abb. 2a). In verschiedener Häufigkeit treten Mitochondrien und lysosomale Körper sowie Glykogenpartikel auf. Die periphere Zone des Zytoplasmas wird vorwiegend von 5 nm Myofilamenten (Alpha-Aktin) ausgefüllt. Diese Myofilamente sind in dichten intrazellulären sogenannten Adhäsionsplaques verankert. Das Plasmalemm bildet zwischen solchen Adhäsionsstellen zahlreiche Caveolen, deren Häufigkeit auf Tangentialschnitten besonders gut zu erkennen ist (Abb. 2b). Elektrotonische Zellkontakte (gap junctions) sind vorwiegend zwischen Fortsätzen der glatten Muskelzellen ausgebildet.

Neben langgestreckten glatten Muskelzellen kommen vereinzelt auch sternförmige Zellen vor, die in ihrer Peripherie zahlreiche Myofilamente und auch Glykogeneinlagerungen enthalten.

Charakteristisch für Plaques sind Lipideinlagerungen, die morphologisch recht unterschiedlich gestaltet sind. Am häufigsten sind in glatten Muskelzellen gelegene, rundliche, teils konfluierende Lipidtropfen, seltener intra- wie auch extrazelluläre Cholesterinkristalle (Abb. 2c). Besonders auffällig ist, daß selbst intrazelluläre Cholesterinkristalle bis zu 40 µm langgestreckt sein können. Lipidtropfen, die offenbar konfluiert sind, füllen teilweise fast die gesamte Zelle aus, so daß nur ein sehr schmaler Zytoplasmarand übrig bleibt; Aktinfilamente und Organellen sind dann kaum mehr zu finden.

Ein anderer Zelltyp in den Plaques sind Makrophagen, die elektronenmikroskopisch im aufgearbeiteten Material nur selten zu finden waren und lichtmikroskopisch durch ihren Gehalt an Alpha-Naphthyl-Azetat-Esterase und saurer Phosphatase zu erkennen sind. Die positive Reaktion ist in ihren Lysosomen lokalisiert. Beide Enzyme reagieren auch mit granulären Einschlüssen von glatten Muskelzellen. Elektronenmikroskopisch ist zu erkennen, daß die Makrophagen neben ihren typischen lysosomalen Einschlüssen vereinzelt auch Lipideinlagerungen enthalten (Abb. 2d). Zu den in einer Plaque gefundenen Zelltypen gehören auch

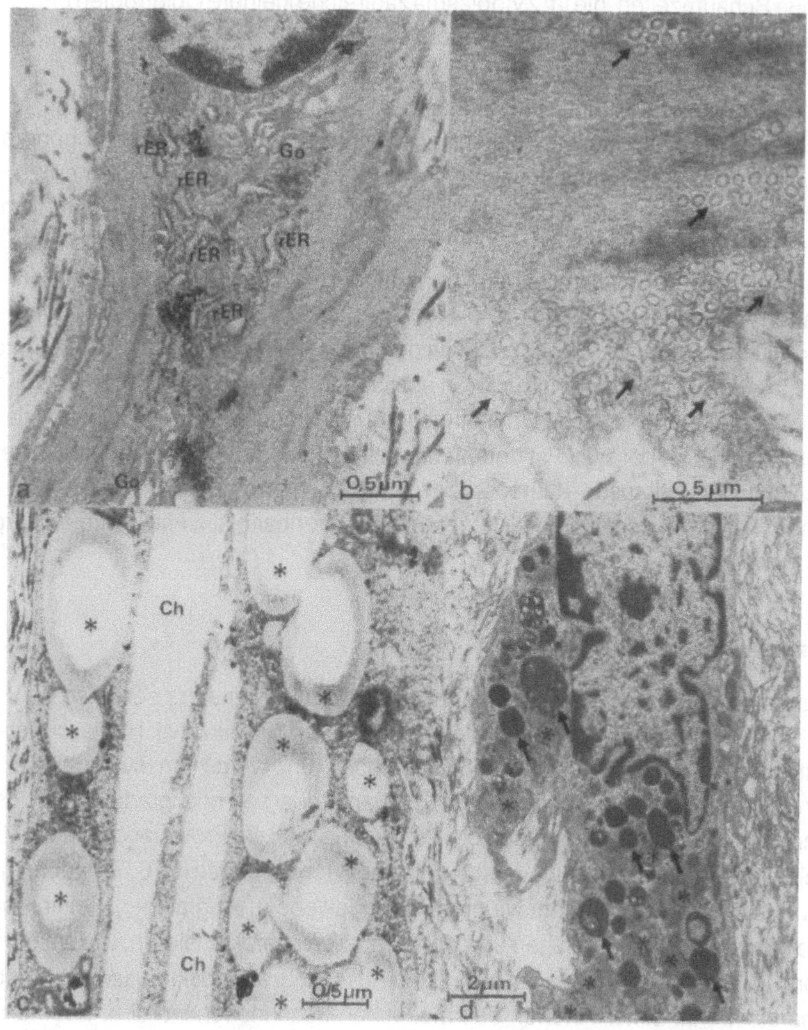

Abb. 2a—d: Ultrastrukturelle Details der glatten Muskelzellen (a—c) und eines Makrophagen (d) aus einer atherosklerotischen Plaque.

a) Glatte Muskelzellen mit reich entwickelten synthetischen Organellen; rER = rauhes endoplasmatisches Retikulum, Go = Golgi-Apparat
b) Tangentialschnitt durch die Randzone einer glatten Muskelzelle mit zahlreichen Caveolen (Pfeile)
c) Lipidtropfen (*) und Cholesterinkristalle (Ch) in glatter Muskelzelle
d) Makrophage mit polymorphen lysosomalen Einschlüssen (Pfeile) und Lipidtropfen (*)

große Schaumzellen, die im Zytoplasma zahlreiche kleinere Lipidtropfen enthalten und meist in Gruppen nebeneinander liegen.

Extrazelluläre Matrix einer Plaque:
Neben zahlreichen Kollagenfibrillen finden wir regional einen auffällig hohen Anteil an elastischen Membranen mit amorphem Anteil und 10 nm Mikrofilamenten, die sich lichtmikroskopisch z. B. mit Resorzin-Fuchsin anfärben. Verbreitet tritt amorphes feinflockiges Matrixmaterial auf, das Proteoglykanen entsprechen dürfte. Als Besonderheit der extrazellulären Matrix fanden wir, daß die Basalamina, die die glatten Muskelzellen umgibt, verschiedene Dicke hat und eine Ausdehnung von bis zu 0,7 µm erreicht. Sie läßt sich mit der PAS-Reaktion anfärben. Aus Lipidtropfen entstandene Membranstrukturen sowie amorphe, wahrscheinlich durch Konfluieren entstandene große Lipidanreicherungen kommen extrazellulär vor, daneben fanden sich bei zwei Patienten extrazellulär gelegene Cholesterinkristalle. In den mit dem Simpson-Katheder gewonnenen Gewebsproben fanden wir bei einem Patienten sogar kleine Blutgefäße, die offenbar bis in Plaqueregion vorgedrungen waren.

Diskussion

Aufbau und Funktion eines Simpson-Atherektomie-Katheters sowie seine klinische Anwendung wurden von Simpson et al. [8] und Höfling et al. [4] beschrieben, auf seine Anwendbarkeit zur Gefäßwandbiopsierung wurde von Bauriedel et al. [2] hingewiesen. Unsere Ergebnisse für Plaquematerial von hochgradigen Stenosen peripherer Arterien unterstützen die Auffassung, daß die Proliferation glatter Muskelzellen ein Schlüssel zum Verständnis der Arteriosklerose ist [6, 7]. Neben glatten Muskelzellen konnten wir im Plaquegewebe hochgradiger, limitierender Gefäßstenosen Makrophagen und Schaumzellen charakterisieren, wie sie bereits von Gown et al. [3], Orekhov et al. [5] und Ross [6] in arteriosklerotischen Plaques operativ behandelter Arterien des Menschen beschrieben wurden. Ebenfalls in Übereinstimmung mit Gown et al. [3] fanden sich in aufgearbeitetem Gewebe keine Endothelzellen. In den von uns untersuchten hochgradigen Stenosen sind die z. T. synthetisch sehr aktiven modifizierten glatten Muskelzellen der häufigste Zelltyp. Unsere ultrastrukturellen Befunde sprechen dafür, daß diese glatten Muskelzellen für die Vermehrung der extrazellulären Matrix mit kollagenen und elastischen Bestandteilen verantwortlich sind. Auffällig ist u.a. auch die bis zu 0,7 µm dicke perizelluläre amorphe Schicht, die als Zeichen einer Überproduktion von basallaminaähnlicher, glykoproteinreicher Substanz angesehen werden kann.

Rundliche bis ovale intrazelluläre Lipidtropfen konfluieren teilweise und liegen unmittelbar neben Cholesterinkristallen. Wir vermuten daher, daß Kristalle aus Lipidtropfen hervorgehen können. Lipidanreicherung im Zytoplasma der glatten Muskelzellen ist offensichtlich Ausdruck eines Überangebotes von Cholesterin in der Umgebung der Zellen, das in die Zelle transportiert und dort nicht abgebaut wird.

Literaturverzeichnis

1 Bancroft JD, Stevens A. Theory and practice of histological techniques. Edinburgh-London-Melbourne-New York: Churchill Livingston, 1982.

2 Bauriedel G, Dartsch PC, Voisard R, Roth D, Höfling B, Betz E. Selective percutaneous »biopsy« of atheromatous plaque tissue for cell culture. Basic Res Cardiol 1989; 84: 326–331.

3 Gown AM, Tsukada T, Ross R. Human atherosclerosis. II. Immunocytochemical analysis of cellular composition of human atherosclerosis lesions. Am J Pathol 1986; 125: 191–207.

4 Höfling B, Simpson JB, Backa D, Stäblein A, Remberger K, Martin E, Lauterjung L, Lauch KW, Arnim von TH. Perkutane transluminale Exzision von okkludierendem Plaquematerial (»Atherektomie«) mit einem neuen Katheter. Z Herz Thorax Gefäßchir 1987; 1: 124–129.

5 Orekhov AN, Andreeva ER, Krushinsky AV, Novikov ID, Tertov VV, Nestaiko GV, Khashimov KHA, Repin VS, Smirov VN. Intimal cells and atherosclerosis. Relationship between the number of intimal cells and major manifestations of atherosclerosis in human aorta. Am J Pathol 1986; 125: 402–415.

6 Ross R. The pathogenesis of atherosclerosis – an update. N Engl J Med 1986; 314: 488–500.

7 Sandritter W, Bennecke G. Allgemeine Pathologie. Stuttgart-New York: F. K. Schattauer Verlag, 1988.

8 Simpson JB, Johnson DE, Thapliyal HV, Marks DS, Braden LJ. Transluminal atherectomy: A new approach to the treatment of atherosclerotic vascular disease. Circulation 1985; 2, 72: 3–146.

Wirkung von Nikotin und Raucherserum auf kultivierte Gefäßwandzellen des Menschen

P. C. Dartsch
Physiologisches Institut I der Universität Tübingen

Epidemiologische, biochemische und zellbiologische Studien haben gezeigt, daß die Atherosklerose des Menschen ein multifaktorielles Ursachengefüge hat [12, 13, 18, 22]. Im Vordergrund stehen dabei atherogene Risikofaktoren, deren wichtigste die Hyperlipidämie und Hypercholesterinämie, die arterielle Hypertension, der Nikotinabusus, Diabetes mellitus und lokale hämodynamische Faktoren (mechanische Kräfte, Störungen des Wandbaues, Entzündung) sind. Diese Risikofaktoren begünstigen die Entwicklung der Atherosklerose. Von den genannten Faktoren sind drei, nämlich Nikotinabusus, arterieller Hochdruck und Hypercholesterinämie, besonders intensiv untersucht worden. So hat ASSMANN [1] in einer Reihe von Beobachtungen gezeigt, daß ein Zusammenhang zwischen reichlichem Nikotingenuß und Herzinfarkt besteht. Im Vordergrund steht jedoch nicht die akute Schädigung durch übermäßiges Rauchen, sondern die Wirkung, die jahre- und jahrzehntelanger Tabakkonsum auf die Gefäße hat. In einer großen Zahl statistischer Untersuchungen wurde eine signifikante Korrelation zwischen Zigarettenkonsum und koronarer Herzkrankheit, insbesondere Herzinfarkt, aufgezeigt [8, 9, 10, 20]. Speziell bei jüngeren Zigarettenrauchern war dieser Zusammenhang erkennbar. Der pathogenetische Mechanismus ist noch unklar. Möglich ist ein direkter Einfluß des Nikotins auf den Stoffwechsel der Gefäßwand, auf die Lipidkonzentration, insbesondere die der Lipoproteine, im Blut und eine Schädigung durch den Anstieg der Kohlenmonoxidkonzentration [2, 16].

Zur Aufklärung der Pathogenese der Atherosklerose ist eine möglichst breit angelegte Forschung notwendig, die die klinische Beobachtung des Einzelfalles, die Anwendung moderner statistischer Methoden sowie tierexperimentelle Beobachtungen einschließt. Die In-vitro-Untersuchung von atherosklerotischen Risikofaktoren anhand von Zellkulturen der Gefäßwände, speziell anhand der Humanzellkultur, beginnt erst jetzt an Bedeutung zu gewinnen. In der vorliegenden zellbiologischen Studie wurde zunächst der Einfluß von Nikotin auf das Proliferationsverhalten von kultivierten glatten Muskelzellen und Endothelzellen des Menschen untersucht. Um die Nikotinwirkungen unter in-vivo-nahen Bedingungen zu erfassen, wurde durch einen standardisierten Testassay gesunden Probanden in unterschiedlichen Zeitabständen nach einmaliger Nikotinzufuhr durch Zigaretten- oder Pfeifenrauchen Blut entnommen und das nach Zentrifugation gewonnene Serum an glatten Muskelzell- und Endothelzellkulturen aus der Gefäßwand des Menschen ausgetestet.

Isolierung, Kultivierung und Identifizierung der Gefäßwandzellen

Als Ausgangsmaterial für die Isolierung von Endothelzellen wurden Reststückchen der Vena saphena magna nach Bypass-Operationen verwendet; die glatten Muskelzellen wurden aus Stückchen der Arteria carotis isoliert, die bei Sektionen im Pathologischen Institut der Universität Tübingen bei jugendlichen und älteren verstorbenen Erwachsenen entnommen worden waren.
Die Gewinnung von Endothelzellen und glatten Muskelzellen wurde durch enzymatische Disaggregation des Gewebes durchgeführt wie von Dartsch et al. [6] beschrieben. Die Zellen wurden im Brutschrank bei 37° C in einer wasserdampfgesättigten Atmosphäre mit 7 % CO_2-Begasung inkubiert. Als Kulturmedium für die Endothelzellen wurde ein Gemisch aus DMEM/Ham F12 (2:8; v/v) und für glatte Muskelzellen ein Gemisch aus Waymouth's MB 752/1 und Ham F12 (1:1, v/v) verwendet. Mit Ausnahme der Untersuchungen zur Wirkung des Raucherserums wurden die Kulturmedien mit 10 % fetalem Kälberserum (Gibco BRL) supplementiert sowie den üblichen Mengen an Antibiotika. Den Endothelzellkulturen wurde zur Verbesserung des Basiswachstums noch 25 µg/ml Endothelzellwachstumsfaktor (ECGF; Boehringer Mannheim) in Kombination mit 50 µg/ml Heparin Grad I (Sigma Chemie) zugesetzt [21].
Die Endothelzellen wurden wie folgt identifiziert [7, 11, 14]: Polygonale Zellgestalt, postkonfluentes »cobblestone«-Wachstumsmuster, positive Silbernitratfärbung der Zellgrenzen, marginales Aktinnetzwerk, positive Reaktion mit Antikörpern gegen das Faktor VIII assoziierte Antigen. Die glatten Muskelzellen wurden durch ihre spindel- bis segelförmige Zellgestalt, das postkonfluente Übereinanderschichten unter Bildung eines »hill-and-valley«-Wachstumsmusters, die Bildung von »nodules« sowie durch ihre positive Reaktion mit Antikörpern gegen glattmuskuläres Alpha-Aktin identifiziert [17, 19].

Einfluß von Nikotin auf die Proliferation und das Zytoskelett kultivierter Endothelzellen und glatter Muskelzellen des Menschen

Nach den Untersuchungen von Bauch et al. [4] bewirkt die Zugabe von Nikotin zu kultivierten Endothelzellen aus Schweineaorten im Konzentrationsbereich von 1×10^{-3} bis 3×10^{-3} mol/l eine Aktivierung der Zellen, d. h. eine Steigerung der Zellproliferationsrate. Höhere Nikotinkonzentrationen führten in diesen Untersuchungen zu einem stark verminderten Wachstum oder zeigten toxische Effekte. Die In-vivo-Untersuchungen von Czonka et al. [5] ergaben jedoch, daß nach dem Rauchen einer Zigarette im Blut »nur« 25 bis 50 ng/ml Nikotin zu finden sind. Dies entspricht einer Konzentration von 5×10^{-7} mol/l.

Ausgehend von diesen um mehrere Zehnerpotenzen voneinander differierenden Befunden zwischen der Situation in vitro und in vivo, wurde in der vorliegenden Studie der Effekt von Nikotin auf glatte Muskelzell- und Endothelzellkulturen des Menschen durch Zugabe von Nikotinbase im Konzentrationsbereich von 1×10^{-7} bis 5×10^{-3} mol/l untersucht. Wie in Abb. 1 dargestellt, war die Proliferationsrate von glatten Muskelzellen und Endothelzellen des Menschen bis zu einer Konzentration von 5×10^{-4} mol/l nicht signifikant verändert. Bei höheren Nikotinkonzentrationen zeigte sich ein akuter zytotoxischer Effekt, der gekennzeichnet war durch lange zytoplasmatische Ausläufer, Zellhypertrophie, Vakuolisierung im perinukleären Bereich und sogar vollständige Lyse der Zellen. Die toxischen Effekte waren auch auf Zytoskelettebene bei der spezifischen Darstellung von Aktin, Vimentin und Mikrotubuli durch indirekte Immunfluoreszenz mit spezifischen Antikörpern eindeutig nachweisbar (Abb. 2).

Vergleichende Untersuchungen mit Endothelzellen und glatten Muskelzellen aus Schweineaorten sowie glatten Muskelzellen aus Kaninchenaorten zeigten, daß glatte Muskelzellen vom Tier sich in ihrer Zellteilungsaktivität nicht signifikant von den nikotinunbehandelten Kontrollen unterschieden. Bei Endothelzellen dagegen war die Proliferationsrate unter Nikotineinfluß stets erhöht. Akute zytotoxische Effekte waren erst ab einer Konzentration von $2{,}5 \times 10^{-3}$ mol/l zu registrieren, d. h. die Gefäßwandzellen vom Tier waren erheblich weniger empfindlich als die des Menschen.

Einfluß von Raucherserum auf die Proliferation und Zellgrößenverteilung kultivierter Endothelzellen und glatter Muskelzellen des Menschen

In einer Übersichtsarbeit [15] stellten Jellinek und Takacs 1988 dar, daß nach den Untersuchungen von Augustin et al. [3] das Plasma 20 min nach dem Genuß einer Zigarette Komponenten enthält, die bei normalen Patienten nicht nachweisbar

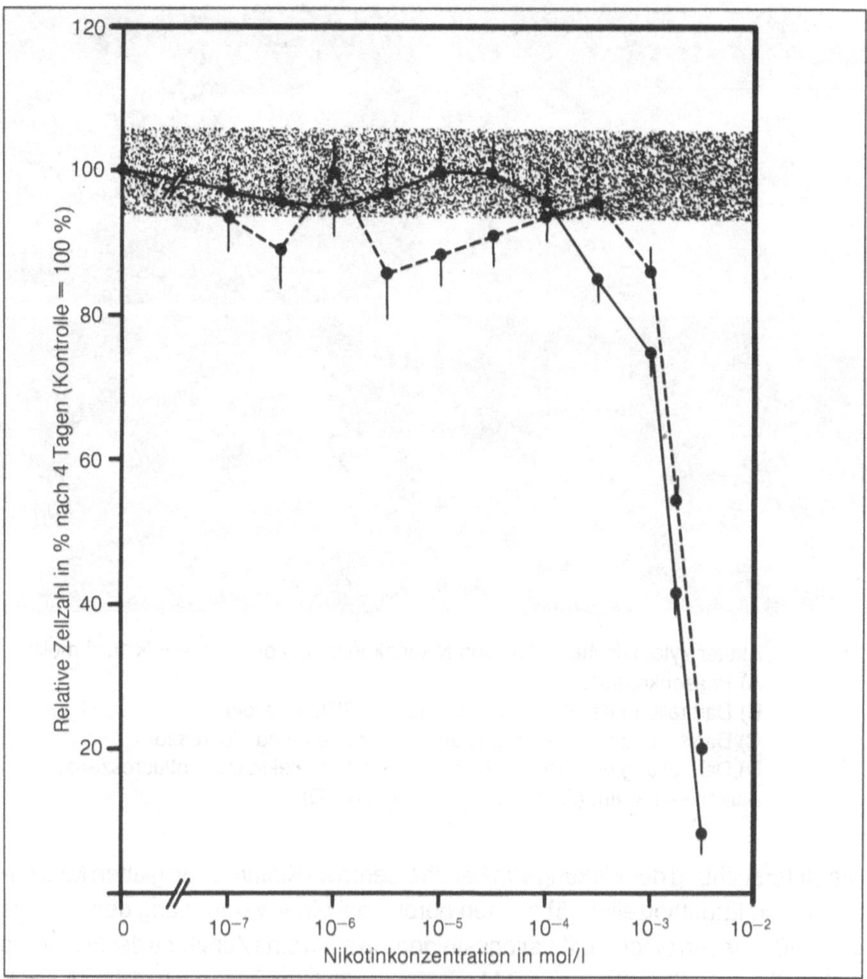

Abb. 1: Einfluß von unterschiedlichen Nikotinkonzentrationen auf die Proliferation kultivierter glatter Muskelzellen (●----●) und Endothelzellen (●——●) des Menschen. Zum Vergleich: Nach dem Rauchen einer Zigarette enthält das Blut 5×10^{-7} mol/l Nikotin.

sind. Die Untersuchung solcher Seren an Endothelzellkulturen des Menschen zeigte nach nur 24stündiger Inkubation, daß sich die Mitoserate gegenüber den Kontrollen um das Dreifache erhöht hatte. Vom zweiten bis dritten Tag an hatten die Endothelzellen ihre typischen Charakteristika verloren; es entstanden mehrkernige Riesenzellen.

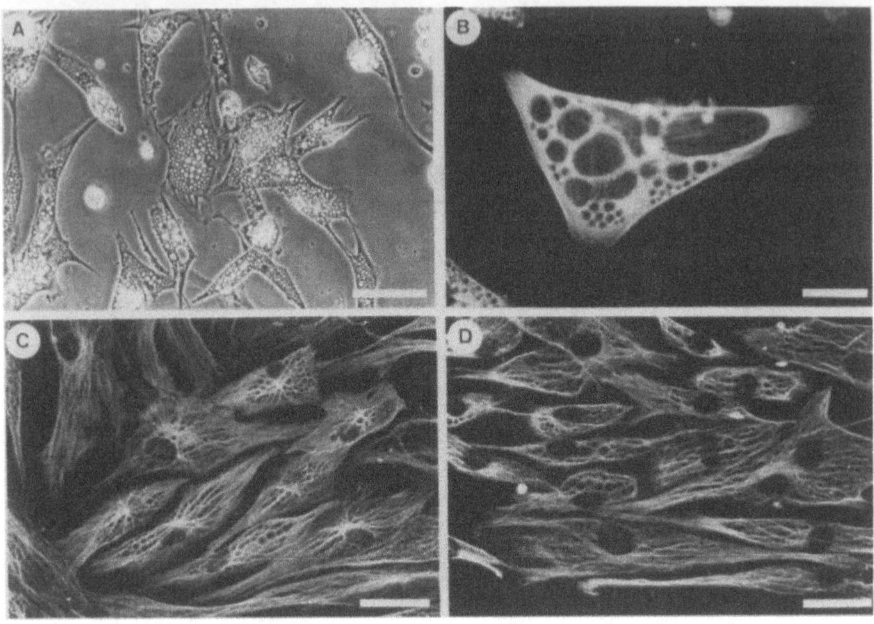

Abb. 2: Akuter zytotoxischer Effekt von Nikotinkonzentrationen über 5×10^{-4} mol/l
A) Phasenkontrast
B) Darstellung der Aktinfilamente durch TRITC-Phalloidin
C) Darstellung der Mikrotubuli durch indirekte Immunfluoreszenz
D) Darstellung der Vimentinfilamente durch indirekte Immunfluoreszenz.
Balken — 100 µm (A); 30 µm (B), 50 µm (C, D).

Die Untersuchung der Wirkung von Raucherseren an Kulturen von glatten Muskelzellen und Endothelzellen [5] zeigten bereits bei einer Verdünnung des Serums von $1:10^{-7}$ neben einer Proliferationssteigerung auch eine Zunahme der Filamente in Endothelzellkulturen mit einem Maximum am zweiten Tag. Auch glatte Muskelzellen wiesen eine erhöhte Mitoserate auf, während das Raucherserum auf Fibroblastenkulturen keine Wirkung hatte.
Im Vergleich hierzu demonstrierten die Ergebnisse von Bauch et al. [4] an kultivierten Endothelzellen aus Umbilikalvenen stark rauchender Mütter eine verminderte Proliferation im Vergleich zu Zellen aus Umbilikalvenen nichtrauchender gesunder Individuen.
In Erweiterung der von Jellinek und Takacs dargestellten Untersuchungen wurden bei drei gesunden männlichen Probanden im Alter zwischen 30 und 35 Jahren jeweils 80 bis 100 ml Blut in Abständen von jeweils 30 min nach dem einmaligen

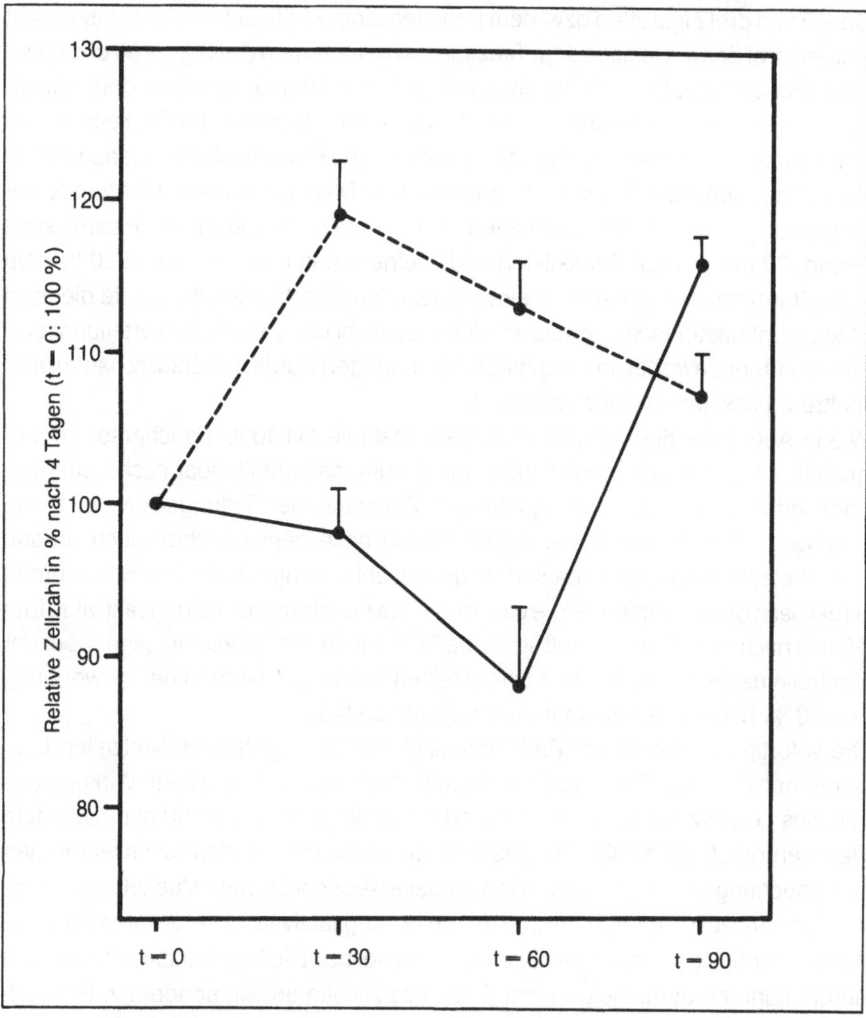

Abb. 3: Kurzzeit-Proliferationsstudie mit 10 % Raucherserum, entnommen nach t = 30, t = 60 und t = 90 min nach dem einmaligen Rauchgenuß von drei Zigaretten. Der Wert von t = 0 stellt die Kontrolle dar und wurde vor Rauchbeginn nach mindestens 8stündigem Rauchentzug angelegt. Glatte Muskelzellen (●-----●); Endothelzellen (●——●).

Genuß von drei Zigaretten bzw. dem Rauchen einer Pfeife entnommen. Insgesamt wurden drei Zeitwerte nach dem Tabakgenuß entnommen (t = 30, t = 60 und t = 90 min). Der Zeitwert t = 0 diente als jeweilige Kontrolle und wurde vor dem Rauchbeginn nach mindestens 8stündigem Nikotinentzug angelegt. Im Falle eines stark rauchenden Probanden wurde zusätzlich noch eine Probe nach dem Genuß von 40 Zigaretten, über den Tag verteilt, entnommen. Das so erhaltene Blut wurde zur Gewinnung des Plasmas zentrifugiert (2 × 15 min bei 5.000 g), das Plasma steril filtriert, 30 min bei 56° C inaktiviert und in einem Anteil von 10 % und 20 % dem Zellkulturmedium zugesetzt. In einer Kurzzeitproliferationsstudie wurde die nach 4tägiger Inkubationszeit jeweils erhaltene Zellzahl und Zellgrößenverteilung registriert und ausgewertet. In Langzeituntersuchungen wurde das Zellwachstum über mehrere Passagen hinweg registriert.

Wie in Abb. 3 für die Kurzzeit-Proliferationsstudie mit 10 % Raucherserum dargestellt, zeigten glatte Muskelzellen mit Serum, das unmittelbar nach dem Rauchen erhalten wurde, eine signifikante Zunahme der Teilungsaktivität. Diese erhöhte Proliferationsrate war selbst 90 min nach dem Rauchen noch erhöht. Endothelzellen dagegen reagierten genau entgegengesetzt: Die Serumprobe direkt nach dem Rauchen zeigte eine deutliche Abnahme der Teilungsaktivität. Erst 90 min nach dem Rauchen ließ sich eine Stimulation der Zellteilung gegenüber der Kontrolle nachweisen. Die hier dargestellten Wirkungen wurden bei Verwendung von 20 % Raucherserum im Kulturmedium verstärkt.

Die sofortige Zunahme der Proliferationsaktivität von glatten Muskelzellen bzw. deren Abnahme bei Endothelzellen könnte einerseits auf die direkte Wirkung des Nikotins zurückzuführen sein, während die Wirkungen 60 und 90 min nach dem Rauchen durch die Metabolite des Nikotins entstehen. Andererseits war in den Untersuchungen mit Zugabe von Nikotinbase weder bei glatten Muskelzellen noch bei Endothelzellen eine Änderung der Zellteilungsaktivität im relevanten Konzentrationsbereich gegenüber der Kontrolle feststellbar. Die Ergebnisse mit Raucherserum könnten demzufolge nicht durch das Nikotin selbst, sondern z. B. durch vermehrte Adrenalin/Noradrenalin-Ausschüttung beeinflußt werden. Die proliferationsfördernde Wirkung von Adrenalin/Noradrenalin auf die mitotische Aktivität kultivierter glatter Muskelzellen des Menschen ist von Roth bereits gezeigt worden (unveröffentlicht).

In Langzeit-Proliferationsstudien glatter Muskelzellen mit 10 % Raucherserum über drei Passagen (Abb. 4) blieb die Stimulation der Zellteilungsaktivität konstant gegenüber der Kontrolle erhöht. Bei einem direkten Übergang von Raucherserum t = 60 auf Raucherserum t = 0 nach drei Passagen reduzierte sich die erhöhte Proliferationsrate sofort auf die der Kontrolle, was eindeutig für einen adaptiven Vor-

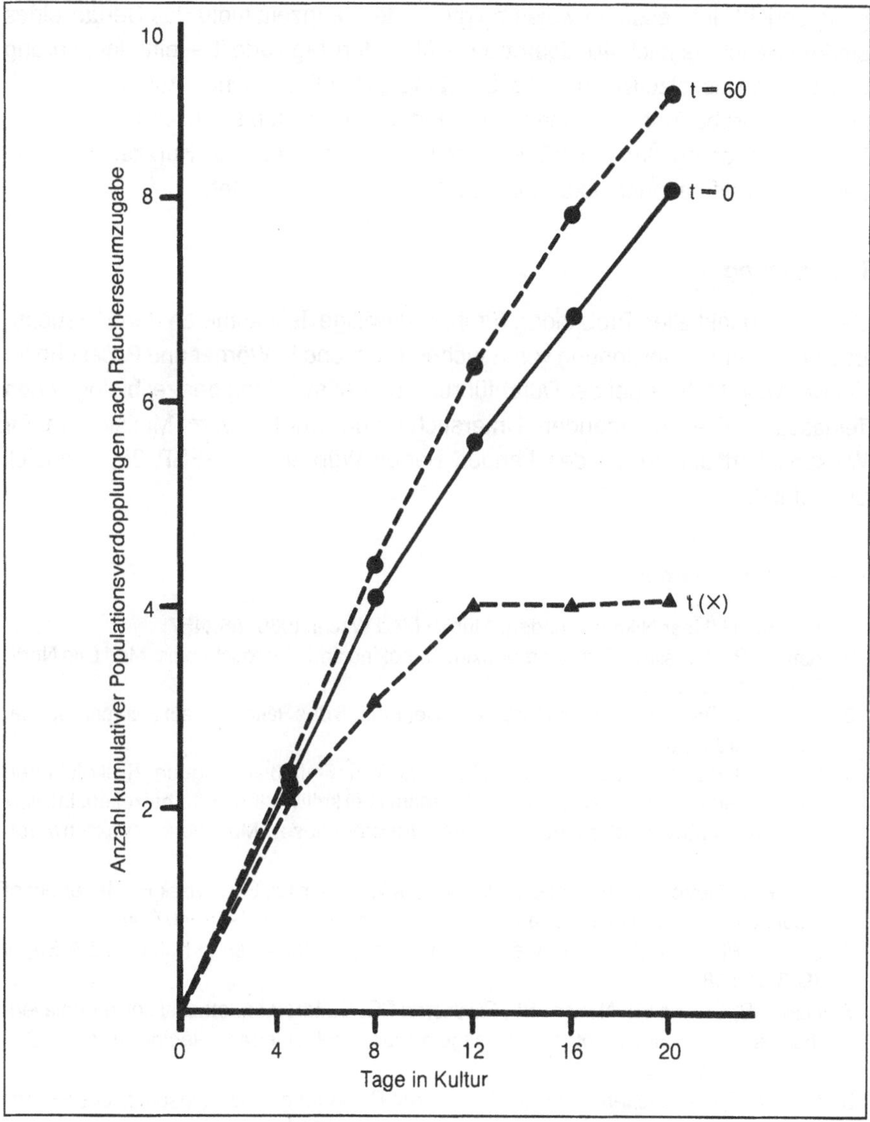

Abb. 4: Langzeit-Proliferationsstudie über drei Passagen mit glatten Muskelzellen unter Verwendung verschiedener Raucherserumproben. Beachte die konstant erhöhte Teilungsaktivität für Zellen, die mit der Serumprobe t = 60 inkubiert wurden gegenüber der Kontrolle t = 0. Die Serumprobe t (X) führte zu einem vollständigen Wachstumsstillstand und wurde einem starken Raucher nach dem Genuß von 40 Zigaretten — über den Tag verteilt — entnommen.

gang spricht. Interessanterweise zeigte in der Langzeitstudie das Serum eines starken Rauchers nach 40 Zigaretten — über den Tag verteilt — eine Inhibierung des glatten Muskelzellwachstums. Die 12tägige kontinuierliche Inkubation mit dieser Serumprobe führte zu einem vollständigen Wachstumsstillstand.
Eine Veränderung der Zellgrößenverteilung wurde weder in Kurzzeit- noch in Langzeit-Proliferationsstudien mit Raucherserum beobachtet.

Danksagung

Der Autor dankt allen Probanden für ihre freiwillige Teilnahme an den Versuchsbedingungen zur Gewinnung von Raucherserum und E. Wörner und P. Basche für die wertvolle Mithilfe bei der Durchführung und Auswertung der zellbiologischen Testassays. Die vorliegenden Untersuchungen wurden vom Ministerium für Wissenschaft und Kunst des Landes Baden-Württemberg (FSP 26) finanziell unterstützt.

Literaturverzeichnis

1 Assmann H. Über Nikotinschäden. Münch Med Wschr 1989; 86: 457.
2 Astrupp P, Kjeldsen K. Carbon monoxide, smoking and atherosclerosis. Med Clin North Am 1974; 58: 323.
3 Augustin J, Beedgen B, Spohr U, Winkel F. Der Einfluß des Rauchens auf Plasmaproteine. Inn Med 1982; 9: 104.
4 Bauch HJ, Kehrel B; Vischer P, John M, Hauss WH. Einfluß atherogener Risikofaktoren auf Aktivierung und Prostaglandinstoffwechsel bei kultivierten Endothelzellen. In: Betz E, Hrsg. Frühveränderungen bei der Atherogenese. München: Zuckschwerdt, 1987: 46.
5 Csonka E, Somogyi A, Augustin J, Haberbosch W, Schettler G, Jellinek H. The effect of nicotine on cultured cells of vascular origin. Virchows Arch 1985; 407: 441.
6 Dartsch PC, Roth D, Betz E. Gefäßwandzellen des Menschen in Kultur. VASA Suppl 1988; 23: 18.
7 Furie MB, Cramer EB, Napstek BL, Silverstein SC. Cultered endothelial cell monolayers that restrict the transendothelial passage of macromolecules and electric current. J Cell Biol 1984; 98: 1033.
8 Gsell O. Tabakrauchen und Krankheit, deren Beziehung zu wissenschaftlichen Erhebungen. Hamburg: Neuland-Verlagsgesellschaft, 1959.
9 Gsell O. Krankheiten durch Tabakrauchen. Zschr Präv Med 1961; 6: 51.
10 Gsell O. Krankheiten durch Tabakrauchen, In: Bättig K, Hrsg. Toxikologie des Tabaks. Bern: Huber Verlag, 1962.
11 Haudenschild CC. Morphology of vascular endothelial cells in culture. In: Jaffe EA, ed. Biology of Endothelial Cells. Boston - The Hague - Dordrecht - Lancaster: Martinus Nijhoff Publishers, 1984: 129.

12 HAUSS WH. The role of the arterial wall cells in atherogenesis. Cardiovasc Res 1979; 17: 75.

13 HAUSS WH, JUNGE-HÜLSING G, GERLACH V. Die unspezifische Mesenchymreaktion. Stuttgart: Georg Thieme Verlag, 1968.

14 JAFFE EA, NACHMAN RL, BECKER CG, MINICK CR. Culture of human endothelial cells derived from umbilical veins. Identification by morphologic and immunologic criteria. J Clin Invest 1973; 52: 2745.

15 JELLINEK H, TAKACS E. Arteriosklerose, die Entwicklung und Pathogenese vom Gesichtspunkt des Morphologen aus. In: MÖRL H, DIEHM C, HEUSEL G, Hrsg. 45 Jahre Herzinfarkt- und Fettstoffwechselstörung. Berlin-Heidelberg: Springer, 1988: 54.

16 MCGILL HC Jr. Potential mechanisms for the augmentation of atherosclerosis and atherosclerotic disease by cigarette smoking. Prev Med 1979; 8: 390.

17 OWENS GK, LOEB A, GORDON A, THOMPSON MM. Expression of smooth muscle-specific-α-isoactin in cultured vascular smooth muscle cells: Relationship between growth and cytodifferentiation. J Cell Biol 1986; 102: 343.

18 SCHETTLER G, NÜSSEL E, BUCHHOLZ L. Epidemiological research in Western Europe. In: PAOLETTI R, GOTTO AM Jr, eds. Atherosclerosis Rev, Vol 3. New York 1978: 201.

19 SKALLI O, ROPRAZ P, TRZECIAK A, BENZONANA G, GILLESSEN D, GABBIANI G. A monoclonal antibody against-α-smooth muscle actin: a new probe for smooth muscle differentiation. J Cell Biol 1986; 103: 2787.

20 STAMMLER J. Epidemiology of coronary heart disease. Med Clin North Am 1973; 57: 5.

21 THORNTON SC, MUELLER SN, LEVINE EM. Human endothelial cells: Use of heparin in cloning and long-term serial cultivation. Science 1983; 222: 623.

22 WISSLER RW. Principles of the pathogenesis of atherosclerosis. In: BRAUNWALD E, ed. Heart Disease. Philadelphia-London-Toronto: WB Saunders Company, 1980: 1221.

Morphometrische Analyse der Ablagerung des Lipoproteins (a) in atheromatösen Läsionen der Aorta und Koronararterien

A. Niendorf, M. Rath, K. Wolf, H. Arps, U. Beisiegel, M. Dietel

A. Niendorf, K. Wolf, H. Arps, M. Dietel
Institut für Pathologie, Universitätskrankenhaus Eppendorf, Hamburg

M. Rath, U. Beisiegel
Medizinische Kern- und Poliklinik, Universitätskrankenhaus Eppendorf, Hamburg

Einleitung

Der Zusammenhang zwischen dem Auftreten der koronaren Herzkrankheit und erhöhten Serumwerten des Lipoproteins (a) (Lp(a)) ist durch eine Reihe von epidemiologischen Untersuchungen belegt worden [7,1].
Das Lp(a) ist ein LDL-ähnliches Partikel (beide besitzen ein Apoprotein B (Apo B)), welches 1962 erstmals von Berg [2] beschrieben worden ist. Lp(a) enthält zusätzlich das Apoprotein (a) (Apo(a)). In früheren morphologischen Untersuchungen ist die Ablagerung des Apo B in der Gefäßwand gezeigt worden. In diesen Arbeiten wird aus der Präsenz des Apo B auf die Präsenz von LDL- bzw. VLDL-Partikeln geschlossen. Die atherogene Rolle des Lp(a) ist lediglich in einer Arbeit [8] morphologisch untersucht worden.
Das Ziel der vorliegenden Arbeit ist die morphometrische Analyse der Ablagerung der Apoproteine (a) und B. Damit soll überprüft werden, ob beide Apoproteine sich präferentiell in atheromatös veränderten Arealen der Gefäßwand lokalisieren lassen, um somit gegebenenfalls die atherogene Rolle des Lp(a) zu unterstreichen. Weiterhin werden beide Ablagerungsmuster in der humanen Gefäßwand verglichen. Damit soll überprüft werden, inwieweit der Nachweis des Apo B dem des Lp(a) zuzuordnen ist.

Material und Methoden

Aorten- (proximale Aorta im Bereich des Abgangs der ersten beiden Interkostalarterien) und Koronararteriengewebe (aus dem Bereich des Hauptstammes der

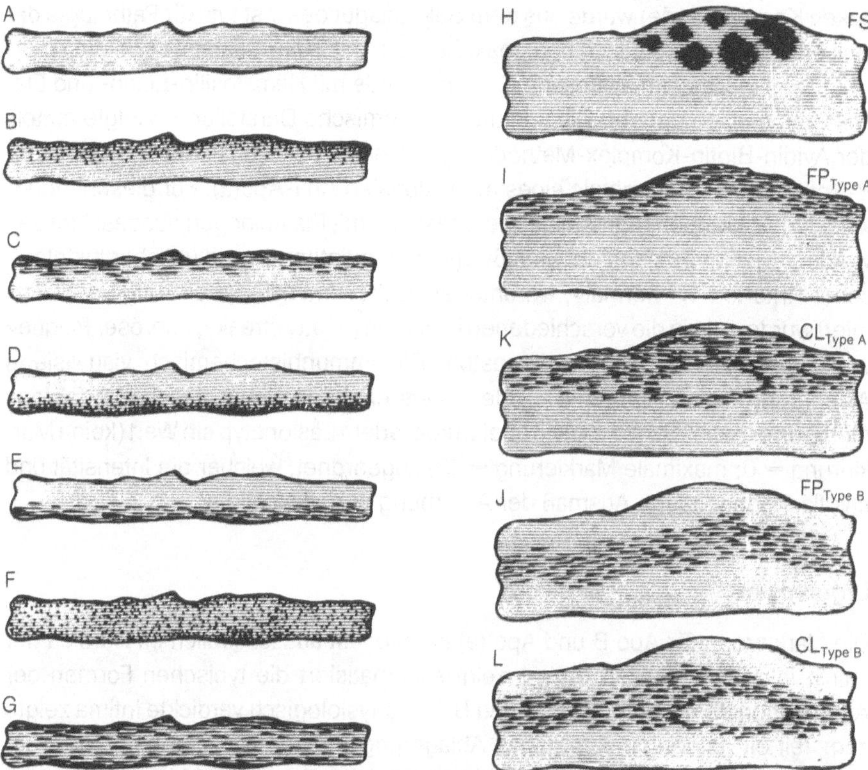

Abb. 1: Schematische Darstellung der Verteilung der Apoproteine (a) und B in der humanen Gefäßwand. Die *Typen A—G* zeigen die Muster, welche innerhalb der *normalen, nicht pathologisch veränderten Intima* beobachtbar sind.

A) keine Markierung
B) punktförmige lumennahe Markierung
C) streifenförmige lumennahe Markierung
D) punktförmige Markierung im Bereich der Intima/Media-Grenze
E) streifenförmige Markierung im Bereich der Intima/Media-Grenze
F) punktförmige Markierung der gesamten Intima
G) streifenförmige Markierung der gesamten Intima

Die *Typen H—L* zeigen die Muster innerhalb der *verschiedenen Läsionstypen* (FS = fatty streak; FP = fibröser Plaque; CL = komplizierte Läsion; FP-Typ B und CL-Typ B unterscheiden sich von FP-Typ A und CL-Typ B dadurch, daß zwischen dem markierten Anteil der Läsion und der Intima/Lumen-Grenze ein nicht markiertes fibröses Areal liegt.)

H) intrazelluläre Markierung von Schaumzellen
I und J) streifenförmige extrazelluläre Markierung in fibrösen Plaques
K und L) streifenförmige extrazelluläre Markierung innerhalb komplizierter Läsionen mit besonderer Aggregation im Randbereich des nekrotischen Kerns

linken Koronararterie) wurde aus dem Sektionsgut des Instituts für Pathologie der Universität Hamburg gewonnen (max. Zeitraum bis zur Entnahme: 47 h post mortem, n = 74) Das formalinfixierte Gewebe wurde mit Hämatoxilin-Eosin- und Elastika van Gieson gefärbt. Die immunhistochemische Darstellung erfolgte mittels der Avidin-Biotin-Komplex-Methode [5] und eines polyklonalen Ziege-anti-Apo-B-Antikörpers sowie mittels eines monoklonalen Anti-Apo(a). Für diesen monoklonalen Antikörper konnte eine Kreuzreaktion mit Plasminogen ausgeschlossen werden [6]. Der Zustand der Gefäßwand wurde entsprechend üblicher histologischer Kriterien in »normal«, worunter auch die »intimale Verdickung« subsummiert wurde, und in die verschiedenen Läsionen (»Fatty streak«, »fibröser Plaque« und »komplizierte Läsion«) eingestuft. Die immunhistochemisch visualisierte Ablagerung der Apoproteine wurde mittels eines semiquantitativen Verfahrens morphometrisch ausgewertet. Dabei wurde jedem Läsionstyp ein Wert (keine Markierung = 0; maximale Markierung = 12) zugeordnet, welcher die Intensität und das flächenbezogene Ausmaß der Anfärbung berücksichtigte.

Ergebnisse

Die Markierung für Apo B und Apo (a) konnte fast ausschließlich im Bereich der Intima lokalisiert werden. Abb. 1 zeigt schematisiert die typischen Formen der Aggregation der Apoproteine (a) und B. Die physiologisch verdickte Intima zeigte zum Teil ein feines punktförmiges Ablagerungsmuster, welches unmittelbar im Bereich des Übergangs Intima/Media zu einer feingezogenen Linie aggregierte (Abb. 2a und 2b). Die Media enthielt nur in Ausnahmefällen eine streng zellulär beschränkte Markierung. Die Ablagerung für beide Apoproteine im Bereich der fibrösen Plaques und komplizierten Läsionen zeigte ein streifenförmig gebündeltes, ganz überwiegend extrazellulär lokalisierbares Muster (Abb. 2c und 2d). Vereinzelt ließ sich auch eine intrazelluläre Markierung von Schaumzellen beobachten (Abb. 3).

Die morphometrische Analyse ergab für beide Apoproteine eine Aggregation im Bereich der Läsionen (Apo(a)/Aorta: 6,7 in der Läsion vs. 3,1 im Bereich der normalen Intima; Apo(a)/Koronararterie: 5,1 in der Läsion vs. 1,2 in der normalen Intima; Apo B/Aorta: 8,2 in der Läsion vs. 4,2 in der normalen Intima; Apo B/Koronararterie: 6,7 in der Läsion vs. 1,8 in der normalen Intima). Die unterschiedliche Einlagerung der verschiedenen Apoproteine war in bezug auf den Vergleich »normal« vs. »Läsion« hochsignifikant [$p < 0{,}001$).

Beide Apoproteine zeigten ein überwiegend streng kongruentes Ablagerungsmuster. Ausnahmslos fand sich im Bereich der Apo (a)-markierten Areale auch ein

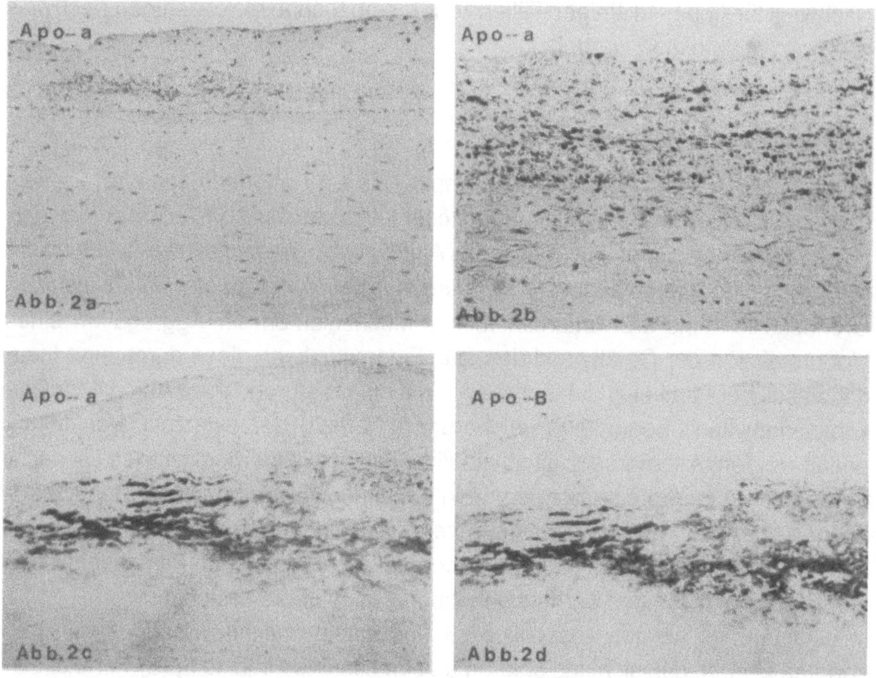

Abb. 2a—d: a) entspricht Typ D in Abb. 1; feine punktförmige Markierung für Apo (a) im Bereich der geringgradig verdickten Intima mit Betonung der Intima/Media-Grenze

b) entspricht Typ F in Abb. 1. Überwiegend punktförmige Markierung für Apo (a) innerhalb der gesamten mäßiggradig verdickten Intima

c) und d) verdeutlichen die Kongruenz des Ablagerungsmusters der Apoproteine (a) und B; innerhalb einer komplizierten Läsion findet sich eine streifenförmige bzw. diffuse Markierung mit besonderer Betonung des Randbereiches des nekrotischen Kerns.

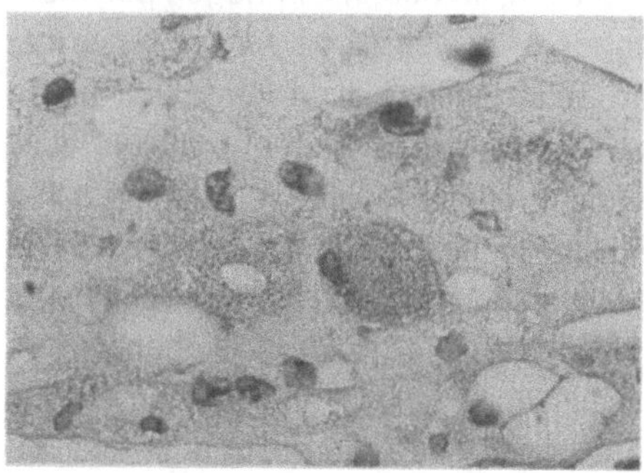

Abb. 3: Intrazelluläre Markierung von Schaumzellen.

Nachweis für Apo B. In einigen Fällen konnte Apo B ohne gleichzeitigen Nachweis von Apo (a) detektiert werden.

Diskussion

Durch diese Untersuchung wird das Apo (a) als ein Apoprotein identifiziert, welches präferentiell im Bereich atheromatöser Läsionen der Aorta und der Koronararterie aggregiert. Es ist — wie auch das Apo B — vorwiegend extrazellulär und mit diesem in einem überwiegend kongruenten Ablagerungsmuster lokalisierbar.
Grundsätzlich sind drei unterschiedliche Mechanismen der Aggregation eines Lipoproteins in der Gefäßwand denkbar. Einerseits kann diese durch eine Insudation solcher Partikel in die Gefäßwand mit einer aufgrund ihrer Affinität für Glykosaminoglykane bedingte Anreicherung innerhalb der extrazellulären Matrix erklärt werden. Andererseits ist es möglich, daß — wie für modifizierte LDL nachgewiesen — Lipoproteine primär von in die Gefäßwand eingewanderten Makrophagen über den Mechanismus der rezeptorvermittelten Endozytose aufgenommen werden. Und drittens gelangen über die Organisation von Parietalthromben die in diesem Thrombus enthaltenen Lipoproteine in die Läsion.
In dieser Arbeit werden ausschließlich Apoproteine nachgewiesen, RATH et al. konnten zeigen, daß sich aus atheromatösen Läsionen intakte Lp(a)-Partikel isolieren lassen. Dieser Befund spricht dafür, daß den von uns lokalisierten Apoproteinen zumindest zum Teil intakte Lioproteine zuzuordnen sind. Somit scheidet die Möglichkeit der überwiegend durch Makrophagen bedingten Anreicherung aufgrund der damit verbundenen lysosomalen hydrolytischen Spaltung aus. Dies wird weiterhin durch die geringe Anzahl schwach markierter Schaumzellen in unserer Untersuchung unterstützt. Eine Aggregation aufgrund der Affinität zwischen Lp(a) und Glykosaminoglykanen erscheint denkbar. Aus der kürzlich beschriebenen Homologie zwischen Plasminogen und Apo (a) [4] ergibt sich die Möglichkeit einer weiteren Hypothese: Lp(a) aggregiert an Stellen, an denen Fibrinogen polymerisiert und verhindert somit eine ausreichende Fibrinolyse. Damit wird gewissermaßen eine Brücke zwischen Thrombo- und Atherogenese geschlagen.
Der extrazelluläre Nachweis beider Apoproteine im Bereich der normalen, nicht pathologisch veränderten Gefäßwand spricht für die Möglichkeit der primären Assoziation mit Bestandteilen der extrazellulären Matrix. Der Nachweis von Apo (a) und B innerhalb von Läsionen (I—L in Abb. 1) ist durchaus mit der Möglichkeit der Beteiligung von Parietalthrombosen bei der Entwicklung dieser Läsionen vereinbar. Diese muß jedoch durch den Nachweis weiterer Gerinnungsparameter im direkten Vergleich mit den von uns visualisierten Apoproteinen unterstützt

werden. Der kürzlich erbrachte Nachweis von Fibrinogen und Fibrin in atherosklerotischen Läsionen [3] zeigt jedoch bereits eine weitgehende Übereinstimmung mit den von uns beobachteten Ablagerungsmustern.
Zusammenfassend läßt sich aufgrund unserer Untersuchung feststellen, daß über den Nachweis des Apo B zumindest zum Teil Lp(a)-assoziiertes Apo B detektiert wird. Dieses Lp(a) liegt präferentiell im Bereich atheromatöser Läsionen und dort vornehmlich extrazellulär.

Literaturverzeichnis

1 Armstrong VW, Cremer P, Eberle E, Manke A, Schulze F, Wieland H, Kreuzer H, Seidel D. The association between serum Lp(a) concentrations and angiographically assessed coronary atherosclerosis. Atherosclerosis 1986; 62: 249—257.

2 Berg KA. New serum type system in man — the Lp system. Acta Path 1963; 59: 369—382.

3 Bini A, Fenoglio JJ jr, Mesa-Tejada R, Kudryk B, Kaplan KL. Identification and distribution of fibrinogen, fibrin and fibrin(ogen) degradation product in atherosclerosis — use of monoclonal antibodies. Arteriosclerosis 1989; 9: 109—121.

4 McLean JW, Tomlinson JE, Kuang WJ, Eaton DL, Chen EY, Fless GM, Scanu AM, Lawn RM. CDNA sequence of human apolipoprotein (a) is homologous to plasminogen. Nature 1987; 300: 132—137.

5 Niendorf A, Arps H, Sieck M, Dietel M. Immunoreactivity of PTH-binding in intact bovine kidney tissue and cultured cortical kidney cells indicative for specific receptors. Acta Endocrino 1987; 281: 207—211.

6 Rath M, Niendorf A, Reblin T, Dietel M, Krebber J, Beisiegel U. Detection and quantification of lipoprotein (a) in the arterial wall of 107 coronary bypass patients. Arteriosclerosis 1989 (im Druck).

7 Schriewer H, Assmann G, Sandkamp M. The relationship of lipoprotein (a) (Lp(a) to risk factors to coronary heart disease. J Clin Chem Clin Biochem 1984; 22: 591—596.

8 Walton KW, Hitchens J, Magnani AL, Khan MA. Study of methods of identification and estimation of Lp(a) lipoprotein and of its significance in health, hyperlipidemia and atherosclerosis. Atherosclerosis 1974; 20: 323—346.

Die Zusammensetzung der extrazellulären Matrix in der experimentell induzierten fibromuskulären Plaque

J. Rupp, K. Wolburg-Buchholz, W. Roggendorf, E. Betz

J. Rupp, K. Wolburg-Buchholz, E. Betz
Physiologisches Institut I Universität Tübingen

W. Roggendorf
Institut für Hirnforschung Universität Tübingen

Einleitung

Die extrazelluläre Matrix (ECM) spielt eine wichtige Rolle in vielen physiologischen und pathologischen Prozessen und stellt in einem Gewebe das Bindeglied zwischen den Zellen dar. Die extrazelluläre Matrix wird durch Synthese verschiedener Matrixbestandteile — wie z. B. Fibronektin, Kollagen und Elastin — aufgebaut. Darüber hinaus kann ihr Aufbau durch verschiedene Enzymsysteme modifiziert werden [2, 3, 6].
Die am Tiermodell untersuchte, mit Hilfe eines Ballonkatheters induzierte Neointimabildung in der Kaninchenkarotis bietet die Möglichkeit, arteriosklerotische Gefäßwandveränderungen in einer zeitabhängigen Entwicklungssequenz zu untersuchen [1, 4].
Die nachfolgende Studie zeigt die Korrelation zwischen Differenzierung der intimalen glatten Muskelzellen (SMC) und dem Aufbau der ECM (Kollagen Typ I und III). Die Zelldifferenzierung und die extrazelluläre Matrix wurden elektronenmikroskopisch und immunhistologisch untersucht.

Material und Methoden

Tiermodell: Für die Induktion einer Neointima wurden weiße Neuseeländer Kaninchen mit einem Körpergewicht von 2,5 — 2,8 kg verwendet. Die Tiere wurden narkotisiert und durch einen Hautschnitt an der ventralen Halsseite die rechte Karotisarterie im Bereich der Gabelung in die Arteria carotis interna und Arteria carotis externa freigelegt. Ein kleiner Seitenast wurde im Abstand von einem Zentimeter ligiert. Zwischen den Ligaturen wurde durch einen kleinen Schnitt ein Gefäßzugang hergestellt. Durch diesen Zugang wurde ein F3 Fogarty Embolektomiekatheter (American Edwards Laboratories, Santa Anna, USA) bis zum Aortenbogen eingeführt, und durch dreimalige Passage des mit NaCl auf 0,25 ml aufgepumpten Katheters wurde das Endothel über die gesamte Länge der Arteria carotis communis entfernt und außerdem ein definierter Dehnungsreiz auf das Gefäß ausgeübt. Als Folge dieser Manipulation wanderten glatte Muskelzellen in die Intima ein und erzeugten nach ein bis vier Wochen eine Neointima [4]. Nach sieben, 14 und 28 Tagen wurden die Versuchstiere getötet und die Gefäße auf beiden Seiten entnommen. Für jeden Zeitpunkt wurden drei Tiere untersucht.

Elektronenmikroskopie und Immunhistologie

Das rechte Gefäß nach Ballonkatheterdenudation (BKD) und die linke Seite als Kontrolle wurden jeweils in zwei gleiche Segmente aufgeteilt. Von jedem Zeitpunkt wurde je ein Kontrollsegment und ein ballonisiertes Segment für die Immunhistologie drei Stunden in 4 % Paraformaldehyd fixiert und in Paraffin eingebettet. Die anderen Segmentstücke wurden in 0,8 % Glutaraldehyd in Kakodylatpuffer über Nacht fixiert, nachfixiert für eine Stunde in 1 % OsO_4 (Merk) in Kakodylatpuffer, dehydriert über steigende Alkoholstufen, in Araldit (Ciba) eingebettet und anschließend in einem Elektronenmikroskop (Zeiss EM 10) untersucht. Die Paraffinschnitte wurden auf Poly-L-Lysin (Sigma P1399) beschichtete Objektträger aufgezogen. Das Paraffin wurde vor der weiteren immunhistologischen Aufarbeitung wieder entfernt. Für die Erhöhung der Antigenität wurden die Paraffinschnitte beim Nachweis von Alpha-SM-Aktin, 7,5 min bei 37° C mit Protease (Sigma P8038 8,9 U/mg), behandelt. Für die immunologische Untersuchung der Kollagene Typ I und III wurden die Paraffinschnitte zehn min bei Raumtemperatur mit 0,1 % Trypsin (Sigma) behandelt. Der immunhistologische Nachweis von Alpha-SM-Aktin erfolgte mit einem monoklonalen Antikörper (Renner, Dannstadt, FRG). Sichtbar gemacht wurde dieses Antigen mit dem Biotin-Avidin-Peroxidase-System (Vector Lab., USA), das 3-Amino-9-Ethylcarbazole (Sigma) als Substrat umsetzt. Die Kollagene Typ I und III wurden mit polyklonalen Antikörpern aus der Ziege (Southern Biotechnologie, Technologie, Birmingham, USA) nachgewiesen. Sichtbar gemacht wurden diese Antigene mit der APAAP-Methode [5] mit Neufuchsin (Sigma N-0638) als Substrat.

Ergebnisse

Die unbehandelten Kontrollgefäße zeigten im ultrastrukturellen Bild eine Media mit differenzierten SMC, die durch ein myofilamentreiches Zytoplasma sowie Dense bodies und Dense areas charakterisiert waren. Die SMC der Media waren alle alpha-SM-Aktin-positiv. Die ECM der Media und der Adventitia enthielt Kollagen Typ III; Kollagen Typ I war im Kontrollgefäß nicht nachweisbar. *Sieben Tage nach BKD* hatte sich eine Neointima gebildet, die in diesem Stadium nur aus sehr wenigen intimalen SMC bestand. Das ultrastrukturelle Bild zeigte stark metabolisierte, organellenarme intimale SMC, deren Zytoplasma viel rauhes endoplasmatisches Retikulum enthielt. Immunhistologisch ließ sich in den intimalen Zellen kein Alpha-SM-Aktin nachweisen.

Die ECM der Neointima war reich an interstitiellen Kollagenfibrillen und feinverteiltem elastischen Material, das noch nicht in Lamellen organisiert war (Abb. 1a). Die immunhistologische Untersuchung der Kollagentypen zeigte nur eine positive Reaktion für Kollagen Typ I, Kollagen Typ III konnte in der sieben Tage alten Neointima nicht nachgewiesen werden (Abb. 2a und 2b).

14 Tage nach BKD

Die Neointima bestand in diesem Entwicklungsstadium aus fünf bis sieben Zellagen. Die intimalen SMC waren ebenfalls stark metabolisiert, enthielten ausgeprägte Golgifelder und Anhäufungen von rauhem endoplasmatischem Retikulum (Abb. 1b, c). Immunologisch ließ sich in diesen Zellen kein Alpha-SM-Aktin nachweisen. Elektronenmikroskopisch fand man dagegen subplasmalemmal vereinzelt Myofilamente, vor allem in den luminalen SMC der Neointima, die eine Art Pseudoendothel bildeten, welches die Neointima zum Gefäßlumen hin abgrenzte (Abb. 1c). Die ECM wies unregelmäßig verteilte Kollagenfibrillen auf, und das elastische Material war in größeren Aggregaten organisiert. Immunologisch konnten Kollagen Typ I und III als Bausteine der interstitiellen Kollagenfibrillen identifiziert werden. Die Verteilung der Kollagentypen innerhalb der Neointima war nicht homogen, Kollagen Typ I dominierte im luminalen Bereich. Im Gegensatz dazu befand sich Kollagen Typ III hauptsächlich abluminal nahe der Lamina elastica interna. (Abb. 2c, d).

28 Tage nach BKD

Die Neointima war auf zehn bis 15 Zellagen angewachsen und zeigte im Vergleich zum Entwicklungsstadium nach 14 Tagen eine stark veränderte Struktur. Im elektronenmikroskopischen Bild zeigten sich redifferenzierte intimale SMC, die wieder verstärkt Myofilamente enthielten. Die Zellorganellen waren auf den perinukleären Bereich begrenzt (Abb. 1d). Nach Struktur und Umfang kann diese Neointima als fibromuskuläre Plaque bezeichnet werden. Sie zeigt ein breites Spektrum von verschieden stark redifferenzierten SMC, wobei sich die stärker redifferenzierten

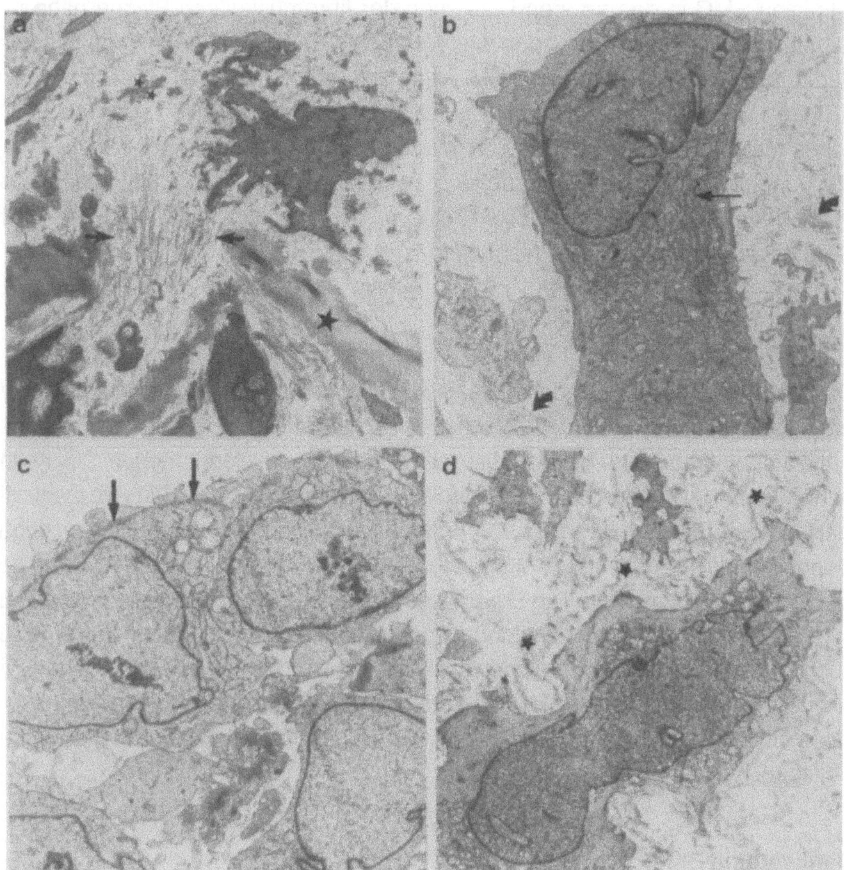

Abb. 1: a) Elektronenmikroskopische Aufnahmen einer medialen und intimalen SMC im Bereich der Lamina elastica interna (★), sieben Tage nach BKD, mit einer relativ großen Pore, die Kollagenfibrillen (◄—) und feinverteiltes elastisches Material (★★) enthält (Verg. 6250 ×)

b) Intimale SMC 14 Tage nach BKD. Die Zelle ist stark metabolisiert, d. h. organellenreich und filamentarm. Die Kollagenfibrillen sind unregelmäßig im extrazellulären Raum verteilt (◢´). Viel rauhes endoplasmatisches Retikulum (◄) und ausgeprägte Golgifelder (Verg. 6250 ×)

c) Lumennahe intimale SMC 14 Tage nach BKD. Stark metabolisierte Zellen, subplasmalemmal einige Myofilamente (—►) (Verg. 7500 ×)

d) Intimale SMC 28 Tage nach BKD. Die Zelle ist redifferenziert, das Zytoplasma ist reich an Myofilamenten. Die Zellorganellen sind auf den perinukleären Raum begrenzt. Die ECM enthält neben Kollagenfibrillen elastisches Material (★), das sich wieder in Lamellen rekonstruiert (Verg. 6250 ×).

intimalen SMC in den tieferen Bereichen der fibromuskulären Plaque nahe der Lamina elastica interna befanden. Der Redifferenzierungsprozeß wurde bestätigt durch den Nachweis von Alpha-SM-Aktin in allen intimalen SMC (Abb. 2e). Die ECM der fibromuskulären Plaque enthielt neben Kollagenfibrillen reichlich elastisches Material, das wieder verstärkt in Lamellenform rekonstruiert war (Abb. 1d). Die immunhistologische Untersuchung der Kollagentypen zeigte in diesem Stadium wieder — wie im Kontrollgefäß — eine positive Reaktion nur für Kollagen Typ III (Abb. 2f); Kollagen Typ I war nicht nachzuweisen.

Diskussion

Diese Untersuchung zeigt den Aufbau der ECM in Korrelation zur Redifferenzierung der intimalen SMC in einer zeitabhängigen Entwicklungssequenz, von der frühen Neointima bis zu einer restrukturierten fibromuskulären Plaque. Die Kollagene Typ I und III können beide von medialen sowie intimalen SMC in vivo synthetisiert werden [8]. Die Synthese von Kollagen Typ I und III bzw. die hier gezeigte Deposition der interstitiellen Kollagenfibrillen erfolgt im Laufe der Entwicklung der Neointima nicht synchron. Die Ergebnisse dieser Untersuchung weisen Kollagen Typ I als charakteristischen Bestandteil der frühen Neointima (sieben bis 14 Tage) aus, der bevorzugt in den Bereichen der Neointima mit metabolisierten, alpha-SM-Aktin-negativen intimalen SMC zu finden ist. Entwickelt sich in der reifenden Neointima wieder alpha-SM-Aktin-positiv SMC, dominiert Kollagen Typ III über Kollagen Typ I.

Danksagung

Für die technische Assistenz danken wir Frau R. Baur, M. Graf, B. Tylla und Frau R. Weidler.
Das Forschungsvorhaben wurde unterstützt von der Deutschen Forschungsgemeinschaft (Nr. Be 324, 15—1) und im Medizinisch Naturwissenschaftlichen Forschungszentrum der Universität Tübingen durchgeführt.

Literaturverzeichnis

1 Baumgartner HR. Eine neue Methode zur Erzeugung von Thromben durch gezielte Überdehnung der Gefäßwand. Z Gesamte Exp med 1963; 137: 227.

2 Bruijn JA, Hogendoorn PCW, Hoedenmaeker PJ, Fleuren GJ. The extracellular matrix in pathology. J Lab Clin Med 1988; 111: 140.

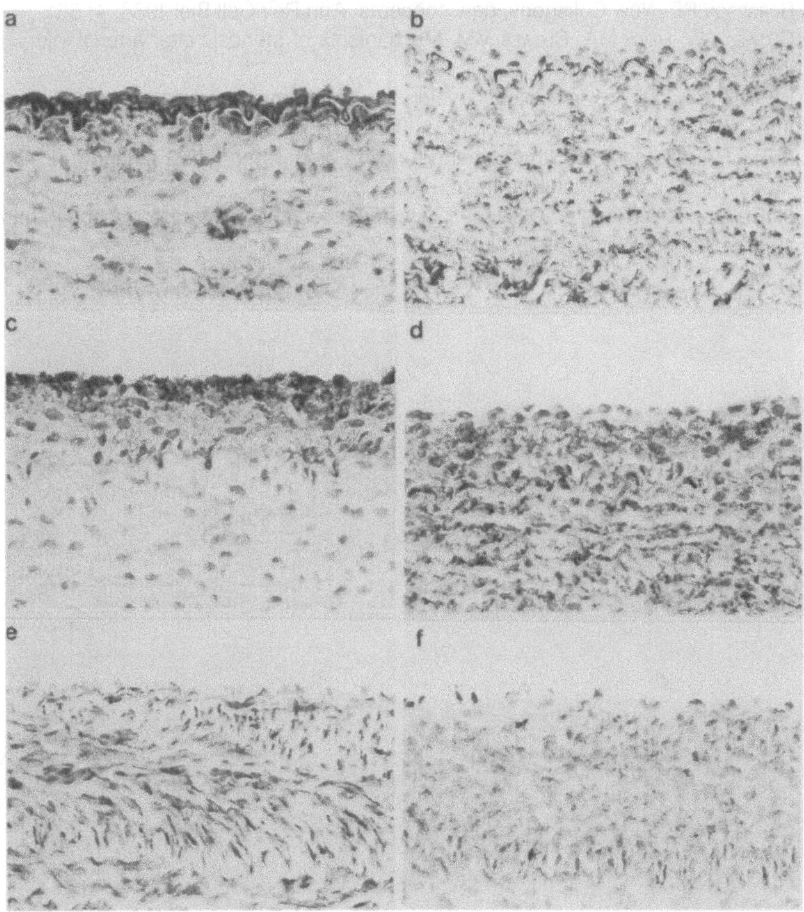

Abb. 2a—f: Immunhistologische Darstellung der Kollagene Typ I (a, c), Kollagen Typ III (b, d, f) und Alpha-SM-Aktin (e) am Paraffinschnitt (Verg. 375 ×)

7 Tage nach BKD

a) Kollagen Typ I ist nur in der Neointima nachweisbar.

b) Kollagen Typ III ist nur in der Media nachweisbar, nicht in der Neointima.

14 Tage nach BKD

c) Kollagen Typ I dominiert im luminalen Bereich der Neointima, nahe dem LEI.

d) In der Media läßt sich nur Kollagen Typ III nachweisen.

28 Tage nach BKD

e) Alle SMC der Media und der Intima enthalten Alpha-SM-Aktin.

f) In der Neointima und der Media kann nur Kollagen Typ III nachgewiesen werden.

3 BURGESON RE. New Collagens, new concepts. Ann Rev Cell Biol 1988; 4: 551.
4 CLOWES AW, REIDY MA, CLOWES MM. Mechanisms of stenosis after arterial injury. Lab Invest 1983; 49: 208.
5 FALINI B, CLIVE R, TAYLOR D. New developments in immunoperoxidase techniques and their application. Arch Pathol Lab Med 1983; 107: 105.
6 MAYNE R, BURGESON RE. Structure and function of collagen types. Orlando, Academic Press. Biology of extracellular matrix, 1987.
7 McCULLAGH KA, BALIAN G. Collagen characterisation and cell transformation in human atherosclerosis. Nature 1975; 258: 73.

Wanderung von Leukozyten unter kontrollierten Kokulturbedingungen

R. Bloom, W. H. Hauss, J. Grünwald
Institut für Arterioskleroseforschung der Westfälischen Wilhelms-Universität Münster

Einleitung

In der Entstehung der arteriosklerotischen Plaque kommt den Leukozyten eine entscheidende Bedeutung zu [4, 7, 15]. Ihre Einwanderung aus dem Blutstrom in den Subendothelialraum ist eines der frühesten Ereignisse in der Atherogenese. Während Makrophagen schon in den »Fatty streaks« die zelluläre Hauptkomponente bilden und in der »Fibrous Plaque« neben den glatten Muskelzellen den quantitativ stärksten Anteil einnehmen, werden Lymphozyten und besonders Granulozyten in geringerer Zahl in der Plaque gefunden [10, 14]. In Arteriosklerosemodellen, in denen die Frühphasen der Plaqueentstehung untersucht wurden, fand man jedoch hohe Anzahlen an Granulozyten gerade in den ersten Tagen nach Reizeinwirkung [12, 13]. Da Granulozyten in späteren Läsionen in weitaus geringerer Zahl vorhanden sind, scheinen sie im Laufe der Plaquebildung wieder in den Blutstrom auszuwandern. Bei diesen Beobachtungen sind die Interaktionen zwischen Endothel einerseits und aus dem Blutstrom stammender Leukozyten andererseits einer der frühesten und somit wesentlichsten Krankheitsvorgänge.
Diese Interaktionen werden von einer Vielzahl von zellulären und extrazellulären Faktoren beeinflußt. So werden chemotaktische Substanzen, die auf die Leukozyten wirken, sowohl von den glatten Muskelzellen der Media als auch von den Endothelzellen gebildet [1, 16, 17]. Sowohl Lymphozyten-Lymphokine und Thrombozytenmediatoren (PDGF) als auch im Humanserum befindliche Immunglobuline wirken im Sinne einer verstärkten Adhärenz der Leukozyten am Endothel und Migration durch das Endothel [2, 8, 15]. Weiterhin könnten die Leukozyten ihrerseits durch Sekretion von Enzymen wie Proteasen an der Ummodellierung der Arterienwand beteiligt sein und auf diese Weise die Einwanderung in den Subendothelialraum ermöglichen [13, 17].

Über die Einflußnahme dieser einzelnen Faktoren auf die Entstehung der arteriosklerotischen Plaque kann jedoch bisher nur spekuliert werden.
Wir verfolgten mit Hilfe eines Zeitraffer-Videomikroskopiesystems die Interaktionen zwischen Leukozyten und Endothelzellen in einem Kokultursystem. Durch diese Versuchsanordnung wird die Möglichkeit geschaffen, das Wanderverhalten einzelner Zellen zu beobachten. Die biologische Variabilität wird so genauer wiedergegeben als Aussagen über Gesamtpopulationen dies leisten können [6].

Methodik

Isolation der Leukozyten

Leukozyten wurden nach der Plastikadhärenzmethode gereinigt. Das Prinzip dieser Methode beruht darauf, daß Monozyten und Granulozyten im Gegensatz zu Lymphozyten an einem Plastikuntergrund adhärieren. Diese Methode wurde gewählt, um eine Aktivierung der Leukozyten zu erreichen, wie sie auch bei der subendothelialen Lokalisation der Monozyten im Arterioskleroseprozeß vorliegt. Durch Bestimmung der Enzymsekretion von Monozyten, die in unbeschichteten und teflonbeschichteten Kulturflaschen kultiviert wurden, konnte die Aktivierung der Monozyten auf einem Plastikuntergrund nachgewiesen werden [11].
Zunächst erfolgte an heparinisiertem Vollblut gesunder 20—40jähriger Probanden eine einstündige Blutsenkung. Der erythrozytenfreie Überstand wurde in M'199 aufgenommen und zweimal je 10 min bei 600 U/min zentrifugiert. Nach Verwerfung des thrombozytenreichen Überstandes wurde das Pellet, in dem sich nur noch Leukozyten befanden, in M'199, angereichert mit 30 % Humanserum, resuspendiert und in Kulturflaschen gegeben. Nach 20minütiger Inkubation hafteten Monozyten und teilweise auch Granulozyten am Plastikboden an, während die Lymphozyten im Überstand verblieben. Zur Reinigung der Monozyten wurde der Überstand verworfen. Durch mehrmaliges Waschen der adhärenten Zellen mit M'199 erfolgte eine Ablösung der Granulozyten, so daß lediglich Monozyten am Flaschenboden adhärent blieben.
Um die Granulozyten in Reinkultur zu erhalten, wurde der Überstand nach der ersten Inkubation, der Granulozyten und Lymphozyten enthielt, erneut inkubiert. Nach Absaugung des Überstandes lag eine saubere, am Flaschenboden adhärente Granulozytenpopulation vor.
Lymphozyten wurden isoliert, indem der Überstand nach zweimaliger Inkubation über einen Ficoll-Gradienten gegeben wurde.
Anhand von zytologischen Präparaten wurde die Reinheit der Kulturen überprüft. Sie lag bei 90—95 %.

Gewinnung der Endothelzellen

Endothelzellen wurden aus menschlichen Nabelschnurvenen nach der Methode nach JAFFÉ isoliert [9]. Hierbei wurden die Venen nach zweifacher Durchspülung mit Cordes-Puffer an beiden Enden verschlossen. Nach Injektion von Kollagenase (0,5 mg pro ml Cordes-Puffer) wurde die Nabelschnur 14 min inkubiert. In den nächsten Schritten wurde die Kollagenlösung mit einer Spritze herausgesogen, die Vene mit M'199 mit 20 % Humanserum durchspült und beide Lösungen gemeinsam bei 1.500 U/min fünf min zentrifugiert. Das Pellet wurde schließlich in M'199, angereichert mit 20 % Humanserum, resuspendiert, in Kulturflaschen gegeben und bis zu drei Tagen inkubiert. Die Konfluenz und somit die Verwendbarkeit des Monolayers für das weitere Vorgehen wurde lichtmikroskopisch überprüft.

Auswertung der Migration

Die gereinigten Leukozyten wurden direkt auf einen Plastikboden oder auf den konfluenten Monolayer gegeben und nach einer Begasung mit 95 % Luft und 5 % CO_2 bei 37° C kontinuierlich bis zu zehn Stunden bei 240 Bildern pro Stunde gefilmt. Die Wanderstrecke der Zellen wurde nachgezeichnet und auf Pergamentpapier übertragen. Mittels Zeitgenerator und der am Bildschirm eingeblendeten Zeit konnte die Wanderzeit der Zellen ermittelt werden.
Die Wanderung in der Kokultur mit Endothel wurde nach Wanderung oberhalb und unterhalb des Monolayers ausgewertet. Zellen oberhalb der Endothelschicht zeigten sich hierbei als weiße, runde, kontrahierte Zellen, während Zellen unterhalb als schwarze, ausgebreitete Zellen mit vielen Zellausläufern imponierten.
Die weitere Auswertung der Wanderstrecken wurde anhand eines semiautomatischen Morphometriesystems (LEITZ-A.S.M.) vorgenommen, bei dem ein Digitalcomputer alle Steuerungs- und Auswertungsaufgaben übernimmt.

Ergebnisse

Wanderung der Leukozyten auf Plastik

Monozyten wanderten auf einem Plastikuntergrund bei einem Mittelwert von 300,95 µm/h wesentlich langsamer als Granulozyten, die sich bei 842,28 µm/h bewegten (s. Tab. 1). Eine Wanderung der Lymphozyten auf Plastik konnte nicht beobachtet werden, da sie keine Adhärenz zeigen und somit im Nährmedium schwimmen.

Wanderung der Leukozyten in der Kokultur mit Endothel

Es ist zunächst festzustellen, daß Monozyten das Endothel zu 100 % passierten, während nur 66 % der Granulozyten und 58 % der Lymphozyten die Endothel-

Tab. 1: Wandergeschwindigkeit von Leukozyten auf Plastik und oberhalb und unterhalb einer Endothelzellschicht

	Monozyten × ± SEM (µm/h)	Granulozyten × ± SEM (µm/h)	Lymphozyten × ± SEM (µm/h)
Wanderung auf Plastik	300.95 ± 28	842.28 ± 20	–
Wanderung oberhalb einer Endothelzellschicht	–	671.80 ± 23	94.64 ± 10
Wanderung unterhalb einer Endothelzellschicht	608.49 ± 31	1519.41 ± 45	639.05 ± 37

Tab. 2: Prozentsatz von Monozyten, Granulozyten und Lymphozyten, die das Endothel in der ersten Stunde nach Endothelkontakt passieren

	Endothelpassage
Monozyten	100 %
Granulozyten	66 %
Lymphozyten	58 %

Tab. 3: Anzahl der Endothelpassagen von Monozyten, Granulozyten und Lymphozyten, die das Endothel in der ersten Stunde nach Endothelkontakt passieren

Anzahl der Passagen	% Monozyten	% Granulozyten	% Lymphozyten
1	100	81	88
2	–	7	7
3	–	9	5
4	–	–	–
5	–	3	–

schicht durchwanderten (s. Tab. 2). Monozyten wanderten zu 100 % genau einmal durch den Monolayer, um für die Dauer des Experiments unterhalb des Monolayers zu bleiben. Granulozyten und Lymphozyten hingegen passierten die Endothelschicht zum Teil mehrfach, das heißt sie wanderten sowohl von oberhalb nach unterhalb als auch in umgekehrter Richtung (s. Tab. 3).

Die Kokultur mit Endothel aktivierte die Leukozyten im Vergleich zur Kultur auf

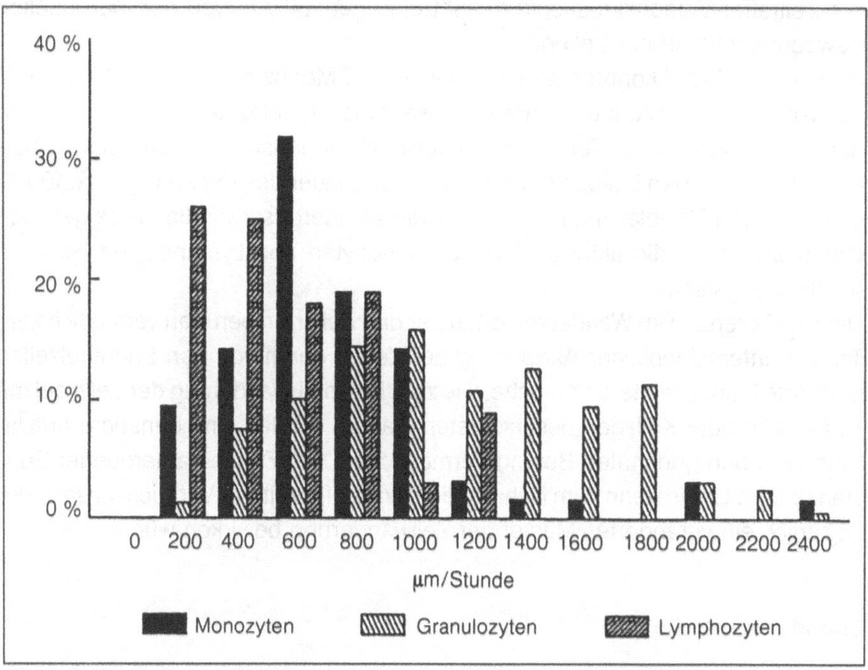

Abb. 1: Wandergeschwindigkeit von Monozyten, Granulozyten und Lymphozyten unterhalb einer Endothelzellschicht

Plastikböden zu deutlich schnellerer Wanderung. Da die Monozyten sofort nach Endothelkontakt nach unterhalb des Monolayers wanderten, konnte nur die Wandergeschwindigkeit unterhalb bestimmt werden. Sie betrug 608 µm/h. Granulozyten bewegten sich bei einem Wert von 1519 µm/h auch hier deutlich schneller, während Lymphozyten mit 639 µm/h eine ähnliche Wandergeschwindigkeit wie Monozyten zeigten (s. Tab. 1 und Abb. 1).
Oberhalb der Endothelschicht trat eine starke Verlangsamung der Zellwanderung ein. Granulozyten bewegten sich hier bei 671 µm/h, während Lymphozyten sogar nur 94 µm/h wanderten (s. Tab. 1).

Zusammenfassung

Die Interaktion von Leukozyten und Endothelzellen sind von größter Bedeutung für die Frühphase der Atherogenese. Die Beobachtung dieser Interaktion mit Hilfe der Zeitraffer-Videomikroskopie erlaubt eine genaue Analyse der individuellen Bewegungsmuster der Zellen.

In unserem Modell konnten wir nachweisen, daß Monozyten die Endothelschicht sofort nach Kontakt zu 100 % passieren, während Granulozyten und Lymphozyten den Monolayer nur um Teil durchwandern. Im Gegensatz zu den beiden letztgenannten Zellarten bleiben Monozyten für die Dauer des Experiments zu 100 % unterhalb des Monolayers. In bezug auf die Wandergeschwindigkeit zeigen sich Granulozyten als die aktivste Gruppe. Monozyten und Lymphozyten wandern deutlich langsamer.

Diese Differenzen im Wanderverhalten der drei Zellarten beruhen vermutlich zum Teil auf unterschiedlicher Aktivierung der Zellen durch von den Endothelzellen gebildete Matrix. Weitere Versuche, wie zum Beispiel Wanderung der Zelle auf mit Fibronektin oder Kollagen beschichteten Platten, würden eine genauere Aufklärung der oben genannten Befunde ermöglichen. Die Zugabe atherogener Substanzen wie Cholesterin zum Nährmedium wäre ein weiterer Versuchsansatz, der sicherlich ein verändertes Muster der Zellwanderung bewirken würde.

Literaturverzeichnis

1 Berliner JA, Territo M, Almada L, Carter A, Shafonsky E, Fogelmann AM. Monocyte chemotactic factor produced by large vessel endothelial cells. Arteriosclerosis 1986; 6: 254—258.

2 Cramer EB, Milks LC, Brontoli MJ, Ojakian GK, Wright SD, Showell HJ. Effect of human serum and some of its components on neutrophil adherence and migration across an epithelium. J Cell Biol 1986; 102: 1868—1877.

3 Doerr W. Die Pathologie Virchows und die Lehre von der Arteriosklerose. Path 1987; 8: 1—8.

4 Gerrity RG. The role of the monocyte in atherogenesis, 1. Transition of blood — borne monocytes into foam cells in fatty lesions. Am J Pathol 1981; 103: 181—190.

5 Gerrity RG. The role of the monocyte in atherogenesis: 2. Migration of foam cells from atherosclerosis lesions. Am J Pathol 1981; 103: 191—200.

6 Grünwald J. Time-lapse video microscopic analysis of cell proliferation, motility and morphology: applications for cytopathology and pharmacology. Bio Techniques 1987; 5: 680—686.

7 Hauss WH. Role of arterial wall cells in sclerogenesis. Ann NY Acad Sci 1976; 275: 286—301.

8 Horsburgh CR, Clark RAF, Kirkpatrick CH. Lymphokines and platelets promote human monocyte adherence to fibrinogen and fibronectin in vitro. J Leuk Biol 1987; 41: 14—24.

9 Jaffe EA, Nachman RL, Becker CG, Minick CR. Culture of human endothelial cells derived from umbilical veins, identification by morphologic and immunologic criteria. J Clin Invest 1973; 52: 2745—2756.

10 JONASSON L, HOLM J, SKALII O, BONDJERS G, HANSSON GK. Regional accumulations of T cells, macrophages and smooth muscle cells in the human atherosclerotic plaque. Arteriosclerosis 1986; 6: 131—138.

11 KELLEY JL, ROZEK MM, SUENRAM CA, SCHWARTZ CJ. Activation of human blood monocytes by adherence to tissue culture plastic surfaces. Exp Mol Pathol 1987; 46: 266—278.

12 KLING D. Initiale morphologische Gefäßwandveränderungen bei experimentell erzeugten fibromuskulären Plaques und Atheromen. In: BETZ E, Hrsg. Frühveränderungen bei der Atherogenese. München, Zuckschwerdt, 1987: 11—18.

13 KLING D, HOLZSCHUH T, BETZ E. Temporal sequence of morphological alterations in artery walls during experimental atherogenesis — occurrence of leukocytes. Res Exp Med 1987; 187: 237—250.

14 ROSS R. Atherosclerosis: A problem of the biology of arterial wall cells and their interactions with blood components. Arteriosclerosis 1981; 1: 293—311.

15 ROSS R. The pathogenesis of atherosclerosis — an update. N Engl J Med 1986; 314: 488—500.

16 SCHAEFER HE. The role of macrophages in atherosclerosis. In: SCHMALZL F, HUHN D, SCHAEFER HE, eds. Haematology and Blood Transfusion 27. Disorders of the monocyte, macrophage system. Berlin-Heidelberg-New York: Springer, 1981: 137—142.

17 SCHARF RE, HARKER LA. Thrombosis and atherosclerosis: Regulatory rule of interactions among blood components and endothelium. Blut 1987; 55: 131—144.

18 SCHWARTZ CJ, VALENTE AJ, SPRAGUE EA, KELLEY JL, SUENRAM CA, ROZEK MM. Atherosclerosis as an inflammatory process, the roles of monocyte-macrophage. Atherosclerosis 1985; 454: 115—120.

19 VALENTE AJ, FOWLER SR, KELLEY JL, SUENRAM CA, SCHWARTZ CJ. Initial characterization of a peripheral blood mononuclear cell chemoattractant derived from cultured arterial smooth muscle cells. Am J Pathol 1984; 117: 409—417.

Die Rolle der Thrombozyten bei der Neointimabildung in der ballonisierten Rattenkarotis

J. Fingerle, J. Rupp, M. A. Reidy

J. Fingerle, J. Rupp
Physiologisches Institut I der Universität Tübingen

M. A. Reidy
Dept. Pathology, University of Washington USA

Zusammenfassung

Es wurde die Bildung einer Neointima in thrombozytopenischen Tieren nach Ballonkatheterstimulation untersucht. Die Verabreichung einer einzigen Injektion eines polyklonalen Antikörpers gegen Rattenthrombozyten reduzierte die Zahl der zirkulierenden Thrombozyten auf unter 1 % des Normalwertes. Danach wurde die Karotis von Ratten mit Hilfe eines 2F-Ballonkatheters deendothelialisiert. Am Subendothel hafteten Thrombozyten nicht sofort, sondern erst zwei bis drei Tage später an, als die Zahl der zirkulierenden Plättchen wieder stieg. Auch sieben Tage nach Stimulation hafteten noch Thrombozyten an der Gefäßwand an. Im Gegensatz dazu hafteten die Thrombozyten in Kontrolltieren sofort nach der Ballonisierung an, waren aber nach sieben Tagen nur in sehr reduzierter Zahl zu finden. In Experimenten zur Bestimmung der Proliferationsrate glatter Muskelzellen mit Hilfe von Tritium markiertem Thymidin zeigte sich, daß zwei Tage nach Stimulation die Proliferation in thrombozytopenischen Tieren signifikant erhöht war gegenüber unverletzten Gefäßen (13,7 ± 8,4 % gegenüber 0,65 ± 0,23 %). Eine ganz ähnliche Proliferation fand sich in den ballonisierten Gefäßen der Kontrollgruppe. Wurden jedoch die intimalen Verdickungen innerhalb der beiden Gruppen verglichen, so zeigte sich nach vier und sieben Tagen eine deutliche Reduktion in den thrombozytopenischen Tieren. Eine mögliche Erklärung dafür ist, daß direkte Schädigung der Media in Abwesenheit von Thrombozyten ausreicht, um Proliferation von glatten Muskelzellen zu induzieren. Jedoch scheinen die Thrombozyten eine wichtige Rolle bei der Migration dieser Zellen in die Intima zu spielen.

Einleitung

Als attraktive Hypothese zur Problematik der Induktion einer Intimahyperplasie läßt sich formulieren, daß glatte Muskelzellen durch Thrombozyten zur Proliferation angeregt werden. Die Evidenz für diese Aussage entstand einerseits aus Versuchen in Zellkultur, wo gezeigt wurde, daß Thrombozytenlysate in der Lage waren, die Proliferation glatter Muskelzellen zu induzieren [4]. Andererseits konnten FRIEDMAN et al. [2] zeigen, daß in vivo in thrombozytopenischen Kaninchen die Neointimabildung nach Ballonstimulation verhindert wurde. Bei dieser Studie ergab sich nun die Frage, ob der Effekt tatsächlich durch Inhibition der Proliferation oder durch andere Mechanismen zustande kam. Wir griffen dieses Problem mit dem sehr gut untersuchten Modell der ballonisierten Rattenkarotis auf [1]. Um diese Tiere thrombozytopenisch zu machen, mußte ein Anti-Rattenplättchen-Antikörper verwendet werden. Damit durch vielfache und langandauernde Antikörperbehandlung keine Komplikationen entstanden (Anaphylaxis, Blutverlust), wurde der Antikörper nur einmal appliziert und so eine temporäre Thrombozytopenie von 24—48 Stunden erzeugt.
Das Ziel der Studie war es, die Rolle von Thrombozyten für die Reaktion glatter Muskelzellen zu untersuchen. Dabei interessierte uns speziell die frühe Phase nach der Gefäßwandverletzung. Es wurden Parameter wie die »Thymidinaufnahme« und die »Größe der entstandenen intimalen Verdickung« bestimmt.

Methoden

Antikörper

Der polyklonale Antikörper wurde durch Injektion von gewaschenen Rattenthrombozyten in eine Ziege hergestellt [3]. Die Spezifität wurde immunhistologisch und mit ELISA-Assays bestimmt. Der Antikörper zeigte keine Kreuzreaktivität mit neutrophilen Granulozyten, Monozyten und glatten Muskelzellen. Darüber hinaus war er nicht toxisch für kultivierte glatte Muskelzellen.

Experimentierschema

Zehn Stunden vor der Ballonisierung wurde den Versuchstieren mit einer einmaligen Injektion (i. p. 100 mg IgG/kg Körpergewicht) das Anti-Ratten-Thrombozyten-Antiserum verabreicht. Kontrolltiere erhielten ein Kontrollserum. Dann wurde die linke Carotis communis der Ratte ballonisiert, wie bereits beschrieben [1]. Nach zwei bis sieben Tagen wurde die Proliferation der glatten Muskelzellen bestimmt. Die morphometrische Bestimmung der intimalen Fläche

an histologischen Querschnitten der Gefäße erfolgte vier, sieben und 14 Tage nach Ballonisierung.
Die Plättchenadhäsion auf deendothelialisierten Gefäßen wurde rasterelektronenmikroskopisch zu verschiedenen Zeiten nach Ballonisierung ermittelt.
Zur Quantifizierung der Proliferationsraten der SMC wurde den Tieren 3H-Thymidin 17,9 und eine Stunde vor Versuchsende i.p. injiziert. Die Zahl der sich teilenden Zellen wurde mit autoradiographischen Methoden und Paraffinquerschnitten ermittelt.
Die intimalen Flächen der in Paraffin eingebetteten Gefäßquerschnitte wurden mit computerunterstützter Bildanalyse ausgewertet.

Ergebnisse

Die Zahl der Thrombozyten im peripheren Blut nach Antikörpergabe sank auf weniger als 1 % der Normalwerte ab (7.200/µl gegenüber 10^6/µl). Diese Wirkung hielt für 24—48 Stunden an und nach 72 Stunden waren die Kontrollwerte wieder erreicht (1,1 ± 0,15 × 10^6/µl). Als Konsequenz aus dieser Reduktion konnten sich initial nach Deendothelialisierung keine Thrombozyten am freigelegten Subendothel anhaften. Die Kinetik der Plättchenadhäsion ist in Abb. 1 dargestellt.
Daraus ergab sich, daß bei Anwendung dieses Versuchsprotokolls nach Antikörpergabe für einen Zeitraum von 24—48 Stunden die deendothelialisierte Karotis plättchenfrei war. Damit war zu erwarten, daß alle Prozesse, die von Thrombozyten beeinflußt werden, um ein bis zwei Tage verzögert sind.
Die Proliferation medialer glatter Muskelzellen ist in Tab. 1 dargestellt, und es ergaben sich über den gesamten untersuchten Zeitraum keine signifikanten Unterschiede, womit nahegelegt wird, daß die Antikörperbehandlung keinen Einfluß hatte.
Die wichtige Frage war nun, ob die Behandlung Einfluß auf die Neointimabildung hat, wie es für das Kaninchen beschrieben wurde [2]. Das Ausmaß der Intima, dargestellt als Fläche in Gefäßquerschnitten, ist in Tab. 2 zu sehen. Hierbei zeigt sich eindeutig eine Verzögerung der Intimabildung in der Versuchsgruppe der mit Antikörper behandelten Tiere. Es sollte nun geprüft werden, ob dieser Effekt spezifisch auf die Interaktion der Behandlung mit der Plättchenadhäsion zurückzuführen ist. Dazu wurde die Intima nach sieben Tagen in einem weiteren Versuchsansatz analysiert.
Der Antikörper wurde in einer zusätzlichen Tiergruppe nicht vor der Ballonisierung gegeben, sondern fünf Stunden danach. Auf diese Weise war der Antikörper zwar dauernd in der Zirkulation präsent, konnte aber nicht die Plättchenadhäsion verhin-

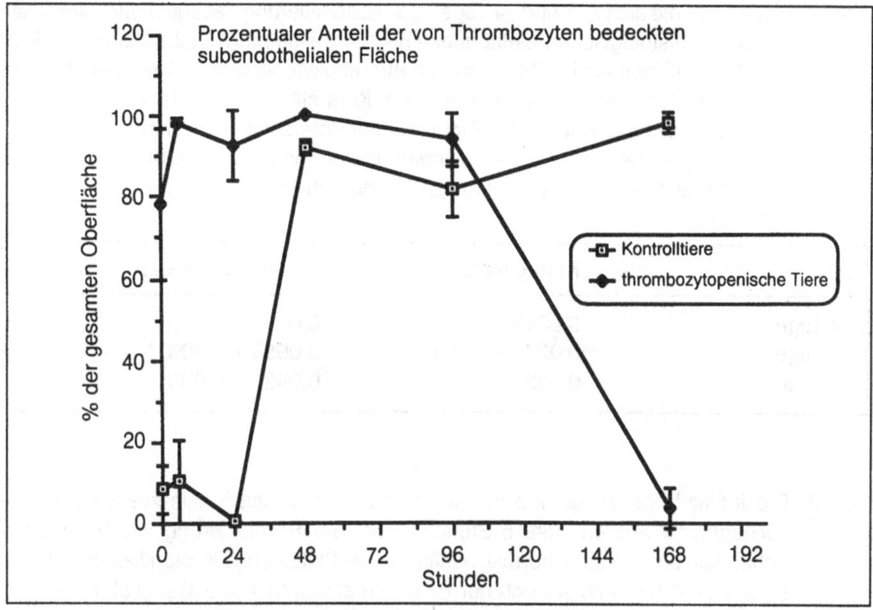

Abb. 1: Anti-Plättchen-Antikörper bzw. Kontrollserum wurde 10 Stunden vor Ballonisierung injiziert. Die Zahl der adhärierenden Plättchen wurde zu verschiedenen Zeiten nach Deendothelialisierung rasterelektronenoptisch bestimmt. In den thrombozytopenischen Tieren war das Subendothel während der ersten 24—48 Stunden plättchenfrei. Als die Plättchen jedoch wieder im zirkulierenden Blut auftraten, begannen sie wieder zu adhärieren (n = 4, Mittelwerte ± S. D.).

Tab. 1: Proliferative Reduktion glatter Muskelzellen nach Ballonstimulation. Der Thymidin-Index wurde nach 0, 1, 2, 4, 7 Tagen bestimmt. Dazu wurden thrombozytopenische und Kontrolltiere 17, 9 und 1 Stunde vor Versuchsende mit 3H-Thymidin markiert und der Index an Autoradiographien von Paraffinschnitten bestimmt. In beiden Gruppen ergab sich erst nach zwei Tagen eine signifikante Erhöhung des Indexes gegenüber unverletzten Gefäßen. Jedoch ergab sich kein Unterschied zwischen den beiden experimentellen Gruppen (n = 4, Mittelwert ± S. D.).

Zeit	Kontrolltiere	Thrombozytopenische Tiere
0	< 0,01 %	< 0,01 %
1 Tag	0,65 ± 0,45 %	0,65 ± 0,45 %
2 Tage	13,3 ± 8,5 %	13,0 ± 9,2 %
4 Tage	10,0 ± 5,7 %	15,2 ± 4,5 %
7 Tage	6,4 ± 4,6 %	2,3 ± 2,3 %

Tab. 2: Die Intima, die sich 4, 7 und 14 Tage nach Ballonisierung gebildet hatte, wurde als Fläche an histologischen Gefäßquerschnitten bestimmt (Angaben in mm^2). Man beachte, daß sich nach 4 Tagen in den thrombozytopenischen Tieren noch keine Intima gebildet hatte, während in den Kontrolltieren bereits eine deutliche Verdickung sichtbar war. Nach 7 Tagen war der Unterschied zwischen den intimalen Verdickungen beider Versuchsgruppen immer noch signifikant ($^*p < 0,05$) während nach 14 Tagen die intimalen Flächen ähnlich waren (n = 5, Mittelwerte ± S. D.).

Zeit	Kontrolltiere	Thrombozytopenische Tiere
4 Tage	0,0045 ± 0,0034	0,0
7 Tage	0,027 ± 0,015*	0,0053 ± 0,0067*
14 Tage	0,098 ± 0,03	0,092 ± 0,036

Tab. 3: Die Intimafläche wurde wie in Tab. 2 bestimmt (in mm^2). Als zusätzliche Versuchsgruppe wurden Tiere 5 Stunden nach der Ballonisierung mit Antikörpern behandelt und zeigten normal adhärierende Plättchen. Ein signifikanter Unterschied ($p < 0,05$) zeigte sich nur zwischen a) und b) sowie a) und c), nicht aber zwischen b) und c) (n = 5, Mittelwerte ± S. D).

	Intimale Fläche
a) Antikörper appliziert 10 h vor Ballonisierung	$6,1 \times 10^{-3} \pm 5,9 \times 10^{-3}$
b) Antikörper appliziert 5 h nach Ballonisierung	$18,0 \times 10^{-3} \pm 3,5 \times 10^{-3}$
c) Kontrollserum appliziert wie unter a)	$27,0 \times 10^{-3} \pm 14 \times 10^{-3}$

dern. Das Ergebnis ist in Tab. 3 dargestellt und zeigt, daß die Adhäsion tatsächlich mit der Intimabildung korreliert.

Es scheint paradox, daß Plättchen zwar die Intimabildung beeinflussen, jedoch nicht die Proliferation der glatten Muskelzellen. Eine Erklärung, die beide Befunde vereinigt, kann durch die Hypothese gewonnen werden, daß Thrombozyten wichtig für die Migration der SMC aus der Media in die Intima sein können. Diese Hypothese impliziert die prinzipielle Unabhängigkeit zwischen Induktion der Proliferation und Migration dieser Zellen. Dieses Konzept der Erklärung der Neointimabildung bedarf weiterer Untersuchungen, könnte aber interessante Ansätze für die Therapie bei Arteriosklerose und Stenosierungen nach Angioplastiemanövern oder Prothesenimplantationen bieten.

Schlußfolgerungen

1. Thrombozyten sind nicht hauptsächlich verantwortlich für die frühe Proliferation von glatten Muskelzellen nach Stimulation mit einem Ballonkatheter.
2. Die Abwesenheit von Thrombozyten scheint die Entwicklung einer glattmuskulären Intima zu verhindern.

Eine mögliche Interpretation für diese Ergebnisse ist die, daß Thrombozyten eine Rolle bei der Migration glatter Muskelzellen in die Intima spielen.

Literaturverzeichnis

1 Clowes AW, Reidy MA, Clowes MM. Kinetics of cellular proliferation after arterial injury: I. Smooth muscle growth in the absence of endothelium. Lab Invest 1983; 49: 327.

2 Friedman RJ, Stemerman MB, Wenz B, Moore S, Gauldie J, Gent M, Tiell ML, Spaet TH. The effect of thrombocytopenia on experimental atherosclerotic lesion formation in rabbits. Smooth muscle cell proliferation and re-endothelialization. J Clin Invest 1977; 60: 1191.

3 Johnson RJ, Alpers CE, Pritzl P, Schulze M, Baker P, Pruchno C, Couser WG. Platelets mediate neutrophildependent immune complex nephritis in the rat. J Clin Invest 1988; 82: 1225.

4 Ross R, Glomset JA, Kariya B, Harker L. A platelet-dependent serum factor that stimulates the proliferation of arterial smooth muscle cells in vitro. Proc Natl Acad Sci, USA 1974; 71: 1207—1210.

Metabolische Charakterisierung der Makrophagen-Aktivierung

S. Linke, H. Heinle
Physiologisches Institut der Universität Tübingen

Einleitung

Obwohl Makrophagen als wichtiger zellulärer Bestandteil in der atheromatösen Plaque beschrieben sind, ist deren Rolle bei der Atherogenese noch nicht vollständig aufgeklärt [5]. Neben der Phagozytose unerwünschter Bestandteile in der Gefäßwand können Makrophagen durch die Freisetzung verschiedenster Faktoren (z. B. Wachstumsfaktoren oder zytotoxische Substanzen) ihre Umgebung unterschiedlich beeinflussen [2, 6].
Um die bei der Makrophagenaktivierung ablaufenden zellulären Prozesse genauer beschreiben zu können, untersuchten wir unter Verwendung der einfach und schnell zu isolierenden Alveolarmakrophagen aus Kaninchen einige metabolische Parameter nach Zymosanstimulation. Zum Vergleich wurden auch Zellen aus cholesterinreich ernährten Tieren herangezogen.

Methoden

Alveolarmakrophagen wurden aus insgesamt elf normal und fünf cholesterinreich (4 Wochen 0,5 % Cholesterinzusatz zur Standarddiät) ernährten Kaninchen durch Bronchiolavage gewonnen. Dazu wurden jeweils die Lungen viermal mit 50 ml 0,9 % NaCl gespült. Die Zellen wurden abzentrifugiert, mit Saline gewaschen und anschließend in Kulturmedium aufgenommen.
Aus den normal gefütterten Tieren werden ca. 18×10^6, aus den cholesterinreich ernährten ca. 30×10^6 Zellen erhalten.
Zur Chemolumineszenzmessung wurden $1-5 \times 10^6$ Zellen zunächst mit Luminol 10 min vorinkubiert. Anschließend erfolgte der Zusatz von opsonisiertem Zymosan (1 mg/Test).
Die luminolverstärkte Chemolumineszenz wurde über 10 min gemessen, wobei sowohl der zeitliche Verlauf als auch dessen Integral registriert wurde. Anschließend wurde die Inkubation mit Zymosan noch bis zu 2 h fortgesetzt. Danach

wurden die Zellen abzentrifugiert, homogenisiert und auf den Thiolgehalt analysiert [4]. Im zellfreien Überstand wurden die Aktivitäten von Glukuronidase bzw. Laktat-Dehydrogenase sowie der Gehalt von Laktat bestimmt (Methoden entsprechend Bergmeyer [1]. Die Ergebnisse wurden auf die Zellzahl normiert. Ein Teil der Zellen wurde zur Bestimmung von Gesamtcholesterin verwendet.

Ergebnisse

In Abb. 1 sind die Stimulierbarkeit der Chemolumineszenz und deren zeitlicher Verlauf nach Zymosanstimulierung dargestellt. Es ist offensichtlich, daß sich die Stimulierbarkeit der Makrophagen — bestimmt über die Meßzeiten von jeweils 10 min — aus normo- bzw. hypercholesterinämischen Tieren nicht unterscheidet. Betrachtet man jedoch den zeitlichen Verlauf, so ist deutlich, daß cholesterinbeladene Zellen eine ausgeprägte Spitzenaktivität aufweisen, während Zellen aus normal gefütterten Tieren eine mehr gleichförmige Radikalproduktion haben.

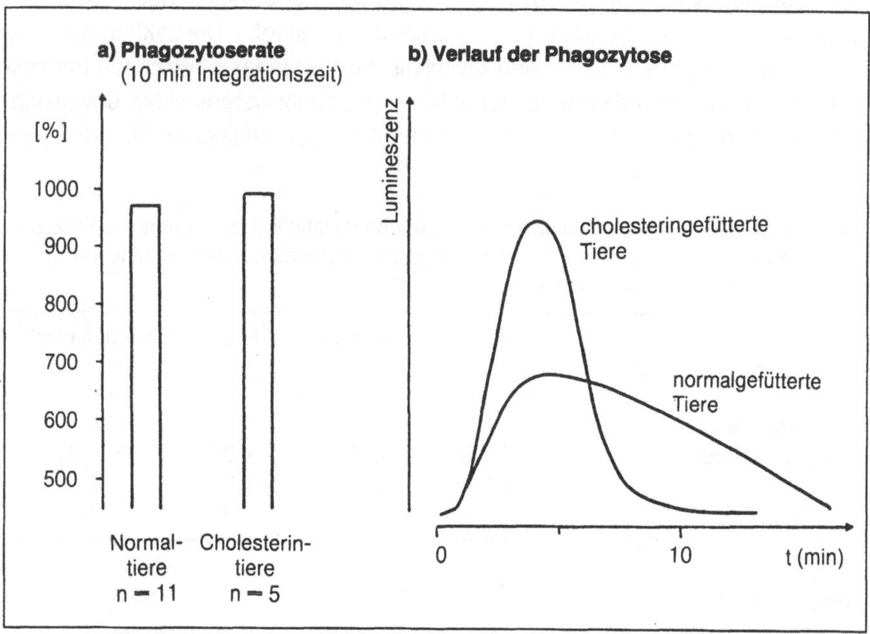

Abb. 1: a) Zur Berechnung der relativen Phagozytoserate wurde die luminolverstärkte Chemolumineszenz nichtstimulierter Zellen integriert und zu 100 % gesetzt.
b) Die Phagozytosekurven entsprechen dem typischen Zeitverlauf der Chemolumineszenz nach Zymosanzusatz (t = 0 min).

Aus Tab. 1 ist ersichtlich, daß auch die Parameter Glukuronidasefreisetzung, Laktatproduktion und zellulärer Thiolgehalt indikativ für die Zellaktivierung durch Zymosan sind. Allerdings sind die erzielten Steigerungen wesentlich geringer als bei der Chemolumineszenz. Außerdem zeigt sich, daß bei cholesterinreichen Zellen deutlich mehr Glukuronidase freigesetzt wird als aus Zellen aus Normaltieren. Differenziert sind die Ergebnisse der Thiolbestimmung: Während bei normalen Zellen zunächst ein Anstieg, bei 2 h ein Abfall zu finden ist, fällt bei cholesterinreichen Zellen der Thiolgehalt sofort um 30 % ab.
Laktat-Dehydrogenase als Indikator für Zellmembranschädigung wird zwar von cholesterinreichen Zellen wesentlich mehr freigesetzt als von normalen, bei längerer Stimulationsdauer gleichen sich die Werte jedoch an.

Diskussion

Die hier bestimmten Parameter stellen vereinfachte Indikatoren für verschiedene Zellfunktionen dar: Mit der Chemolumineszenz wird die Freisetzung von Radikalen bzw. reaktiven Sauerstoffmetaboliten während der Phagozytose erfaßt. Glukuronidase wird bei der Degranulation aus Lysosomen freigesetzt. Die Laktatproduktion ist ein simplifiziertes Maß für den glykolytischen Energiestoffwechsel. Intrazelluläre Thiole spiegeln das glutathionabhängige Schutzsystem wider, unvollständige Peroxiddetoxifikation führt zu einer Abnahme der reduzierten Thiolgruppen.

Tab. 1: Zymosaninduzierte Effekte auf verschiedene metabolische Parameter von Alveolarmakrophagen aus normo- bzw. hypercholesterinämischen Kaninchen (+ = Zunahme; — = Abnahme)

	Normocholesterinämisch		Hypercholesterinämisch	
Inkubationszeit mit Zymosan	30'	120'	30'	120'
Glukuronidasefreisetzung	+ 55 %	+ 64 %	+ 40 %	+ 30 %
Laktatproduktion	+ 30 %	+ 40 %	+ 28 %	+ 29 %
LDH-Freisetzung	+ 120 %	+ 82 %	+ 25 %	+ 68 %
Zellulärer Thiolgehalt	+ 20 %	— 15 %	— 25 %	— 9 %
Gesamtcholesterin (mg/10^6 Zellen)	0,07		0,11	

Die Differenzen ergeben sich aus dem Vergleich von Werten, die nach Inkubationszeiten von 30 bzw. 120 min von Zellen mit bzw. ohne Zymosan erhalten wurden. Die Werte der zymosanfreien Kontrollen wurden jeweils zu 100 % gesetzt.

Die Freisetzung von LDH wird als allgemeiner Indikator für Membranschädigung betrachtet.

Alle genannten Parameter zeigen charakteristische Änderungen an, wenn die Zellen mit Zymosan stimuliert werden. Durch ihre quantitative Erfassung ist daher eine bessere Charakterisierung der metabolischen Vorgänge, die der Zellaktivierung zugrunde liegen, möglich.

Mit Hilfe dieser Parameter ergeben sich auch Differenzierungsmöglichkeiten, wenn Zellen aus normo- bzw. hypercholesterinämischen Tieren miteinander verglichen werden: Während Glukuronidasefreisetzung, Laktatproduktion und LDH-Freisetzung aus cholesterinreichen Zellen quantitativ erhöht sind, ergeben sich bei Thiolgehalt und Radikalproduktion qualitative Veränderungen. Wie auch an anderen Zellsystemen aus hypercholesterinämischen Tieren gezeigt [3], scheinen auch Alveolarmakrophagen durch Hypercholesterinämie eine Verschlechterung des Thiol-Disulfid-Schutzsystems zu erleiden. Bei der Radikalproduktion fällt auf, daß bei cholesterinreichen Zellen die Aktivierung in kürzerer Zeit mit deutlich höherer Peak-Aktivität erfolgt. Sofern dieses Ergebnis auf in anderen Geweben ausdifferenzierte Makrophagen übertragbar ist, könnte dieser Mechanismus für verschiedene pathophysiologische Situationen (z. B. auch im Atherom) von Bedeutung sein.

Danksagung

Diese Forschungsarbeit wurde mit Hilfe des deutschen Komitees zur Förderung der Arterioskleroseforschung durchgeführt. Die Autoren möchten Frau H. Ableiter für die hervorragende Mitarbeit danken.

Literaturverzeichnis

1 Bergmeyer HU. Methoden der enzymatischen Analyse. 3. Auflage Weinheim: Verlag Chemie, 1974.

2 Gerrity R. The role of monocyte in atherogenesis. I. Transition of blood-borne monocyte into foam cells in fatty lesions. Am J Pathol 1981; 103: 181—190.

3 Heinle H. Alteration in the glutathione / glutathione disulfide system of the aortic wall of hypercholesterolemic rabbits. Hoppe-Seyler's Z Physiol Chem 1980; 361: 1293.

4 Jocelyn PC. Biochemistry of the SH Group. London-New York: Academic Press, 1972: 137—162.

5 Munro JM, Cotran RS. The pathogenesis of atherosclerosis: atherogenesis and inflammation. Lab Invest 1988; 58: 249—261.

6 Weiss SJ, Lo Buglio AF. Phagocyte-generated oxygen metabolites and cellular injury. Lab Invest 1982; 47: 5—18.

Antiarteriosklerotische Wirkungen sulfatierter Polysaccharide

Th. Broszey, W. Völker, A. Schmidt, V. Faber, E. Buddecke
Institut für Arterioskleroseforschung der Westfälischen
Wilhelms-Universtität Münster

Einleitung

Migration und Proliferaton glatter Muskelzellen (SMC), Synthese und Sekretion von extrazellulärer Matrix sowie Veränderungen einzelner Matrixkomponenten [7] sind wesentliche Ereignisse in der Entwicklung arteriosklerotischer Plaques. Pathogenetisch finden nach Clowes et al. [2] folgende Prozesse statt:

1. Auswanderung glatter Muskelzellen aus subintimalen und medialen Schichten ohne weitere Teilungsaktivität.
2. Vermehrung der spezifisch aktivierten Zellpopulationen sowohl während als auch nach der Auswanderung in die Neointima.

Diese Prozesse werden nach Ross [6] und Walker [8] durch Thrombozytenadhäsion an freiliegendem Kollagen und nachfolgender Plättchendegranulation von Wachstumsfaktoren beschleunigt und durch Heparin inhibiert [1, 2].
Die Gefäßwandmatrix besitzt jedoch kein Heparin, sondern als endogenen Bestandteil von Proteoglykanen vielmehr Heparansulfat (HS). Der Verlust von HS und die Zunahme von Chondroitinsulfat (CS) in arteriosklerotischen Geweben [4] lassen vermuten, daß diese hochspezifischen Polysaccharide als essentieller Bestandteil verschiedener Proteoglykantypen (PG) verschiedene, möglicherweise antagonistische Funktionen in der Gefäßwand besitzen. Zellkulturexperimente haben ferner gezeigt, daß Zellproliferation einhergeht mit einer erhöhten Synthese von CS-PG [5], während antiproliferativ wirksames HS-PG verstärkt von ruhenden arteriellen glatten Muskelzellen exprimiert wird [3].
Reines, aus normalen tierischen Geweben isoliertes HS und CS wurde daher in einem Arteriosklerose-Tiermodell in vivo getestet. Diese Substanzen wirkten kontinuierlich auf eine durch Ballonkatheterisierung geschädigte Arterienwand ein [1]. Anschließend wurden ^{3}H-Thymidin und ^{35}S-Sulfat-Einbauraten als Indikatoren für Proliferation bzw. PG-Synthese biochemisch und die Zunahme der Gefäßwand-

dicken in Relation zu einem ungeschädigten Arterienstück jeweils desselben Individuums morphometrisch bestimmt.
Als Kontrollen und zum Vergleich dienten zum einen physiologisch unwirksame NaCl-Lösung und zum anderen antikoagulativ und antiproliferativ wirksames Heparin.

Material und Methoden

Ballooning

Männliche Wistar-Kyoto-Ratten wurden mit Pentobarbital und Äther narkotisiert und endoluminal nach der früher ausführlich beschriebenen Methode des Karotis-Balooning [1] katheterisiert. Kurz zusammengefaßt vollzog sich die Ballonkatheterschädigung mit einem 2-F- coronary embolectomy Katheter (Fogarty). Dieser wurde jeweils in der Arteria carotis externa eingeführt und wiederholt (4mal) unter Insufflation in der Arteria carotis communis bewegt. Auf diese Weise wurde die Tunica intima entfernt. Die rechte Karotis als intraindividuelle Kontrolle wurde nicht traumatisiert. Während der Operation wurden außerdem osmotische Minipumpen, 2 ml, (Alza Corp.) mit dem venösen System verbunden (bei der Ratte V. cava ant.). Sie begannen ca. vier Stunden später, ihren Inhalt mit einer konstanten Pumprate über 14 Tage freizusetzen. So erhielten die Versuchstiere eine jeweils gleiche Dosis (0,1 mg/kg KG/h). Es wurden appliziert: Heparin (Sigma, Type II), reines HS aus Schweineaorten (A. Schmidt) und CS (Serva); physiologische NaCl-Lösung diente als Kontrolle. Je sieben bis acht Tiere wurden für jede dieser Substanzen verwendet.
Nach steriler Entnahme beider Karotiden am 14. postoperativen Tag wurden jeweils aus dem Mittelbereich ein 5 mm langes Segment zur Organinkubation entnommen und ein weiteres zur kryohistologischen Aufarbeitung in 1 %iger Formaldehydlösung fixiert.

Organinkubation

Die gewonnenen Arteriensegmente mit einem Frischgewicht von 1,0 — 1,5 mg wurden über fünf Tage unter Organkulturbedingungen mit ^{3}H-Thymidin zur Messung der DNA-Neusynthese (growth fraction, 2) und mit ^{35}S-Sulfat zur Messung der Proteoglykan-Syntheseraten inkubiert. Nach dieser Zeit wurden die inkorporierten Radioaktivitäten getrennt für die rechte und linke Seite gemessen. Die Kombination aus In-vivo-Experiment und In-vitro-Analyse hat den Vorteil, daß Plaques sich zunächst in situ entwickeln und nach Gewebeentnahme unter definierten Bedingungen (DMEM + 10 % FCS) kontrolliert, d. h. ohne Einfluß von zusätzlichen Blutfaktoren im Hinblick auf die Wachstums- und Synthesedynamik weiter untersucht werden können.

Histologie und Morphometrie

Fixiertes Material wurde in Kryo-Einbettungsmedium schnell gefroren und bei ca. —25° C rechtwinklig geschnitten (Schnittdicke 1 — 2 μm). Die dabei gewonnenen Arterienquerschnitte wurden anschließend mit einer Elastica-van-Gieson oder mit einer HE-Standardfärbung kontrastiert und in vollständiger Übersicht fotografiert. Jeweils sechs Schnitte wurden von den entnommenen Arteriensegmenten ausgewertet. Die Flächen von Media- und Neointima wurden bei 150facher Vergrößerung mit einem semiautomatischen Morphometriesystem (Leitz A.S.M.) über den gesamten präparierten Bereich bestimmt.

Ergebnisse

Organkultur

In Gegenwart von physiologischer Salzlösung sind die Einbauraten sowohl von ^{3}H-Thymidin als auch von ^{35}S-Sulfat in Organkultur pro Milligramm Gewebefeuchtigkeit in der linken geschädigten Karotis (Abb. 1a), 1,9fach bzw. 2,3fach höher als in der entsprechenden ungeschädigten Karotis desselben Tieres (Abb. 1c, Tab. 1). In

Tab. 1: Einbauraten von ^{3}H-Thymidin und ^{35}S-Sulfat in Rattenkarotiden unter Organkulturbedingungen
Die linke Karotide der Ratte wurde mittels Katheter ballonisiert und das jeweilig sulfatierte Polysaccharid intravenös über 14 Tage verabreicht. Nach Entnahme der Arterien (re. u. li.) wurden diese für fünf Tage in Gegenwart von 2 μCi/ml Thymidin und 10 μCi/ml Sulfat inkubiert. Nach Solubilisierung wurden DNA und sulfatierte Glykosaminoglykane präzipitiert und beide Radioaktivitäten gemessen.

Substanz	Durchschnittliche Isotopenaufnahme in die nicht-ballonisierte Arterie dpm × 10³/mg Frischgew.		Mittlere Inkorporationsraten ballonisierter zu nicht-ballonisierten Arterien nichtball. = 1,0 (100 %)	
	^{3}H	^{35}S	^{3}H	^{35}S
NaCl	16,6	156	1,9	2,3
CS	21,3	196	2,4	2,0
Heparin	3,4	71	1,5	1,7
HS	6,3	149	1,3	1,7

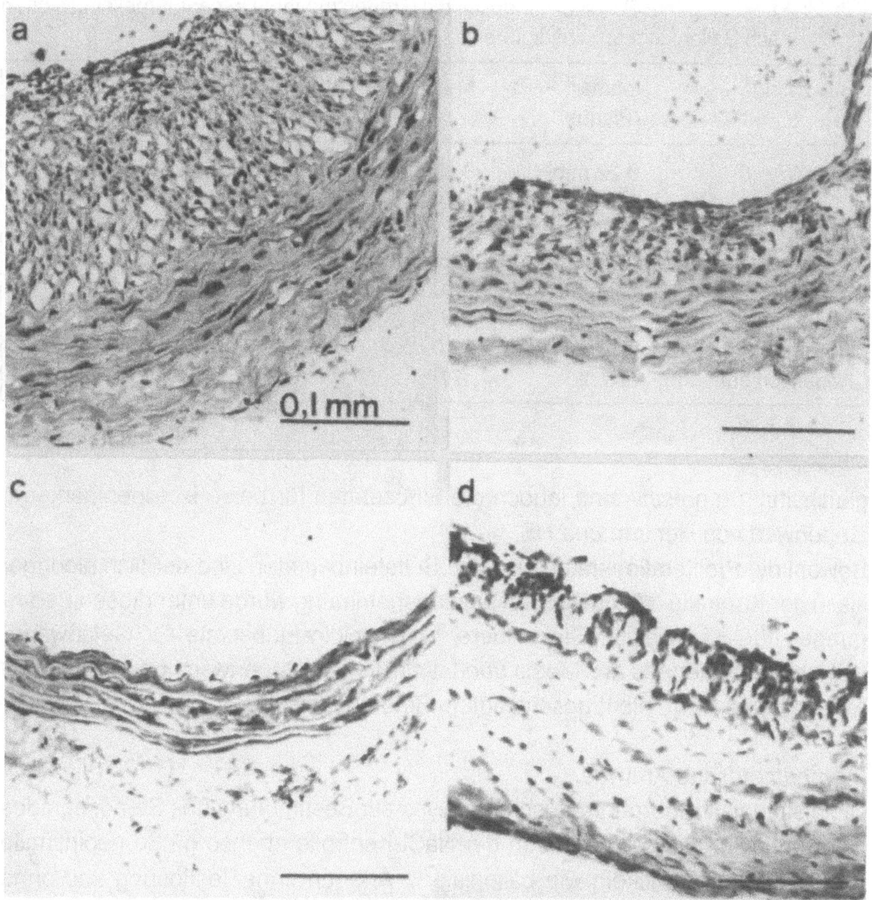

Abb. 1: Ausschnittsvergrößerungen repräsentativer Karotiden mit und ohne Schädigung durch Katheter-Ballooning unter Einwirkung verschiedener sulfatierter Polysaccharide

a) linke Karotis nach Ballooning + NaCl-Pumpe bzw. CS-Pumpe nach 14 Tagen
b) Ballooning + HS-Pumpe
c) rechte, ungeschädigte Karotis
d) Ballooning + Heparin-Pumpe

Gegenwart von CS ist die Einbaurate von ^{3}H-Thymidin als Indikator für Zellproliferation im Vergleich zur NaCl-Kontrolle sogar gesteigert (1,9- vs. 2,4fach).
Die Synthese endogener sulfatierter Polysaccharide, gemessen am ^{35}S-Sulfateinbau, erreicht hingegen nicht den Wert der Kontrollgruppe. In der Tendenz

Tab. 2: Effekt biogener Polysaccharide auf die Größenzunahme experimenteller Läsionen nach Ballonkatheterschädigung

Ballooning +	Intima (Plaque)	Media	Intima + Media	Verhältnis Media/Intima
NaCl (n = 8)	0,22 mm^2	0,13 mm^2	0,35 mm^2	1 : 1,7
	100 %	100 %	100 %	
CS (n = 7)	0,17 mm^2	0,11 mm^2	0,28 mm^2	1 : 1,5
Reduktion auf	77 %	85 %	80 %	
Hep (n = 8)	0,04 mm^2	0,10 mm^2	0,14 mm^2	1 : 0,4
Reduktion auf	18 %	77 %	40 %	
HS (n = 7)	0,13 mm^2	0,10 mm^2	0,23 mm^2	1 : 1,3
Reduktion auf	59 %	77 %	66 %	

gleichsinnig regressiv sind jedoch die Einbauraten für beide Isotopenmarker in Gegenwart von Heparin und HS.

Sowohl die Proliferationsraten als auch Sulfateinbauraten sind deutlich niedriger als in der Kontrolle. Maximale Proliferationshemmung wurde unter diesen Bedingungen für HS erreicht. Die mittlere ^{3}H-Thymidin-Einbaurate für Gefäßwandsegmente, bestehend aus Media *und* Intima, liegt in Gegenwart von HS nur noch 1,3fach höher als in nicht geschädigtem Referenzgewebe.

Morphometrische Analyse

Die histologisch-morphometrische Analyse zur Bestimmung des Stenosegrades zeigt deutlich, daß die Karotiden der NaCl-Kontrolle ebenso große neointimale Verdickungen entwickeln wie ballonisierte Arterien ohne Testlösung und ohne Minipumpen [1].

Neointimale Gewebsstrukturen bilden sich nach Schädigung der Gefäßinnenwand regelmäßig und homogen aus (Abb. 1, Tab. 2). Die ermittelten Hypertrophiegrade intimaler und medialer Gefäßwandschichten unter dem Einfluß der verschiedenen o.g. Substanzen bestätigen tendenziell die in Organkultur gewonnenen Ergebnisse.

CS zeigt auch hier den geringsten Grad an antiarteriosklerotischer Wirksamkeit. Den stärksten Effekt auf das Dickenwachstum der Gefäßwand zeigen Heparin und HS. Da die Dickenzunahme der Tunica media unabhängig von der Neointima morphometrisch quantifiziert werden konnten, lassen sich Effekte sulfatierter Substanzen in beiden Gefäßwandschichten nachweisen. Die Regression der Mediaverdickung nach Deendothelialisierung ist für HS und Heparin gleich stark (Abb. 2,

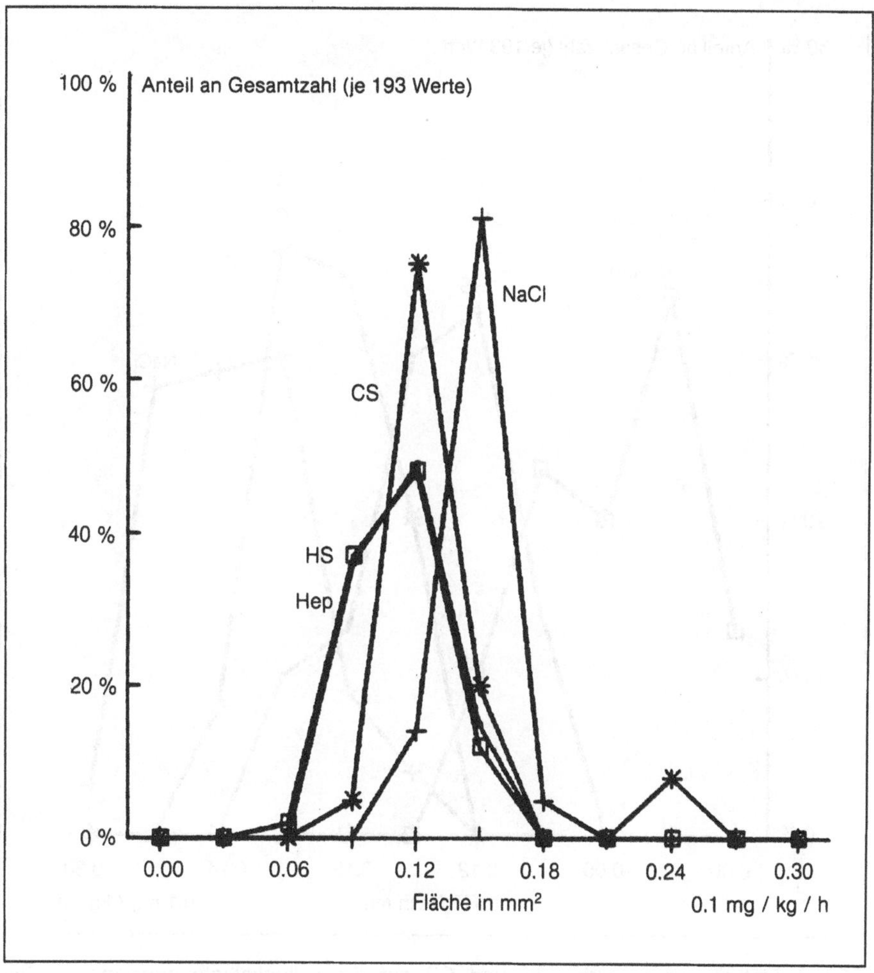

Abb. 2: Einfluß von Heparin, HS und CS auf die Ballonkatheterinduzierte Endothelläsion (INTIMA)

Tab. 2). Heparin wirkt jedoch darüber hinaus erheblich stärker regressiv auf das Wachstum der Neointima (Abb. 3, Tab. 2).
Die Wirkungen beider Substanzen, HS und Heparin, auf die Wachstumsraten der Neointima sind außerdem dosisabhängig. Das dazu in Abb. 4 gezeigte Diagramm beruht sowohl auf früheren [1] als auch auf den jetzt vorgestellten Daten in Tab. 2.

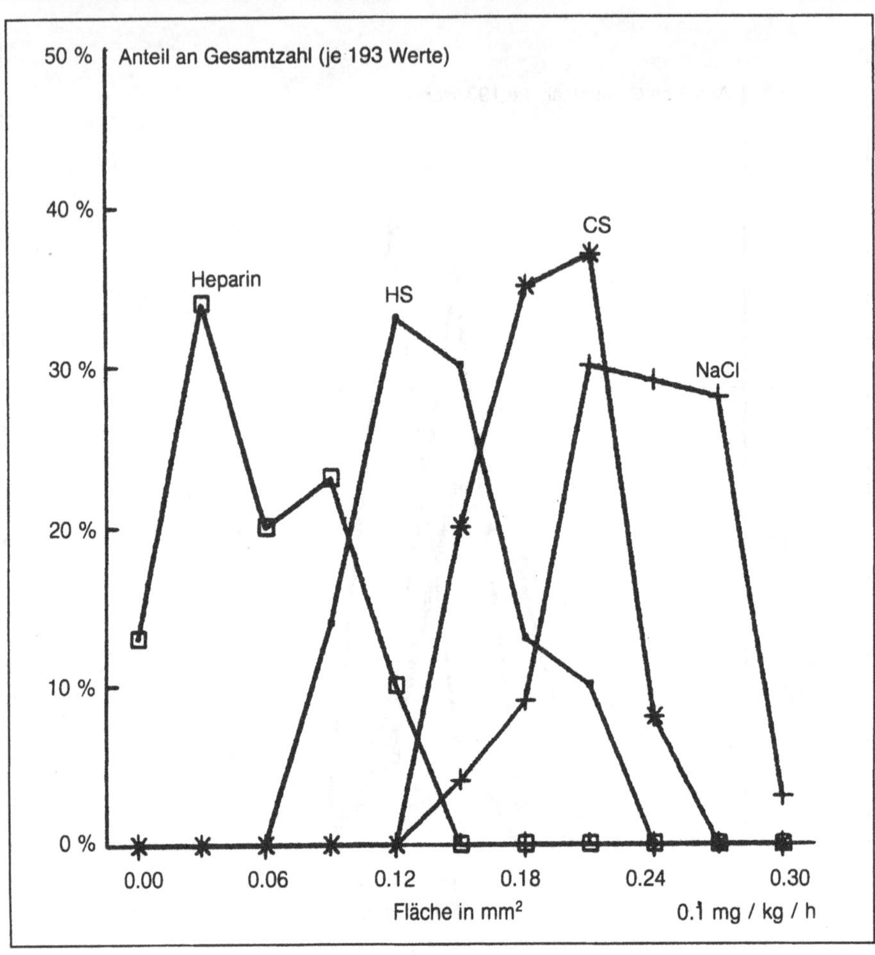

Abb. 3: Einfluß von Heparin, HS und CS auf die ballonkatheterinduzierte MEDIA-Hypertrophie

Diskussion

Durch Kombination von Methoden, nämlich Ballonkatheterisierung und Implantation von Minipumpen sowie anschließende radio-biochemische und quantitativmorphometrische Analyse können arteriosklerosespezifiche Prozesse, die das Plaquewachstum verursachen bzw. beeinflussen, an wenigen einzelnen Tieren untersucht werden. Die vorliegenden, auf diese Weise gewonnenen Ergebnisse sollen insbesondere verdeutlichen, daß HS als gewebsspezifischer endogener

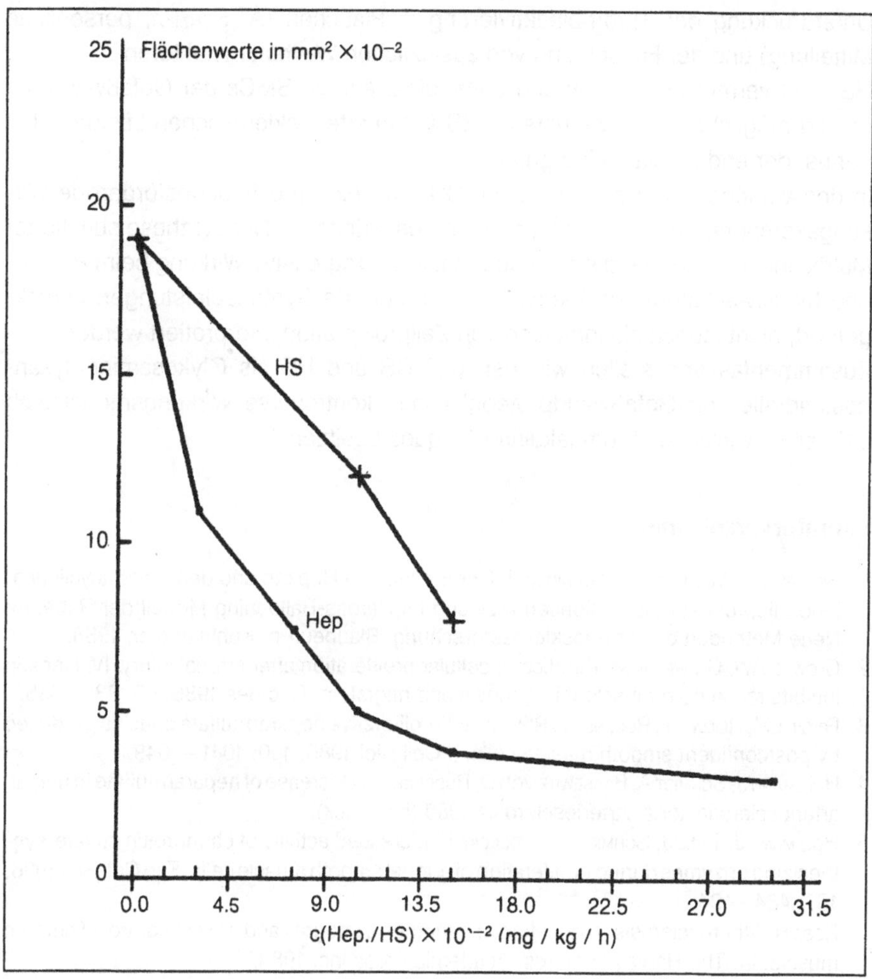

Abb. 4: Plaquereduktion bei Gabe verschiedener Polysaccharidkonzentrationen über 14 Tage

Wirkstoff ähnlich wie Heparin potentiell antiarteriosklerotische Wirkmechanismen aufweist.

HS hemmt die Zellproliferation und die Neusynthese sulfatierter Matrixkomponenten in deendothelialisierten Arterien von Ratten. Dadurch reduziert es das Wachstum experimentell induzierter Plaques und Hypertrophie der Media. Es wirkt qualitativ ähnlich wie Heparin; Heparin scheint jedoch stärker wirksam zu sein bei der

Unterdrückung der Thrombinaktivierung in Plättchen (A. SCHMIDT, persönliche Mitteilung) und der Freisetzung von zusätzlichen Wachstumsfaktoren.
HS wirkt vermutlich selektiv und unmittelbar auf die SMCs der Gefäßwand; es ersetzt möglicherweise Verluste an HS-PG in arteriosklerotischen Läsionen bei Verlust der endothelialen Integrität.
In den vorliegenden Befunden zeigt CS zwar eine proliferationsfördernde Wirkungskomponente; gleichzeitig reduziert es jedoch die Neusynthese sulfatierter Matrix. Insofern könnte die beobachtete, leicht regressive Wirkung beim Plaque- und Mediawachstum auf überwiegend verringerte Syntheseleistungen zurückgeführt, nicht jedoch als Inhibition von Zellproliferation interpretiert werden.
Zusammenfassend stellen wir fest, daß CS und HS als Glykosaminoglykanbestandteile von Gefäßwandproteoglykanen kontroverse Wirkungsmodalitäten bei der Entwicklung fibromuskulärer Plaques besitzen.

Literaturverzeichnis

1 BROZEY TJ, WÜLFROTH P, GRÜNWALD J. Der Einfluß von Heparin und dem Prostacyclinanalogen Iloprost auf die Läsionsentwicklung im Carotis-Ballooning Modell der Ratte. In: Neue Methoden der Arterioskleroseforschung. Blaubeuren: Kohlhammer, 1988.

2 CLOWES AW, CLOWES MM. Kinetics of cellular proliferation after arterial injury. IV. Heparin inhibits rat smooth muscle mitogenesis and migration. Circ Res 1986; 58: 839—845.

3 FRITZE LM, REILLY CF, ROSENBERG RD. An antiproliferative heparan sulfate species produced by postconfluent smooth muscle cells. J Cell Biol 1985; 100: 1041—1049.

4 HOLLMANN J, SCHMIDT A, BASSEWITZ von D, BUDDECKE E. Decrease of heparan sulfate in human arteriosclerotic aorta. Arteriosclerosis 1989 (im Druck).

5 HOLLMANN J, THIEL J, SCHMIDT A, BUDDECKE E. Increased activity of chondroitin sulfate-synthesizing enzymes during proliferation of arterial smooth muscle cells. Exp Cell Res 1986; 167: 484—494.

6 ROSS R. Atherosclerosis: A question of endothelial integrity and growth control of smooth muscle. In: The Harvey Lectures. Academic Press Inc, 1983.

7 VÖLKER W, SCHMIDT A, BUDDECKE E. Cytochemical changes in a human proteoglycan related to atherosclerosis. Atherosclerosis 1989 (im Druck).

8 WALKER LN, BOWEN-POPE DF, ROSS R, REIDY MA. Production of platelet-derived growth factor-like molecules by cultured arterial smooth muscle cells accompanies proliferation after arterial injury. Proc Natl Acad Sci USA 1986; 83: 7311—7315.

Dosisabhängige Suppression der Nephrosklerose hypertoner Ratten durch den blutdruckneutralen Kalziumantagonisten Flunarizin

P. E. Schwabedal, M. Pulina, A. Verheyen, M. Borgers, S. Cs. Szathmary, W. Oestreich
Anatomisches Institut der Universität Bonn und Janssen Pharmaceutica
Beerse, Belgien und Neuss

Einleitung

Immer häufiger wird von klinischen Untersuchungen berichtet, die zeigen, daß es möglich ist, beim Menschen die Arteriosklerose durch die Behandlung mit Kalziumantagonisten günstig zu beeinflussen. Diese Ergebnisse lassen sich durch tierexperimentelle Befunde stützen. So konnte nachgewiesen werden, daß sich beim Kaninchen eine durch elektrische Reizung hervorgerufene Arteriopathie der Arteria carotis durch den Kalziumantagonisten Flunarizin (Janssen Pharmaceutica, Beerse, Belgien) hemmen läßt [1] und daß auch bei Ratten eine hypertoniebedingte Arteriosklerose an Herz, Gehirn und Niere mit Hilfe dieses Kalziumantagonisten nahezu vollständig supprimiert werden kann, ohne dabei zugleich den Bluthochdruck zu verhindern [2]. Um diese Befunde zu erhärten, wurde in der vorliegenden Untersuchung geprüft, ob eine durch die Skelton-Hypertonie [4, 3] hervorgerufene Nephrosklerose mit Hilfe des Kalziumantagonisten Flunarizin dosisabhängig gehemmt werden kann.

Material und Methoden

Tiere: 40 normale ausgewachsene männliche Ratten.

Versuchsgruppen (VG)

VG. I: Behandlung nach Skelton [4] zum Erzeugen einer Hypertonie und keine Gabe von Flunarizin; 8 Tiere.

VG. II: Skelton-Behandlung und Gabe von 18,75 mg Flunarizin pro kg Nahrung; 8 Tiere.

VG. III: Skelton-Behandlung und Gabe von 75 mg Flunarizin pro kg Nahrung; 8 Tiere.

VG IV: Skelton-Behandlung und Gabe von 300 mg Flunarizin pro kg Nahrung; 8 Tiere.
VG. V: Kontrollgruppe, keine Skelton-Behandlung und keine Flunarizingabe; 8 Tiere.
Versuchsdauer: 7 Wochen.
Wöchentliche Blutdruckmessung: Schwanzplethysmographie im Blindversuch, danach Berechnung von Mittelwert und Standardabweichung. Am Versuchsende Bestimmung der Plasma-Flunarizin-Konzentration mit Hilfe der Methode von WOESTENBOURGHS et al. [6], modifiziert nach SZATHMARY und LUHMANN [5].
Histologische Technik: Serienschnitte durch die Mitte der Niere; Schnittdicke 10 µm.
Färbung: H. E. und Goldner.
Quantifikation der Arteriosklerose: Auszählen von Anschnitten der Arteriae arcuatae und der Arteriolae afferentes bzw. efferentes mit Fibrinoideinlagerungen in der Tunica intima (hypertoniebedingte Arteriosklerose nach ZOLLINGER [8]) an je drei vergleichbaren histologischen Schnittstellen pro Niere und Tier. Danach

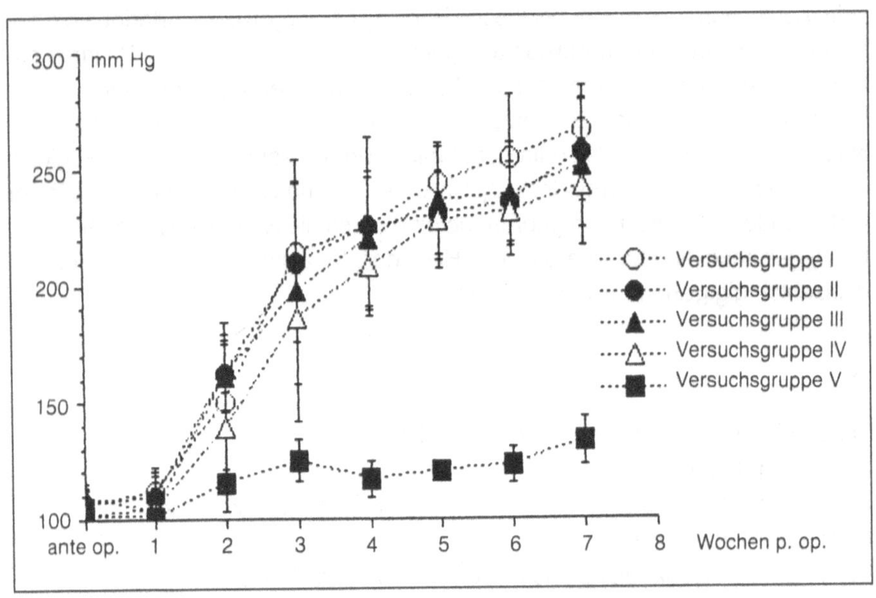

Abb. 1: Mittlerer systolischer Blutdruck von normalen Ratten: nach Skelton-Behandlung ohne Flunarizingabe (I), nach Skelton-Behandlung und Gabe von 2,5 mg (II), 10 mg (III) und 40 mg (IV) Flunarizin pro kg Ratte und Tag und bei Kontrolltieren (V)

Addition der Anschnitte von Arteriae arcuatae und Arteriolae afferentes bzw. efferentes mit Fibrinoideinlagerungen pro Versuchsgruppe sowie Addition der Gesamtzahl der untersuchten Arterien und Arteriolen pro Versuchsgruppe und schließlich Berechnung des Prozentsatzes von Gefäßen mit Fibrinoideinlagerungen für jede der fünf Versuchsgruppen.

Befunde

Alle Tiere der Versuchsgruppen I — IV entwickelten nach der Skelton-Behandlung einen Bluthochdruck, während der mittlere systolische Blutdruck der Kontrolltiere in der Versuchsgruppe V über den gesamten Versuchszeitraum im normotonen Niveau verblieb (vergl. Abb. 1).
Bei der Untersuchung des Plasmas ließ sich in den Versuchsgruppen I und V kein Flunarizin nachweisen. In den Versuchsgruppen II — IV dagegen fanden sich gemäß dem gruppenweise erhöhten alimentären Flunarizinangebot gesteigerte Plasma-Flunarizin-Konzentrationen (vergl. Abb. 2).

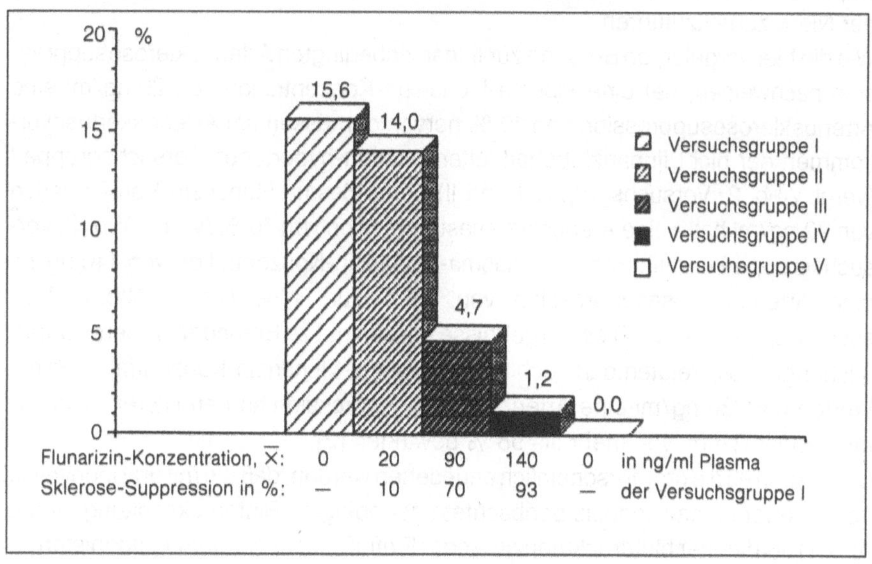

Abb. 2: Mittlerer Prozentsatz sklerotischer Arterien und Arteriolen der Niere bei normalen Ratten: nach Skelton-Behandlung ohne Gabe (I) und mit Gabe von 2,5 mg (II), 10 mg (III) und 40 mg (IV) Flunarizin pro kg Ratte und Tag sowie bei Kontrolltieren (V)

Bei den Versuchsgruppen I — IV zeigte sich nach gruppenweise gesteigerter Flunarizingabe eine umgekehrt proportionale Änderung des Prozentsatzes an Arterien und Arteriolen mit Fibrinoideinlagerungen. Bei den Kontrolltieren der Versuchsgruppe V dagegen konnten keine Gefäße mit Fibrinoideinlagerungen aufgefunden werden (vergl. Abb. 2).

Diskussion

Nach der Skelton-Behandlung entstand bei den Versuchsgruppen I — IV eine Hypertonie. Diese entwickelte sich bei allen Gruppen gleichermaßen und zeigte sich somit unabhängig von der Höhe der applizierten Flunarizindosis (vergl. Abb. 1). Dabei konnten in der Versuchsgruppe IV mittlere Plasma-Flunarizin-Werte um 140 ng/ml gemessen werden. Diese Befunde stehen im Einklang mit früheren Ergebnissen, die zeigten, daß auch bei Plasma-Flunarizin-Konzentrationen um 336 ng/ml die Skelton-Hypertonie nicht ausblieb [2]. Die geringfügige Blutdrucksenkung, die in Abhängigkeit von der Höhe der applizierten Flunarizindosis zu beobachten war, ist höchstwahrscheinlich auf das dosisabhängige Ausbleiben der Nephrosklerose (vergl. Abb. 1, 2) und der damit verbundenen Minderdurchblutung der Niere zurückzuführen.
Wie die hier vorgelegten Befunde zur flunarizinbedingten Arteriosklerosesuppression nachweisen, rief eine Plasma-Flunarizin-Konzentration von 20 ng/ml eine Arteriosklerosesuppression von 10 % hervor, gemessen am Arterioskerlosevorkommen der nicht flunarizinbehandelten Skelton-hypertonen Versuchsgruppe I (vergl. Abb. 2, Versuchsgruppe I und II). Eine Plasma-Flunarizin-Konzentration von 90 ng/ml hatte eine Ateriosklerosesuppression von 70 % (vergl. Abb. 2, Versuchsgruppe I und III) und eine Plasma-Flunarizin-Konzentration von 140 ng/ml eine Arteriosklerosesuppression von 93 % zur Folge (vergl. Abb. 2, Versuchsgruppe I und IV). Diese Ergebnisse passen gut zu Befunden früherer Untersuchungen, die zeigten,daß noch höhere Plasma-Flunarizin-Konzentrationen mit Werten um 336 ng/ml eine Arteriosklerosesuppression an den Nieren Skelton-hypertoner Ratten von mehr als 98 % bewirkten [2].
Dabei kann es als unwahrscheinlich angesehen werden, daß die mit gruppenweise gesteigerter Flunarizindosis beobachtete geringfügige Blutdrucksenkung (vergl. Abb. 1) als direkter blutdruckreduzierender Einfluß dieses Kalziumantagonisten zu deuten ist. Dies belegen Untersuchungen an spontan-hypertensiven Ratten, die über 120 min nach i.p.-Applikation von 2,5 mg Flunarizin pro kg Körpergewicht weder einen Abfall des systolischen noch einen Abfall des diastolischen Blutdruckes aufwiesen [7].

Die vorgelegten Befunde zeigen, daß der Kalziumantagonist Flunarizin in den angegebenen Dosierungen den hohen Blutdruck nicht verhindert, aber dennoch die hypertoniebedingte Arteriosklerose an den Nieren dosisabhängig hemmt.

Literaturverzeichnis

1 Betz E, Hämmerle H, Strohschneider T. Inhibitory actions of calcium entry blockers on experimental atheromas. In: Godfraind TH et al., eds. Calcium Entry Blockers and Tissue Protection. New York: Raven Press, 1985.

2 Schwabedal PE. Suppression of arteriosclerosis by flunarizine. Clin Exp Hypertension, 1988a (im Druck).

3 Schwabedal PE. Hypothesis of a hypertension with a defined multifarious genesis, deducted from the Skelton-hypertension. Clin Exp Hypertension, 1988b (im Druck).

4 Skelton FR. Adrenal regeneration and adrenal regeneration hypertension. Physiol Rev 1959; 39: 162.

5 Szathmary SC, Luhmann I. Publikation in Vorbereitung. Janssen Research Foundation, Neuss, FRG, 1989.

6 Woestenbourghs R, Michielsen L, Lorreyne W, Heykants J. Sensitive gas chromatographic method for the determination of cinnarizine and flunarizine in biological samples. J Chromatography 1982; 232: 85.

7 Xhonneux R. Persönliche Mitteilungen nicht publizierter Befunde aus der Herz- und Kreislaufabteilung. Institute of Pharmacology, Janssen Research Foundation, Beerse, Belgien, 1977.

8 Zollinger HU. Zur Pathogenese und pathologischen Anatomie der Hypertonie. Schweiz med Wschr 1950; 80: 533.

Verlaufsuntersuchungen an mindergradigen Koronarstenosen mittels quantitativer Koronarangiographie im Rahmen einer Interventionsstudie mit Fenofibrat — erste Ergebnisse

H. Hahmann, T. Bunte, N. Hellwig, U. Hau, W. Steinbrecher, D. Becker, J. Dyckmans, H. E. Keller, L. Bette

Institut für Präventive Kardiologie und Klinisch-Chemisches Zentrallaboratorium der Medizinischen Universitätsklinik Homburg/Saar

Zusammenfassung

Um den Nutzen einer Hypercholesterinämiebehandlung bei angiographisch untersuchten Patienten mit koronarer Herzkrankheit zu untersuchen, wurde bei einem größeren Kollektiv, bei dem eine Rekoronarographie zu erwarten war, neben einer engmaschigen Behandlung erhöhter Cholesterinwerte mit Diät und Fenofibrat eine quantitative koronarangiographische Verlaufsuntersuchung an mindergradigen Stenosen vorgenommen. Die von 21 Patienten an insgesamt 98 Stenosen vorliegenden Verlaufsuntersuchungen werden hier vorgestellt. Bei computergestützter Auswertung der Änderungen von prozentualer Diameterreduktion und prozentualer Flächenreduktion konnten in der Hälfte der Fälle Zunahmen, in der anderen Hälfte der Fälle Stillstand oder Abnahme der Stenosen festgestellt werden. Die Ergebnisse korrelieren signifikant mit dem Maß der über die Interventionsphase erreichten Cholesterin- und LDL-Senkung.

Einleitung

Der Nutzen einer Primärprävention kardiovaskulärer Erkrankungen durch Senkung erhöhter Cholesterin (CHOL)- und Low-density-Lipoprotein-CHOL (LDL)-Spiegel ist epidemiologisch nachgewiesen. Demgegenüber liegen über angiographische Verläufe bei bereits Erkrankten nur wenige Untersuchungen vor, die den Nutzen der Sekundärprävention in Form von Regressionen oder verminderter Progressionen arteriosklerotischer Läsionen nachweisen [1, 5, 8].

In der hier dargestellten Untersuchung wurden angiographische Verlaufsuntersuchungen mit bildverarbeitenden Verfahren quantifiziert und mit dem Erfolg einer Lipidintervention durch Diät und Fenofibratbehandlung in Beziehung gesetzt [4].

Material und Methode

Im Rahmen einer Lipidsenker-Interventionsstudie mit Fenofibrat wurden koronarangiographierte Patienten ausgewählt, die CHOL > 265 mg/dl und/oder LDL > 190 mg/dl sowie mindergradige Koronarstenosen aufwiesen. Die Patienten wurden diätetisch und in der Folgezeit medikamentös mit 200 bis 400 mg Fenofibrat täglich behandelt. Kontrollen, die auch klinische und elektrokardiographische Parameter in Ruhe und unter Belastung beinhalteten, erfolgten 6wöchig. Nach einem mittleren Intervall von 21 Monaten wurden 21 Patienten rekoronarographiert. 98 mindergradige Stenosen wurden einer Vergleichsuntersuchung vor und nach Intervention unterzogen. Dabei wurde ein quantitatives Verfahren mittels sekundärer Digitalisierung und automatischer Konturfindung eingesetzt. Mittels computergestützter Auswertung wurden prozentuale Diameterreduktion (% DR) und prozentuale Plaquearea (%PA) in den untersuchten Stenosebereichen bestimmt.

Tab. 1: Methodische Voraussetzungen [2, 3, 6, 7, 9, 10]

- Prospektive Studie
- Auswahl von Patienten mit Hypercholesterinämie
- Engmaschig kontrolliertes Risikoprofil
- Quantitative Koronarangiographie mit digitaler Bildverarbeitung und automatischer Konturfindung
- Verlaufsbeurteilung ausschließlich mindergradiger Stenosen
- Angiographische Meßgrößen: prozentuale Diameterreduktion (%DR) und prozentuale Plaquearea (%PA)

Tab. 2: Patientenkollektiv

- 21 Patienten (16 männlich, 5 weiblich)
- Mittleres Alter: 58 ± 7 Jahre
- Anfangslipide:

Anfangslipide:	Cholesterin	310 ± 36 mg/dl
	LDL	229 ± 30 mg/dl
	HDL	40 ± 15 mg/dl
	Triglyzeride	271 ± 180 mg/dl

Tab. 3: Intervention

— Diät- und Fenofibratbehandlung 200—400 mg/die	
— Klinische Kontrolle mit Lipoproteinstatus 6wöchig	
— Änderung der Lipide (mittlere Interventionswerte):	
Cholesterin	−19,4 ± 8,4 %
LDL	−19,5 ± 13,5 %
HDL	+ 20,8 ± 41,9 %
Triglyzeride	−30,1 ± 30,8 %
— Mittleres Angiographieintervall: 21 (12 — 31) Monate	

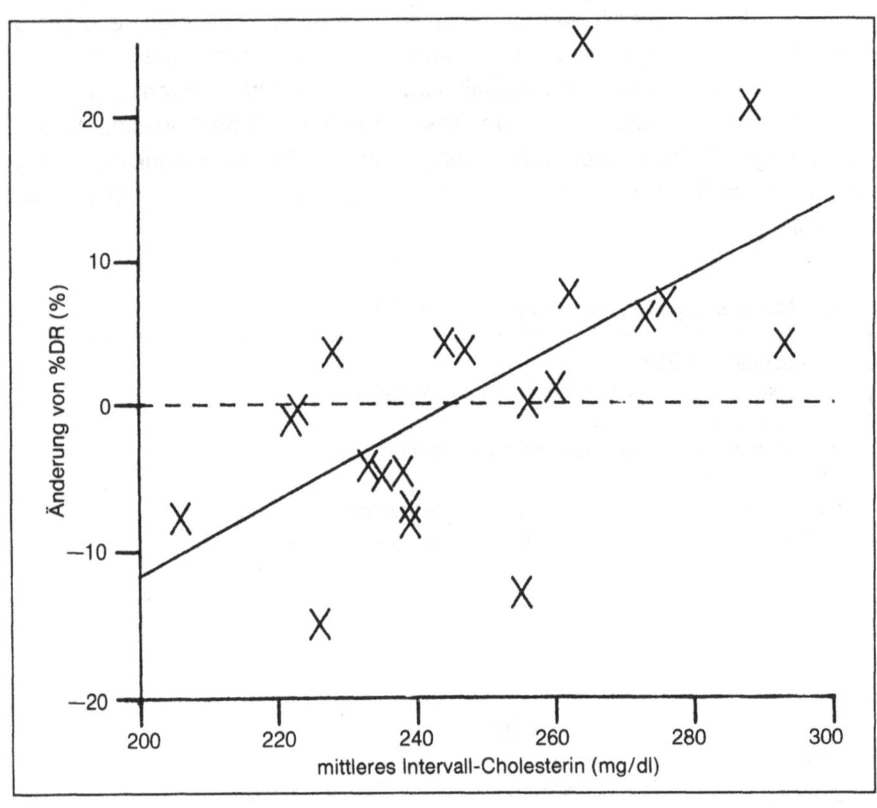

Abb. 1: Abhängigkeit des angiographischen Verlaufs (%DR-Änderung) von den mittleren Serumcholesterinspiegeln im Interventionsintervall; Korrelationskoeffizient: $r = 0{,}61$ ($p < 0{,}05$)

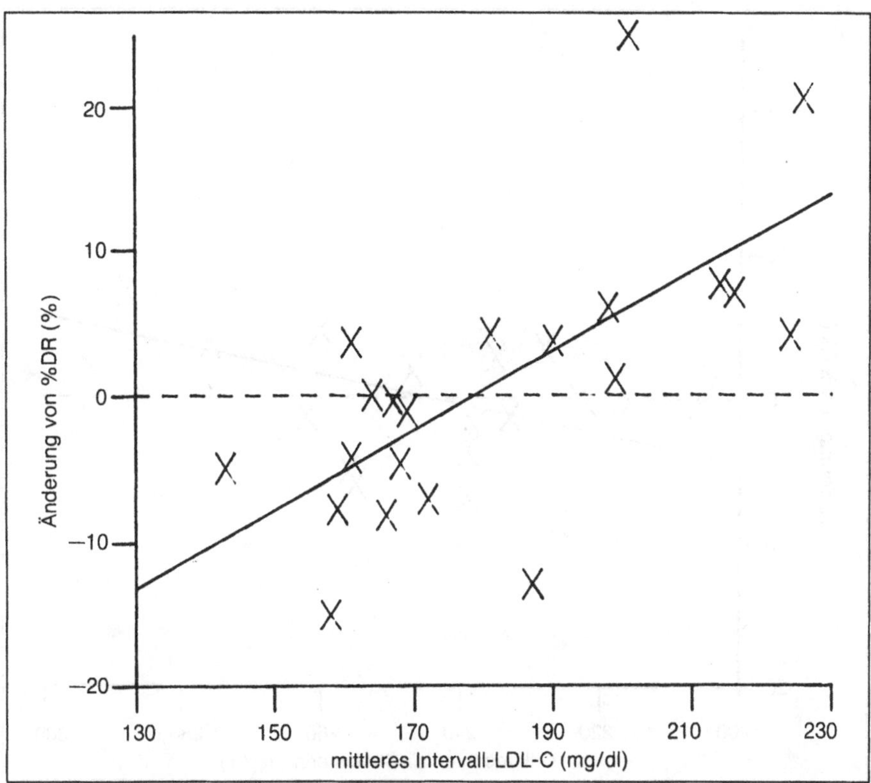

Abb. 2: Abhängigkeit des angiographischen Verlaufs (%DR-Änderung) von den mittleren LDL-C-Spiegeln im Interventionsintervall; Korrelationskoeffizient: $r = 0{,}67$ ($p < 0{,}05$)

Ergebnisse

Bezogen auf die untersuchten Patienten ergaben sich in der Hälfte der Fälle leichte bis deutliche Progressionen, in der anderen Hälfte keine Änderung oder Regressionen. Regressionen von %DR und %PA wiesen keine signifikante Beziehung ($P < 0{,}05$) zu den mittleren, durch Intervention erreichten LDL- und CHOL-Spiegeln auf. Bei einer mittleren CHOL- und LDL-Senkung von 19 bzw. 20 % ergaben sich auch Korrelationen zur Höhe der Ausgangswerte. Trotz einer deutlichen Abnahme der Triglyzeride um 30 % und Zunahme des High-density-Lipoprotein-CHOL (HDL) um 21 %, waren diese Parameter ohne signifikante Bedeutung. Die Zusammenhänge sind in Abb. 1 bis 5 dargestellt.

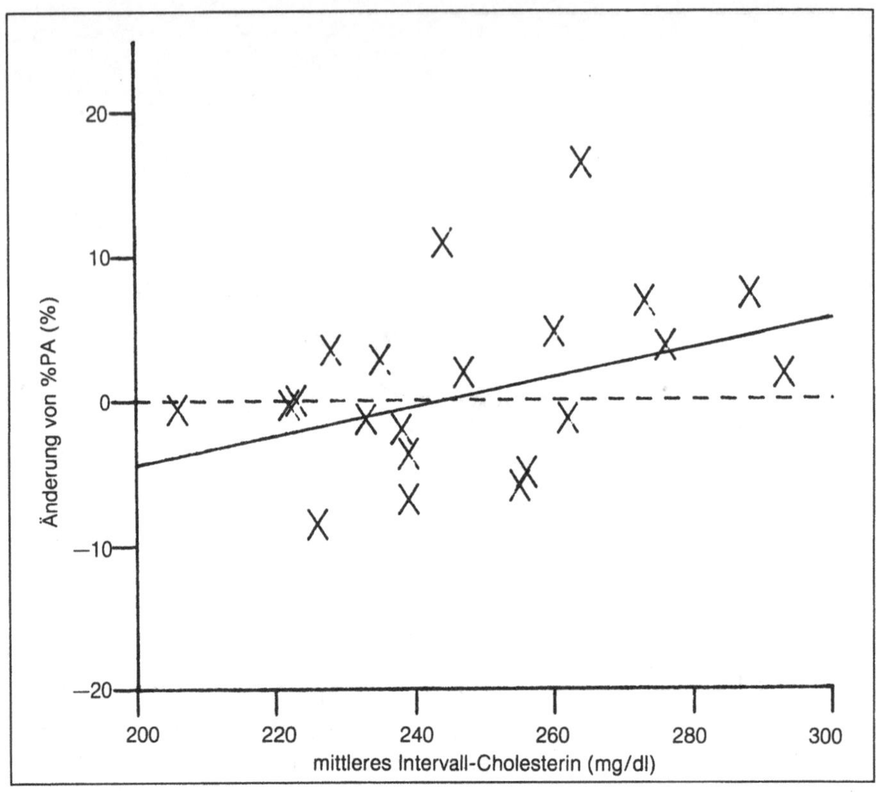

Abb. 3: Abhängigkeit des angiographischen Verlaufs (%PA-Änderung) von den mittleren Serumcholesterinspiegeln im Interventionsintervall; Korrelationskoeffizient: r = 0,39 ($p < 0,05$)

Schlußfolgerungen

Die aufgezeigten ersten Ergebnisse einer Lipidsenker-Interventionsstudie lassen schließen, daß Regressionen bei mindergradigen Koronarstenosen um so eher möglich sind, je stärker Cholesterin- und LDL-Spiegel gesenkt werden können. Weitere Untersuchungen, einerseits bezüglich der Reproduzierbarkeit der Methode, andererseits an Vergleichskollektiven mit hohen und niederen Cholesterinspiegeln ohne Intervention, sind vorgesehen. Eine Vergrößerung der Patientenzahl, stärkere Cholesterin- und LDL-Senkung und längere Interventionsdauer werden angestrebt, um die Aussagekraft der mit diesem methodischen Vorgehen zu erhaltenden Ergebnisse zu erhöhen.

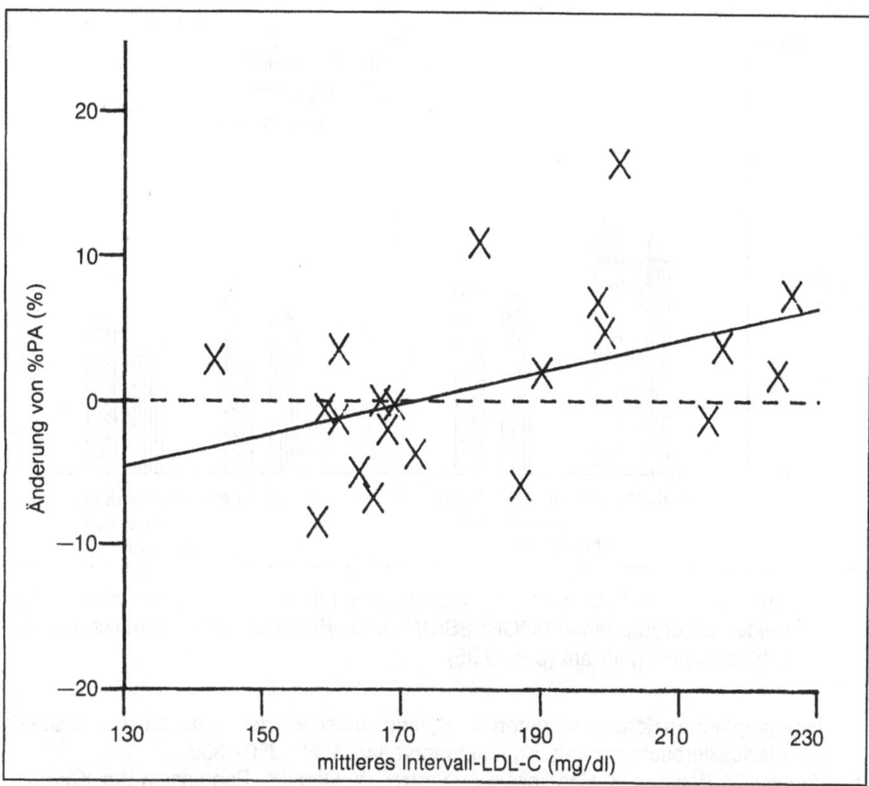

Abb. 4: Abhängigkeit des angiographischen Verlaufs (%PA-Änderung) von den mittleren LDL-C-Spiegeln im Interventionsintervall; Korrelationskoeffizient: r = 0,44 (p < 0,05)

Literaturverzeichnis

1 Blankenhorn DH, Nessim SA, Johnson RL, Sanmarco ME, Azen SP, Cashin-Hemphill L. Beneficial effects of combined colestipol-niacin therapy on coronary atherosclerosis and coronary venous bypass grafts. JAMA 1987; 257: 3233–3240.

2 Detre KM, Kelsey SF, Passamani ER, Fisher MR, Brensike JF, Battaglini JW, Richardson JM, Loh IK, Stone NJ, Aldrich RF, Levy RI, Epstein SE. Reliability of assessing change with sequential coronary angiography. Am Heart J 1982; 104: 816–823.

3 Ellis S, Sanders W, Goulet C, Miller R, Cain KC, Lesperance J, Bourassa MG, Alderman EL. Optimal detection of the progression of coronary artery disease: comparison of methods suitable for risk factor intervention trials. Circulation 1986; 74: 1235–1242.

4 Hahmann H, Bunte T, Hellwig N, Hau U, Bette L. Methodik der klinischen Arterioskleroseforschung anhand Stenosemessungen mittels digitaler Bildverarbeitung bei mehrfach

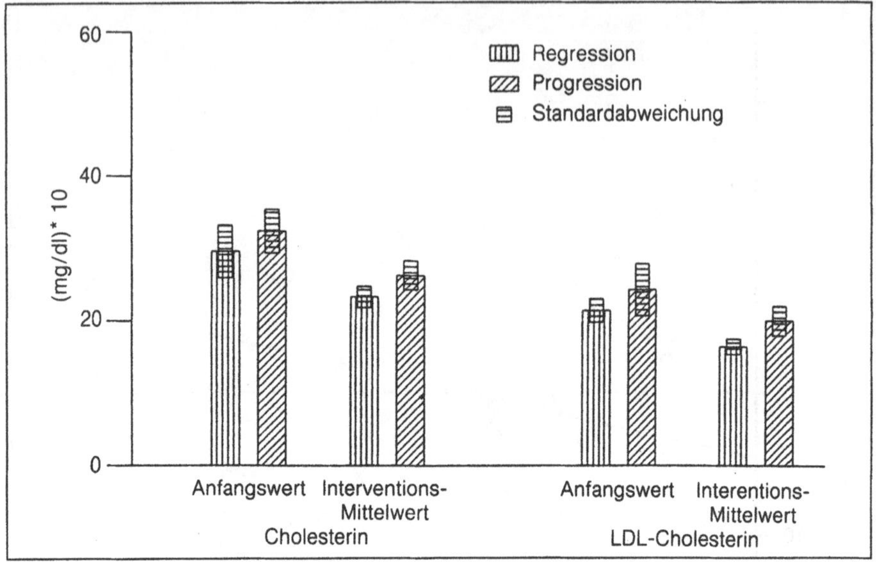

Abb. 5: Cholesterin- und LDL-C-Anfangswerte sowie mittlere Interventionswerte in den beiden Untergruppen »PROGRESSION« und »REGRESSION«. Sämtliche Unterschiede sind signifikant ($p < 0,05$)

angiographierten Koronarpatienten. In: Symposiumsband der Deutschen Gesellschaft für Arterioskleroseforschung. Kohlhammerverlag, 1989: 350—359.

5 Hombach V, Borberg H, Gadzkowski A, Stoffel W, Oette K. Regression der Koronarsklerose bei familiärer Hypercholesterinämie IIa durch spezifische LDL-Apherese. Dtsch Med Wschr 1986; 11: 1709—1715.

6 Jost S, Deckers J, Nellessen U, Rafflenbeul W, Hecker H, Lippolt P, Hugenholtz PG, Lichtlen PR. Quantitative Koronarangiographie in Intervallstudien — Anwendbarkeit bei großem Patientengut; Erfahrungen der INTACT-STUDIE. Z Kardiol 1988; 144: 77—522.

7 Jost S, Deckers J, Nellessen U, Rafflenbeul W, Hecker H, Reiber JHC, Lippolt P, Hugenholtz PG, Lichtlen PR. INTACT-Studiengruppe: Computergestützte geometrische Meßtechnik in koronarangiographischen Intervallstudien: Ergebnisse bei Erstangiogrammen der INTACT-Studie. Z Kardiol 1989; 78: 23—32.

8 Levy RI, Brensike JF, Epstein SE, Kelsey SF, Passamani ER, Richardson JM, Loh IK, Stone NJ, Aldrich RF, Battaglini JW, Moriarty DJ, Fisher ML, Friedman L, Friedewald W, Detre KM. The influence of changes in lipid values induced by cholestyramine and diet on progression of coronary artery disease: results of the NHLBI Type II Coronary Intervention Study. Circulation, 1984; 69: 325—337.

9 Rafflenbeul W, Nellessen U, Galvao P, Kreft M, Peters S, Lichtlen P. Progression und Regression der Koronarsklerose im angiographischen Bild. Z Kardiol 1984; 73: 33—40.

10 Wollschläger H, Zeiher A, Solzbach U, Lee P, Schmid D, Bonzel T, Just H. Unzuverlässigkeit des Katheters als Eichmaß-Stab für die quantitative Koronarangiographie. Z Kardiol 1986; 1, 75: 287.

Rasterelektronenmikroskopische, histologische, immunhistologische, gelelektrophoretische und zellbiologische Befunde an primären Stenosen und Restenosen in peripheren Arterien des Menschen

P. C. Dartsch
Physiologisches Institut I der Universität Tübingen

Am Beginn der Atherosklerose steht die Veränderung der Endotheleigenschaften, d. h. morphologische,strukturelle oder funktionelle Veränderungen [7, 12, 23, 25]. Infolgedessen strömen Makromoleküle mit dem Plasma aus der Blutbahn in den subendothelialen Raum. Die Gewebestruktur der Intima wird aufgelockert, und die bindegewebigen Fasern, vor allem elastische Fibrillen, gehen zugrunde [27]. Über den Intimaläsionen bilden sich Thrombozytenaggregate mit anschließenden Fibrineinlagerungen zur Abdeckung des Defektes. Es kommt zur Transformation der normalen (kontraktilen) Mediamyozyten zu metabolisch aktivierten Zellen [32, 33], die nun von der Media in den subendothelialen Raum wandern und dort durch starke Proliferation und Produktion von Matrixmaterial eine intimale Verdickung hervorrufen [13, 14, 24]. In der aufgelockerten Grundsubstanz kommt es zu Lipidablagerungen, die aus den eingedrungenen Makromolekülen und der Beta-Lipoproteinfraktion des Blutes stammen. Es handelt sich vorwiegend um Cholesterinester und Neutralfette, die dann von modifizierten glatten Muskelzellen und Makrophagen phagozytiert werden. Diese Schaumzellen gehen schließlich zugrunde, und die freigesetzten Lipide kristallieren in der Grundsubstanz aus. Bei Erreichen einer bestimmten Größe werden die zentralen Regionen der Plaque nekrotisch. Schließlich kommt es zur Kalziumablagerung in den nekrotisierten Regionen und zur Kalzifizierung von kollagenen und elastischen Fasern.
In der vorliegenden Arbeit wird eine zusammenfassende Übersicht über unsere bisherigen Ergebnisse an primären Stenosen und Restenosen in peripheren Arterien des Menschen gegeben. Gleichzeitig soll auch gezeigt werden, wie wichtig eine interdisziplinäre Forschung zwischen den verschiedensten Fachgebieten heutzutage geworden ist.

Patienten und Plaqueextraktion

Insgesamt 117 Plaquezylinder von primären Stenosen von 13 Patienten beiderlei Geschlechts (Alter: 62 ± 11 Jahre) und 28 Plaquezylinder von Restenosen von drei Patienten (Alter: 63 ± 12 Jahre) wurden durch perkutane Atherektomie mit dem Simpson-Katheter aus der Arteria femoralis superficialis, Arteria iliaca und Arteria poplitea extrahiert [15, 16, 29, 30]. Vor der Atherektomie betrug die mittlere Stenoserate über 90 %; nach Entfernung der führenden Stenosen lagen die Restenosegrade bei durchschnittlich 25 %. Die Atherektomie-Zylinder hatten in der Regel eine Länge von 2 bis 8 mm und waren 1 mm dick. Das Plaquematerial wurde von B. Höfling und G. Bauriedel, Medizinische Klinik I, Klinikum Großhadern, München, entnommen. Im Falle einer Patientin wurde die vollständig kalzifizierte führende Stenose im Bereich der Arteria femoralis superficialis in der Chirurgischen Klinik, Klinikum Großhadern, München, durch chirurgischen Eingriff entfernt. Dieses Plaquematerial hatte eine Länge von 40 mm und eine Dicke von 5 bis 8 mm. Das Plaquematerial wurde sofort nach der Entnahme zur weiteren Charakterisierung an das Physiologische Institut I, Universität Tübingen, geschickt. Hier wurden die nachfolgend dargestellten Untersuchungen vorgenommen.

Mineralogische und rasterelektronenmikroskopische Befunde an kalzifiziertem Plaquematerial

Die Verhärtung von Arterien mit zunehmendem Lebensalter aufgrund von Kalkablagerungen ist lange bekannt und eingehend beschrieben worden [3, 2, 20]. Diese Kalkablagerungen wurden bereits in den 60er Jahren durch Röntgen-Diffraktometrie als Apatit charakterisiert [28, 35]. Während eine solche primäre Kalzifizierung der nicht atherosklerotisch veränderten Gefäßwand durch ihr regelmäßiges Muster bereits in vielen Fällen makroskopisch erkennbar ist, erscheint die sekundäre Kalzifizierung in fortgeschrittenen atherosklerotischen Plaques erheblich weniger gleichmäßig [2, 20].

Bei 14 % der durch perkutane Atherektomie extrahierten Plaquezylinder von fortgeschrittenen primären Stenosen waren massive Kalkeinlagerungen feststellbar. Im Falle einer 71jährigen Patientin wurde das stenosierende und vollständig kalzifizierte Gewebe durch chirurgischen Eingriff entnommen (s.o.). Speziell diese Probe wurde zur polarisationsmikroskopischen Untersuchung des Schichtaufbaus herangezogen. Das Plaquegewebe von Restenosen war in allen Fällen nicht kalzifiziert. In Zusammenarbeit mit A. Lüttge und P. Metz, Mineralogisch-Petrographisches Institut der Universität Tübingen und C. Hemleben und H.

HÜTTEMANN, Geologisch-Paläontologisches Institut der Universität Tübingen, wurde das kalzifizierte Gewebe einer genauen mineralogischen, polarisationsmikroskopischen und rasterelektronenmikroskopischen Untersuchung unterzogen.

Die d-Werte der Röntgen-Pulver-Diffraktometrie ergaben für alle Proben Hydroxyl- und Karbonatapatit (Abb. 1a). Eine Unterscheidung zwischen beiden war durch diese Methode nicht möglich. Die polarisationsmikroskopische Untersuchung von Dünnschliffen (Dicke: 25—30 µm) zeigte eine klare Schichtung der Apatitkristalle entlang der kollagenen und elastischen Fasern, die eindeutig dem Arterienwand-

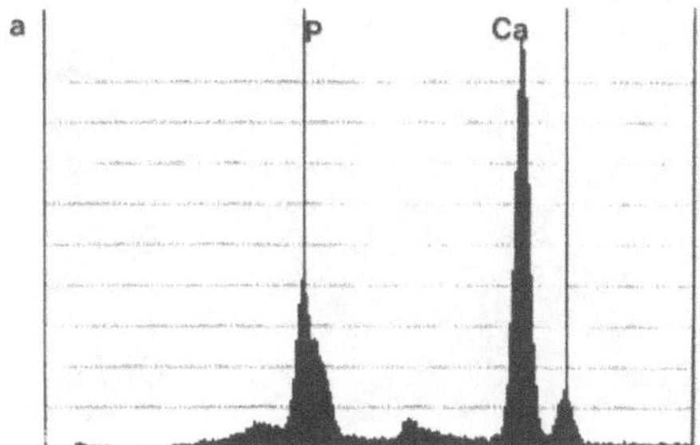

Abb. 1: a) Die Elementanalyse des kalzifizierten Plaquematerials ergab zwei klare Peaks für Kalzium und Phosphor. Anhand der Röngten-Pulver-Diffraktometrie wurden die Proben als Hydroxyl- und Karbonatapatit identifiziert.
b) Die polarisationsmikroskopische Untersuchung von Dünnschliffen zeigt deutlich den schichtweisen Aufbau des Apatits, hier erkennbar in Form von senkrecht verlaufenden »Apatitzügen«; Balken — 30 µm.

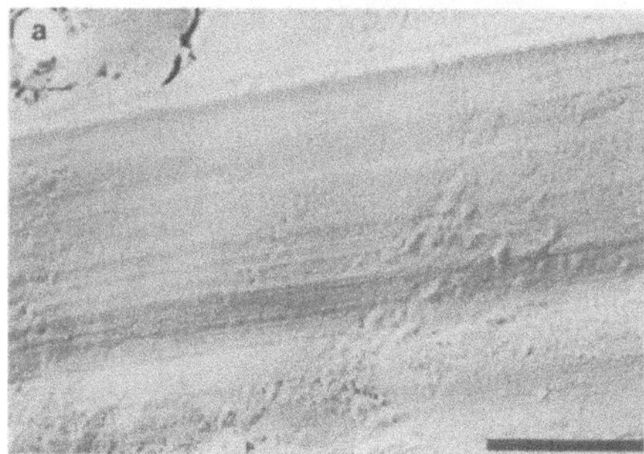

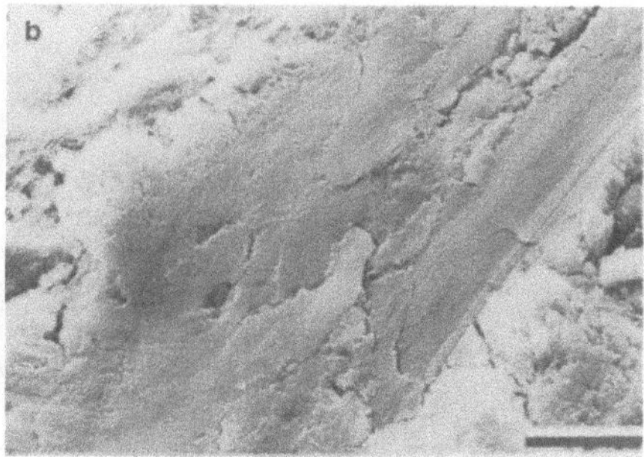

Abb. 2: Schliffspuren a) oder die Verschiebung von Apatitplatten b) bei der Entnahme durch den Atherektomie-Katheter; Rasterelektronenmikroskop. Balken — 4 µm a) und 10 µm b).

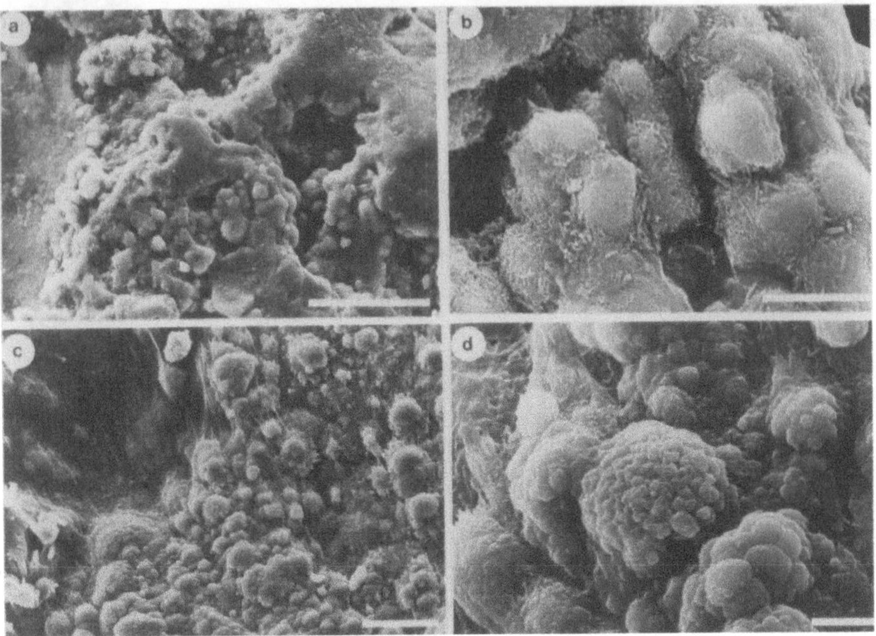

Abb. 3: Oberflächenstrukturen des kalzifizierten Plaquematerials im Rasterelektronenmikroskop;
a) b) Unregelmäßig strukturierte Oberfläche mit zahlreichen prismatisch-länglichen Mikrokristalliten
c) d) Kugelförmige Apatitaggregate; Balken — 20 μm a), c) und 4 μm b), d).

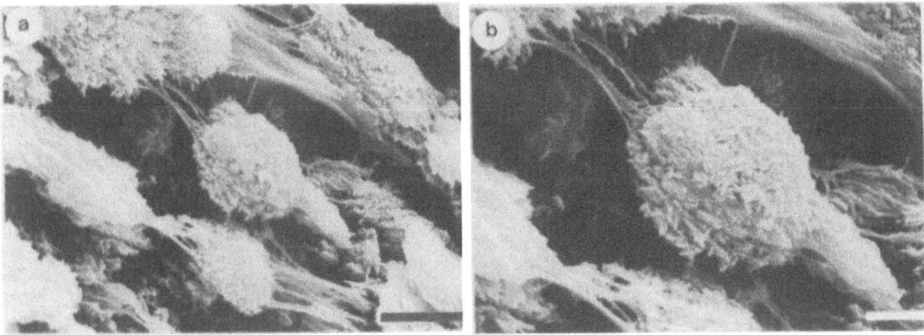

Abb. 4: Kugelförmige Apatitaggregate, die sich an elastischen und kollagenen Fibrillen gebildet haben; Rasterelektronenmikroskop; Balken — 4 μm a) und 1 μm b).

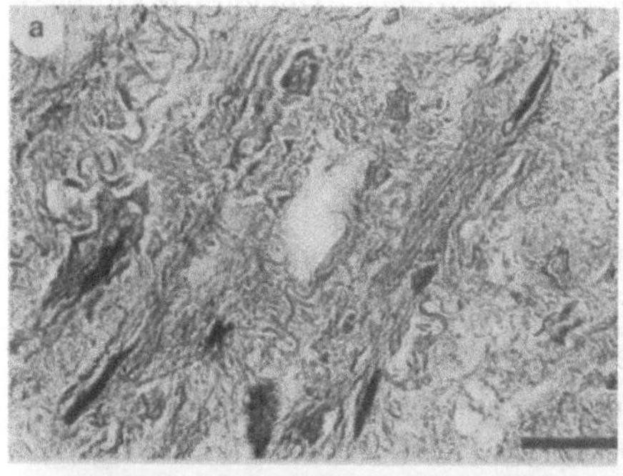

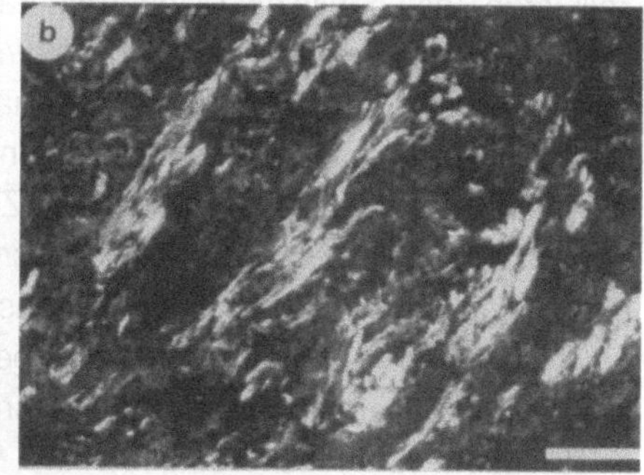

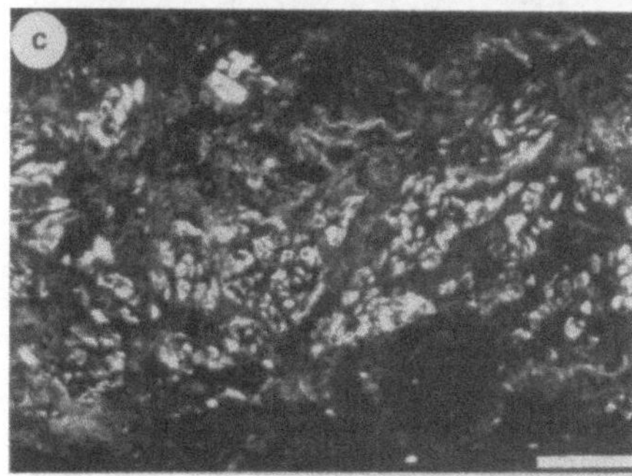

Abb. 5: a) Histologische Untersuchung des Plaquegewebes; zu beachten der hohe Anteil an elastischem Material; Elastika-Färbung nach Hart; Balken — 20µm
b) c) Indirekte Immunfluoreszenz mit Antikörpern gegen glattmuskuläres Alpha-Aktin; zu beachten die klar unterschiedliche Zellorientierung; Längsschnitt b) und Querschnitt c) durch das Plaquegewebe; Balken — 30µm

verlauf folgte (Abb. 1b). Die einzelnen Schichten deuteten auf ein stufenweises Fortschreiten der Gewebemineralisierung hin.

Die rasterelektronenmikroskopische Untersuchung der Apatitoberfläche zeigte oftmals deutliche Schliffspuren (Abb. 2a) oder gar die Verschiebung von Apatitplatten (Abb. 2b), die das rotierende Innenteil des Atherektomie-Katheters bei der Entnahme hinterlassen hatte. Grundsätzlich ließen sich zwei verschiedene Oberflächenstrukturen unterscheiden (Abb. 3 und 4):

1. eine unregelmäßig strukturierte und teilweise geglättete Oberfläche, die überzogen war mit prismatisch-länglichen Mikrokristalliten mit einer Länge von etwa 500 nm,
2. zahlreiche kugelförmige und substrukturierte Apatitaggregate, die vorzugsweise an kalzifizierten elastischen und kollagenen Fibrillen lokalisiert waren.

Histologische und immunhistochemische Befunde

Die histologische Untersuchung des Plaquegewebes (Abb. 5a) zeigte einen hohen Anteil an dichtem Bindegewebe und extrazellulärem Matrixmaterial. Eingebettet in dieses Gewebe waren zahlreiche elastische Fibrillen und Lamellen. Die zellulären Bestandeile der Plaques wurden durch die positive Reaktion mit Antikörpern gegen glattmuskuläres Alpha-Aktin als glatte Muskelzellen identifiziert und waren meist in Form von lokalen Zellanhäufungen verteilt (Abb. 5b, 5c). Eine klare Orientierung der glatten Muskelzellen entlang der Gefäßlängsachse konnte in der Mehrzahl der Fälle festgestellt werden. Zum Phänotyp dieser Plaquezellen sei auf die Ergebnisse von SCHINKO et al. in diesem Band verwiesen. Eine positive Reaktion mit Antikörpern gegen das Faktor VIII-assoziierte Antigen, ein typischer Marker für Endothelzellen [17, 34], wurde nicht beobachtet. Ein signifikanter Unterschied zwischen Plaquematerial aus fortgeschrittenen primären Stenosen und frischen Restenosen wurde nicht festgestellt.

Gelelektrophoretische Befunde

Die nachfolgend kurz skizzierten elektrophoretischen Untersuchungen wurden in Zusammenarbeit mit H.-D. WEISS, Physiologisches Institut I, Universität Tübingen, durchgeführt. Die zweidimensionale Gelelektrophorese des Plaquematerials wurde entsprechend den Methoden von O'FARRELL [21] und CELIS und BRAVO [8] durchgeführt. Besondere Aufmerksamkeit wurde dabei der Expression der drei verschiedenen Aktinisoformen (Alpha-, Beta- und Gamma-Aktin) geschenkt. Wie aus Abb. 6 ersichtlich, waren die Proteinmuster zwischen Primär- und Restenose weitestgehend identisch. Die beiden deutlichsten Unterschiede waren die Expression eines »Tropomyosin-related protein« bei Restenosematerial, das bei Primärstenosen völlig fehlte, sowie der höhere Gehalt an Alpha-Aktin im Plaquematerial

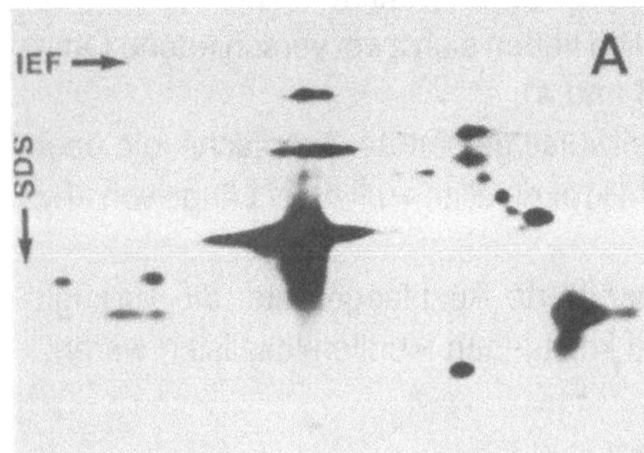

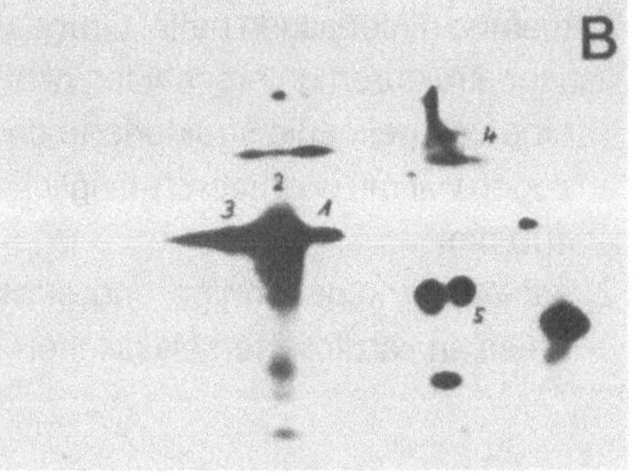

Abb. 6: Zweidimensionale Gelelektrophorese von Plaquematerial aus fortgeschrittenen primären Stenosen (A) und frischen Restenosen (B).
IEF = Isoelektrische Fokussierung; SDS = SDS-Elektrophorese; 1 = Alpha-Aktin; 2 = Beta-Aktin; 3 = Gamma-Aktin; 4 = Vimentin; 5 = Tropomyosin-related protein.

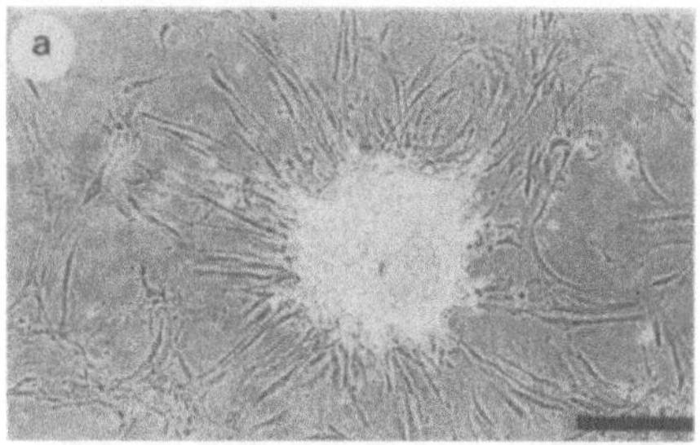

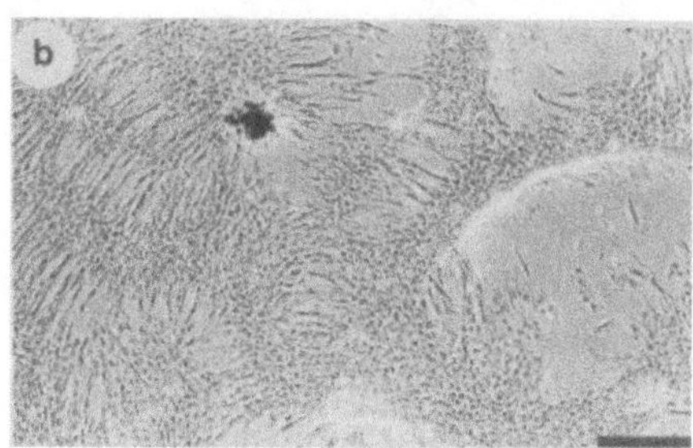

Abb. 7: Typisches Wachstumsmuster von Plaquemuskelzellen in Form von sog. »nodules« (a) oder »hill and valley« (b); Balken — 250 µm a) und 500 µm b)

aus Restenosen. Eine schlüssige Erklärung für diese Befunde zu finden erscheint im Moment noch zu spekulativ.

Zellbiologische Befunde

Teile der nachfolgend dargestellten zellbiologischen Untersuchungen des Plaquematerials wurden von R. Voisard durchgeführt. Die Isolierung und Kultivierung der Plaquezellen sowie die immunologische Darstellung des Zytoskeletts erfolgte wie beschrieben [1, 9, 10].

Durch das typische Wachstumsmuster (Abb. 7) und die positive Reaktion mit Antikörpern gegen glattmuskuläres Alpha-Aktin wurden die isolierten und kultivierten Zellen als glatte Muskelzellen charakterisiert. Endothelzellen konnten nicht isoliert werden, was die immunhistochemischen Befunde bestätigt. Die Untersuchung des Zytoskeletts zeigte keine Unterschiede im Vergleich zu kultivierten glatten Muskelzellen aus der nichtatherosklerotisch veränderten Gefäßwand (Abb. 8). Auffälligerweise konnten einerseits keine desminpositiven Zellen festgestellt werden. Andererseits war in früheren Untersuchungen gezeigt worden, daß intimale glatte Muskelzellen Desmin entweder in nur geringem Maß oder gar nicht mehr exprimieren [11, 18, 19, 22, 31].

Auffälligster Unterschied bei der zellbiologischen Charakterisierung der glatten Muskelzellen aus fortgeschrittenen Primärstenosen (ps-SMC) im Vergleich zu Zellen aus frischen Restenosen (re-SMC) war die nur sehr limitierte Lebensfähigkeit und geringe Wachstumsrate der ps-SMC. Während diese Zellen sich nach zwei Passagen nicht mehr teilten und mit rund 0,2 Populationsverdopplungen/Tag stets sehr langsam proliferierten, ließen sich re-SMC bis zu zehn Passagen lang kultivieren und hatten Wachstumsraten von durchschnittlich 0,6 Populations-

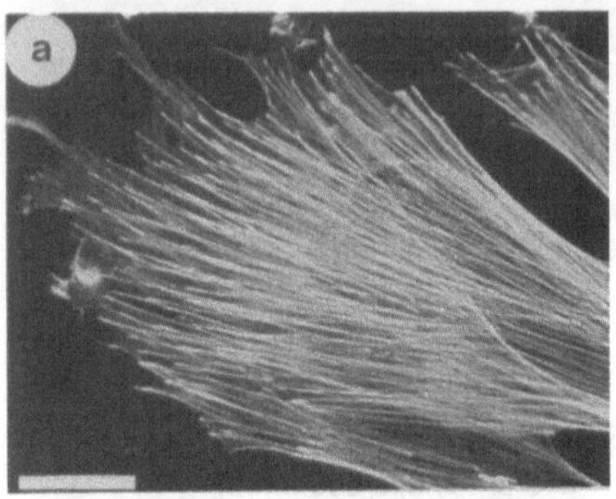

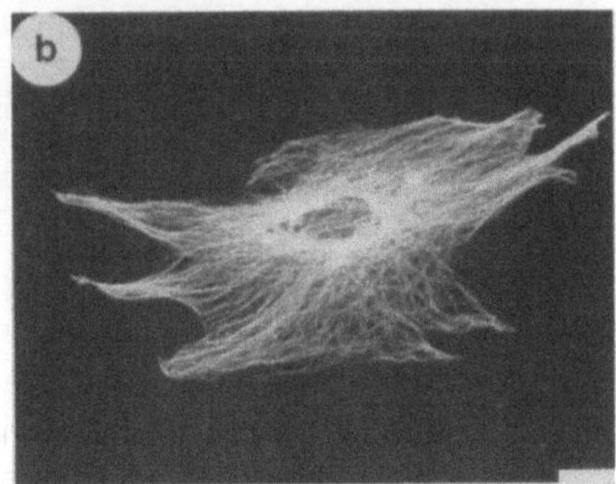

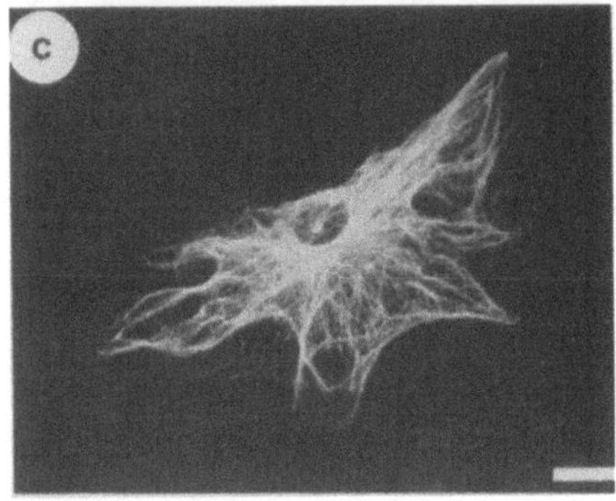

Abb. 8: Zytoskelettstrukturen in Plaquemuskelzellen, dargestellt durch indirekte Immunfluoreszenz mit spezifischen Antikörpern
a) Alpha-Aktin, b) Tubulin und c) Vimentin;
Balken 25 — µm

verdoppelungen/Tag. Abb. 9 zeigt eine solche repräsentative Wachstumskurve für ps-SMC und re-SMC. Das Alter der Patienten hatte dabei keinen Einfluß auf die unterschiedliche Zellproliferationsrate, da das Durchschnittsalter beider Patientenpopulationen identisch war (Primärstenose: 62 ± 11a; Restenose: 63 ± 12a). Diese eingeschränkte Vitalität von ps-SMC war auch von Ross et al. [26] beschrieben worden.

Obwohl das Wachstum von ps-SMC und re-SMC eine deutliche Serumabhängigkeit zeigte, war es nicht möglich, die Teilungsrate der ps-SMC durch Zugabe von PDGF und ECGF zu stimulieren. Re-SMC zeigten dagegen bei Zugabe dieser Wachstumsfaktoren eine dosisabhängige Steigerung der Teilungsrate. Ps-SMC wurden jedoch durch die Verwendung von re-SMC-konditioniertem Kulturmedium erheblich stimuliert. Aus Platz- und Übersichtsgründen soll auf diese Befunde nicht weiter eingegangen werden.

Typisch für Plaquezellen war die klare Untergliederung der Gesamtpopulation in zwei Subpopulationen (Abb. 10):

1. Subpopulation 1: mit relativ kleinen Zellen (Durchmesser: 19 µm), und

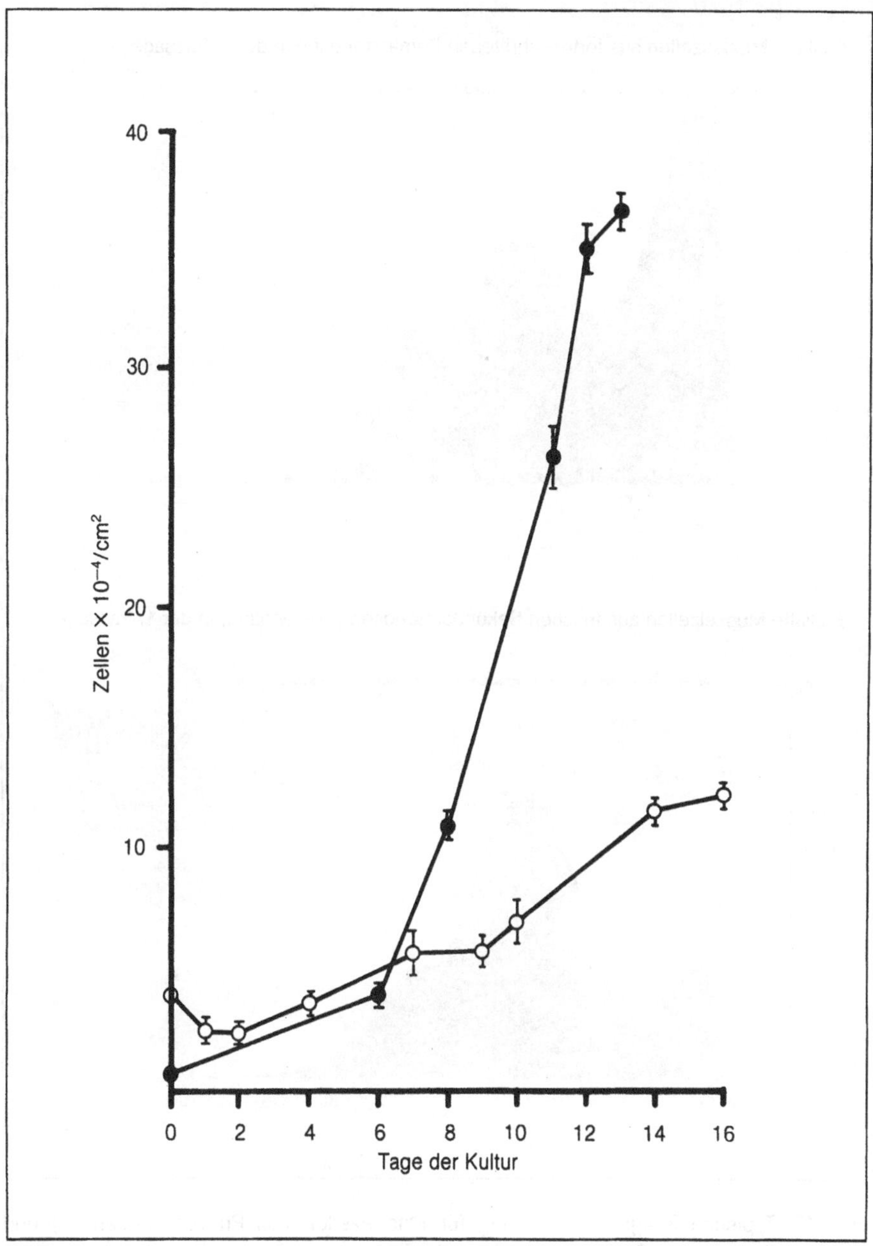

Abb. 9: Repräsentative Wachstumskurven für Plaquezellen aus fortgeschrittenen Primärstenosen (O——O) und frischen Restenosen (●——●)

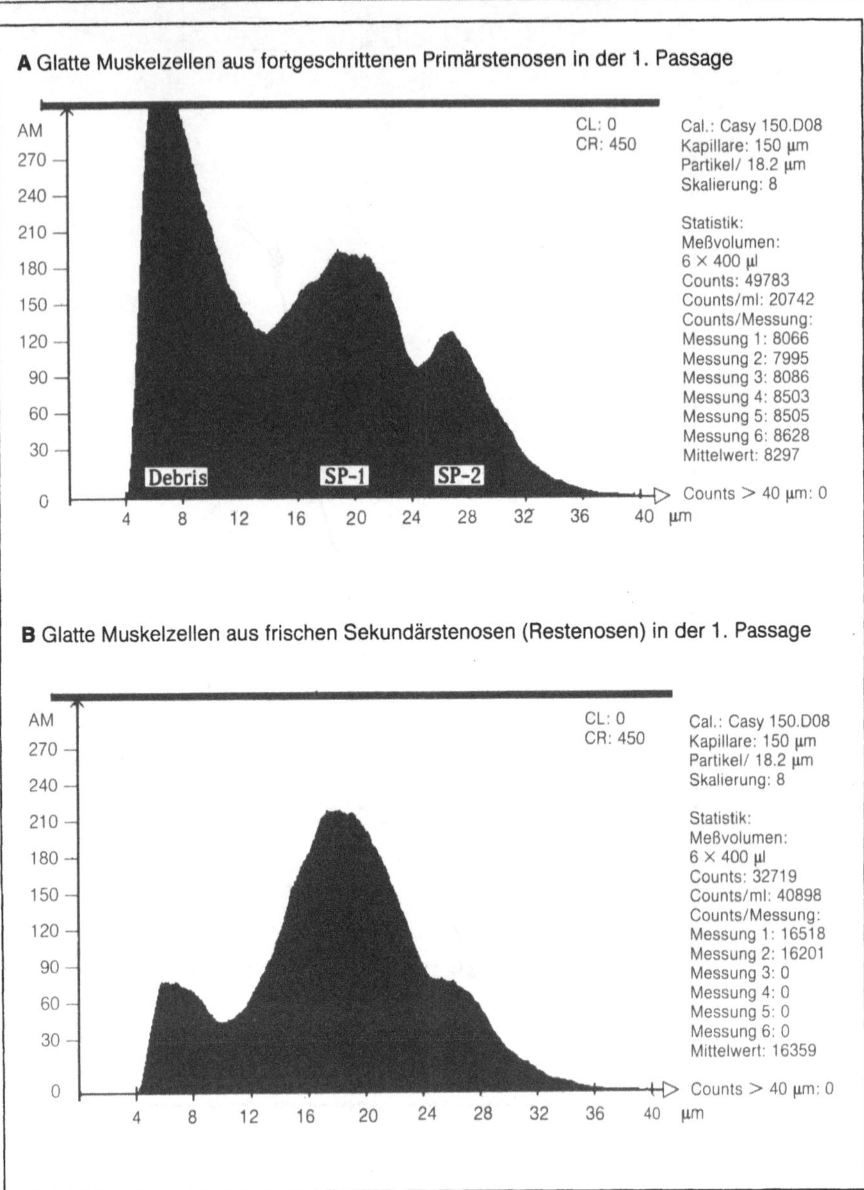

Abb. 10: Typische Zellgrößenverteilung für Plaquezellen aus Primärstenosen (A) und Restenosen (B). Originalausdruck des Zellcounters; zu beachten der unterschiedliche Anteil an Debris und Zellen der Subpopulation 2 zwischen Primär- und Restenose

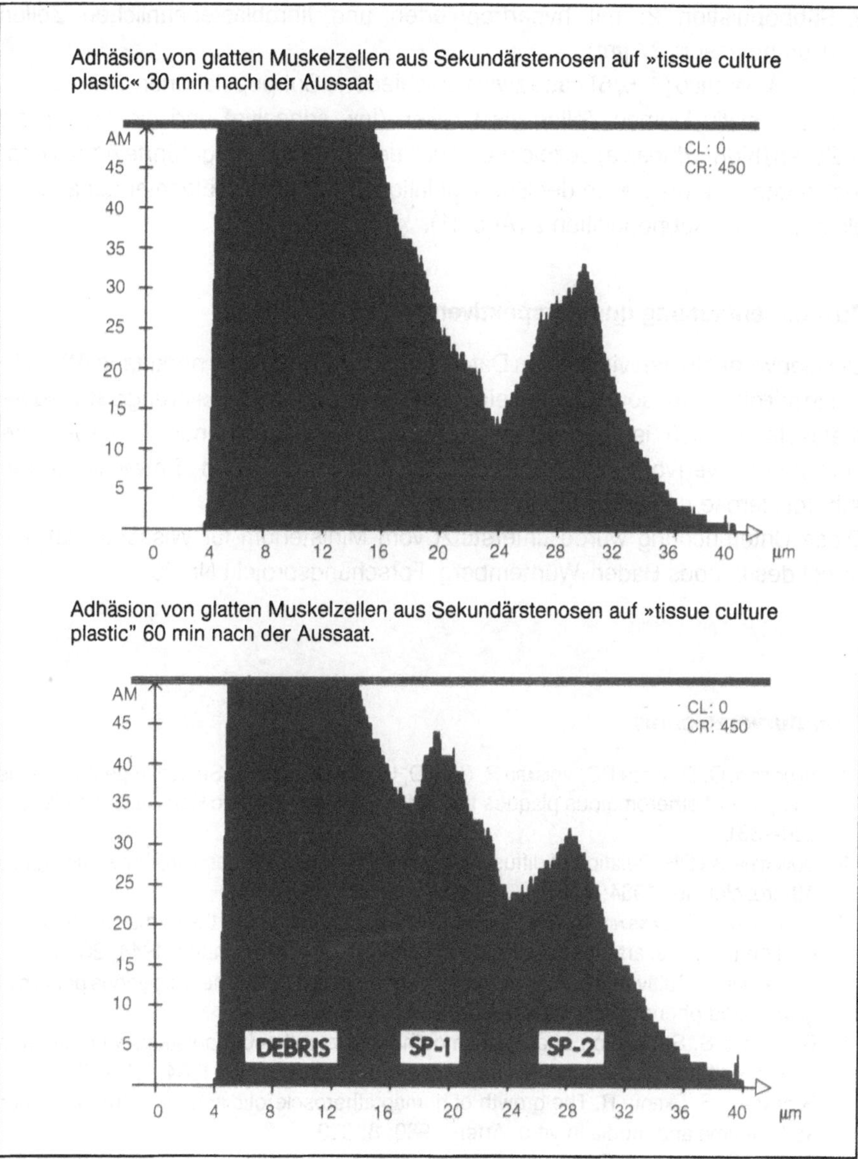

Abb. 11: Adhäsionstest bei Plaquezellen; klar erkennbar, daß die Zellen der Subpopulation 2 früher adhärieren als Zellen der Subpopulation 1.

2. Subpopulation 2: mit hypertrophierten und fibroblastenähnlichen Zellen (Durchmesser: 27 µm).

Bereits Björkerud [4, 5, 6] hatte zwei verschiedene Subpopulationen diskriminiert und die relativ kleinen Zellen als I-Zellen (low adhesive) und die großen als A-Zellen (high-adhesive) bezeichnet. Auch der von uns durchgeführte Adhäsionstest zeigte, daß die Zellen der Subpopulation 1 erheblich schlechter adhärierten als Zellen der Subpopulation 2 (Abb. 11).

Zusammenfassung und Perspektiven

Die hier vorgestellten vielfältigen Daten zeigen, daß durch die perkutane Atherektomie mit dem Simpson-Katheter einerseits eine gezielte Biopsierung des Plaquematerials möglich ist und andererseits durch entsprechende In-vitro-Untersuchungen wertvolle Informationen zur Entstehung und Entwicklung der Atherosklerose geliefert werden können.

Diese Untersuchung wurde unterstützt vom Ministerium für Wissenschaft und Kunst des Landes Baden-Württemberg, Forschungsprojekt Nr. 26.

Literaturverzeichnis

1 Bauriedel G, Dartsch PC, Voisard R, Roth D, Höfling B, Betz E. Selective percutaneous »biopsy« of atheromatous plaques tissue for cell culture. Basic Rec Cardiol 1989; 84: 326—331.

2 Blankenhorn DH. Relation of diffuse aortic calcification to atherosclerotic calcification. J Atheroscler Res 1964; 4: 313.

3 Blumenthal HT, Lansing AI, Wheeler PA. Calcification of media of the human aorta and its relation to intimal arteriosclerosis, aging, and disease. Am J Pathol 1944; 20: 665.

4 Björkerud S. Cultivated human aterial smooth muscle displays heterogenous pattern of growth and phenotypic variation. Lab Invest 1985; 53: 303.

5 Björkerud S. Separation of arterial smooth muscle cell subpopulations with different growth patterns. Acta Pathol Microbiol Immunol Scand Sect A 1984; 92: 293.

6 Björkerud S, Ekroth R. The growth of human atherosclerotic and non-atherosclerotic aortic intima and media in vitro. Artery 1980; 8: 329.

7 Campell GR, Chamley-Campell JH. The cellular pathology of atherosclerosis. Pathol 1981; 13: 423.

8 Celis IE, Bravo R. Two-dimensional gel electrophoresis of proteins. Methods and applications. Orlando, Florida: Academic Press, 1984.

9 Dartsch PC. Das Zellskelett von kultivierten Gefäßwandzellen. Mikrokosmos 1987 76: 33.

10 DARTSCH PC, BAURIEDEL G, HÖFLING B, BETZ E. Cell cultures of human atheromatous plaque material. In: HÖFLING B, PÖLNITZ von A, eds. Interventional Cardiology and Angiology. Darmstadt: Steinkopff 1989: 115—125.

11 GABBIANI G, RUNGGER-BRÄNDLE E, DE CHASTONAY C, FRANKE WW. Vimentin-containing smooth muscle cells in aortic intimal thickening after endothelial injury. Lab Invest 1982; 47: 265.

12 HAUSS WH. Koronarsklerose und Herzinfarkt. 2. Aufl. Stuttgart: Thieme, 1976.

13 HAUSS WH. The role of the arterial wall cells in atherogenesis. Cardiovasc Res 1979; 17: 75.

14 HAUST MD, MORE RH. Significance of the smooth muscle cell in atherogenesis. In: JONES RJ, ed. Evolution on the Atherosclerotic Plaque. Chicago: University of Chicago Press, 1963.

15 HÖFLING B, PÖLNITZ von A, BACKA D, ARNIM von T, LAUTERJUNG L, JAUCH KW, SIMPSON JB. Percutaneous removal of atheromatous plaques in peripheral arteries. Lancet 1988; i: 384.

16 HÖFLING B, SIMSON JB, REMBERGER K, LAUTERJUNG L, BACKA D. Percutaneous atherectomy in iliac, femoral and popliteal arteries. Klin Wschr 1987; 65: 528.

17 HOYER LW, DE LOS SANTOS RP, HOYER JR. Antihemophilic factor antigen. Localization in endothelial cell by immunofluorescent microscopy. J Clin Invest 1973; 52: 2737.

18 KOCHER O, GABBIANI G. Cytoskeletal features of normal and atheromatous human arterial smooth muscle cells. Hum Pathol 1986; 17: 875.

19 KOCHER O, SKALLI O, BLOOM WS, GABBIANI G. Cytoskeleton of rat aortic smooth muscle cells. Normal conditions and experimental intimal thickening. Lab Invest 1984; 50: 645.

20 MEYER WW. Arteriencalcinosen. Dt Med Wschr 1971; 96: 1093.

21 O'FARRELL PH. High resolution two-dimensional electrophoresis of proteins. J Biol Chem 1975; 250: 4007.

22 OSBORN M, CASELITZ J, PÜSCHEL K, WEBER K. Intermediate filament expression in human vascular smooth muscle and in arteriosclerotic plaques. Virchows Arch 1987; A 411: 449.

23 ROSS R. The pathogenesis of atherosclerosis — an update. New Angl J Med 1986; 314: 488.

24 ROSS R, GLOMSET JA. Artherosclerosis and the arterial smooth muscle cell: Proliferation of smooth muscle is a key event in the genesis of the lesions of artherosclerosis. Science 1973; 180: 1332.

25 ROSS R, GLOMSET JA, HARKER L. The response to injury and atherogenesis: The role of endothelium and smooth muscle. Atherosclerosis Rev 1978; 3: 69.

26 ROSS R, WIGHT TN, STRANDNESS E, THIELE B. Human atherosclerosis: I. Cell constitution and characteristics of advanced lesions of the superficial femoral artery. Am J Pathol 1984; 114: 79.

27 SCHUBERT GE, BETHKE BA. Lehrbuch der Pathologie. Berlin-New York: De Gruyter, 1981.

28 SERAFINI-FRACASSINI A. Electron microscope and x-ray crystal analysis of the calcified elastic tissue. J Atheroscler Res 1963; 3: 178.

29 SIMPSON JB, JOHNSON DE, THAPLIYAL HV, MARKS DS, BRADEN LJ. Transluminal atherectomy: A new approach to the treatment of atherosclerotic vascular disease. Circulation 1985; 2, 73: III 148.

30 SIMPSON JB, SELMON MR, ROBERTSON GC, CIPRIANO PR, HAYDEN WG, JOHNSON DE, FOGARTY TJ. Transluminal atherectomy for occlusive peripheral vascular disease. Am J Cardiol 1988; 61: 96G.

31 SKALLI O, BLOOM WS, ROPRAZ P, AZZARONE B, GABBIANI G. Cytoskeletal remodelling of rat aortic smooth muscle cells in vitro: Relationships to culture conditions and analogies to in vivo situations. J Submicrosc Cytol 1986; 18: 481.

32 STARY HC. Changes in intimal smooth muscle phenotype in human and non-human primate atherosclerosis and after atherosclerosis regression. Folia Angiol 1980; 28: 72.

33 STAUBESAND J, RIEDE VN. Ultrastrukturelles Reaktionsmuster der Gefäßwand mit besonderer Berücksichtigung des Mediamyozyten. In: EHRINGER H, BETZ E, BOLLINGER A, DEUTSCH E, Hrsg. Gefäßwand, Rezidiv-Prophylaxe, Raynaud-Syndrom. Baden-Baden-Köln-New York: Witzstrock, 1979: I.

34 WAGNER DD, OLMSTED JB, MARDER VJ. Immunolocalization of the Willebrand protein in Weibel-Palade bodies of human endothelial cells. J Cell Biol 1982; 95: 355.

35 WEISSMANN G, WEISSMANN S. X-ray diffraction studies of human aortic elastin residues. J Clin Invest 1960; 39: 1657.

Analyse der Proteinsynthese von neointimalen glatten Muskelzellen im Vergleich zu medialen glatten Muskelzellen

H. D. Weiß, E. Betz
Physiologisches Institut I der Universität Tübingen

Einleitung

Kommt es im Verlauf eines atherosklerotischen Prozesses in einem Blutgefäß zu einer Neointimabildung, so sind daran im frühen Stadium glatte Muskelzellen beteiligt, die aus der Media stammen und so aktiviert sind, daß sie zu Migration und Proliferation befähigt sind. Im Tiermodell kann die Neointimabildung durch die Ballonkatheterdenudation nach Baumgartner [1] bzw. Clowes et al. [4] induziert werden. Bezüglich des Stoffwechsels ist zum Beispiel bekannt, daß im Verlauf der Neointimabildung einzelne Proteine (wie etwa Alpha-Aktin und SM-Myosin) in ihrer Expression stark beeinfluß werden. Mit dieser Arbeit soll versucht werden, Veränderungen im Proteinstoffwechsel glatter Muskelzellen bei der Neointimabildung aufzuzeigen.

Zu diesem Zweck hat sich die zweidimensionale Gelelektrophorese, von O'Farrell [5] 1975 eingeführt, als geeignete Methode erwiesen. Der Bestand an Proteinen in einer Zellpopulation kann durch eine Anfärbung mit Silbersalzen sichtbar gemacht werden, die Neusynthese von Proteinen wird über den Einbau von ^{35}S-Methionin und anschließender Belichtung von auf dem Gel aufgelegten Röntgenfilmen sichtbar gemacht.

Im folgenden werden das Proteinmuster der Media der normalen, nicht gereizten Arteria carotis communis und die Muster der durch Ballonkatheterdenudation erzeugten Neointima in verschiedenen Entwicklungsstadien (sieben und 14 Tage nach Ballonkatheterdenudation) miteinander verglichen.

Material und Methode

Das Ausgangsmaterial für sämtliche Untersuchungen war die Media der Arteria carotis communis von weißen Neuseeländer Kaninchen. Eine Neointima wurde durch Ballonkatheterdenudation der rechten Arteria carotis communis nach BAUMGARTNER [1] bzw. CLOWES et al. [4] erzeugt, die linke Arteria carotis communis diente jeweils als unbehandelte Kontrolle.

Nach der Entnahme wurde die Arteria carotis communis für 18 Stunden in einem mit ^{35}S-Methionin angereicherten Medium (50 µCi/ml) inkubiert und anschließend die Neointima mechanisch von der darunterliegenden Media und Adventitia getrennt. Bei der nicht gereizten Arteria carotis communis wurde das Endothel mechanisch abgeschabt und anschließend das Mediagewebe von der Adventitia abgezogen.

Die einzelnen Gewebestücke wurden mit Lysis-Puffer (9,8 M Harnstoff, 4 % NP-40, 5 % Ampholyte pH 7—9) versetzt und in einem Homogenisatorgefäß extrahiert. Nicht gelöste Bestandteile wurden durch Abzentrifugieren entfernt. Die Menge der gesamten in Proteine eingebauten Radioaktivität wurde durch Fällung mit TCA und anschließender Messung im Szintillationszähler bestimmt. Daraus wurde die auf das jeweilige Gel aufgetragene Menge an eingebauter Radioaktivität berechnet.

Das Elektrophoresesystem nach CELIUS und BRAVO [3] bestand aus einer isoelektrischen Fokussierung in der ersten Dimension (pH-Bereich 3,5—10), an die sich eine SDS-PAGE (15%iges Trenngel) in der zweiten Dimension anschloß.

Die Gele wurden nach der von BONNER und LASKEY [2] beschriebenen Methode mit PPO imprägniert, getrocknet und auf die Röntgenfilme aufgelegt. Die Inkubationszeit der Röntgenfilme wurde nach der auf das jeweilige Gel aufgetragenen Radioaktivitätsmenge berechnet.

Ergebnisse

Betrachtet man die Gesamtmenge der eingebauten Radioaktivität (Tab. 1), so zeigt sich, daß der Proteinumsatz insgesamt (gemessen als Einbau von ^{35}S-Methionin und bezogen auf das Gewicht) in Plaquezellen bei beiden hier gezeigten Tieren etwa um den Faktor 3,1 — 3,2 geringer ist als bei den jeweiligen Kontrollen. Davon ist nicht nur das Plaquegewebe, sondern auch das Mediagewebe unterhalb der Neointima betroffen. Des weiteren fällt auf, daß die Absolutwerte der beiden Tiere, die parallel behandelt worden waren, sich um den Faktor 16 unterscheiden. Dies zeigt deutlich, daß in der Höhe des jeweiligen Stoffwechsels große Unterschiede zwischen den einzelnen Tieren bestehen.

Tab. 1: Einbau von ^{35}S-Methionin in verschiedene Gewebeteile

Gefäßstück		Gewicht	cpm insgesamt	cpm/mg Gewebe
145/88	Kontrolle	10,8 mg (108 µl)	$4{,}90 \times 10^6$	453 867
145/88	Plaque 14 d	2,0 mg (100 µl)	279 800	139 900
147/88	Kontrolle	8,6 mg (100 µl)	$63{,}76 \times 10^6$	7 414 314
147/88	Plaque 14 d	3,7 mg (100 µl)	$8{,}82 \times 10^6$	2 384 081
147/88	Media unter Plaque	13,3 mg (133 µl)	$34{,}41 \times 10^6$	2 587 470
154/88	Plaque 7 d	6,0 mg (100 µl)	$6{,}55 \times 10^6$	1 091 503

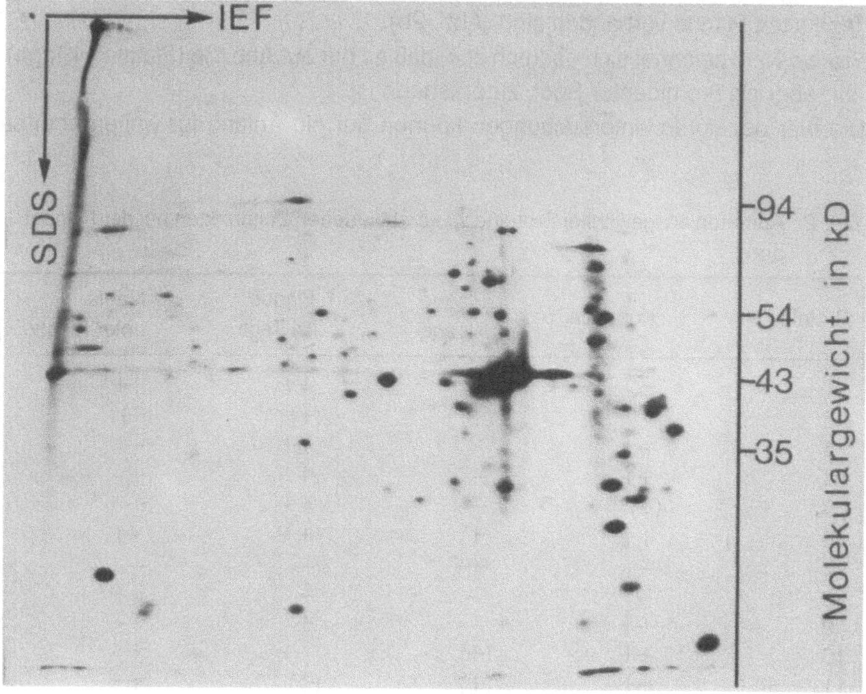

Abb. 1: Zweidimensionales Proteinmuster des Mediagewebes der Arteria carotis communis bei Tier 145/88

Wenn man aber die Proteinmuster der Kontrollen der beiden Tiere miteinander vergleicht (Abb. 1 und 2a), wird deutlich, daß die Unterschiede quantitativer Natur sind und alle Proteine in etwa dem gleichen Ausmaß betreffen — die Proteinmuster hingegen sind nahezu identisch und deckungsgleich.
In Tab. 2 ist eine Reihe von Proteinen aufgeführt, deren Syntheserate in neointimalen und medialen glatten Muskelzellen Schwankungen unterworfen ist. Die entsprechenden Gele sind in den Abb. 2a — 3b dargestellt.
Es sollen hierbei nur einige repräsentative Beispiele aufgeführt werden; eine vollständige Auflistung wäre im Rahmen dieser Darstellung sicherlich noch zu ausführlich.
Betrachtet man die Muster insgesamt, so fällt auf, daß Kontrolle (Abb. 2a) und 14 Tage alte Plaque (Abb. 3a) sehr ähnlich sind, im Gegensatz zur sieben Tage alten Plaque (Abb. 2b), zu der deutliche Unterschiede bestehen.
Auch das Bild der Media unterhalb der 14 Tage alten Plaque (Abb. 3b) unterscheidet sich in weiten Teilen nicht von dem der Plaque selbst.
Auffällig sind die Proteine Nr. 7 und 13, die fast ausschließlich nur in der sieben Tage alten Plaque vorhanden sind (Abb. 2b).
Protein Nr. 8 zeichnet sich dadurch aus, daß es nur auf Abb. 3b (Plaque 14 Tage), dort aber als prominenter Spot, zu erkennen ist.
Die hier gezeigten Untersuchungen können nur ein Anfang für weitergehende

Tab. 2: Auftreten ausgewählter Proteine zu verschiedenen Zeitpunkten bei der Plaquebildung

Protein	Kontrolle	Plaque 7 Tage	Plaque 14 Tage	Media unter Plaque
1	+	–	++	++
2	++	(+)	(+)	(+)
3	–	–	++	–
4	++	–	++	+
5	(+)	–	++	+
6	++	(+)	++	++
7	–	++	–	–
8	–	–	–	++
9	++	–	+	++
10	++	(+)	++	++
11	++	(+)	(+)	++
12	+	(+)	+	++
13	+	++	(+)	–

a

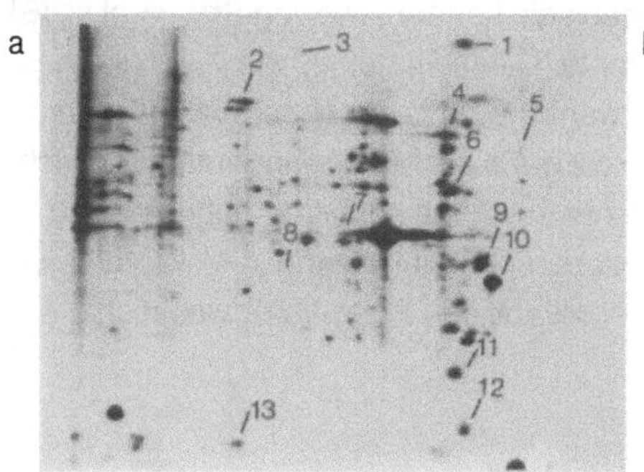

b

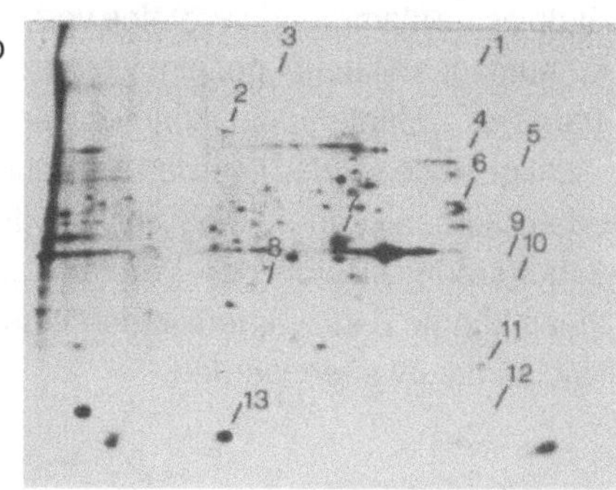

Abb. 2: a) Zweidimensionales Proteinmuster des Mediagewebes der Arteria carotis communis bei Tier 147/88
b) Zweidimensionales Proteinmuster der 7 Tage alten Plaque bei Tier 145/88

a

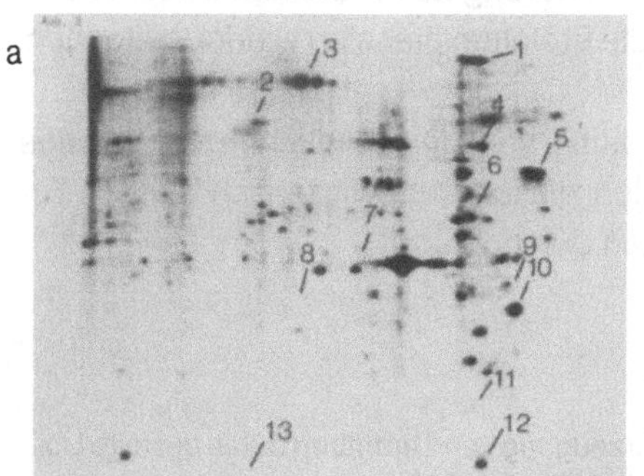

b

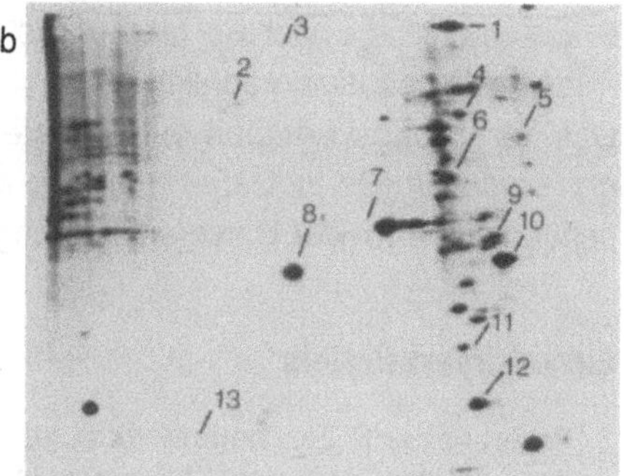

Abb. 3: a) Zweidimensionales Proteinmuster der 14 Tage alten Plaque bei Tier 147/88
b) Zweidimensionales Proteinmuster der Media unterhalb der Plaque bei Tier 147/88

Analysen sein, um gesicherte Ergebnisse über die Veränderung des Proteinstoffwechsels bei der Neointimabildung zu gewinnen. So sind erst wenige Proteine bekannt und in ihrer Funktion ins Zellgeschehen einzuordnen. Deutlich zu sehen ist, daß sich der Proteinstoffwechsel grundlegend verändert und die Zellen damit eine Reaktion auf die Reizsetzung zeigen. Doch stellt sich die Frage, ob diese Reaktion spezifisch auf diesen Reiz oder unspezifisch auf einen Streßfaktor erfolgt.

Ein weiterer noch zu berücksichtigender Aspekt ist, daß durch die ^{35}S-Markierung nur die Proteinsynthese der Neointimazellen gezeigt wird. Dies sagt aber relativ wenig über den Proteinbestand in der Neointima aus, da dort z. B. auch aus dem

Blutplasma stammende Proteine vorhanden sein können, wie von Stastny et al. [6] für humanes Material gezeigt werden konnte. Diese Proteine, wie z. B. Albumin, Transferrin, Haptoglobin, könnten dann zwar im Stoffwechsel der Neointima eine wichtige Rolle spielen, würden aber durch die gezeigte Markierungsmethode nicht erfaßt werden können. Möglich wäre dies nur durch die schon eingangs erwähnte Silberfärbung. Durch den Vergleich zwischen Proteinbestand und Proteinsynthese könnte dann sicherlich das Verständnis für den Proteinstoffwechsel in der Neointima erweitert werden.

Zusammenfassung

1. Mediazellen der Arteria carotis communis zeigen ein charakteristisches Muster der Proteinexpression.
2. Nach einer Reizung der Arteria carotis communis durch Ballonkatheterdenudation kommt es zu einer drastischen Änderung des Proteinstoffwechsels.
3. Bereits 14 Tage nach Reizsetzung ist die Proteinexpression wieder weitgehend dem Grundzustand ähnlich.

Das Forschungsvorhaben wurde unterstützt von der Deutschen Forschungsgemeinschaft (Be 324/15—1) und im Medizinisch Naturwissenschaftlichen Forschungszentrum der Universität Tübingen durchgeführt.

Literaturverzeichnis

1 Baumgartner HR. Eine neue Methode zur Erzeugung von Thromben durch gezielte Überdehnung der Gefäßwand. Z Ges Exp Med 1963; 137: 227.

2 Bonner WM, Laskey RA. A film detection method for tritiumlabelled proteins and nucleic acids in polyacrylamide Gels. Eur J Biochem 1974; 46: 83—88.

3 Celis J, Bravo R. Two-dimensional gel electrophoresis of proteins, methods and applications. Orlando: Academic Press 1984.

4 Clowes AW, Reidy MA, Clowes MM. Mechanisms of stenosis after arterial injury. Lab Invest 1983; 49: 208—215.

5 O'Farrell PH. High resolution two-dimensional electrophoresis of proteins. J Biol Chem 1975; 250: 4007—4021.

6 Stastny J, Fosslien E, Robertson AL. Human aortic intima protein composition during initial stages of atherogenesis. Atherosclerosis 1986; 60: 131—139.

Der Anteil des Endothels am elektrischen Widerstand arterieller Gefäßwandstreifen

H. Apfel, J. Kaufmann
Physiologisches Institut I der Universität Tübingen

Bei Untersuchungen an frei beweglichen Neuseeland-Kaninchen konnte gezeigt werden, daß die elektrische Impedanz der Arteria carotis zeitliche Änderungen aufwies, welche dem Verhalten der Tiere zuzuordnen waren [1]. Plötzlich veränderte und für das Tier als bedeutsam erscheinende Umgebungsbedingungen (Streßsituationen) bewirkten eine kurzfristige Widerstandssenkung. Das Ausmaß dieser bei narkotisierten Tieren nicht beobachteten Impedanzsprünge lag bei etwa 40 Ω; es gab nahezu keine Abhängigkeit der Einzelsprünge vom jeweiligen Gesamtwiderstand der Arteria carotis, welcher stets über implantierte, der Adventitia diametral anliegenden Elektroden erfaßt wurde.

Auf der Suche nach den hierfür verantwortlichen Mechanismen stellte sich die Frage, ob eine verringerte Schrankenfunktion des Endothels, möglicherweise als Folge erhöhten arteriellen Drucks, ursächlich sein kann. Eine vorübergehend erhöhte Permeabilität des Endothels für Makromoleküle sollte mit einer erhöhten Gesamtionenleitfähigkeit einhergehen und dadurch zu einem Abfall der elektrischen Impedanz der Arteria carotis führen. Betrachtet man das Endothel als biophysikalische »Widerstandsschicht«, so kann nach deren Entfernung bzw. Zerstörung das Ausmaß des maximal möglichen, also allein durch das Endothel bedingten Widerstandsabfalls erhalten werden. Dieser Extremwert sollte dann nicht kleiner sein, als die erhöhtem Streß zuzuordnenden Widerstandssprünge der Arteria carotis unter In-vivo-Bedingungen.

Der Gesamtwiderstand der Arteria carotis wacher Tiere setzt sich bei diametral angeordneten Elektroden (Abb. 1a) bekannter Größe additiv aus dem Widerstand des Blutes und dem der Gefäßwände zusammen. Nach experimenteller Bestimmung der zugehörigen spezifischen Widerstände, bei Gefäßwandstreifen jeweils vor sowie nach der Endothelschädigung, kann daraus der Gesamtwiderstand der

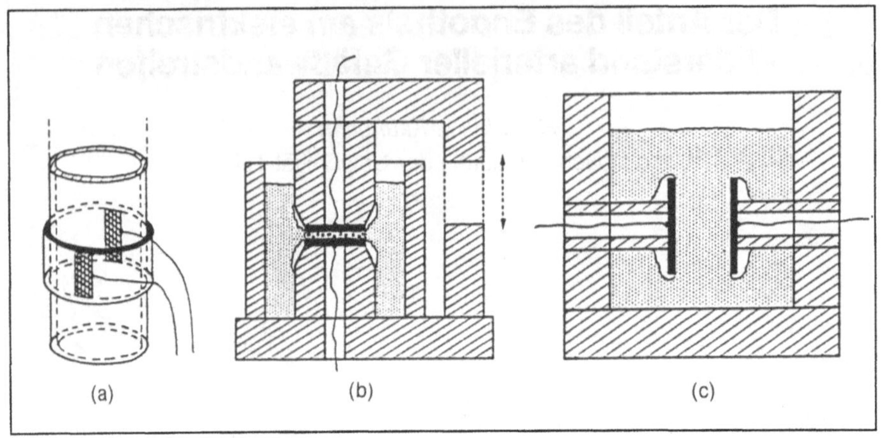

Abb. 1: a) Schematische Darstellung einer die Arteria carotis umgebenden Teflonmanschette, welche zwei der Adventitia anliegende, graphitbeschichtete Goldelektroden (schraffiert) enthält
b) Anordnung zur Erfassung des spezifischen elektrischen Widerstandes von Gefäßwandstreifen; die obere Elektrode ist in vertikaler Richtung verschiebbar.
c) Meßkammer zur Bestimmung des spezifischen Widerstandes von Blut oder Elektrolytlösungen

Arteria carotis berechnet und somit eine Abschätzung für den maximal möglichen Anteil des Endothels am Gesamtwiderstand des Modellgefäßes erhalten werden. Zu Vergleichszwecken wurden Messungen auch an der Aorta thoracalis durchgeführt.

Methoden

Nach Entnahme wurden die Gefäße in einer Tyrodelösung bei Zimmertemperatur aufbewahrt und von Blutresten sowie periadventitiellem Bindegewebe befreit. Ein mit einem Skalpell abgetrennter Gefäßring diente zur lichtmikroskopischen Bestimmung der Gefäßwandstärke mittels eines Okkularmikrometers. Das übrige Gefäß wurde in zwei Teile aufgeteilt, welche dann parallel zur Gefäßachse aufgeschnitten und aufgeklappt wurden. Die Impedanzbestimmung für einen dieser keine Gefäßabgänge aufweisenden Gefäßwandstreifen erfolgte in einer auf 37° C thermostatisierten, mit Tyrode gefüllten Meßkammer (Abb. 1b), wobei der Elektrodenabstand dem mikroskopisch bestimmten Wert der Wandstärke entsprach. Durch Überstreichen mit einem Wattestäbchen wurde anschließend das Endothel geschädigt und erneut eine Impedanzmessung bei gleichem Elektro-

denabstand durchgeführt. Danach wurde der Zustand der geschädigten wie des unbeschädigten Gefäßwandstreifens mittels $AgNO_3$-Färbung kontrolliert.
Als Meßelektroden wurden horizontal angeordnete Platinelektroden (Fläche A = 0,11 cm^2) verwendet. Die elektrische Stabilität der nur mit Tyrode gefüllten Meßkammer wurde jeweils vor bzw. nach einer Messung an Gefäßwandstreifen kontrolliert, wobei der Widerstand der Anordnung in Abhängigkeit von Elektrodenabstand (d = 0,01 bis 0,06 cm) bestimmt wurde. Der durch Extrapolation auf d = 0 erhaltene Wert wurde von den Meßwerten der Gefäßwandstreifen subtrahiert. Zur Bestimmung der Widerstände von heparinisiertem Blut wurde eine prinzipiell ähnlich aufgebaute Meßkammer verwendet (Abb. 1c), jedoch mit starren Platinelektroden (d = 0,5 cm, A = 1 cm^2).
Die Ermittlung der komplexen Impedanz erfolgte mit dem auch zur Impedanzmessung der Arteria carotis wacher Tiere eingesetzten Verfahren. Die Gesamtimpedanz Z_o setzt sich aus den Elektrodenimpedanzen Z_1 und Z_2 sowie dem Widerstand R_x des jeweiligen Meßobjektes zusammen (Abb. 2, oben). Z_o wurde

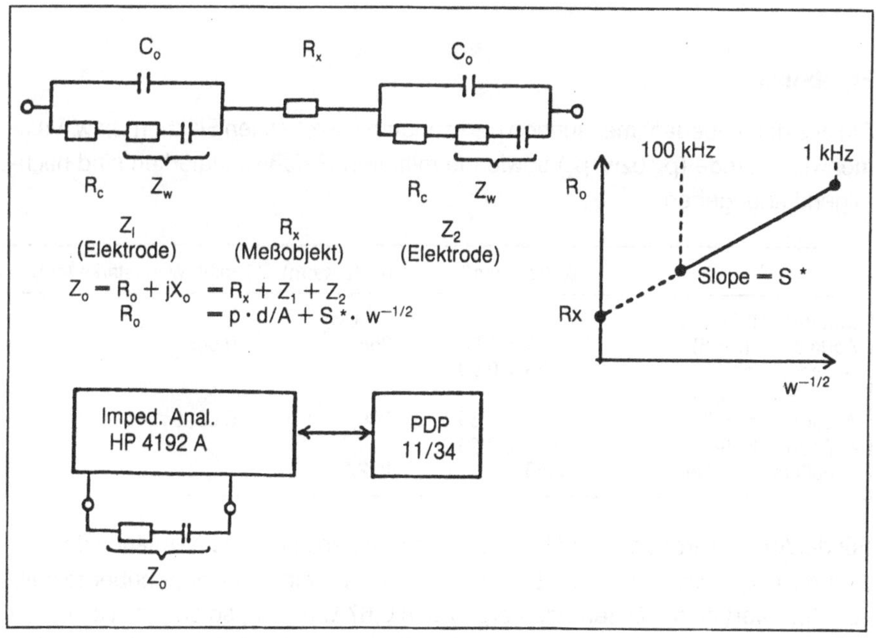

Abb. 2: Ersatzbild (oben) und schematisch dargestellte Meßanordnung (unten) zur Bestimmung der elektrischen Impedanz; der gesuchte Widerstand R_x ergibt sich durch Extrapolation des frequenzabhängigen Realteils R_o auf unendliche Frequenzen (rechts).

als Serienäquivalent mittels eines über einen Rechner (PDP 11/34) gesteuerten Impedanzanalysators (Abb. 2, unten) für 15 Meßfrequenzen, verteilt über den Bereich von 1 kHz bis 100 kHz, gemessen. Z_o wies eine ausgeprägte Frequenzabhängigkeit auf, verursacht durch die Warburg-Anteile Z_w der Elektrodenimpedanzen. Unter Vernachlässigung von Doppelschichtkapazitäten (C_D) und Durchtrittswiderständen (R_c) gegenüber Z_w gilt dann für den Realteil von Z_o:

$$R_o \approx R_x + R_w = R_x + S^* \times (2\pi f)^{-1/2}.$$

Bei Auftragen von R_0 gegen $(2\pi f)^{-1/2}$ ergibt sich eine Gerade, aus der durch Extrapolation auf unendliche Frequenzen (= f) R_x erhalten wird (Abb. 2, rechts). Bei bekannter Elektrodengeometrie (d,A: Abstand und Fläche der Elektroden) kann daraus der spezifische Flächenwiderstand (p_A, $\Omega \times cm^2$) oder der spezifische Volumenwiderstand (p_V, $\Omega \times cm$) erhalten werden:

$$R_X = p_A / A \text{ oder } R_X = p_V \times d / A.$$

Ergebnisse

Die aus den Impedanzmessungen berechneten spezifischen Flächen- bzw. Volumenwiderstände (p_A bzw. p_V) sowie die mittleren Gefäßwandstärken sind nachfolgend angegeben:

	p_A ($\Omega \times cm^2$)	p_V ($\Omega \times cm$)	mittl. Wandstärke (cm)
Blut (n = 4)		61 ± 3	
Aorta thor. (n = 8)	12.10 ± 2,60	268,9	0,045
— Endothelanteil	2,26 ± 0,93		
— äußere Schichten	9,84		
A. carotis (n = 7)	6,50 ± 1,35	236,4	0,0275
— Endothelanteil	0,67 ± 0,23		
— äußere Schichten	5,83	212,1	

Für die Arteria carotis sind in Abb. 3 die spezifischen Flächenwiderstände der Einzelmessungen vor bzw. nach Endothelschädigung einander gegenübergestellt. Als Mittelwert dieser Differenzen ergab sich 0,67 $\Omega \times cm^2$, so daß mit Bezug zur ungeschädigten Arteria carotis ($p_A = 6{,}5\ \Omega \times cm^2$) etwa 10 % des spezifischen Flächenwiderstandes auf das Endothel entfallen. Der entsprechende Anteil bei der Aorta thor. lag hingegen bei etwa 19 %.

Die spezifischen Volumenwiderstände wurden gemäß $p_V = p_A/d$ erhalten, wobei

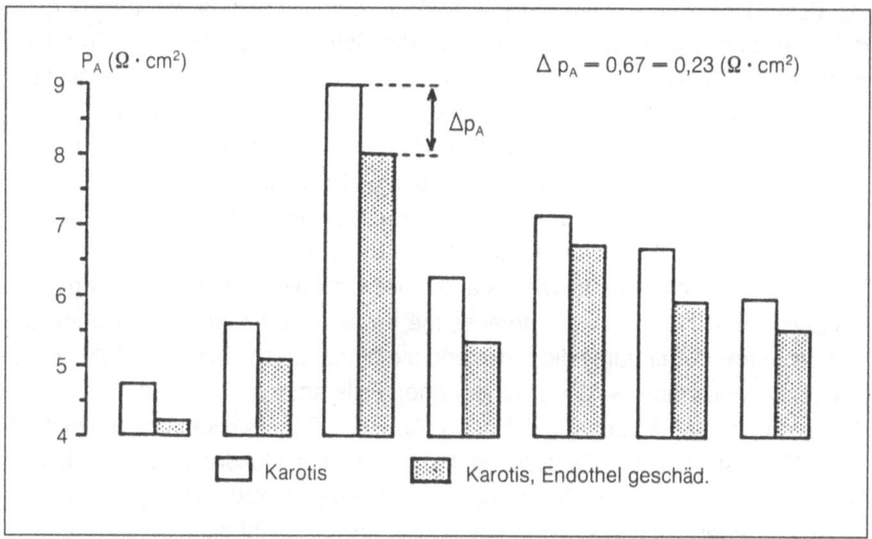

Abb. 3: Der spezifische Flächenwiderstand einzelner Gefäßwandstreifen der Arteria carotis vor bzw. nach Endothelschädigung; der Mittelwert der Einzelunterschiede ist angegeben.

für d die mittleren Wandstärken verwendet wurden. Sie werden benötigt, um für ein Modellgefäß (Arteria carotis) den Gesamtwiderstand R entsprechend der dort verwendeten Elektrodengeometrie (Abb. 1a) berechnen zu können. Dieser setzt sich im Modell seriell geschalteter »Widerstandsquader« aus dem Widerstand des Blutes und dem der beiden Gefäßwände zusammen. Mit einer effektiven Elektrodenfläche von 0,045 cm², einem Lumendurchmesser von 0,15 cm und einer In-vivo-Gefäßwandstärke von 0,02 cm erhält man:

	$R = 2 \times R_{Wand}$	$+ R_{Blut}$
Karotis	$R = 210\ \Omega$	$+ 203\ \Omega = 413\ \Omega$
Karotis, Endoth. geschäd.	$R = 188\ \Omega$	$+ 203\ \Omega = 391\ \Omega$

Diskussion

Für die bei der Arteria carotis verwendete Elektrodenanordnung (Abb. 1a) gibt die Modellgefäßberechnung eine Abschätzung des Beitrags des Endothels zum elektrischen Widerstand des Gesamtgefäßes. Dieser Schätzwert (22 Ω) ist kleiner als die bei wachen Tieren beobachteten und Streßsituationen zuzuordnenden Widerstandssprünge [1] von etwa 40 Ω ± 20 Ω (Mittelwert und Standardabweichung), so daß dort auch andere nicht allein durch die Schrankenfunktion des Endothels bedingte Mechanismen als ursächlich in Betracht zu ziehen sind. Dies gilt auch dann, wenn für das Modellgefäß als obere Grenze eine Wandstärke von 0,03 cm angenommen wird (Schätzwert 33 Ω). Das Ergebnis der Berechnung wird als Schätzung bewertet, da die Wandstärke des Gefäßes nicht fehlerfrei meßbar ist, bedingt durch die Unschärfe des äußeren Randes der Adventitia. Dies ist für die zentrale Ausgabe aber von untergeordneter Bedeutung.

Der spezifische elektrische Widerstand einer Gefäßwand ist ein Volumenwiderstand (ρ_V, Ω × cm), d. h. der gemessene Widerstand ist auf das Volumen des Quaders verteilt, der durch die Dicke und die betrachtete Fläche des Gefäßwandstreifens aufgespannt wird. Im vorliegenden Falle entsprechen diese Werte dem Abstand und der Fläche der Elektroden (Abb. 1b). Dagegen kann der so gemessene Widerstand eines Gefäßwandstreifens einem Quader unendlich kleiner Dicke zugeordnet, d. h. als flächenhaft verteilt gedacht werden. Diese Darstellung als spezifischer Flächenwiderstand (ρ_A, Ω × cm^2) umgeht die sonst notwendige Bestimmung der Gefäßwanddicke und wird in der Literatur bevorzugt angegeben, sei es aus praktischen oder sei es aus meßtechnischen Gründen (z. B. bei den auf der »Kabeltheorie« beruhenden Verfahren).

Das Endothel der Aorta thor. ist zu knapp 20 % am spezifischen Flächenwiderstand des Gefäßes beteiligt (12,1 Ω × cm^2 bzw. 2,26 Ω × cm^2). Der Wert des ungeschädigten Gefäßes (12,1 Ω × cm^2 ± 2,6 Ω × cm^2) liegt etwa in der gleichen Größenordnung wie der von O'Donell et al. [2] nach einem anderen Verfahren bestimmte Wert für die Aorta abdom. von Kaninchen (18,4 Ω × cm^2 ± 6,5 Ω × cm^2, n = 10; 23° C); unter Berücksichtigung des bei unseren Messungen gefundenen Temperaturkoeffizienten von 1,2 % pro °C ergibt sich dieser Vergleichswert bei 37° C zu 15,3 Ω × cm^2. Allerdings geben jene Autoren den Anteil des Endothels am spezifischen Flächenwiderstand zu etwa 50 % an, wobei die Endothelschädigung auf chemischem Wege (1,5 % sodium deoxycholate) durchgeführt wurde, so daß die Reiz-Schädigungs-Reaktionen nicht direkt vergleichbar sind. Für die Arteria carotis sind uns entsprechende Angaben anderer Autoren derzeit nicht bekannt. Der spezifische Flächenwiderstand der Arteria carotis (6,5 Ω × cm^2 ± 1,4 Ω × cm^2) beträgt in etwa die Hälfte des bei der Aorta thor. gefundenen Wertes (12,1 Ω × cm^2 ± 2,6 Ω × cm^2), was vorwiegend durch die in die Berechnung ja nicht eingehenden unterschiedlichen Gefäßwandstärken bedingt ist. Die spezifischen Volumenwiderstände (236 Ω × cm bzw. 269 Ω × cm) scheinen die reale Situation besser zu beschreiben und unterscheiden sich um etwa 13 %. Dies mag zum einen die verschiedenartigen Strukturen der Gefäßwände widerspiegeln. Zum anderen waren die Gefäßwandstreifen nicht in einem den In-vivo-Verhältnissen entsprechenden Dehnungszustand. Die Auswirkung unterschiedlich elastischer Eigenschaften der Gefäßwände kann zu fehlerhaften Angaben der Wandstärken sowie zu veränderten Widerstandsmeßwerten führen, welche sich jedoch bei der p_V-Berechnung zumindest teilweise kompensieren. Die Abhängigkeit des elektrischen Widerstandes vom Dehnungszustand ist daher weitergehenden Untersuchungen voranzustellen, sowohl für Gefäße mit als auch ohne Endothelschädigung.

Diese Arbeit wurde unterstützt durch die DFG (Ap 36/1—1).

Literaturverzeichnis

1 Apfel H. Änderung der elektrischen Impedanz der Arteria carotis unter Streßbelastung. In: dieser Band S. 176.

2 O'Donell MP, Vargas FF. Electrical conductivity and its use in estimating an equivalent pore size for arterial endothelium. Amer J Physiol 1986; 250: H16—H21.

Beeinflussung der aktiv mechanischen Eigenschaften von arteriellen Gefäßsegmenten durch oxidativ modifiziertes LDL

S. Tries, H. Heinle
Physiologisches Institut I der Universität Tübingen

Einleitung

Viele Untersuchungen weisen darauf hin, daß oxidativ modifiziertes LDL bei der Atherogenese eine wichtige Rolle spielt [4, 5, 6]. So konnte es z. B. in Plasma und atherosklerotischer Gefäßwand nachgewiesen werden; durch seine hohe zelluläre Aufnahmerate scheint es bei der Schaumzellbildung beteiligt zu sein; außerdem könnte die beschriebene Zytotoxizität von LDL Endothelläsionen bzw. Nekrobiosen im Atherom verursachen.
Da bei der oxidativen Modifizierung von LDL reaktionsfreudige Produkte wie Fettsäurehydroperoxide, Aldehyde usw. entstehen [1], waren wir daran interessiert, inwieweit solche Substanzen auch die Funktion der glatten Muskulatur, d. h. die Kontraktilität der Gefäßwand beeinflussen können.

Methoden

Für die Versuche wurden Intima-Media-Präparate aus der Arteria carotis von normal gefütterten Kaninchen verwendet. Die Präparation der Arteriensegmente und das Meßsystem zur Registrierung isometrischer Kontraktionen wurden schon beschrieben [2]. LDL aus Kaninchen wurde (nach Lyophilisation) sowohl »nativ« als auch nach oxidativer Modifikation verwendet. Zur Oxidation wurde LDL entweder im Dialyseschlauch gegen oxygenierte Tyrode-Lösung equilibriert (24 h bei 4° C) oder mit Lipoxygenase behandelt (200 mg LDL in 10 ml 150 mM NaCl + 5000 U Sojabohnen-Lipoxygenase; pH 8,5, O_2 equilibriert; 30 min bei 25° C). Zur Perfusion in der Meßkammer wurde das Lipoprotein auf eine Konzentration von 100 bzw. 200 mg/100 ml verdünnt. Arachidonsäure (Sigma, München) wurde ebenfalls mit

Tab. 1: Einfluß verschiedener LDL-Modifikationen auf den Tonus arterieller Gefäßsegmente

	induzierte Kontraktionskräfte (mN)
LDL »nativ« (200 mg/100 ml)	2,2
LDL dialysiert	10,5
LDL oxidativ modifiziert	15,8
LDL, mit KBH_4 reduziert	1,5
Kaninchenserumalbumin (100 mg/100 ml)	0,2

Sojabohnen-Lipoxygenase peroxidiert. 4-Hydroxynonenal wurde dankenswerterweise von Herrn Prof. Esterbauer, Graz, zur Verfügung gestellt. Die jeweils verwendeten Konzentrationen sind bei den entsprechenden Ergebnissen angegeben. Alle Komponenten wurden entweder in Tyrode-Lösung oder als Kostimulans in mit KCl angereicherter Lösung appliziert. Ausgewertet wurden die Änderungen aktiv entwickelter Wandspannung.

Ergebnisse

1. Einfluß von »nativem« bzw. oxidativ modifiziertem LDL

Wie in Tab. 1 ersichtlich hat »natives« LDL in physiologischen Konzentrationen verabreicht nur einen geringen kontraktionsauslösenden Effekt. Allerdings kann diese Wirkung noch vermindert werden, wenn das Lipoprotein mit dem Reduktionsmittel Kaliumborhydrid (KBH_4) vorbehandelt wird. Dieser Befund spricht dafür, daß in dem hier als »nativ« verwendeten LDL schon durch Peroxidation reaktive Abbauprodukte entstanden sind, die einerseits durch Reduktion inaktiviert werden können und die andererseits in der Lage sind, in der Arterienwand Kontraktionen auszulösen. Der Gehalt dieser reaktiven Bestandteile wird offensichtlich noch größer, wenn LDL gegen oxygenierte Lösungen dialysiert bzw. mit Lipoxygenase behandelt wird:
Im Vergleich zu »nativem« ruft unter diesen Bedingungen präpariertes LDL 5—7fach stärkere Kontraktionskräfte hervor.

2. Einfluß von Fettsäurehydroperoxiden bzw. 4-Hydroxynonenal (4 HNE)

Das Arachidonsäurehydroperoxid und 4-Hydroxynonenal sind im Konzentrationsbereich bis 20 μM nicht in der Lage, in relaxierten Arteriensegmenten Kontraktionen auszulösen. Werden sie jedoch als Kostimulantien zusammen mit KCl verwendet, so wirken beide kontraktionsfördernd und führen zu deutlich verstärkten

Tab. 2: Effekt von LDL, 4 HNE bzw. Arachidonsäurehydroperoxid als Kostimulans bei durch Depolarisation induzierten Kontraktionen

		relativer Kraftzuwachs (%) bezogen auf KCl-induzierte Kontraktion	erhöhte Kontraktilität in weiteren KCl-Stimulationen
LDL nativ	50 mg/100 ml	0	–
LDL ox.	20 mg/100 ml	10	–
	50 mg/100 ml	18	(±)
	200 mg/100 ml	24	(±)
4 HNE	3 µmol/l	15	+
	10 µmol/l	18	+
	17 µmol/l	40	+
Arachidon-	6 µmol/l	5	–
säurehy-	9 µmol/l	20	–
droperoxid	12 µmol/l	22	–

Kontraktionsantworten (Tab. 2). Die Dauer der Kostimulanswirkung ist allerdings unterschiedlich. Während Arachidonsäurehydroperoxid nur diejenige KCl-induzierte Kontraktion beeinflußt, im Verlauf derer es appliziert wurde, hat 4 HNE eine länger anhaltende Wirkung, was für unterschiedliche Reaktionsmechanismen spricht. Entsprechende Untersuchungen, bei denen LDL_{ox} als Kostimulans zu KCl-induzierten Kontraktionen verwendet wurde, lieferten uneinheitliche Ergebnisse. Bei zwei von fünf LDL-Präparationen wurden nur kurz dauernde Wirkungen erzielt, vergleichbar mit der Peroxidwirkung, während die drei anderen persistierende Wirkung (wie 4 HNE) zeigten.
Unabhängig davon führten LDL_{ox}, Arachidonsäurehydroperoxid bzw. 4 HNE zu qualitativ ähnlichen Veränderungen des Kontraktionsverlaufes. Im Vergleich zur reinen KCl-induzierten Kontraktion mit raschem Kraftansteig bis zu einem Plateau führten alle drei Agenzien nach einem ähnlich steilen Kraftanstieg zu einem verzögerten Maximum.

Diskussion

Die Ergebnisse zeigen, daß LDL, das oxidativ modifiziert wurde, in relaxierten Arterienwänden Kontraktionen auslösen kann. Da diese Wirkung auch von dialysiertem LDL ausgeht, muß eine eng mit dem LDL-Komplex assoziierte Komponente dafür verantwortlich sein. Bei der Oxidation von LDL ist davon auszugehen [1],daß die ungesättigten Fettsäuren peroxidativ angegriffen werden und ein breites Spektrum von Abbauprodukten liefern (Fettsäurehydroperoxide, Alkane, Aldehyde etc.). Modifizierungen innerhalb des Proteinanteils sind erklärbar durch Reaktion von freien Aminogruppen mit Aldehyden. Während der Effekt dieser modifizierten Proteine auf glatte Muskulatur noch nicht untersucht wurde, zeigen die hier vorliegenden Resultate, daß durch Lipidperoxidation entstandene Produkte wie Hydroperoxide bzw. 4 HNE kontraktilitätssteigernd wirken. Der zugrundeliegende Mechanismus ist entweder in einer Faszilation der Ca^{2+}-Freisetzung und/oder in einer Hemmung des Ca^{2+}-Rücktransports zu sehen [3]. Da LDL_{ox} in Atheromen nachgewiesen wurde, ist es denkbar, daß diese Mechanismen dazu beitragen, daß atherosklerotische Gefäßabschnitte eine erhöhte Neigung zu Vasospasmen aufweisen.

Die Autoren danken der A. Teufel-Stiftung für finanzielle Unterstützung sowie Frau H. Ableiter für ihre ausgezeichnete Mithilfe.

Literaturverzeichnis

1 Esterbauer H, Jürgens G, Quehenberger O, Koller E. Autoxidation of human low density lipoprotein: loss of polyunsaturated fatty acids and vitamin E and generation of aldehydes. J Lipid Res 1987; 28: 495—509.
2 Heinle H. Vasoconstriction of carotid artery induced by hydroperoxides. Arch Int Physiol Biochim 1984; 92: 267—271.
3 Heinle H, Tries S, Esterbauer JH. Effects of H_2O_2, arachidonic acid hydroperoxide and 4 hydroxynonenal on arterial smooth muscle contraction. Pflügers Arch 1988; 412: R 85.
4 Hessler JR, Morel DW, Lewis LJ, Chisolm GM. Lipoprotein oxidation and lipoprotein-induced cytotoxicity. Arteriosclerosis 1983; 3: 215—222.
5 Steinberg D. Arterial lipoproteins in relation to the pathogenesis of atherosclerosis. In: Fidge NH, Nestel PJ, eds. Atheroclerosis VII, Amsterdam: Elsevier, 1986: 345—353.
6 Seinberg D. Modified forms of LDL and their pathophysiologic significance. Modified Lipoproteins — Satellite Meeting to the 8th Symp. Atherosclerosis CIC Edizioni Intern 1988: 1—7.

Zunahme des Na^+/H^+-Austausches an Kaninchenerythrozyten unter atherogener Diät

W. Scholz, U. Albus, M. Hropot, E. Klaus, W. Linz, B. A. Schölkens
Hoechst AG, Frankfurt

Einleitung

Der ubiquitäre membranäre Na^+/H^+-Austauscher scheint eine physiologische Rolle zu spielen bei der Regulation des intrazellulären pH, der Kontrolle von Zellwachstum und Proliferation, der Aktivierung von Blutplättchen, der zellulären Antwort auf Hormone und der Regulierung des Zellvolumens [5]. Das Austauschsystem, das in menschlichen und Rattenerythrozyten schwierig zu charakterisieren ist, mag mit dem erythrozytären Na^+/Li^+-Austausch verwandt sein, der in der essentiellen Hypertonie von verschiedenen Untersuchern als erhöht beschrieben wurde. Die Vermutung einer Rolle des Na^+/H^+-Austausches in der essentiellen Hypertonie lag daher nahe. Livne et al. [4], die das System mit Hilfe einer elektronischen Volumenbestimmung an Thrombozyten untersucht haben, fanden einen erhöhten Na^+/H^+-Austausch in den Blutplättchen essentieller Hypertoniker. Angesichts der physiologischen Funktion des Austauschers könnte er genausogut in der Pathophysiologie verwandter Erkrankungen wie der Arteriosklerose von Bedeutung sein. In verschiedenen Prozessen, die an der Pathogenese der Arteriosklerose beteiligt sind, wie Plättchenaggregation, Freisetzung des Platelet derived growth factors und anderer Mediatoren, Proliferation glatter Gefäßmuskeln und endotheliale Veränderungen, ist der Na^+/H^+-Austausch wahrscheinlich involviert. Kürzlich haben Jennings et al. [3] einen Na^+/H^+-Austauscher in Kaninchenerythrozyten charakterisiert. Das Transportsystem wird unter hyperosmolaren Bedingungen aktiviert, wahrscheinlich zur

Restauration des Zellvolumens. In der vorliegenden Studie haben wir den Effekt zweier atherogener Diäten auf den Na^+/H^+-Austausch in Kaninchenerythrozyten untersucht, die wie bei JENNINGS et al. osmotisch geschrumpft waren.

Material und Methoden

Drei Gruppen von weißen Neuseeland-Kaninchen (Ivanovas) erhielten eine Standarddiät (Rohprotein 18 %, Rohfett 2 %, Rohfaser 16 %, Rohasche 11 %, Kalzium 1,6 %, Phosphor 0,6 %, Natrium 0,25 %; ERKA, Robert Koch OHG, Nordstraße 19, 4700 Hamm 1) mit 2 % oder 1 % Cholesterin oder ohne Cholesterin (Kontrolle) für elf Wochen. Zur Bestimmung des amiloridhemmbaren Na^+-Einstroms wurde jeweils sechs Tieren pro Gruppe alle zwei Wochen 3 ml Blut aus den Ohrarterien entnommen, das durch Kalzium-Heparin 25 IE/ml ungerinnbar gemacht wurde. Ein Teil jeder Probe wurde zur Doppelbestimmung des Hämatokrits durch Zentrifugation benutzt. Einige der Aliquots von jeweils 100 µl dienten zur Messung des Na^+-Ausgangsgehaltes der Erythrozyten, während die verbleibenden Proben eine Stunde lang in jeweils 5 ml eines hyperosmolaren Salz-Sucrose-Mediums (mmol/l: 140 NaCl, 3 KCl, 150 Sucrose, 0,1 Ouabain, 20 Tris-Hydroxymethylaminomethan) bei pH 7,4 und 37° C inkubiert wurden. Die Erythrozyten wurden danach dreimal mit eiskalter $MgCl_2$-Ouabain-Lösung (mmol/l: 112 $MgCl_2$, 0,1 Ouabain) gewaschen und in 2,0 ml destilliertem Wasser hämolysiert. Der Natriumgehalt wurde flammenphotometrisch bestimmt (Eppendorf Flammenphotometer). Der Na^+-netto-Influx wurde aus der Differenz zwischen Natriumausgangswerten und dem Natriumgehalt der Erythrozyten nach Inkubation errechnet. Der amiloridhemmbare Natriuminflux ergab sich aus der Differenz des Natriumgehaltes der Erythrozyten nach Inkubation mit und ohne Amilorid 2×10^{-4} mol/l. In zusätzlichen Experimenten wurde die Abhängigkeit des amiloridhemmbaren Natriuminfluxes in atherogen veränderte Erythrozyten von der Osmolarität des Inkubationsmediums (durch Veränderung des Sucroseanteils) und die Konzentrations-Wirkungsbeziehungen von Amilorid und Ethylisopropyl-Amilorid (EIPA) untersucht.

Ergebnisse

Die Inkubation der Erythrozyten führte zu einem Na^+-netto-Einstrom, der sich zum Teil durch Amilorid hemmen ließ.

Der amiloridhemmbare Na^+-Influx in Erythrozyten von Kaninchen unter atherogener Diät war deutlich erhöht, während es bei den Kontrollen eine leichte Abnahme gab (Abb. 1). Bis zum Ende des Versuches wurden die Kontrollwerte von

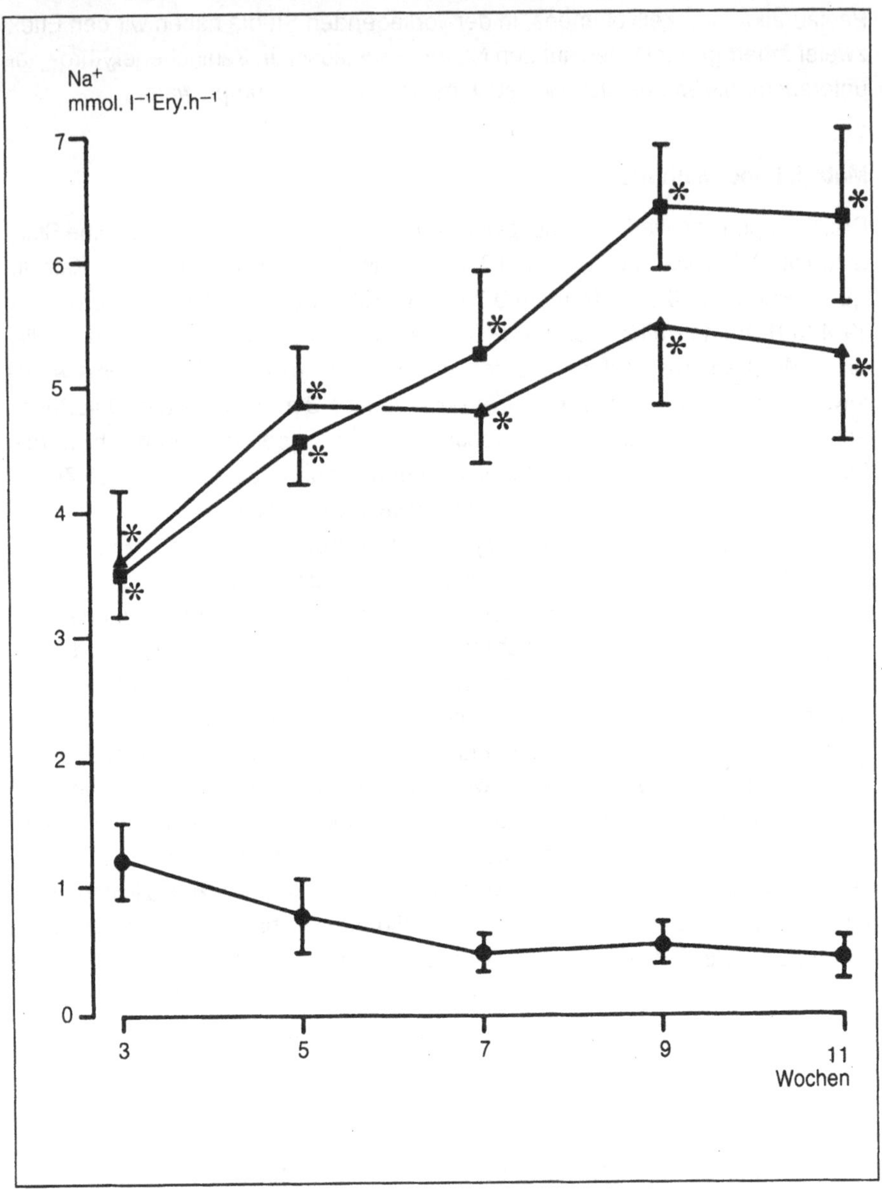

Abb. 1: Effekt der atherogenen Diäten auf den amiloridhemmbaren Na^+-Influx in Erythroyzten
● Kontrolle, ▲ 1 % Cholesterin, ■ 2 % Cholesterin
$\overline{X}$, SEM, n = 6, * $p < 0,05$ gegen Kontrolle

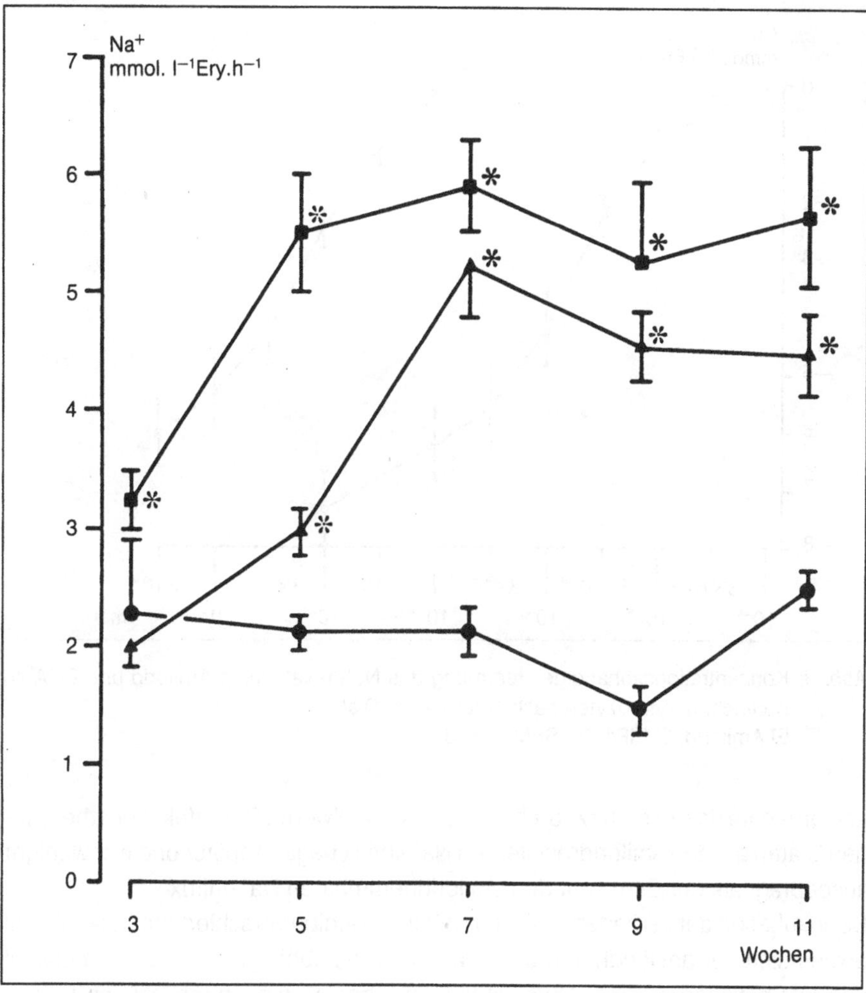

Abb. 2: Effekt der atherogenen Diäten auf den amiloridresistenten Na^+-Influx
● Kontrolle, ▲ 1 % Cholesterin, ■ 2 % Cholesterin
$\overline{X}$,SEM, n = 6, * p < 0,05 gegen Kontrolle

den Gruppen mit 1 % bzw. 2 % Cholesterindiät um das acht- bzw. zehnfache übertroffen. Einen signifikanten Unterschied zu den Kontrollen gab es bereits ab der ersten Messung drei Wochen nach Beginn der Studie.

Der amiloridresistente Na^+-Influx war bei 2 % Cholesterin von der fünften Woche an und bei 1 % Cholesterin von der siebten Woche an signifikant erhöht (Abb. 2)

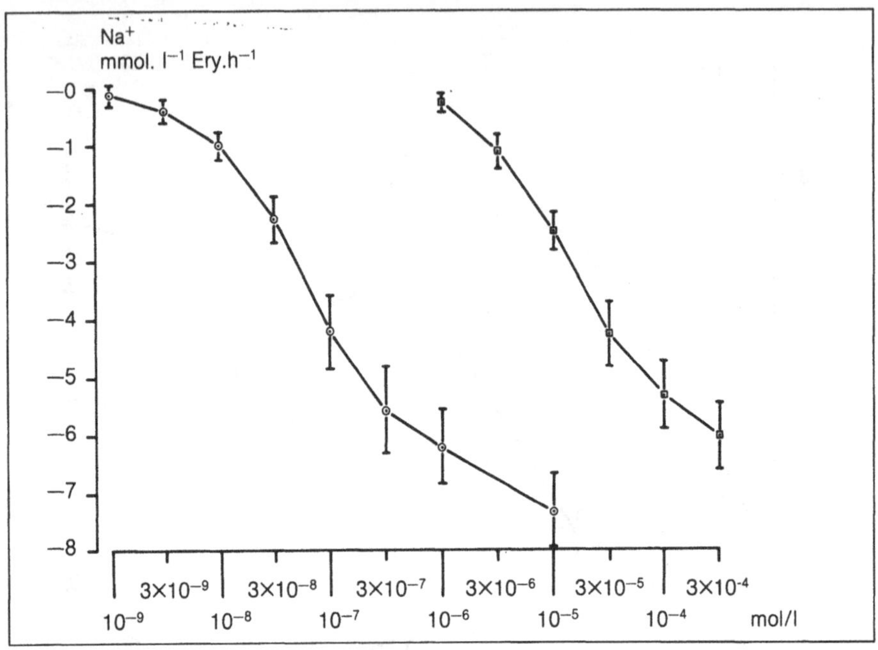

Abb. 3: Konzentrationsabhängige Hemmung des Netto-Na^+ durch Amilorid und EIPA an Kaninchenerythrozyten nach atherogener Diät
⊡ Amilorid, ⊙ EIPA, $\bar{X}$, SEM, n = 6.

und erreichte das zwei- bzw. dreifache der Kontrollwerte. Der Effekt der atherogenen Diäten auf den amiloridresistenten Na^+-Influx begann später und war weniger ausgeprägt als der Effekt auf den amiloridhemmbaren Na^+-Influx.

Bei Inkubation der veränderten Erythrozyten in Medien verschiedener Osmolarität erwies sich der amiloridhemmbare Na^+-Influx als abhängig von der Osmolarität des Inkubationsmediums. Unter isoosmotischen Bedingungen gab es keinen Unterschied des Na^+-Influxes der Erythrozyten bei Inkubation mit oder ohne Amilorid. Mit zunehmender Osmolarität des Inkubationsmediums stieg der Na^+-Influx von 7,7 ± 2,9 mmol/l ery/h bei 270 mosmol/l auf 12,8 ± 4,4 mmol/l ery/h bei 463 mosmol/l an, während der Anteil des Na^+-Influxes, der nicht durch Amilorid zu hemmen war, gleich blieb. Der gesamte Zuwachs des Na^+-Influxes war daher der amiloridhemmbaren Fraktion zuzuordnen. Bei Inkubation atherogener veränderter Erythrozyten mit verschiedenen Konzentrationen von Amilorid und EIPA (Abb. 3) zeigte sich eine konzentrationsabhängige Hemmung des Na^+-Influxes mit IC_{50}-Werten von $1{,}5 \times 10^{-5}$ mol/l (Amilorid) und 5×10^{-8} mol/l (EIPA).

Diskussion

Ein amiloridhemmbarer Na^+/H^+-Austauscher ist von JENNINGS et al. [3] an Kaninchenerythrozyten charakterisiert worden. Das System wird unter hyperosmolaren Bedingungen aktiviert, wahrscheinlich zur Regulation des Zellvolumens. Bei der Untersuchung des Effekts von Amilorid auf den Netto-Na^+-Influx in osmotisch geschrumpfte Erythrozyten von Kaninchen unter normaler Diät zeigte sich eine relativ kleine amiloridhemmbare Fraktion wie in Abb. 1 dargestellt. Bei den Erythrozyten von Tieren unter atherogener Diät kam es zu einem exzessiven Anstieg des amiloridhemmbaren Na^+-Influxes bis auf das zehnfache der Kontrollwerte und zu einem deutlich schwächeren Anstieg des amiloridresistenten Na^+-Influxes. Da sich der erhöhte amiloridhemmbare Na^+-Influx als abhängig von der Osmolarität des Inkubationsmediums erwies und da er auch durch den spezifischeren Inhibitor des Na^+/H^+-Austausches EIPA gehemmt wurde, ist davon auszugehen, daß der amiloridhemmbare Na^+-Influx in atherogen veränderte Erythrozyten durch ein Na^+/H^+-Austauschsystem erfolgte. Eine Erhöhung des Na^+/H^+-Austausches an Blutplättchen ist in der essentiellen Hypertonie bekannt [4], und ein alterierter Kationentransport vonErythrozyten in der Arteriosklerose ist von verschiedenen Autoren beschrieben worden [1, 2]. Die Ergebnisse der vorliegenden Studie zeigen eine Zunahme des Na^+/H^+-Austausches bei Tieren unter atherogener Diät. Sie deuten auf eine mögliche Rolle dieses Transportsystems in der Pathophysiologie der Arteriosklerose hin.

Kurzfassung

Für den ubiquitären Na^+/H^+-Austauscher wird aufgrund von Untersuchungen an Thrombozyten und Erythrozyten (Na^+/Li^+-Austausch) eine Rolle bei der essentiellen Hypertonie angenommen. Da in den Bereich der Komplikationen der essentiellen Hypertonie auch atherogene Gefäßveränderungen gehören, erschien die Frage von Interesse, inwieweit der Austauscher auch an der Atherogenese beteiligt ist. Wie führten daher Versuche an Kaninchenerythrozyten durch, deren Na^+/H^+-Austauscher kürzlich von JENNINGS et al. [3] charakterisiert wurde. Zwei Gruppen von Kaninchen erhielten für drei Monate eine atherogene Diät (1 % und 2 % Cholesterin), während eine dritte Gruppe als Kontrolle diente. Zweiwöchentlich wurde Blut aus den Ohrvenen entnommen und der Na^+-netto-Einstrom sowie der amiloridhemmbare Anteil des Na^+-Einstroms in die Erythrozyten während einer einstündigen Inkubation in einem hyperosmolaren Salz-Sucrose-Medium (mmol/l: 140 NaCl, 3 KCl, 150 Sucrose, 0,1 Ouabain, 20 Tris-Hydroxymethylaminomethan) bestimmt. Der amiloridhemmbare Anteil des

Na^+-Einstroms erhöhte sich im Laufe der Studie bei den Erythrozyten der mit Cholesterin behandelten Tiere um mehr als das sechsfache der Kontrollwerte. Damit zeigte sich ein sehr starker Anstieg der Aktivität des Na^+/H^+-Austauschers unter atherogener Diät, der auf eine mögliche Rolle dieses Transportsystems nicht nur bei der essentiellen Hypertonie, sondern auch in der Pathophysiologie der Arteriosklerose hindeutet.

Literaturverzeichnis

1 Duhm J, Behr J. Sodium transport across the red cell membrane and pathogenesis of essential hypertension: Perspectives. Klin Wschr 1987; 65,7: 69—75.

2 Hunt SG, William RR, Smith JB, Ash KO. Association of three erythrocyte cation transport systems with plasma lipids in UTAH subjects. Hypertension 1986; 8: 30—36.

3 Jennings ML, Douglas SM, McAndrew E. Amiloridsensitive sodium-hydrogen exchange in osmotically shrunken rabbit red blood cells. Am J Physiol 1986; 352: C33—C40.

4 Livne A, Veitch R, Grinstein S, Balfe JW, Marquez-Julio A, Rothstein A. Increased platelet Na^+/H^+-exchange rates in essential hypertension: Application of a novel test. Lancet 1987; i: 533—536.

5 Mahnensmith RL, Aronson PS. The plasma membrane sodiumhydrogen exchanger and its role in physiological and pathophysiological processes. Circ Res 1985; 57: 773—788.

Lipidveränderung bei untrainierten und Laufsport betreibenden Männern im mittleren Lebensalter — eine Längsschnittuntersuchung*

H.-Ch. Heitkamp, D. Jeschke

H.-Ch. Heitkamp

Medizinische Klinik V, Abteilung Sportmedizin der Universität Tübingen

D. Jeschke,

Lehrstuhl für Präventive und Rehabilitative Sportmedizin, TU München

Einführung

Die Wertigkeit einer Erhöhung des HDL-Cholesterins als Schutz vor einer koronaren Herzerkrankung ist gesichert [3]. Durch Ausdauertraining kommt es zu einer Erhöhung des HDL-Cholesterins [5]. Inwieweit altersabhängige Lipidstoffwechselveränderungen mit Erhöhung des Arterioskleroserisikos [1] durch Ausdauertraining vorgebeugt werden kann, sollte mittels einer Längsschnittuntersuchung im Rahmen einer fünfjährigen Studie an Freizeitläufern untersucht werden. Da diese mit unterschiedlicher Intensität trainierten, war zusätzlich die Frage zu untersuchen, ob die durch das Laufen bedingten Stoffwechselveränderungen intensitätsbedingt sind [2, 4, 8]. Die Laufsportler wurden entsprechend ihrer Lauf- und Wettkampfanamnese in Freizeitläufer (Jogger) und Wettkämpfer über Fünf- und Zehntausendmeter und die Marathondistanz unterteilt.

Probanden und Methode

In jährlichen Abständen wurden die 212 männliche Personen, davon 158 Dauerläufer und 54 Nichttrainierende, die ein mittleres Lebensalter von 35 Jahren hatten und in Körpergröße vergleichbar waren, untersucht. Es handelte sich um 86 Jogger, 31 Fünf- und Zehntausendmeterläufer und 41 Marathonläufer. Der Trainingsumfang bewegte sich gemäß den ab der zweiten Untersuchung vorhandenen detaillierten Trainingsprotokollen innerhalb von vier Jahren bei Joggern zwischen 15 und 16 km/Woche, entsprechend 80 und 87 Minuten Laufzeit bei 1,6mal Laufen pro Woche. Die Fünf- und Zehntausendmeterläufer liefen 50 bis 43 km/Woche,

* Mit Unterstützung des Bundesinstitutes für Sportwissenschaften

entsprechend 238 bis 195 Minuten und 3,6- bis 2,8 Einheiten pro Woche. Marathonläufer erreichten 63 bis 67 km/Woche in 294 bis 313 Minuten bei 3,8- bis 4,3mal Laufen pro Woche. (Die Reihenfolge der Zahlen gibt den Verlauf während des Untersuchungszeitraums wieder.) Die Jogger hatten zu Beginn der Studie schon vier, die Fünf- und Zehntausendmeterläufer fünf und die Marathonläufer 3,5 Jahre lang im Mittel trainiert.

Die durchschnittliche Trainingsintensität lag bei den Joggern bei 11,7, bei den Fünf- und Zehntausendmeterläufern bei 12,7 und bei den Marathonläufern bei 12,8 km/h.

Blutentnahmen zur Bestimmung der Lipide erfolgten morgens nüchtern im Liegen nach 12stündigem Fasten.

Cholesterin und Triglyzeride wurden nach klinischen Routinemethoden (Fa. Boehringer) bestimmt; ab der zweiten Untersuchung wurden die Lipoproteine quantitativ densitometrisch (Immuno Diagnostika, Heidelberg) bestimmt [9].

Ergebnisse

Körpergewicht und Gesamtkörperfettgehalt änderten sich im fünfjährigen Untersuchungszeitraum nicht (Tab. 1).

Die Veränderungen der Fettfraktionen sind in der Tab. 2 zusammengefaßt. Das Gesamtcholesterin nahm in allen untersuchten Gruppen um 8 % zu. Während die Triglyzeride bei Untrainierten um 7 % anstiegen, lag diese Zunahme bei den Gruppen der Läufer zwischen 10 und 20 %. Ein eklatanter Unterschied wurde bei den Veränderungen des HDL-Cholesterins beobachtet: Während bei Untrainierten im

Tab. 1: Anthropometrische Daten und Laufanamnese des Gesamtkollektivs der Läufer, der Untrainierten und der Untergruppen der Läufer

	Jogger	5–10.000 m-Läufer	Marathonläufer	Untrainierte	Läufer Gesamtkollektiv
Alter (Jahre)	37 ± 6	37 ± 6	37± 6	34 ± 6	37 ± 6
Körpergewicht (kg)	72 ± 9	70 ± 9	68 ± 6	77 ± 10	71 ± 8
Körpergröße (cm)	176 ± 6	177 ± 7	176 ± 6	178 ± 6	176 ± 6
Hautfaltendicke s. c. F. (mm)	42 ± 15	30 ± 12	37 ± 15	57 ± 19	37 ± 15
Laufanamnese (Jahre)	4,1 ± 4,8	5,1 ± 5,4	3,5 ± 3,0	–	4,2 ± 4,5

Tab. 2: Veränderungen der Fettfraktionen bei Untrainierten und Läufern im Verlauf der fünfjährigen Beobachtungsperiode; die Läufer wurden nach Trainingsintensität in drei Gruppen unterteilt

Änderungen in %	Gesamtcholesterin	Trizylzeride	HDL-Cholesterin	LDL-Cholesterin
Untrainierte	8	7	10	9
Alle Läufer	8	12	37	2
Jogger	8	11	43	1
5—10.000-m-Läufer	8	20	37	1
Marathonläufer	8	10	33	—1

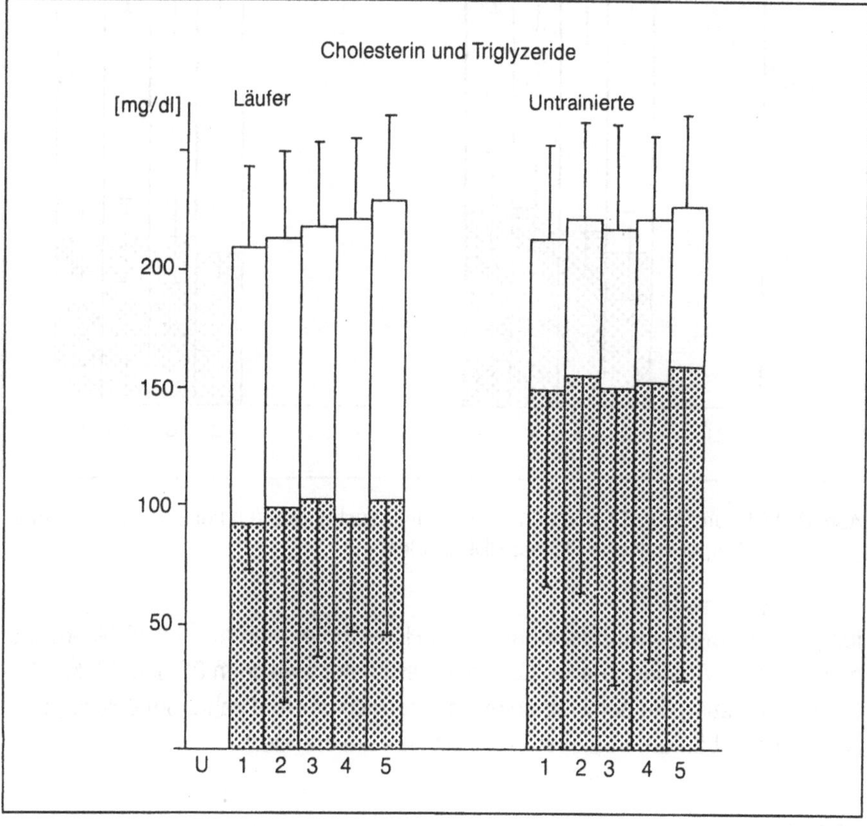

Abb. 1: Cholesterin und Triglyzeride im Verlauf von fünf Untersuchungen in jährlichen Abständen bei Läufern und Untrainierten;
schraffierter Anteil der Säule: Triglyzeride

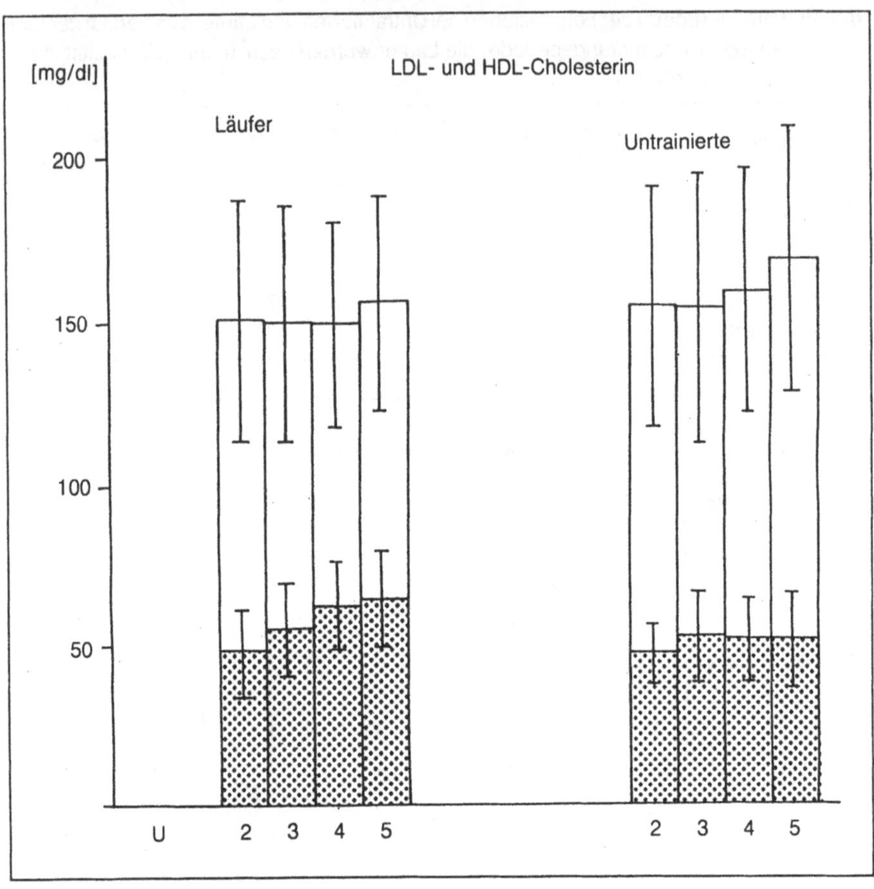

Abb. 2: LDL- und HDL-Cholesterin bei vier Untersuchungen (U) bei Läufern und Untrainierten; schraffierte Fläche: HDL-Cholesterin

fünfjährigen Beobachtungszeitraum das HDL-Cholesterin nur um 10 % anstieg, betrug dieser Anstieg in allen Gruppen der Läufer zwischen 33 und 43 %. LDL-Cholesterin stieg bei den Untrainierten innerhalb der fünf Jahre um 9 % an, blieb aber bei den Läufern in dieser Zeit praktisch unverändert.

Diskussion

Entgegen den Ergebnissen aus Querschnittsstudien [5, 10, 11] und einer Sammelstatistik [1] über den Einfluß des Ausdauertrainings auf die altersbedingten

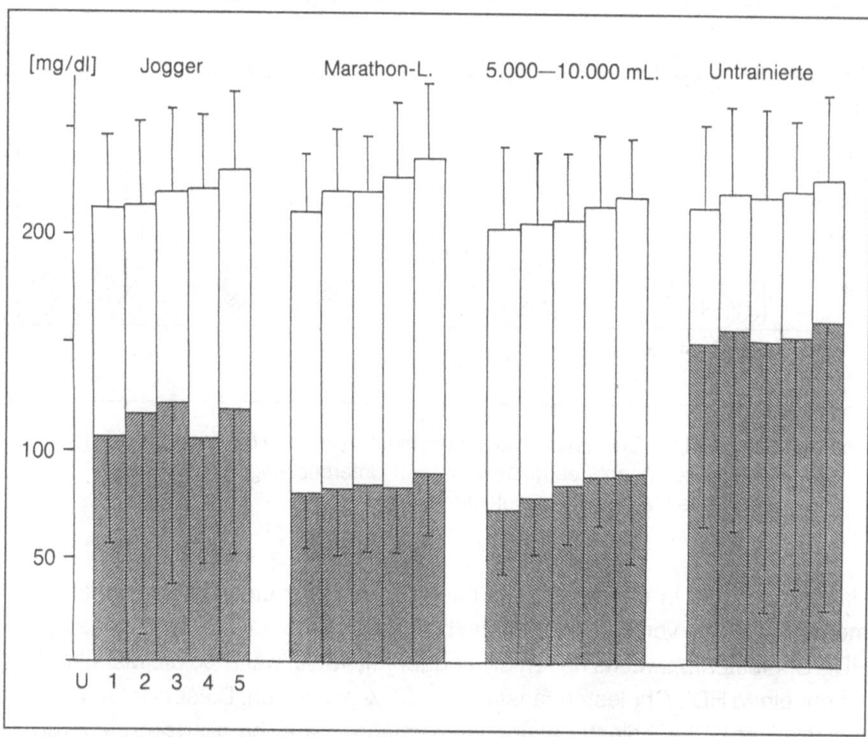

Abb. 3: Cholesterin und Triglyzeride bei unterschiedlich intensiv trainierenden Läufern, den Untrainierten gegenübergestellt, bei fünf Untersuchungen (U); schraffierte Fläche: Triglyzeride

Veränderungen im Lipidstoffwechsel war in unserer Studie bei gleichbleibendem Körpergewicht kein Effekt des Laufens auf Gesamtcholesterin und Triglyzeride festzustellen. Der im Untersuchungszeitraum zu erwartende LDL-Anstieg um 3 % [1] in der Normalbevölkerung war bei den Marathon- und Fünf- und Zehntausendmeterläufern aufgehoben, bei den Joggern mit 4 % vorhanden. Unsere Untrainierten hatten einen dreifachen Anstieg um 9 %.

Bei den Läufern fand sich der Anstieg des Gesamtcholesterins in einem Anstieg des HDL-Cholesterins begründet, während bei den Untrainierten das HDL nahezu konstant blieb und der LDL-Spiegel deutlich anstieg. Bei letzteren läßt sich der leichte Anstieg auf Ratschläge zur Diät und zum Nikotinabusus zurückführen. Nach neueren Untersuchungen an Ausdauersport betreibenden Personen beruht eine Zunahme des HDL-Cholesterinspiegels auf einer wachsenden biologischen

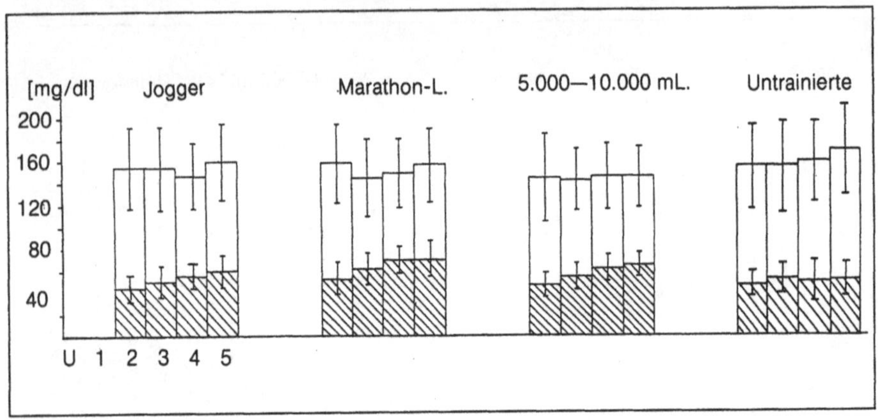

Abb. 4: HDL- und LDL-Cholesterin bei unterschiedlich intensiv trainierenden Läufern, den Untrainierten gegenübergestellt, bei vier Untersuchungen (U); schraffierte Fläche: HDL-Cholesterin

Halbwertzeit [7]. In unserer Studie nahm dieser trotz einer Laufanamnese von mehreren Jahren von Jahr zu Jahr zu. Den relativ größten und damit günstigsten HDL-Cholesterinzuwachs hatten die Jogger mit 43 %, während die Marathonläufer nur einen HDL-Cholesterinanstieg um 33 % aufwiesen. Dieser Unterschied in den relativen HDL-Cholesterinzunahmen entspricht aber bei allen drei Läufergruppen einem absoluten Wert von 18 mg/dl HDL-Cholesterinzunahme und ist somit durch die unterschiedlichsten Ausgangswerte bedingt. Daraus möchten wir auch schließen, daß mit der Trainingsintensität »Joggen« bereits das Maximum einer möglichen HDL-Cholesterinerhöhung erreicht ist und eine weitere Intensivierung des Trainings keinen zusätzlichen Effekt mehr hat. Die zu Beginn der Studie unterschiedlichen Lipoproteinparameter sind auf die Laufanamnese der Läufer von mehreren Jahren zurückzuführen wie mehrfach belegt wurde [2, 4, 7, 8]. Während schwere körperliche Arbeit einen eher zweifelhaften Effekt auf die Verminderung des Risikos einer koronaren Herzerkrankung hat [6], möchten wir aufgrund dieser Untersuchung Ausdauertraining in Form von Joggen wegen seiner protektiven Wirkung auf die koronare Herzerkrankung empfehlen [3].

Literaturverzeichnis

1 Berg A. Effekte körperlichen Trainings auf die altersabhängigen Lipoproteinveränderungen. Herz Kreislauf 1983; 8: 393—399.

2 Dufaux B, Assmann G, Hollmann W. Plasma lipoproteins and physical activity: a review. Int J Sports Med 1982; 3: 123–188.
3 Gordon DJ. High-density lipoprotein cholesterol and cardiovascular disease. Circulation 1989; 79: 8–15.
4 Haskell WL. The influence of exercise training on plasma lipids and lipoproteines in health and disease. Acta Med Scand 1986; 711: 25–37.
5 Herbert PN, Bernier DN, Cullinane EM, Edelstein L, Kantor MA, Thompson PD. High-density lipoprotein metabolism in runners and sedentary men. JAMA 1984; 252: 1034–1037.
6 Siscovich DS et al. Physical activity and coronary heart disease among asymptomatic hypercholesterolemic men. Am J Public Health 1988; 78: 1428.
7 Thompson PD, Cullinane EM, Sady SP, Flynn MM, Bernier DN, Kantor MA, Saritelli AL, Herbert PN. Modest changes in high-density lipoprotein concentration and metabolism with prolonged exercise training. Circulation 1988; 78: 25–34.
8 Tran ZV, Weltmann A. Differential effects of exercise on serum lipid and lipoprotein levels seen with changes in body weight. JAMA 1985; 254: 919–924.
9 Wieland H, Seidel D. Fortschritte in der Analytik des Lipoproteinmusters. Innere Medizin 1978; 5: 290.
10 Williams PT, Wood PD, Haskell WC, Vranizan K. The effects of running mileage and duration on plasma lipoprotein levels. JAMA 1982; 247: 2674–2679.
11 Wood PD, Haskell W, Klein H, Lewis S, Stern MP, Farquhar JW. The distribution of plasma lipoproteins in middleaged male runners. Metabolism 1976; 25: 1249–1275.

Vergleich der Wachstumsraten von glatten Muskelzellen aus primär- und restenosierendem Plaquematerial des Menschen und der Effekt von Azetylsalizylsäure in vitro

R. Voisard[1], P. C. Dartsch[1], G. Bauriedel[2], L. Lauterjung, B. Höfling[2], E. Betz[1]

[1] Physiologisches Institut I der Universität Tübingen; [2] Medizinische Klinik I und Chirurgische Klinik, Klinikum Großhadern, Universität München

Die Migration und Proliferation von glatten Gefäßmuskelzellen (SMC) aus der Media in den subendothelialen Raum ist eines der Schlüsselereignisse in der Frühphase der Atherogenese [3, 6, 15, 16, 17]. Mit histologischen und immunhistochemischen Methoden konnte nachgewiesen werden, daß der zelluläre Anteil einer solchen Plaque überwiegend aus SMC und Makrophagen besteht [1, 8, 9, 10, 12]. Die Zellkulturtechnik macht es möglich, das Wachstumsverhalten von isolierten Plaque-SMC in vitro zu untersuchen [2, 4, 5, 7, 13]. Dartsch et al. berichteten [7], daß SMC, die aus Plaquematerial der Arteria femoralis isoliert wurden, unterschiedliche Wachstumseigenschaften aufwiesen, je nachdem ob sie aus primär- oder restenosierendem Plaquematerial isoliert wurden. Da das von Dartsch et al. untersuchte Plaquematerial mit einem Simpson-Atherektomie-Katheter (p—SAC) aus der Arteria femoralis extrahiert worden war [11], ist die Fragestellung der vorliegenden Arbeit, ob sich bei SMC aus intraoperativ entnommenem Plaquematerial (OP) von verschiedenen Gefäßarealen die gleichen Wachstumscharakteristika beobachten lassen. Neben diesen Befunden wird der Einfluß von Azetylsalizylsäure (ASS) in verschiedenen Konzentrationen auf die Proliferation der SMC dargestellt.

Material und Methoden

Plaquematerial aus Primär- und Restenosen der Arteria femoralis (5 Patienten, Alter: 65,4 ± 8 Jahre), der Arteria carotis (3 Patienten, Alter 70,6 ± 6 Jahre), und Plaquematerial aus Primärstenosen der Aorta abdominalis (2 Patienten, Alter: 56 ± 1 Jahre) wurden im Rahmen von gefäßchirurgischen Eingriffen entnommen. Innerhalb von 24 Stunden wurde das Plaquematerial in einem hepesgepufferten Transportmedium vom Klinikum Großhadern ins Zellkulturlabor des Physiologischen Instituts in Tübingen transportiert. Die Gewebestückchen wurden hier unter sterilen Bedingungen in 1 × 1 mm große Stückchen zerteilt; ein Drittel dieses Materials wurde nach der Explantattechnik ausgelegt, der Rest wurde im Schüttelbad bei 37° C über einen Zeitraum von 180 min mit folgender Enzymlösung enzymatisch disaggregiert: 10 ml hepesgepuffertes Kulturmedium enthielten 18 mg Kollagenase (Worthington CLS III, 229 IU/mg, charge 45S8973; Seromed, Berlin, FRG), 2 mg Elastase (aus Schweinepankreas, charge 11569820-05; Boehringer Mannheim, FRG) und 10 mg Soja-Trypsin-Inhibitor (aus Sojabohnen, 53.5 IU/mg; Serva, Heidelberg, FRG), pH 7,2. Nach der Zugabe von 20 % fetalem Kälberserum wurden die Zellen 10 min bei 170 g zentrifugiert und anschließend in Plastikkulturschalen ausgesät.

Die Kultivierung der Zellen erfolgte bei beiden Isolierungstechniken in einer wasserdampfgesättigten Atmosphäre bei 37° C und 7 % CO_2 in einem Mediumgemisch aus Waymouth's MB 752/1 und HAM F 12 (1:1) mit 15 % fetalem Kälberserum und Standardzusätzen von Penizillin/Streptomyzin. Zur Identifizierung von glatten Muskelzellen durch indirekte Immunfluoreszenz [14, 18] wurde ein monoklonaler Antikörper gegen glattmuskuläres Alpha-Aktin (Progen Biotechnik, Heidelberg) in einer Konzentration von 50 µg/ml verwendet. Die FITC- und TRITC-konjugierten Zweitantikörper (goat anti-mouse IgG und goat anti-rabbit IgG) stammten von Miles Scientific, München, und Dianova, Hamburg. Zur Identifizierung von Endothelzellen (EC) wurden Antikörper gegen das Faktor-VIII-related Antigen (vWF; Calbiochem, Frankfurt) verwendet [19].

Für die Bestimmung der Wachstumsraten wurden die Zellen in Sechs-Loch-Platten (Costar 3406, Tecnomara, Fernwald) in einer Dichte von 2000 bis 3000 Zellen/cm^2 ausgesät. 24 Stunden nach Zellaussaat wurde ein Mediumwechsel durchgeführt, danach an jedem dritten Tag der Kultivierung. Für die Bestimmung der Zellzahl und der Zellgrößenverteilung wurden die Zellen abtrypsiniert und in einem Zellcounter (Casy I, Schärfe Systems Kirchentellinsfurt) im Abstand von zwei bis drei Tagen gezählt.

Isolierte SMC wurden in einer Dichte von 2000 bis 3000 Zellen/cm^2 in Sechs-Loch-Platten (s.o.) ausgesät und unter Zugabe von reiner ASS in Konzentrationen von 10^{-2} mol/l bis 10^{-7} mol/l angezüchtet. Da ASS in 100 %igem Ethanol gelöst wurde, enthielten die Kontrollschalen ebenfalls eine entsprechende Menge Ethanol. Beim Wechseln des Mediums wurden die Substanzen jeweils erneuert. Das Zellwachstum unter dem Einfluß von ASS wurde über einen Zeitraum von acht Tagen mit dem Zellcounter gemessen.

Ergebnisse

1. Zellcharakterisierung und Wachstumsraten

Das Feuchtgewicht des aufgearbeiteten stenosierenden Plaquematerials betrug 5.455 mg (1.091 mg pro Patient). Die Isolierung und Kultivierung von Plaquezellen gelang in allen Fällen sowohl mit der Explantattechnik als auch durch die enzymatische Disaggregation. Der Nachweis von Endothelzellen durch positive Reaktion mit dem Faktor-VII-related Antigen [19] war negativ.

Ein Auswachsen der SMC aus den Explantaten konnte nach vier bis acht Tagen beobachtet werden. In zwei von fünf Fällen entwickelte sich um die Explantate ein dichter Zellrasen (Abb. 1a). Die mittels enzymatischer Disaggregierung isolierten Zellen setzten sich innerhalb von 24 Stunden ab und breiteten sich aus; eine Proliferation der Zellen begann durchschnittlich nach zwei bis drei Tagen. In knapp der Hälfte der Fälle entwickelte sich ein dichter Multilayer mit dem für SMC typischen »Hill-and-Valley«-Muster (Abb. 1b). Der weit überwiegende Teil der isolierten Zellen konnte durch positive Reaktionen mit monoklonalen Antikörpern gegen glattmuskuläres Alpha-Aktin (Abb. 1c) als SMC identifiziert werden [14, 18]. Obwohl bei den durch enzymatische Disaggregierung gewonnenen Zellen eine erfolgreiche Kultivierung in allen Fällen möglich war, wurde eine ausreichende Zahl

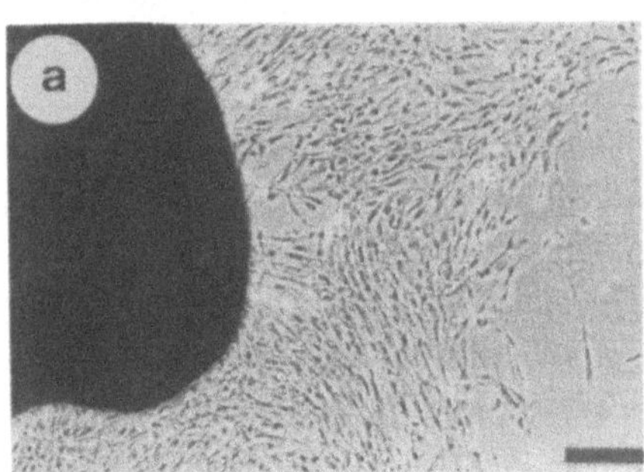

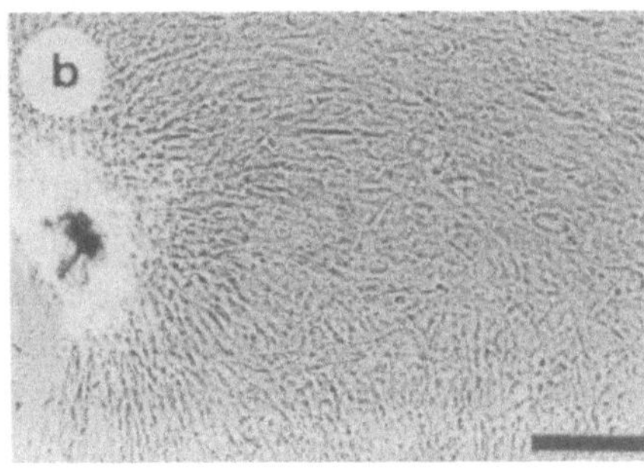

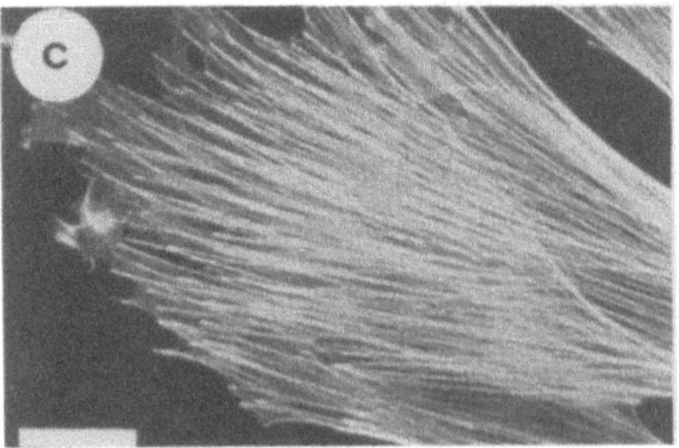

Abb. 1: a) Glatte Muskelzellen, die aus einem in Explantartechnik ausgelegten Plaquestückchen auswachsen, nach 21 Tagen in Kultur; Balken: 500 µm
b) Multilayer aus kultivierten SMC mit typischen »Hill-and-Valley«-Muster; Balken: 250 µm
c) Identifikation von Plaquezellen als SMC durch positive Reaktion mit Antikörpern gegen glattmuskuläres Alpha-Aktin; Balken: 50 µm

	Primärstenose	Restenose
A. femoralis:	0,220 PD/die	0,495 PD/die
A. carotis:	0,218 PD/die	0,332 PD/die
Aorta abd.:	0,181 PD/die	not done
$\overline{X} \pm$ SD:	0,206 ± 0,02	0,414 ± 0,12

für die Bestimmung der Wachstumsparameter nur in knapp der Hälfte der Fälle erreicht. Die Berechnung der Populationsverdopplungsrate pro Tag (PD/die) erbrachte folgende Resultate (Abb. 3):

Die Messung der Zellgrößenverteilung ermöglichte die Unterscheidung von zwei Subpopulationen (SP-1 und SP-2). SP-1 bestand aus relativ kleinen Zellen mit einem Maximum der Zelldurchmesser von 18 ± 5 µm, SP-2 wurde von relativ großen, fibroblastoiden Zellen mit einem Maximum der Zelldurchmesser von 27 ±

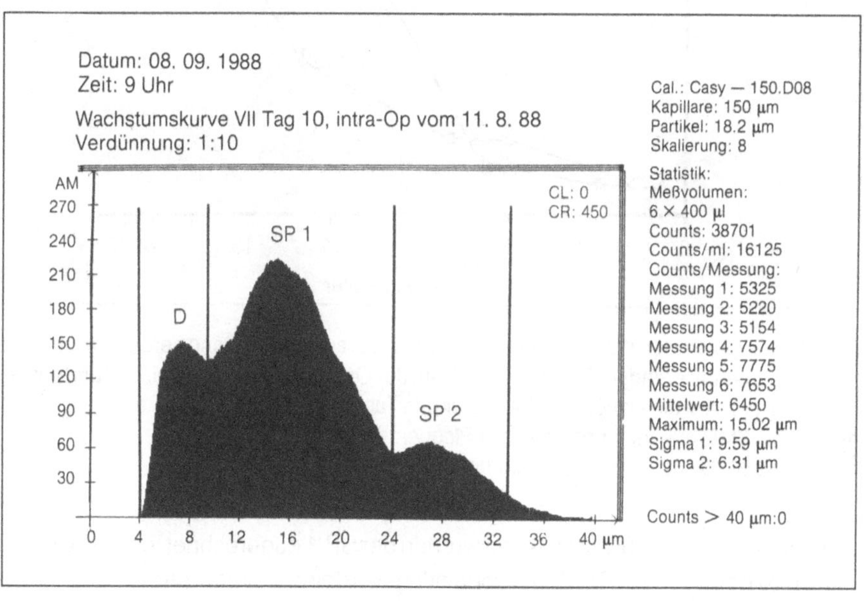

Abb. 2: Ausdruck des Zellcounters für einen Zellwert: Auf der Ordinate ist die Zellzahl aufgetragen, auf der Abszisse sind die gemessenen Zelldurchmesser angegeben. Zwei Subpopulationen (SP-1 und SP-2) können identifiziert werden. Der erste Peak wird durch Zelldebris (= D) verursacht.

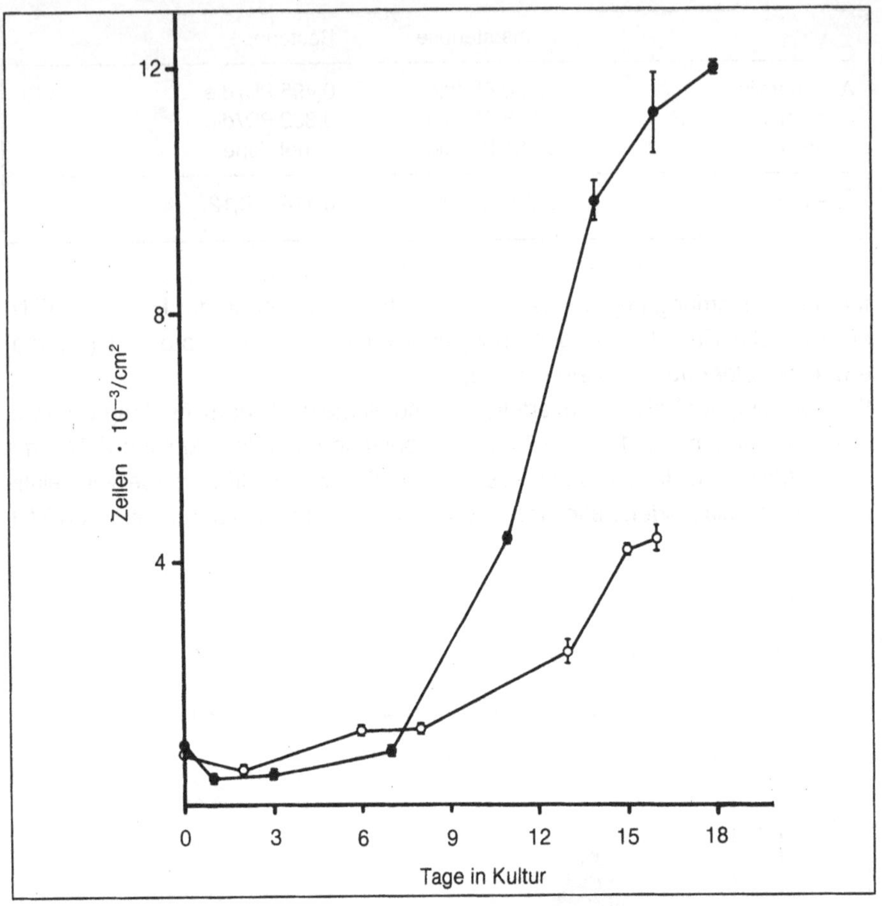

Abb. 3: Vergleich der Wachstumskurven von SMC aus primärstenosierendem und aus restenosierendem Plaquematerial; auf der Ordinate ist die Zellzahl/cm² und auf der Abszisse die Dauer der Kultivierung in Tagen angegeben.
■——■ = SMC aus restenosierendem Plaquematerial
○——○ = SMC aus primärstenosierendem Plaquematerial

3 µm gebildet. Etwa 70 % der Zellen wurden der SP-1 zugerechnet, die verbleibenden 30 % gehörten zur SP-2. Die Populationsverdopplungsrate pro Tag der beiden Subpopulationen zeigte keinen signifikanten Unterschied.

2. Die Wirkung von Azetylsalizylsäure

Eine Proliferationshemmung durch ASS in vitro (Abb. 4) konnte ab einer Konzen-

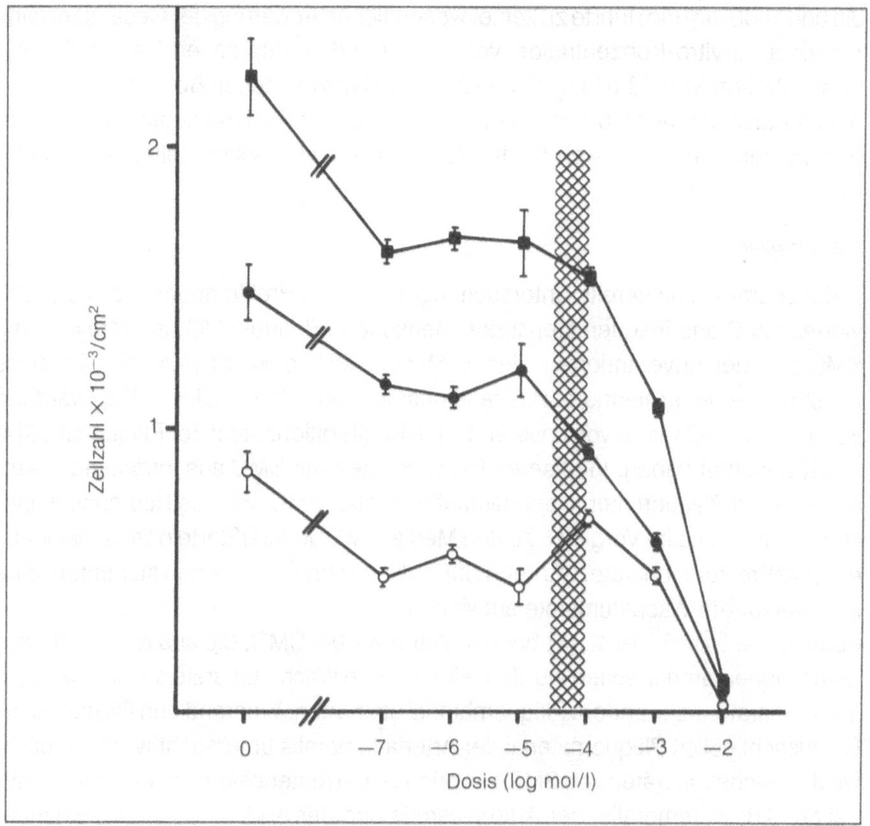

Abb. 4: Darstellung der Wirkung von Azetylsalizylsäure auf kultivierte SMC; auf der Ordinate ist die Zellzahl/cm^2 angegeben, auf der Abszisse im logaritmischen Maßstab die Konzentration der Azetylsalizylsäure in mol/l. Eine Proliferationshemmung der SMC durch Azetylsalizylsäure zeigt sich bereits bei einer In-vitro-Konzentration von 10^{-7} mol/l (entsprechend einer In-vivo-Konzentration im »Low-dose«-Bereich); der schraffierte Bereich entspricht in etwa einer In-vivo-Dosis von 500 mg/die bis 1500 mg/die.

■ = Gesamtzellzahl
● = Subpopulation 1
○ = Subpopulation 2

tration von 10^{-7} mol/l (entsprechend einer In-vivo-Dosis von 1,8 mg/die) nachgewiesen werden. Eine Erhöhung der In-vitro-Konzentration auf 10^{-6} mol/l, 10^{-5} mol/l und 10^{-4} mol/l (entsprechend einer In-vivo-Dosis von 18 mg/die, 180 mg/

die und 1800 mg/die) führte zu keiner wesentlichen Änderung der Gesamtzellzahl. Ab einer In-vitro-Konzentration von 10^{-3} mol/l (entsprechend einer In-vivo-Konzentration von 18 g/die) läßt sich bei mikroskopischer Betrachtung neben einem Abrunden und Ablösen der Zellen eine große Zahl frei flottierender Zellen beobachten, was ein Hinweis für das Vorliegen einer toxischen Zellschädigung ist.

Diskussion

In der Literatur sind bereits Untersuchungen über die Proliferationsraten von kultivierten SMC aus Plaquematerial des Menschen (Plaque-SMC) im Vergleich mit SMC aus der unveränderten Media (Media-SMC) bekannt [4,5, 13, 17]. Ross beschrieb eine erniedrigte Proliferationsrate der Plaque-SMC [17], während Björkerud und Orekhov von unveränderten Proliferationsraten der Plaque-SMC [4, 5, 13] berichtet haben. In unseren Experimenten mit SMC aus intraoperativ entnommenem Plaquematerial beobachteten wir bei SMC, die aus Restenosen isoliert wurden, eine im Vergleich zu den Media-SMC unveränderte oder sogar leicht erhöhte Proliferationsrate, während SMC, die aus Primärstenosen stammten, eine klar erniedrigte Wachstumsrate aufwiesen.
Ebenso wie Dartsch et al. [7] beobachteten wir bei SMC, die aus restenosierendem Plaquematerial isoliert wurden, eine höhere Wachstumsrate als bei SMC, die aus primärstenosierendem Plaquematerial stammten. Während von Dartsch et al. [7] ausschließlich Plaquematerial der Arteria femoralis untersucht wurde, stellten wir die Wachstumsraten von SMC aus primär- und restenosierendem Plaquematerial der Arteria femoralis, der Arteria carotis und der Aorta abdominalis einander gegenüber. Für jede einzelne Entnahmelokalisation zeigte sich ein schnelleres Wachstum der Restenose-SMC verglichen mit dem der Primärstenose-SMC. Die Ursache für das langsamere Wachstum der Primärstenose-SMC dürfte in einer Seneszenz der Zellen liegen, die im Laufe der Plaqueentstehung bereits eine hohe Zahl an Populationsverdopplungen in vivo durchlaufen haben. Im Gegensatz hierzu steht die hohe Aktivität der erst vor einer relativ kurzen Zeit in den subendothelialen Raum eingewanderten Restenose-SMC, die sich in einer hohen Populationsverdopplungsrate in vitro ausdrückt.
Zwei verschiedene Subpopulationen (SP-1 und SP-2) konnten bezüglich ihres Zelldurchmessers unterschieden werden. Bereits Björkerud [4, 5] diskriminierte anhand morphologischer Kriterien kleine, schlecht haftende und größere, gut haftende Zellen, die er I-Zellen und A-Zellen nannte. Dartsch zeigte in einem Adhäsionsassay (s. im vorliegenden Band), daß diese Subpopulationen offenbar mit den von Björkerud [4, 5] beschriebenen Subpopulationen identisch sind.

Eine interessante Anwendung der Zellkulturtechnik stellen sicherlich Medikamententests dar. Im dargestellten Experiment mit ASS (Abb. 4) zeigte sich eine Proliferationshemmung der SMC bereits im Bereich einer In-vitro-Dosis, die einer »Low-dose«-Konzentration in vivo entsprechen würde. Eine Steigerung der In-vitro-Dosen auf die entsprechenden In-vivo-Konzentrationen von 18 mg/die, 180 mg/die und 1800 mg/die führte zu keiner wesentlichen Änderung der Gesamtzellzahl. Bei einer vorsichtigen Übertragung der In-vitro-Daten auf die In-vivo-Situation würden diese Ergebnisse auf einen Nutzen einer »Low-dose«-Therapie zur Reduktion der SMC-Proliferation hindeuten. Dabei ist zu bedenken, daß Zellkulturdaten nur in Kombination mit tierexperimentellen und klinischen Erfahrungen betrachtet werden dürfen. Unter Berücksichtigung dieses Aspektes wäre eine Anwendung der Zellkultur in all jenen Bereichen sinnvoll, in denen Medikamente eingesetzt werden, die das Wachstum eines Zelltyps hemmen sollen. Bei der Einführung einer neuen Substanz als Arzneimittel könnte die Zellkultur als Prescreening-Verfahren einer geplanten Tierversuchsserie vorgeschaltet werden. Im Falle eines klinisch bereits angewendeten Arzneimittels bietet die Zellkultur die Möglichkeit, die Wirkung direkt an den angezüchteten Zellen des in Behandlung stehenden Patienten zu beobachten. Wenn bei einem im Verlauf einer atherosklerotischen Erkrankung notwendig gewordenen gefäßchirurgischen Eingriff zusätzlich etwas Plaquematerial für die Zellkultur entnommen wird, wäre es bei ausreichendem SMC-Wachstum denkbar, routinemäßig die proliferationshemmende Wirkung von zwei bis drei Wirkstoffen in vitro zu testen. Diese Daten könnten dem behandelnden Arzt wichtige Zusatzinformationen bei der Auswahl des für den betreffenden Patienten am besten zur Nachbehandlung geeigneten Arzneimittels liefern.

Danksagung

Diese Untersuchungen wurden vom Ministerium für Wissenschaft und Kunst des Landes Baden-Württemberg (FSP 26) und von der Braun Melsungen AG unterstützt.

Literaturverzeichnis

1 Backa D, Remberger K, Höfling B. Histologische Befunde von Gewebeproben aus stenosierenden Plaques. In: Betz E, Hrsg. Die Anwendung aktueller Methoden in der Arteriosklerose-Forschung. München: Zuckschwerdt, Deutsche Gesellschaft für Arterioskleroseforschung, 1988; 138—146.

2 Bauriedel G, Dartsch PC, Voisard R, Roth D, Simpson JB, Höfling B, Betz E. Selective per-

cutaneous »biopsy« of atheromatous plaque tissue for cell culture. Basic Res Cardiol 1989; 84: 326—331.

3 BENDITT EP, BENDITT JP. Evidence for a monoclonal origin of human atherosclerotic plaques. Proc Natl Acad Sci USA 1973; 70: 1753—1756.

4 BJÖRKERUD S. Cultivated human arterial smooth muscle displays heterogenous pattern of growth and phenotypic variation. Lab Invest 1985; 53: 303—310.

5 BJÖRKERUD S, EKROTH R. The growth of human atherosclerotic and non-atherosclerotic aortic intima and media in vitro. Artery 1980; 8: 329—335.

6 CAMPELL GR, CAMPELL JH. Smooth muscle phenotypic changes in arterial wall homeostasis: Implications for the pathogenesis of atherosclerosis. Exp Mol Pathol 1985; 42: 139—162.

7 DARTSCH PC, BAURIEDEL G, HÖFLING B, BETZ E. Cell cultures of human atheromatous plaque material. In: HÖFLING B, PÖLLNITZ von A, Hrsg. Interventionae Cardiology and Angiology. Darmstadt: Steinkopff 1989; 115—125.

8 GEER JC. Fine structure of human aortic intimal thickening and fatty streaks. Lab Invest 1965; 14: 1764—1783.

9 GEER JC, MCGILL HC, STRONG JP. The fine structure of human atherosclerotic lesions. Am J Pathol 1961; 38: 263—287.

10 GHIDONI JJ, O'NEAL RM. Recent advances in molecular pathology. A review: Ultrastructure of human atheroma. Exp Mol Pathol 1967; 7: 378—406.

11 HÖFLING B, PÖLLNITZ von A, BACKA D, ARNIM von T, LAUTERJUNG L, JAUCH KW, SIMPSON JB. Percutaneous removal of atheromatous plaques on peripheral arteries. Lancet i: 1988; 384—386.

12 OREKHOV AN, KARPOVA II, TERTOV VV, RUDCHENKO SA, ANDEEVA ER, KURSHINSKY AV, SMIRNOV VN. Cellular composition of atherosclerotic and uninvolved human aorta subendothelial intima. Light-microscopic study of dissociated aortic cells. Am J Pathol 1984; 115: 17—24.

13 OREKHOV AN, KOSYKH VA, REPIN VS, SMIRNOV VN. Cell proliferation in normal and atherosclerotic human aorta. II. Autoradiographic observation on deoxyribonucleic acid synthesis in primary cell culture. Lab Invest 1983; 48: 749—754.

14 OWENS GK, LOEB A, GORDON D, THOMPSON MM. Expression of smooth muscle-specific-α-isoactin in cultured vascular smooth muscle cells: Relationship between growth and cytodifferentiation. J Cell Biol 1986; 102: 343—352.

15 ROSS R. The pathogenesis of atherosclerosis — an update. N Engl J Med 1986; 314: 488—500.

16 ROSS R, GLOMSET JA. Atherosclerosis and the arterial smooth muscle cell. Science 1973; 180: 1332—1339.

17 ROSS R, WIGHT TN, STRANDNESS E. Human atherosclerosis: Cell constitution and characteristics of advanced lesions of the superficial femoral artery. Am J Pathol 1984; 114: 79—93.

18 SKALLI O, ROPRAZ P, TRZECIAK A, BENZONANA G, GILLESSEN D, GABBIANI G. A monoclonal antibody against α-smooth muscle actin: a new probe for smooth muscle differentiation. J Cell Biol 1986; 103: 2787—2756.

19 WAGNER DD, OLMSTED JB, MARDER VJ. Immunolocalisation of the Willebrand protein in Weibel-Palade bodies of human endothelial cells. J Cell Biol 1982; 95: 355—360.

Stichwortverzeichnis

SPRINGER NATURE

GPSR Compliance

The European Union's (EU) General Product Safety Regulation (GPSR) is a set of rules that requires consumer products to be safe and our obligations to ensure this.

If you have any concerns about our products, you can contact us on ProductSafety@springernature.com

In case Publisher is established outside the EU, the EU authorized representative is:

Springer Nature Customer Service Center GmbH
Europaplatz 3
69115 Heidelberg, Germany

Zeitfracht Medien GmbH
Ferdinand-Jühlke-Straße 7
99095 Erfurt, Deutschland
produktsicherheit@kolibri360.de